U0336936

软件入门与提高丛书

SolidWorks 2012 中文版入门与提高

张云杰 李玉庆 编著

清华大学出版社
北京

内容简介

  SolidWorks 是世界上第一套基于 Windows 系统开发的三维 CAD 软件。该软件以参数化特征造型为基础，具有功能强大、易学、易用等特点，是当前最优秀的中档三维 CAD 软件之一。SolidWorks 2012 中文版是 SolidWorks 公司推出的最新版本。本书从实用的角度介绍了 SolidWorks 2012 中文版的使用，并结合实例介绍了其各功能模块的主要功能。全书从 SolidWorks2012 中文版的启动开始，从入门开始讲解，详细介绍了 SolidWorks 2012 中文版的基本操作，以及草图绘制、基础特征设计、扫描和放样特征、基本实体特征、零件形变特征、曲线曲面设计、装配、工程图设计、钣金设计、渲染动画、公差分析和应力分析等内容，并在最后讲解了两个综合范例。本书还配备了多媒体互动教学光盘，方便实用，便于读者学习使用。

  本书结构严谨、内容翔实，知识全面，可读性强、设计实例实用性强、专业性强，步骤明确，主要针对使用 SolidWorks 2012 中文版的广大用户，是广大读者快速掌握 SolidWorks 2012 的实用指导书。

图书在版编目(CIP)数据

SolidWorks 2012 中文版入门与提高/张云杰，李玉庆编著. --北京：清华大学出版社，2012
(软件入门与提高丛书)
ISBN 978-7-302-30034-2

Ⅰ. ①S… Ⅱ. ①张… ②李… Ⅲ. ①计算机辅助设计—应用软件 Ⅳ. ①TP391.72

中国版本图书馆 CIP 数据核字(2012)第 211737 号

责任编辑：张彦青
装帧设计：刘孝琼
责任校对：王 晖
责任印制：杨 艳

出版发行：清华大学出版社
    网 址：http://www.tup.com.cn，http://www.wqbook.com
    地 址：北京清华大学学研大厦 A 座   邮 编：100084
    社 总 机：010-62770175   邮 购：010-62786544
    投稿与读者服务：010-62776969，c-service@tup.tsinghua.edu.cn
    质 量 反 馈：010-62772015，zhiliang@tup.tsinghua.edu.cn
    课 件 下 载：http://www.tup.com.cn，010-62791865
印 刷 者：清华大学印刷厂
装 订 者：三河市溧源装订厂
经 销：全国新华书店
开 本：203mm×260mm   印 张：38.25   字 数：1090 千字
    (附 DVD1 张)
版 次：2012 年 10 月第 1 版   印 次：2012 年 10 月第 1 次印刷
印 数：1～4000
定 价：69.00 元

产品编号：044094-01

普通用户使用计算机最关键也最头疼的问题恐怕就是学用软件了。软件范围之广，版本更新之快，功能选项之多，体系膨胀之大，往往令人目不暇接，无从下手；而每每看到专业人士在计算机前如鱼得水，把软件玩得活灵活现，您一定又会惊羡不已。

"临渊羡鱼，不如退而结网"。道路只有一条：动手去用！选择您想用的软件和一本配套的好书，然后坐在计算机前面，开机、安装，按照书中的指示去用、去试，很快您就会发现您的计算机也有灵气了，您也能成为一名出色的舵手，自如地在软件海洋中航行。

"软件入门与提高丛书"就是您畅游软件之海的导航器。它是一套包含了现今主要流行软件的使用指导书，能使您快速便捷地掌握软件的操作方法和编程技术，得心应手地解决实际问题。

本丛书主要特点有如下几个方面。

◎ 软件领域

本丛书精选的软件皆为国内外著名软件公司的知名产品，也是时下国内应用面最广的软件，同时也是各领域的佼佼者。目前本丛书所涉及的软件领域主要有操作平台、办公软件、计算机辅助设计、网络和 Internet 软件、多媒体和图形图像软件等。

◎ 版本选择

本丛书对于软件版本的选择原则是：紧跟软件更新步伐，推出最新版本，充分保证图书的技术先进性；兼顾经典主流软件，给广受青睐、深入人心的传统产品以一席之地；对于兼有中西文版本的软件，采取中文版，以尽力满足中国用户的需要。

◎ 读者定位

本丛书明确定位于初、中级用户。不管您以前是否使用过本丛书所述的软件，这套书对您都将非常合适。

本丛书名中的"入门"是指，对于每个软件的讲解都从必备的基础知识和基本操作开始，新用户无须参照其他书即可轻松入门；老用户亦可从中快速了解新版本的新特色和新功能，自如地踏上新的台阶。至于书名中的"提高"，则蕴涵了图书内容的重点所在。当前软件的功能日趋复杂，不学到一定的深度和广度是难以在实际工作中应用自如的。因此，本丛书在帮助读者快速入门之后，就以大量明晰的操作步骤和典型的应用实例，教会读者更丰富全面的软件技术和应用技巧，使读者能真正对所学软件做到融会贯通并熟练掌握。

◎　内容设计

本丛书的内容是在仔细分析用户使用软件的困惑和目前电脑图书市场现状的基础上确定的。简而言之，就是实用、明确和透彻。它既不是面面俱到的"用户手册"，也并非详解原理的"功能指南"，而是独具实效的操作和编程指导，围绕用户的实际使用需要选择内容，使读者在每个复杂的软件体系面前能"避虚就实"，直达目标。对于每个功能的讲解，则力求以明确的步骤指导和丰富的应用实例准确地指明如何去做。读者只要按书中的指示和方法做成、做会、做熟，再举一反三，就能扎扎实实地轻松入行。

◎　风格特色

1. 从基础到专业，从入门到入行

本丛书针对想快速上手的读者，从基础知识起步，直到专业设计讲解，从入门到入行，在全面掌握软件使用方法和技巧的同时，掌握专业设计知识与创意手法，从零到专迅速提高，让一个初学者快速入门进而设计作品。

2. 全新写作模式，清新自然

本丛书采用"案例功能讲解+唯美插画图示+专家技术点拨+综合案例教学"写作方式，书的前部分主要以命令讲解为主，先详细讲解软件的使用方法及技巧，在讲解使用方法和技巧的同时穿插大量实例，以实例形式来详解工具或命令的使用，让读者在学习基础知识的同时，掌握软件工具或命令的使用技巧；对于实例来说，本丛书采用分析实例创意与制作手法，然后呈现实例制作流程图，让读者在没有实际操作的情况下了解制作步骤，做到心中有数，然后进入课堂实际操作，跟随步骤完成设计。

3. 全程多媒体跟踪教学，人性化的设计掀起电脑学习新高潮

本丛书有从教多年的专业讲师全程多媒体语音录像跟踪教学，以面对面的形式讲解。以基础与实例相结合，技能特训实例讲解，让读者坐在家中尽享课堂的乐趣。配套光盘除了书中所有基础及案例的全程多媒体语音录像教学外，还提供相应的丰富素材供读者分析、借鉴和参考，服务周到、体贴、人性化，价格合理，学习方便，必将掀起一轮电脑学习与应用的新高潮！

4. 专业设计师与你面对面交流

参与本丛书策划和编写的作者全部来自业内行家里手。他们数年来承接了大量的项

目设计，参与教学和培训工作，积累了丰富的实践经验。每本书就像一位专业设计师，将他们设计项目时的思路、流程、方法和技巧、操作步骤面对面地与读者交流。

5. 技术点拨，汇集专业大量的技巧精华

本丛书以技术点拨形式，在书中安排大量软件操作技巧、图形图像创意和设计理念，以专题形式重点突出。它不同于以前图书的提示与技巧，是以实用性和技巧性为主，以小实例的形式重点讲解，让初学者快速掌握软件技巧及实战技能。

6. 内容丰富，重点突出，图文并茂，步骤详细

本丛书在写作上由浅入深、循序渐进，教学范例丰富、典型、精美，讲解重点突出、图文并茂，操作步骤翔实，可先阅读精美的图书，再与配套光盘中的立体教学互动，使学习事半功倍，立竿见影。

经过紧张的策划、设计和创作，本丛书已陆续面市，市场反应良好。本丛书自面世以来，已累计售出近千万册。大量的读者反馈卡和来信给我们提出了很多好的意见和建议，使我们受益匪浅。严谨、求实、高品位、高质量，一直是清华版图书的传统品质，也是我们在策划和创作中孜孜以求的目标。尽管倾心相注，精心而为，但错误和不足在所难免，恳请读者不吝赐教，我们定会全力改进。

编　者

前　言

SolidWorks 公司是一家专业从事三维机械设计、工程分析、产品数据管理软件研发和销售的国际性公司。其产品 SolidWorks 是世界上第一套基于 Windows 系统开发的三维 CAD 软件。这是一套完整的 3D MCAD 产品设计解决方案，即在一个软件包中为产品设计团队提供了所有必要的机械设计、验证、运动模拟、数据管理和交流工具。该软件以参数化特征造型为基础，具有功能强大、易学、易用等特点，是当前最优秀的三维 CAD 软件之一。在 SolidWorks 的最新版本 SolidWorks 2012 中文版中，针对设计中的多种功能进行了大量的补充和更新，使用户可以更加方便地进行设计，这一切无疑为广大的产品设计人员带来了福音。

为了使读者能更好地学习，同时尽快熟悉 SolidWorks 2012 中文版的设计和加工功能，笔者根据多年在该领域的设计经验精心编写了本书。本书以 SolidWorks 2012 中文版为基础，根据用户的实际需求，从学习的角度由浅入深、循序渐进、详细地讲解了该软件的设计和加工功能。

全书共分为 15 章，全书从 SolidWorks 2012 中文版的启动开始，从入门开始讲解，详细介绍了 SolidWorks 2012 中文版的基本操作，以及草图绘制、基础特征设计、扫描和放样特征、基本实体特征、零件形变特征、曲线曲面设计、装配、工程图设计、钣金设计、渲染动画、公差分析和应力分析等内容。并在最后讲解了两个综合范例，从实用的角度介绍了 SolidWorks 2012 中文版的使用。

笔者的 CAX 设计教研室长期从事 SolidWorks 的专业设计和教学，数年来承接了大量的项目，参与 SolidWorks 的教学和培训工作，积累了丰富的实践经验。本书就像一位专业设计师，将设计项目时的思路、流程、方法和技巧、操作步骤面对面地与读者交流。

本书还配备了交互式多媒体教学演示光盘，将案例制作过程制作为多媒体进行讲解，有从教多年的专业讲师全程多媒体语音视频跟踪教学，以面对面的形式讲解，便于读者学习使用。同时光盘中还提供了所有实例的源文件，以便读者练习使用。关于多媒体教学光盘的使用方法，读者可以参看光盘根目录下的光盘说明。另外，本书还提供了网络的免费技术支持，欢迎大家登录云杰漫步多媒体科技的网上技术论坛进行交流：http://www.yunjiework.com/bbs。论坛分为多个专业的设计版块，可以为读者提供实时的软件技术支持，解答读者提出的问题。

本书由云杰漫步科技 CAX 设计教研室编著，参加编写工作的还有张云杰、李玉庆、靳翔、尚蕾、张云静、贺安、贺秀亭、宋志刚、董闯、李海霞、焦淑娟、周益斌、杨婷、马永健等。书中的范例均由云杰漫步多媒体科技公司 CAX 设计教研室设计制作，多媒体光盘由云杰漫步多媒体科技公司技术支持，同时要感谢出版社的编辑和老师们的大力协助。

由于本书编写时间紧张，编写人员的水平有限，因此在编写过程中难免有不足之处，在此，编写人员对广大用户表示歉意，望广大用户不吝赐教，对书中的不足之处给予指正。

编 者

Contents

目　录

第1章

SolidWorks 2012 中文版入门

本章导读

  SolidWorks 是功能强大的三维 CAD 设计软件，是 DS SolidWorks 公司开发的以 Windows 操作系统为平台的设计软件。SolidWorks 相对于其他 CAD 设计软件来说，简单易学，具有高效的、简单的实体建模功能，并可以利用 SolidWorks 集成的辅助功能对设计的实体模型进行一系列计算机辅助分析，能够更好地满足设计需要，节省设计成本，提高设计效率。SolidWorks 已广泛应用于机械设计、工业设计、电装设计、消费品及通信器材设计、汽车制造设计、航空航天的飞行器设计等行业中。

  本章是 SolidWorks 的基础，主要介绍该软件的基本概念和操作界面、文件的基本操作，以及生成和修改参考几何体的方法。这些是用户使用 SolidWorks 必须要掌握的基础知识，是熟练使用该软件进行产品设计的前提。

学习内容

知识点 ＼ 学习目标	理 解	应 用	实 践
概述	✓	✓	
SolidWorks 2012 操作界面	✓	✓	
文件基本操作	✓	✓	
参考几何体	✓	✓	

1.1 概　　述

下面对 SolidWorks 的背景、发展及其主要设计特点和 2012 版本的新增功能进行简单的介绍。

1.1.1　背景和发展

SolidWorks 为达索系统(Dassault Systemes S.A)下的子公司，专门负责研发与销售机械设计软件的视窗产品。达索公司负责系统性的软件供应，并为制造厂商提供具有 Internet 整合能力的支援服务。该集团提供涵盖整个产品生命周期的系统，包括设计、工程、制造和产品数据管理等各个领域中的最佳软件系统，著名的 CATIA 软件就出自该公司。目前达索的 CAD 产品市场占有率居世界前列。

SolidWorks 公司成立于 1993 年，由 PTC 公司的技术副总裁与 CV 公司的副总裁发起，总部位于马萨诸塞州的康克尔郡内，当初的目标是希望在每一个工程师的桌面上提供一套具有生产力的实体模型设计系统。从 1995 年推出第一套 SolidWorks 三维机械设计软件至今，SolidWork 公司已经拥有遍布全球的办事处，并由 300 家经销商在全球 140 个国家进行销售与分销其产品。

SolidWorks 软件是世界上第一个基于 Windows 开发的三维 CAD 系统，由于技术创新符合 CAD 技术的发展潮流和趋势，SolidWorks 公司于两年间成为 CAD/CAM 产业中获利最高的公司。良好的财务状况和用户支持，使得 SolidWorks 每年都有数十乃至数百项的技术创新，公司也获得了很多荣誉。SolidWorks 遵循易用、稳定和创新三大原则，使用它，设计师大大缩短了设计时间，产品可以快速、高效地投向市场。

由于 SolidWorks 出色的技术和市场表现，不仅成为 CAD 行业一颗耀眼的明星，也成为华尔街青睐的对象。终于在 1997 年由法国达索公司以 3.1 亿美元的高额市值将 SolidWorks 全资并购。公司原来的风险投资商和股东，以 1300 万美元的风险投资获得了高额的回报，创造了 CAD 行业的世界纪录。并购后的 SolidWorks 以原来的品牌和管理技术队伍继续独立运作，成为 CAD 行业一家高素质的专业化公司，SolidWorks 三维机械设计软件也成为达索企业中最具竞争力的 CAD 产品。

由于使用了 Windows OLE 技术、直观式设计技术、先进的 parasolid 内核(由剑桥提供)以及良好的与第三方软件的集成技术，SolidWorks 成为全球装机量最大、最好用的 CAD 软件。资料显示，目前全球发放的 SolidWorks 软件使用许可约 28 万，涉及航空航天、机车、食品、机械、国防、交通、模具、电子通信、医疗器械、娱乐工业、日用品/消费品、离散制造等领域，分布于全球 100 多个国家的约 3 万多家企业。在教育市场上，每年来自全球 4300 所教育机构的近 145 000 名学生学习 SolidWorks 的培训课程。

据世界著名的人才网站检索，与其他 3D CAD 系统相比，与 SolidWorks 相关的招聘广告比其他软件招聘广告的总合还要多，这比较客观地说明了越来越多的工程师使用 SolidWorks，越来越多的企业雇用 SolidWorks 人才。据统计，全世界用户每年使用 SolidWorks 的时间已达 5500 万小时。

在美国，包括麻省理工学院(MIT)、斯坦福大学等在内的著名大学已经把 SolidWorks 列为制造专业的必修课。国内的一些大学(教育机构)，如清华大学、北京航空航天大学、北京理工大学、上海教育局等也在应用 SolidWorks 进行教学。

利用 SolidWorks，工程技术人员可以更有效地为产品建模及模拟整个工程系统，以缩短产品的设计和生产周期，并可完成更加富有创意的产品制造。在市场应用中，SolidWorks 也取得了卓越的成绩。例如，利用 SolidWorks 及其集成软件 COSMOSWorks 设计制作的美国国家宇航局(NASA)"勇气号"飞行器的机器人臂，在火星上圆满完成了探测器的展开、定位以及摄影等工作。作为中国航天器研制、生产基地的中国空间技术研究院也选择了 SolidWorks 作为主要的三维设计软件，以最大限度地满足其对产品设计的高端要求。

1.1.2　软件主要特点

功能强大、易学易用和技术创新是 SolidWorks 的三大特点，使得 SolidWorks 成为领先的、主流的三维 CAD 解决方案。SolidWorks 能够提供不同的设计方案、减少设计过程中的错误以及提高产品质量。SolidWorks 不仅提供强大的功能，同时对每个工程师和设计者来说，操作简单方便、易学易用。

对于熟悉微软 Windows 系统的用户，基本上就可以用 SolidWorks 来搞设计了。SolidWorks 独有的拖拽功能能使用户在比较短的时间内完成大型装配设计。SolidWorks 资源管理器是同 Windows 资源管理器功能相当的 CAD 文件管理器，用它可以方便地管理 CAD 文件。使用 SolidWorks，用户能在比较短的时间内完成更多的工作，能够更快地将高质量的产品投放市场。

1. SolidWorks 的应用特点

在目前市场上所见到的三维 CAD 解决方案中，SolidWorks 是设计过程比较简便而方便的软件之一。在强大的设计功能和易学易用的操作协同下，整个产品设计是百分之百可编辑的，零件设计、装配设计和工程图之间的是全相关的。

1) 易用的用户界面

- SolidWorks 提供了一整套的动态界面和鼠标拖动控制。"全动感的"的用户界面减少了设计步骤，减少了多余的对话框，从而避免了界面的零乱。
- 崭新的属性管理器用来高效地管理整个设计过程和步骤；包含所有的设计数据和参数，而且操作方便、界面直观。
- 用 SolidWorks 资源管理器可以方便地管理 CAD 文件。SolidWorks 资源管理器是唯一一个同 Windows 资源管理器类似的 CAD 文件管理器。
- 特征模板为标准件和标准特征提供了良好的环境。用户可以直接从特征模板上调用标准的零件和特征，并与别人共享。
- SolidWorks 提供的 AutoCAD 模拟器，使得 AutoCAD 用户可以保持原有的作图习惯，顺利地从二维设计转向三维实体设计。

2) 配置管理

配置管理是 SolidWorks 软件体系结构中非常独特的一部分，它涉及零件设计、装配设计和工程图。配置管理使得你能够在一个 CAD 文档中，通过对不同参数的变换和组合，派生出不同的零件或装配体。

3) 协同工作

SolidWorks 提供了技术先进的工具，使得你可以通过互联网进行协同工作。

- 通过 eDrawings 方便地共享 CAD 文件。eDrawings 是一种极度压缩的、可通过电子邮件发送的、自行解压和浏览的特殊文件。
- 通过三维托管网站展示生动的实体模型。三维托管网站是 SolidWorks 提供的一种服务，你可以在任何时间、任何地点，快速地查看产品结构。
- SolidWorks 支持 Web 目录，使得你将设计数据存放在互联网的文件夹中，就像存在本地硬盘一样方便。

- 用 3D Meeting 通过互联网实时地协同工作。3D Meeting 是基于微软 NetMeeting 技术而开发的，专门为 SolidWorks 设计人员提供协同工作环境。

4) 装配设计

- 在 SolidWorks 中，当生成新零件时，你可以直接参考其他零件并保持这种参考关系。在装配的环境里，可以方便地设计和修改零部件。对于超过一万个零部件的大型装配体，SolidWorks 的装配性能表现得尤为突出。

- SolidWorks 可以动态地查看装配体的所有运动，并且可以对运动的零部件进行动态的干涉检查和间隙检测。

- 用智能零件技术自动完成重复设计。智能零件技术是一种崭新的技术，用来完成诸如将一个标准的螺栓装入螺孔中，而同时按照正确的顺序完成垫片和螺母的装配。

- 镜像部件是 SolidWorks 技术的巨大突破。镜像部件能产生基于已有零部件(包括具有派生关系或与其他零件具有关联关系的零件)的新零部件。

- SolidWorks 用捕捉配合的智能化装配技术，来加快装配体的总体装配。智能化装配技术能够自动地捕捉并定义装配关系。

5) 工程图

- SolidWorks 提供了生成完整的、车间认可的详细工程图的工具。工程图是全相关的，当你修改图纸时，三维模型、各个视图、装配体都会自动更新。

- 从三维模型中自动产生工程图，包括视图、尺寸和标注。

- 增强了的详图操作和剖视图，包括生成剖中剖视图、部件的图层支持、熟悉的二维草图功能，以及详图中的属性管理器。

- 使用 RapidDraft 技术，可以将工程图与三维零件和装配体脱离，进行单独操作，以加快工程图的操作，但保持与三维零件和装配体的全相关。

- 用交替位置显示视图能够方便地显示零部件的不同位置，以便了解运动的顺序。交替位置显示视图是专门为具有运动关系的装配体而设计的独特的工程图功能。

2. SolidWorks 的参数式设计

SolidWorks 是一款参变量式 CAD 设计软件。与传统的二维机械制图相比，参变量式 CAD 设计软件具有许多优越的性能，是当前机械制图设计软件的主流和发展方向。参变量式 CAD 设计软件是参数式和变量式 CAD 设计软件的通称。其中，参数式设计是 SolidWorks 最主要的设计特点。所谓参数式设计，是将零件尺寸的设计用参数描述，并在设计修改的过程中通过修改参数的数值来改变零件的外形。SolidWorks 中的参数不仅代表了设计对象的相关外观尺寸，并且具有实质上的物理意义。例如，可以将系统参数(如体积、表面积、重心、三维坐标等)或者用户定义参数即用户按照设计流程需求所定义的参数(如密度、厚度等具有设计意义的物理量或者字符)，加入到设计构思中来表达设计思想。这不仅从根本上改变了设计理念，而且将设计的便捷性向前推进了一大步。用户可以运用强大的数学运算方式，建立各个尺寸参数间的关系式，使模型可以随时自动计算出应有的几何外形。

下面对 SolidWorks 参数式设计进行简单介绍。

1) 模型的真实性

利用 SolidWorks 设计出的是真实的三维模型。这种三维实体模型弥补了传统面结构和线结构的不足，将用户的设计思想以最直观的方式表现出来。用户可以借助系统参数，计算出产品的体积、面积、重心、重量以及惯性等参数，以便更清楚地了解产品的真实性，并进行组件装配等操作，在产品设计的过程中随时掌据设计重点，调整物理参数，省去了人为计算的时间。

2）特征的便捷性

初次使用 SolidWorks 的用户大多会对特征感到十分亲切。SolidWorks 中的特征正是基于人性化理念而设计的。孔、开槽、圆角等均被视为零件设计的基本特征，用户可以随时对其进行合理的、不违反几何原理的修正操作(如顺序调整、插入、删除、重新定义等)。

3）数据库的单一性

SolidWorks 可以随时由三维实体模型生成二维工程图，并可自动标示工程图的尺寸数据。设计者在三维实体模型中做任何数据的修正，其相关的二维工程图及其组合、制造等相关设计参数均会随之改变，这样既确保了数据的准确性和一致性，又避免了由于反复修正而耗费大量时间，有效地解决了人为改图产生的疏漏，减少了错误的发生。这种采用单一数据库、提供所谓双向关联性的功能，也正符合了现代产业中同步工程的指导思想。

1.1.3　SolidWorks 2012 的新增功能

2011 年 9 月 20 日，DS SolidWorks 推出 SolidWorks 2012 新品，这也是 SolidWorks 的 CAD 软件史上发布的第 20 个版本。在 SolidWorks 2012 中，新增和完善了 200 多项功能，可以更好地帮助企业提高创新能力和设计团队的工作效率。

SolidWorks 2012 较以往版本有较大幅度的改进，其中主要新增功能如下。

1．成本计算工具

SolidWorks Costing 可以自动计算钣金和机加工零件的制造成本。修改设计或切换零件配置后，可以立即看到更新后的新的制造成本估算值。默认模板可以定制，以模拟特定的制造环境。

2．大型设计审阅

"大型设计审阅"模式是打开并查验大型装配体的最快方法，功能包括走查、剖切和测量，并且可以打开任何装配零部件。

3．磁力线和零件序号增强功能

"磁力线"功能允许自动在工程图上准确排列零件序号。"零件序号"会捕捉到磁力线，并可以从一根磁力线移到另一根磁力线。

4．特征"启用冻结栏"

利用特征"启用冻结栏"，可以控制是否需要重建特定的特征。而且不必重建以前的特征，即可添加其他特征；特征可以随时取消冻结。

5．增强的方程式编辑器

对"方程式编辑器"进行了彻底的改造，以实现更加简洁的导航和使用。语法亮显对于排查方程式中的问题尤其有用。有多种视图，包括变量和方程式视图、尺寸视图和求解顺序视图。

6．搜索命令

"搜索命令"使用户能够快速查找难以访问或者不在标准工具栏中的命令。可以启动命令，拖放命令，或者只是直接从搜索结果中亮显命令在下拉菜单或工具栏中的位置。

7. 运动优化

"运动优化"可以自动使用运动算例结果创建传感器和优化机械的多个方面，例如马达大小、轴承载荷和行程范围。可动态调整任何输入信息，并可即时对约束或目标进行更改。

8. 3DVIA COMPOSER 增强的真实体验

"增强的真实体验"使用户可以向 2D 面板添加零件间的阴影、环境光遮蔽以及阴影效果，并且可以精确控制，从而获得更具立体感的效果；还可以添加发光效果，突出显示用户感兴趣的特定区域。

9. SOLIDWORKS SUSTAINABILITY

Sustainability 提供了全新的高级用户界面，使用户能够通过参数(例如回收材质和使用持续时间)更准确地控制建模流程。还可以及时访问最新的 Sustainability Extras 资料，而不用等到发布补丁包或者新版本时才可以访问。

1.2 SolidWorks 2012 的操作界面

SolidWorks 2012 的操作界面是用户对创建文件进行操作的基础，图 1-1 所示为一个零件文件的操作界面，包括菜单栏、工具栏、管理器窗口、绘图窗口及状态栏等。装配体文件和工程图文件与零件文件的操作界面类似，本节以零件文件操作界面为例，介绍 SolidWorks 2012 的操作界面。

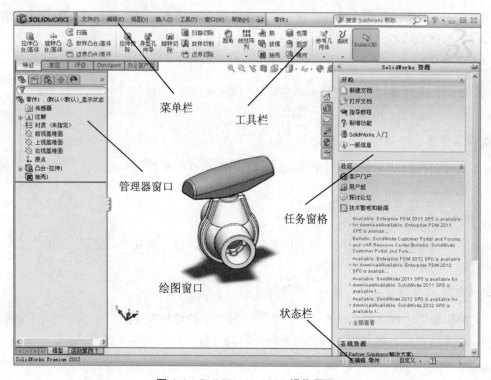

图 1-1 SolidWorks 2012 操作界面

在 SolidWorks 2012 操作界面中，菜单栏囊括了所有的操作命令，工具栏一般显示常用的按钮，可以根据用户的需要进行相应的设置，设置方法将在下一节中介绍。CommandManager(命令管理器)可以将工具栏按钮集中起来使用，从而为绘图窗口节省空间。FeatureManager(特征管理器)设计树记录文件的创建环境以及每一步骤的操作；对于不同类型的文件，其管理器窗口也有所差别。绘图窗口是用户绘图的区域，文件的所有草图及特征生成都在该区域中完成，FeatureManager 设计树和绘图窗口为动态链接，可在任一窗口中选择特征、草图、工程视图和构造几何体。状态栏显示编辑文件目前的操作状态。管理器窗口中的注解、材质和基准面是系统默认的，可根据实际情况对其进行修改。

在 SolidWorks 2012 版本中，绘图窗口右侧有【单击以向左平铺】按钮和【单击以向右平铺】按钮，单击可以将当前绘图窗口向左或右平铺，如图 1-2 所示，这在打开多个零件时很有用。

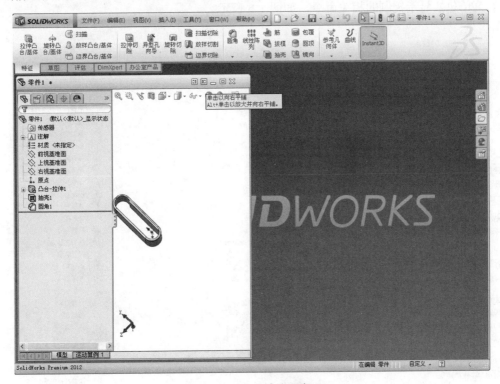

图 1-2　向左平铺绘图窗口

1.2.1　菜单栏

系统默认情况下，SolidWorks 2012 的菜单栏是隐藏的，将鼠标移动到 SolidWorks 徽标上或者单击它，菜单栏就会出现，将菜单栏中的按钮改为打开状态，菜单栏就可以保持可见，如图 1-3 所示。SolidWorks 2012 有【文件】、【编辑】、【视图】、【插入】、【工具】、【窗口】和【帮助】等菜单，单击鼠标左键或者使用快捷键的方式可以将它们打开并执行相应的命令。

文件(F)　编辑(E)　视图(V)　插入(I)　工具(T)　窗口(W)　帮助(H)

图 1-3　菜单栏

下面对各菜单分别进行介绍。

1. 【文件】菜单

【文件】菜单包括【新建】、【打开】、【保存】和【打印】等命令，如图 1-4 所示。

2. 【编辑】菜单

【编辑】菜单包括【剪切】、【复制】、【粘贴】、【删除】以及【压缩】、【解除压缩】等命令，如图 1-5 所示。

3. 【视图】菜单

【视图】菜单包括显示控制的相关命令，如图 1-6 所示。

图 1-4 【文件】菜单

图 1-5 【编辑】菜单

图 1-6 【视图】菜单

4. 【插入】菜单

【插入】菜单包括【凸台/基体】、【切除】、【特征】、【阵列/镜向】(此处为与软件界面统一，使用

"镜向"，下同)、【扣合特征】、【曲面】、【钣金】、【焊件】等命令，如图 1-7 所示。这些命令也可通过【特征】工具栏中相应的功能按钮来实现，其具体操作将在以后的章节中陆续介绍，在此不再赘述。

　　5.【工具】菜单

　　【工具】菜单包括多种命令，如【草图工具】、【几何关系】、【测量】、【质量特性】、【检查】等，如图 1-8 所示。

　　6.【窗口】菜单

　　【窗口】菜单包括【视口】、【新建窗口】、【层叠】等命令，如图 1-9 所示。

图 1-7　【插入】菜单

图 1-8　【工具】菜单

图 1-9　【窗口】菜单

7. 【帮助】菜单

【帮助】菜单(如图 1-10 所示)可提供各种信息查询，例如：【SolidWorks 帮助】命令可展开 SolidWorks 软件提供的在线帮助文件；【API 帮助主题】命令可展开 SolidWorks 软件提供的 API(应用程序界面)在线帮助文件，这些均可作为用户学习中文版 SolidWorks 2012 的参考。

此外，用户还可通过快捷键访问菜单或自定义菜单命令。在 SolidWorks 中单击鼠标右键，弹出与上下文相关的快捷菜单，如图 1-11 所示。可在绘图窗口、【FeatureManager(特征管理器)设计树】(以下统称为【特征管理器设计树】)中使用快捷菜单。

图 1-10　【帮助】菜单

图 1-11　快捷菜单

1.2.2　工具栏

工具栏位于菜单栏的下方，一般分为两排，用户可自定义其位置和显示内容。

工具栏上排一般为【标准】工具栏，如图 1-12 所示。下排一般为 CommandManager(命令管理器)工具栏，如图 1-13 所示。用户可选择【工具】|【自定义】命令，打开【自定义】对话框，自行定义工具栏。

图 1-12　【标准】工具栏

图 1-13　CommandManager 工具栏

【标准】工具栏中的各按钮与菜单栏中对应命令的功能相同，其主要按钮与菜单命令对应关系如表 1-1 所示。

表 1-1　　【标准】工具栏主要按钮与菜单命令对应关系

按　钮	按钮名称	菜单命令
▫	新建	【文件】|【新建】
▫	打开	【文件】|【打开】
▫	保存	【文件】|【保存】
▫	打印	【文件】|【打印】
▫	撤销	【编辑】|【撤销】
▫	选择	【编辑】|【选择所有】
▫	重建模型	【编辑】|【重建模型】
▫	文件属性	【文件】|【属性】
▫	选项	【工具】|【选项】

1.2.3　状态栏

状态栏显示了正在操作的对象的状态，如图 1-14 所示。

图 1-14　状态栏

状态栏中提供的信息如下。

(1) 当用户将鼠标指针拖动到工具栏的按钮上或单击菜单命令时进行简要说明。

(2) 当用户对要求重建的草图或零件进行更改时，显示【重建模型】按钮 █。

(3) 当用户进行草图相关操作时，显示草图状态及鼠标指针的坐标。

(4) 对所选实体进行常规测量，如边线长度等。

(5) 显示用户正在装配体中的编辑零件的信息。

(6) 当用户选择【暂停自动重建模型】命令时，显示"重建模型暂停"。

(7) 单击【快速提示帮助】按钮 ▣，弹出提示对话框，如图 1-15 所示。

(8) 单击【自定义】按钮，弹出下拉菜单，可以更改当前文档单位，如图 1-16 所示。

图 1-15　提示对话框

图 1-16　单位下拉菜单

(9) 如果保存通知以分钟进行，会显示最近一次保存后至下次保存前的时间间隔。

1.2.4 管理器窗口

管理器窗口包括【特征管理器设计树】、PropertyManager(属性管理器)(以下统称为【属性管理器】)、ConfigurationManager(配置管理器)(以下统称为【配置管理器】)、DimXpertManager(公差分析管理器)(以下统称为【公差分析管理器】)和 DisplayManager(外观管理器)(以下统称为【外观管理器】) 5 个选项卡，其中【特征管理器设计树】和【属性管理器】使用比较普遍，下面将进行详细介绍。

1. 【特征管理器设计树】

【特征管理器设计树】提供激活的零件、装配体或者工程图的大纲视图，可用来观察零件或装配体的生成及查看工程图的图纸和视图，如图 1-17 所示。

图 1-17　【特征管理器设计树】

【特征管理器设计树】与绘图窗口为动态链接，可在设计树的任意窗口中选择特征、草图、工程视图和构造几何体。

用户可分割【特征管理器设计树】，以显示出两个【特征管理器设计树】，或将【特征管理器设计树】与【属性管理器】或【配置管理器】进行组合。

2. 【属性管理器】

当用户在【属性管理器】(如图 1-18 所示)中用鼠标右键单击所定义的实体或命令时，会弹出相应的属性管理器。【属性管理器】可显示草图、零件或特征的属性。

(1) 在【属性管理器】中包含【确定】、【取消】、【帮助】、【保持可见】等按钮。

(2) 【信息】框：引导用户下一步的操作，常列举出实施下一步操作的各种方法，如图 1-19 所示。

(3) 选项组框：包含一组相关参数的设置，带有组标题(如【方向 1】等)，单击或者箭头按钮，可以扩展或者折叠选项组，如图 1-20 所示。

(4) 选择框：处于活动状态时，显示为蓝色，如图 1-21 所示。在其中选择任一项目时，所选项在绘图窗口中高亮显示。若要删除所选项目，用鼠标右键单击该项目，在弹出的快捷菜单中选择【删除】命令(针对某一项目)或者选择【消除选择】命令(针对所有项目)，如图 1-22 所示。

(5) 分隔条：分隔条可控制管理器窗口的显示，将管理器窗口与绘图窗口分开。如果将其来回拖动，则分隔条会在管理器窗口显示的最佳宽度处捕捉到位。当用户生成新文件时，分隔条会在最佳宽度处打开。用户可以拖动分隔条以调整管理器窗口的宽度，如图 1-23 所示。

图 1-18　【属性管理器】

图 1-19　【信息】框

图 1-20　选项组框

图 1-21　处于活动状态的选择框

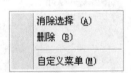

图 1-22　删除选择项目的快捷菜单

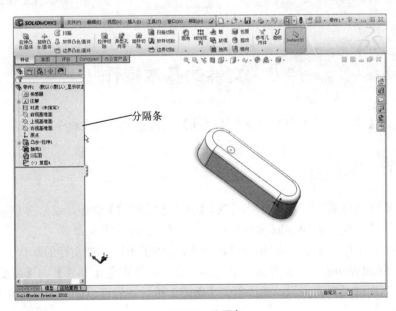

图 1-23　分隔条

1.2.5 任务窗格

任务窗格包括【SolidWorks 资源】、【设计库】、【文件探索器】等选项卡，如图 1-24 和图 1-25 所示。

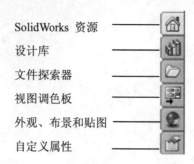

图 1-24 任务窗格选项卡按钮

图 1-25 各种任务窗格选项卡

1.3 文件的基本操作

文件的基本操作由【文件】菜单中的命令及【标准】工具栏中的相应命令按钮控制。

1.3.1 新建文件

创建新文件时，需要选择创建文件的类型。选择【文件】|【新建】命令，或单击【标准】工具栏上的【新建】按钮，可以打开【新建 SolidWorks 文件】对话框，如图 1-26 所示。

不同类型的文件，其工作环境是不同的，SolidWorks 提供了不同类型文件的默认工作环境，对应不同的文件模板。在【新建 SolidWorks 文件】对话框中有 3 个图标，分别是【零件】、【装配体】和【工程图】。单击对话框中需要创建文件类型的按钮，然后单击【确定】按钮，就可以创建需要的文件，并进入默认的工作环境。

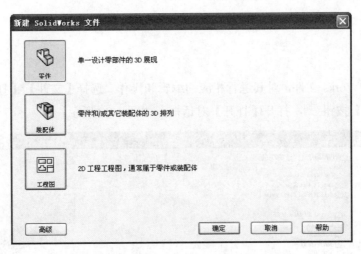

图 1-26　【新建 SolidWorks 文件】对话框

在 SolidWorks 2012 中，【新建 SolidWorks 文件】对话框有两个界面可供选择，一个是【新手】界面对话框，如图 1-26 所示；另一个是【高级】界面对话框，如图 1-27 所示。

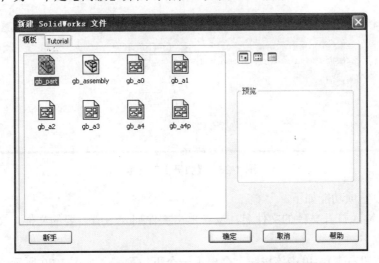

图 1-27　【新建 SolidWorks 文件】对话框的高级界面

单击如图 1-26 所示的【新建 SolidWorks 文件】对话框中的【高级】按钮，就可以进入高级界面；单击如图 1-27 所示的【新建 SolidWorks 文件】中的【新手】按钮，就可以进入新手界面。新手界面对话框中使用较简单的对话框，提供零件、装配体和工程图文档的说明；高级界面对话框中在各个标签上显示模板按钮，当选择某一文件类型时，模板预览会出现在【预览】框中，在该界面中，用户可以保存模板并添加自己的标签，也可以单击 Tutorial 标签，切换到 Tutorial 选项卡来访问指导教程模板。

在如图 1-27 所示的对话框中有 3 个按钮，分别是：【大图标】、【列表】和【列出细节】。单击【大图标】按钮，左侧框中的零件、装配体和工程图将以大图标方式显示；单击【列表】按钮，左侧框中的零件、装配体和工程图将以列表方式显示；单击【列出细节】按钮，左侧框中的零件、装配体和工程图将以名称、文件大小及已修改的日期等细节方式显示。在实际使用中可以根据实际情况加以选择。

1.3.2 打开文件

打开已存储的 SolidWorks 文件，对其进行相应的编辑和操作。选择【文件】|【打开】命令，或单击【标准】工具栏上的【打开】按钮，打开【打开】对话框，如图 1-28 所示。

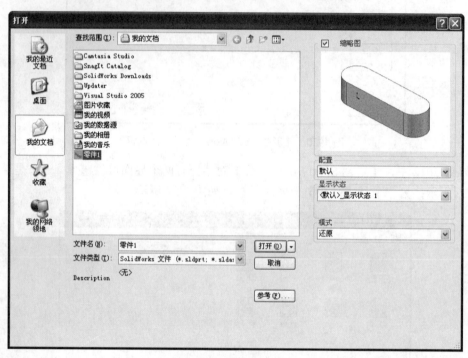

图 1-28 【打开】对话框

【打开】对话框中各项功能如下。

(1)【文件名】：输入打开文件的文件名，或者单击文件列表中所需要的文件，文件名称会自动显示在【文件名】下拉列表框中。

(2) ▾(【打开】按钮右侧)：单击该按钮，会出现一个下拉列表，如图 1-29 所示。各项的意义如下。

● 【以只读打开】：以只读方式打开选择的文件，同时允许另一用户有文件写入访问权。

● 【添加到收藏】：将所选文件的快捷方式添加到收藏文件夹中。

图 1-29 下拉列表

(3) Description(说明)：所选文件的说明，如果说明存在于文档属性中或者是在文档保存时添加，则在说明栏区中会出现说明文字。

(4)【参考】：单击该按钮用于显示当前所选装配体或工程图所参考的文件清单，文件清单显示在【编辑参考的文件位置】对话框中，如图 1-30 所示。

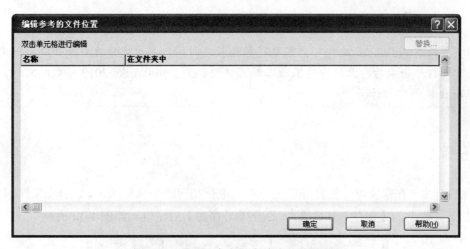

图 1-30　【编辑参考的文件位置】对话框

(5)【缩略图】：选中该复选框可以预览所选的文件。

(6)【打开】对话框中的【文件类型】下拉列表框用于选择显示文件的类型，显示的文件类型并不限于 SolidWorks 类型的文件，如图 1-31 所示。默认的选项是 SolidWorks 文件(*.sldprt、*.sldasm 和*.slddrw)。

```
SolidWorks 文件 (*.sldprt; *.sldasm; *.
零件 (*.prt;*.sldprt)
装配体 (*.asm;*.sldasm)
工程图 (*.drw;*.slddrw)
DXF (*.dxf)
DWG (*.dwg)
Adobe Photoshop Files (*.psd)
Adobe Illustrator Files (*.ai)
Lib Feat Part (*.lfp;*.sldlfp)
Template (*.prtdot;*.asmdot;*.drwdot)
Parasolid (*.x_t;*.x_b;*.xmt_txt;*.xmt_
IGES (*.igs;*.iges)
STEP AP203/214 (*.step;*.stp)
IFC 2x3 (*.ifc)
ACIS (*.sat)
VDAFS (*.vda)
VRML (*.wrl)
STL (*.stl)
CATIA Graphics (*.cgr)
CATIA V5 (*.catpart;*.catproduct)
ProE Part (*.prt,*.prt.*;*.xpr)
ProE Assembly (*.asm;*.asm.*;*.xas)
Unigraphics (*.prt)
Inventor Part (*.ipt)
Inventor Assembly (*.iam)
Solid Edge Part (*.par;*.psm)
Solid Edge Assembly (*.asm)
CADKEY (*.prt;*.ckd)
Add-Ins (*.dll)
IDF (*.emn;*.brd;*.bdf;*.idb)
Rhino (*.3dm)
所有文件 (*.*)
```

图 1-31　【文件类型】下拉列表框

如果在【文件类型】下拉列表框中选择了其他类型的文件，SolidWorks 软件还可以调用其他软件所生成的图形并对其进行编辑。

单击选取需要的文件，并根据实际情况进行设置，然后单击【打开】对话框中的【打开】按钮，就可以打开选择的文件，在操作界面中对其进行相应的编辑和操作。

注 意

　　打开早期版本的 SolidWorks 文件可能需要花费较长的时间，不过文件在打开并保存一次后，打开的时间将恢复正常。打开一次后，系统即将低版本的文件转换为 SolidWorks 2012 格式的文件，将无法再在旧版的 SolidWorks 软件中打开了。

1.3.3　保存文件

　　文件只有保存起来，在需要时才能打开该文件对其进行相应的编辑和操作。选择【文件】|【保存】命令，或单击【标准】工具栏上的【保存】按钮，打开【另存为】对话框，如图 1-32 所示。

图 1-32　【另存为】对话框

　　【另存为】对话框的各项功能如下。

　　(1)【保存在】：用于选择文件存放的文件夹。

　　(2)【文件名】：在该下拉列表框中可输入自行命名的文件名，也可以使用默认的文件名。

　　(3)【保存类型】：用于选择所保存文件的类型。通常情况下，在不同的工作模式下，系统会自动设置文件的保存类型。保存类型并不限于 SolidWorks 类型的文件，如*.sldprt、*.sldasm 和*.slddrw，还可以保存为其他类型的文件，以方便其他软件对其调用并进行编辑。图 1-33 所示为【保存类型】下拉列表，可以看出 SolidWorks可以保存为其他类型的文件。

　　(4)【参考】：单击该按钮，会打开【带参考另存为】对话框，用于设置当前文件参考的文件清单，如图 1-34 所示。

```
零件 (*.prt;*.sldprt)
Lib Feat Part (*.sldlfp)
Part Templates (*.prtdot)
Form Tool (*.sldftp)
Parasolid (*.x_t)
Parasolid Binary (*.x_b)
IGES (*.igs)
STEP AP203 (*.step;*.stp)
STEP AP214 (*.step;*.stp)
IFC 2x3 (*.ifc)
ACIS (*.sat)
VDAFS (*.vda)
VRML (*.wrl)
STL (*.stl)
eDrawings (*.eprt)
Adobe Portable Document Format (*.pdf)
Universal 3D (*.u3d)
3D XML (*.3dxml)
Adobe Photoshop Files (*.psd)
Adobe Illustrator Files (*.ai)
Microsoft XAML (*.xaml)
CATIA Graphics (*.cgr)
ProE Part (*.prt)
JPEG (*.jpg)
HCG (*.hcg)
HOOPS HSF (*.hsf)
Dxf (*.dxf)
Dwg (*.dwg)
Tif (*.tif)
```

图 1-33　【保存类型】下拉列表

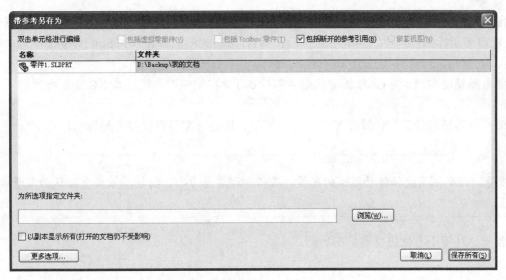

图 1-34　【带参考另存为】对话框

1.3.4　退出 SolidWorks 2012

　　文件保存完成后，用户可以退出 SolidWorks 2012 系统。选择【文件】|【退出】命令，或单击操作界面右上角的【退出】按钮✕，可退出 SolidWorks。

　　如果在操作过程中不小心执行了退出命令，或者对文件进行了编辑却没有保存文件就执行了退出命令，系统会弹出如图 1-35 所示的系统提示框。如果要保存对文件的修改并退出 SolidWorks 系统，则单击提示框中的【是】按钮；如果不保存对文件的修改并退出 SolidWorks 系统，则单击提示框中的【否】按钮；如果对该文件不进行任何操作也不退出 SolidWorks 系统，则单击提示框中的【取消】按钮，回到原来的操作界面。

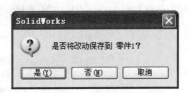

图 1-35　系统提示框

1.4　参考几何体

1.4.1　参考坐标系

　　SolidWorks 使用带原点的坐标系，零件文件包含原有原点。当用户选择基准面或者打开一个草图并选择某一面时，将生成一个新的原点，与基准面或者这个面对齐。原点可用作草图实体的定位点，并有助于定向轴心透视图。三维的视图引导可令用户快速定向到零件和装配体文件中的 x、y、z 轴方向。

　　参考坐标系的作用归纳起来有以下几点。

(1) 方便 CAD 数据的输入与输出。当 SolidWorks 三维模型导出为 IGES、FEA、STL 等格式时，此三维模型需要设置参考坐标系；同样，当 IGES、FEA、STL 等格式模型被导入到 SolidWorks 中时，也需要设置参考坐标系。

(2) 方便电脑辅助制造。当 CAD 模型被用于数控加工，在生成刀具轨迹和 NC 加工程序时需要设置参考坐标系。

(3) 方便质量特征的计算。计算零部件的转动惯量、质心时需要设置参考坐标系。

> **提 示**
>
> 转动惯量，即刚体围绕轴转动惯性的度量。质心，即质量中心，指物质系统上被认为质量集中于此的一个假想点。

(4) 在装配体环境中方便进行零件的装配。

1. 原点

零件原点显示为蓝色，代表零件的(0, 0, 0)坐标。当草图处于激活状态时，草图原点显示为红色，代表草图的(0, 0, 0)坐标。可以将尺寸标注和几何关系添加到零件原点中，但不能添加到草图原点中。

(1) ⳑ：蓝色，表示零件原点，每个零件文件中均有一个零件原点。

(2) ⳑ：红色，表示草图原点，每个新草图中均有一个草图原点。

(3) ⳙ：表示装配体原点。

(4) ⳙ：表示零件和装配体文件中的视图引导。

2. 参考坐标系的属性设置

可定义零件或装配体的坐标系，并将此坐标系与测量和质量特性工具一起使用，也可将 SolidWorks 文件导出为 IGES、STL、ACIS、STEP、Parasolid、VDA 等格式。

单击【参考几何体】工具栏中的【坐标系】按钮 ⳙ (或选择【插入】|【参考几何体】|【坐标系】命令)，如图 1-36 所示，系统会弹出【坐标系】属性管理器，如图 1-37 所示。

图 1-36 单击【坐标系】按钮或者选择【坐标系】命令

(1) 【原点】 ⳙ：定义原点。单击其选择框，在绘图窗口中选择零件或者装配体中的一个顶点、点、中点或者默认的原点。

(2) 【X 轴】、【Y 轴】、【Z 轴】(此处为与软件界面统一，使用英文大写正体，下同)：定义各轴。单击其选择框，在绘图窗口中按照以下方法之一定义所选轴的方向。

● 单击顶点、点或者中点，则轴与所选点对齐。

- 单击线性边线或者草图直线，则轴与所选的边线或者直线平行。
- 单击非线性边线或者草图实体，则轴与所选实体上选择的位置对齐。
- 单击平面，则轴与所选面的垂直方向对齐。

(3)【反转 X 轴方向】按钮 ：反转轴的方向。

坐标系定义完成之后，单击【确定】按钮 。

3. 修改和显示参考坐标系

1) 将参考坐标系平移到新的位置

在【特征管理器设计树】中，用鼠标右键单击已生成的坐标系的按钮，在弹出的快捷菜单中选择【编辑特征】命令，系统弹出【坐标系】属性管理器，如图 1-38 所示。在【选择】选项组中，单击【原点】 选择框，在绘图窗口中单击想将原点平移到的点或者顶点处，单击【确定】按钮 ，原点被移动到指定的位置上。

图 1-37　【坐标系】属性管理器

图 1-38　修改【坐标系】属性管理器

2) 切换参考坐标系的显示

要切换坐标系的显示，可以选择【视图】|【坐标系】命令。菜单中命令左侧的按钮下沉，表示坐标系可见。

3) 隐藏或者显示参考坐标系

在【特征管理器设计树】中用鼠标右键单击已生成的坐标系的按钮，在弹出的菜单中选择【显示】(或【隐藏】)按钮 ，如图 1-39 所示。

图 1-39　选择【显示】按钮

1.4.2　参考基准轴

参考基准轴是参考几何体中的重要组成部分。在生成草图几何体或圆周阵列时常使用参考基准轴。
参考基准轴的用途较多，概括起来有以下 3 项。

(1) 参考基准轴作为中心线。基准轴可作为圆柱体、圆孔、回转体的中心线。通常情况下，拉伸一个草图绘制的圆得到一个圆柱体，或通过旋转得到一个回转体时，SolidWorks 会自动生成一个临时轴，但生成圆角特征时系统不会自动生成临时轴。

(2) 参考基准轴作为参考轴，辅助生成圆周阵列等特征。

(3) 参考基准轴作为同轴度特征的参考轴。当两个均包含基准轴的零件需要生成同轴度特征时，可选择各个零件的基准轴作为几何约束条件，使两个基准轴在同一轴上。

1. 临时轴

每一个圆柱或圆锥面都有一条轴线。临时轴是由模型中的圆柱或圆锥隐含生成的，临时轴常被设置为基准轴。

可设置隐藏或显示所有临时轴。选择【视图】|【临时轴】命令，如图 1-40 所示，表示临时轴可见，绘图窗口显示如图 1-41 所示。

图 1-40　选择【临时轴】命令

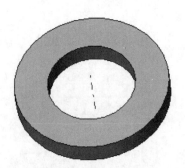

图 1-41　显示临时轴

2. 参考基准轴的属性设置

单击【参考几何体】工具栏中的【基准轴】按钮 (或者选择【插入】|【参考几何体】|【基准轴】命令)，系统弹出【基准轴】属性管理器，如图 1-42 所示。在【选择】选项组中可选择生成不同类型的基准轴。

- 【一直线/边线/轴】 ：选择一条草图直线或边线作为参考基准轴，或双击选择临时轴作为参考基准轴，如图 1-43 所示。

图 1-42　【基准轴】属性管理器

图 1-43　选择临时轴作为基准轴

- 【两平面】 ：选择两个平面，利用两个面的交线作为参考基准轴。
- 【两点/顶点】 ：选择两个顶点、点或者中点之间的连线作为参考基准轴。

- 【圆柱/圆锥面】：选择一个圆柱或者圆锥面，利用其轴线作为参考基准轴。
- 【点和面/基准面】：选择一个平面(或者基准面)，然后选择一个顶点(或者点、中点等)，通过所选择的顶点(或者点、中点等)垂直于所选的平面(或者基准面)作为参考基准轴。

设置属性完成后，检查【参考实体】选择框中列出的项目是否正确。

3. 显示参考基准轴

选择【视图】|【基准轴】命令，可以看到菜单中命令左侧的按钮下沉，如图 1-44 所示，表示基准轴可见(再次选择该命令，该按钮即恢复为关闭基准轴的显示)。

图 1-44   选择【基准轴】命令

1.4.3   参考基准面

在【特征管理器设计树】中默认提供前视、上视以及右视基准面，除了默认的基准面外，还可以生成参考基准面。参考基准面用来绘制草图和为特征生成几何体。

在 SolidWorks 中，参考基准面的用途很多，总结为以下几项。

(1) 作为草图绘制平面。三维特征的生成需要绘制二维特征截面，如果三维物体在空间中无合适的草图绘制平面可供使用，可以生成参考基准面作为草图绘制平面。

(2) 作为视图定向参考。三维零部件的草图绘制正视方向需要定义两个相互垂直的平面才可以确定，参考基准面可以作为三维实体方向决定的参考平面。

(3) 作为装配时零件相互配合的参考面。零件在装配时可能会利用许多平面以定义配合、对齐等，这里的配合平面类型可以是 SolidWorks 初始定义的上视、前视、右视三个基准平面，可以是零件的表面，也可以是用户自行定义的参考基准面。

(4) 作为尺寸标注的参考。在 SolidWorks 中开始零件的三维建模时，系统中已存在三个相互垂直的基准面，生成特征后进行尺寸标注时，如果可以选择零件上的面或者原来生成的任意基准面，则最好选择基准面，以免导致不必要的特征父子关系。

(5) 作为模型生成剖面视图的参考面。在装配体或者复杂零件等模型中，有时为了看清模型的内部构造，必须定义一个参考基准面，并利用此基准面剖切壳体，得到一个视图以便观察模型的内部结构。

(6) 作为拔摸特征的参考面。在型腔零件生成拔摸特征时，需要定义参考基准面。

1. 参考基准面的属性设置

单击【参考几何体】工具栏中的【基准面】按钮(或者选择【插入】|【参考几何体】|【基准面】命令)，系统弹出【基准面】属性管理器，如图 1-45 所示。在各个选项组中，选择需要生成的基准面类型及项目。

(1) 【平行】：通过模型的表面生成一个基准面，如图 1-46 所示。

(2) 【垂直】：可生成垂直于一条边线、轴线或者平面的基准面，如图 1-47 所示。

(3) 【重合】：通过一个点、线和面生成基准面。

图 1-45　【基准面】属性管理器

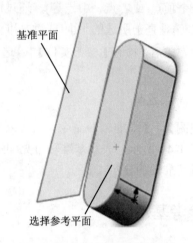

图 1-46　通过平面生成一个基准面

(4)　【两面夹角】 ：通过一条边线(或者轴线、草图线等)与一个面(或者基准面)成一定的夹角生成基准面，如图 1-48 所示。

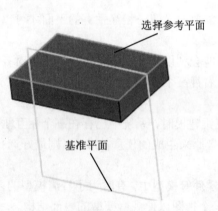

图 1-47　垂直于平面生成基准面

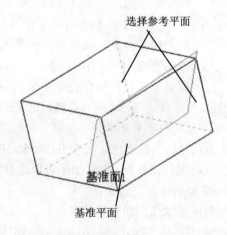

图 1-48　两面夹角生成基准面

(5)　【偏移距离】：在平行于一个面(或基准面)指定距离处生成等距基准面。首先选择一个平面(或基准面)，然后设置【距离】数值。

(6)　【反转】：选中此复选框，在相反的方向生成基准面。

> 提　示
>
> 在 SolidWorks 中，等距距离平面有时也被称为偏置平面，以便与 AutoCAD 等软件里的偏置概念统一。在混合特征中经常根据等距距离，生成多个平行平面。

2. 修改参考基准面

1）修改参考基准面之间的等距距离或者角度

双击基准面，显示等距距离或角度。双击尺寸或角度数值，在弹出的【修改】对话框中输入新的数值，如图 1-49 所示；也可在【特征管理器设计树】中用鼠标右键单击已生成的基准面按钮，从弹出的快捷菜单中选择【编辑特征】按钮 ，在【基准面】属性管理器中的【选择】选项组中输入新数值以定义基准面，单击【确定】按钮 。

2）调整参考基准面的大小

可使用基准面控标和边线来移动、复制基准面或者调整基准面的大小。要显示基准面控标，可在【特征管理器设计树】中单击已生成的基准面按钮或在绘图窗口中单击基准面的名称，也可选择基准面的边线，然后进行调整，如图 1-50 所示。

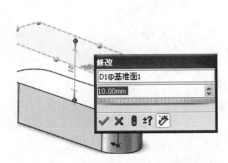

图 1-49　在【修改】对话框中修改数值

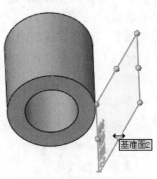

图 1-50　显示基准面控标

利用基准面控标和边线，可以进行以下操作。

● 拖动边角或者边线控标以调整基准面的大小。
● 拖动基准面的边线以移动基准面。
● 通过在绘图窗口中选择基准面以复制基准面，然后按住键盘上的 Ctrl 键并使用边线将基准面拖动至新的位置，生成一个等距基准面，如图 1-51 所示。

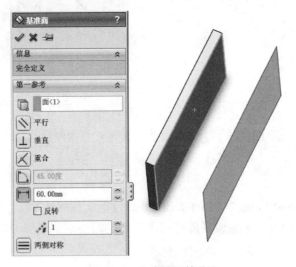

图 1-51　生成等距基准面

1.4.4 参考点

SolidWorks 可生成多种类型的参考点用作构造对象，还可在彼此间已指定距离分割的曲线上生成指定数量的参考点。通过选择【视图】|【点】命令可切换参考点的显示。

单击【参考几何体】工具栏中的【点】按钮 ✱ (或者选择【插入】|【参考几何体】|【点】命令)，系统弹出【点】属性管理器，如图 1-52 所示。在【选择】选项组中，单击【参考实体】□选择框，在绘图窗口中选择用以生成点的实体；选择要生成的点的类型，可单击【圆弧中心】 ⊙、【面中心】 □、【交叉点】 ✕、【投影】 ⬚ 等按钮；单击【沿曲线距离或多个参考点】按钮 ⚒，可沿边线、曲线或草图线段生成一组参考点，输入距离或百分比数值(如果数值对于生成所指定的参考点数太大，会出现信息提示，提示你应设置为较小的数值)。

- 【距离】：按照设置的距离生成参考点数。
- 【百分比】：按照设置的百分比生成参考点数。
- 【均匀分布】：在实体上均匀分布的参考点数。
- 【参考点数】 ⚬⚬# ：设置沿所选实体生成的参考点数。

属性设置完成后，单击【确定】按钮 ✔，生成参考点，如图 1-53 所示。

图 1-52 【点】属性管理器

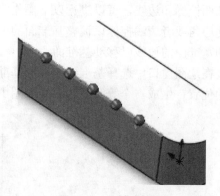

图 1-53 生成参考点

1.5 本 章 小 结

本章主要介绍了中文版 SolidWorks 2012 的基础知识，包括软件概述、软件界面和文件的基本操作方法，以及生成和修改参考几何体的方法，希望读者能够在本章的学习中掌握这部分内容，从而为以后生成实体和曲面打好基础。

第 2 章

草 图 设 计

本章导读

　　使用 SolidWorks 软件进行设计是由绘制草图开始的，在草图基础上运用拉伸、旋转和扫描等特征命令生成模型，进而生成零件。因此，草图绘制对 SolidWorks 三维零件的模型生成非常重要，是使用该软件的基础。一个完整的草图包括几何形状、几何关系和尺寸标注等的信息。草图绘制是 SolidWorks 进行三维建模的基础。

　　本章将详细介绍草图设计的基本概念，以及草图绘制、草图编辑和生成 3D 草图的方法。

学习内容

知 识 点 ＼ 学习目标	理 解	应 用	实 践
基本概念	√	√	
绘制草图	√	√	√
编辑草图	√	√	√
3D 草图	√	√	√

2.1 基 本 概 念

在使用草图绘制命令前，首先要了解草图绘制的基本概念，以更好地掌握草图绘制和草图编辑的方法。本节主要介绍草图的基本操作、认识草图绘制的工具栏，熟悉绘制草图时光标的显示状态等内容。

2.1.1 图形区域

草图必须绘制在平面上，这个平面既可以是基准面，也可以是三维模型上的平面。初始进入草图绘制状态时，系统默认有三个基准面：前视基准面、右视基准面和上视基准面，如图 2-1 所示。由于没有其他平面，因此零件的初始草图绘制是从系统默认的基准面开始的。

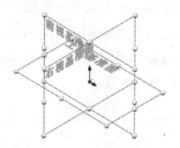

图 2-1　系统默认的基准面

1．【草图】工具栏

【草图】工具栏中的工具按钮，可以作用于图形区域中的整个草图，如图 2-2 所示。

图 2-2　【草图】工具栏

2．状态栏

当草图处于激活状态，图形区域底部的状态栏会显示草图的状态，如图 2-3 所示。

(1) 绘制实体时显示鼠标指针位置的坐标。

(2) 显示【过定义】、【欠定义】或者【完全定义】等草图状态。

(3) 如果工作时草图网格线为关闭状态，提示处于绘制状态，例如"正在编辑：草图 n"(n 为草图绘制时的标号)。

(4) 当鼠标指针指向菜单命令或者工具按钮时，状态栏左侧会显示此命令或按钮的简要说明。

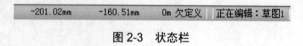

图 2-3　状态栏

3．草图原点

激活的草图其原点为红色，可通过原点了解所绘制草图的坐标。零件中的每个草图都有自己的原点，所以在一个零件中通常有多个草图原点。当草图打开时，不能关闭对其原点的显示。

2.1.2　绘制草图的流程

绘制草图时的流程很重要，必须考虑先从哪里入手来绘制复杂草图，在基准面或平面上绘制草图时如何选择基准面等。下面介绍绘制的流程：

(1) 生成新文件。单击【标准】工具栏中的【新建】按钮或选择【文件】|【新建】命令，打开【新建 SolidWorks 文件】对话框，单击【零件】图标，然后单击【确定】按钮。

(2) 进入草图绘制状态。选择基准面或某一平面，单击【草图】工具栏中的【草图绘制】按钮或选择【插入】|【草图绘制】命令，也可用鼠标右键单击【特征管理器设计树】中的草图或零件的图标，在弹出的快捷菜单中选择【编辑草图】命令。

(3) 选择基准面。进入草图绘制后，此时绘图区域出现系统默认基准面，系统要求选择基准面。第一个选择的草图基准面决定零件的方位。默认情况下，新草图在前视基准面中打开。也可在【特征管理器设计树】或图形区域选择任意平面作为草图绘制的平面，单击【视图】工具栏的【视图定向】按钮，在弹出的菜单中单击【正视于】按钮，将视图切换至指定平面的法线方向，如图 2-4 所示。

(4) 如果操作时出现错误或需要修改，可选择【视图】|【修改】|【视图定向】命令，在弹出的【方向】对话框中单击【更新标准视图】按钮重新定向，如图 2-5 所示。

图 2-4　选择【上视基准面】为草绘平面

图 2-5　【方向】对话框

(5) 选择切入点。在设计零件基体特征时常会面临这样的选择。在一般情况下，利用一个有复杂轮廓的草图生成拉伸特征，与利用一个有较简单轮廓的草图生成拉伸特征、再添加几个额外的特征，具有相同的结果。

(6) 使用各种草图绘制工具绘制草图实体，如直线、矩形、圆、样条曲线等。

(7) 在【属性管理器】中对绘制的草图进行属性设置，或单击【草图】工具栏中的【智能尺寸】按钮和【尺寸/几何关系】工具栏中的【添加几何关系】按钮，添加尺寸和几何关系。

(8) 关闭草图。完成并检查草图绘制后，单击【草图】工具栏中的【退出草图】按钮，退出草图绘制状态。

2.1.3　草图选项

1. 设置草图的系统选项

选择【工具】|【选项】命令，弹出【系统选项】对话框，选择【草图】选项并进行设置，如图 2-6 所

示，单击【确定】按钮。

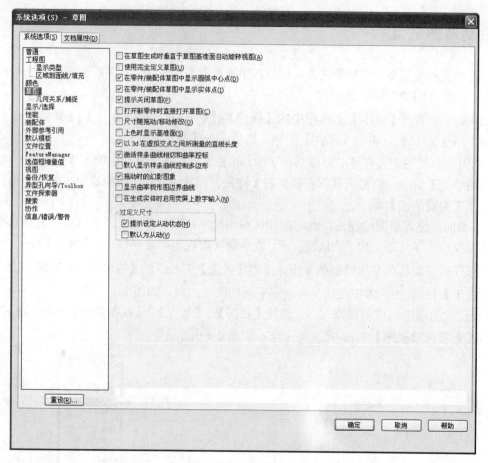

图 2-6　【系统选项】对话框

下面介绍一下对话框中各选项的含义。

(1)【在草图生成时垂直于草图基准面自动旋转视图】：选中该复选框，使草图垂直于旋转视图。

(2)【使用完全定义草图】：选中该复选框，必须完全定义用来生成特征的草图。

(3)【在零件/装配体草图中显示圆弧中心点】：选中该复选框，草图中显示圆弧中心点。

(4)【在零件/装配体草图中显示实体点】：选中该复选框，草图实体的端点以实心原点的方式显示。该原点的颜色反映草图实体的状态(即黑色为"完全定义"，蓝色为"欠定义"，红色为"过定义"，绿色为"当前所选定的草图")。无论选项如何设置，过定义的点与悬空的点总是会显示出来。

(5)【提示关闭草图】：选中该复选框，如果生成一个有开环轮廓，且可用模型的边线封闭的草图，系统会弹出提示信息："封闭草图至模型边线?"。可选择用模型的边线封闭草图轮廓及方向。

(6)【打开新零件时直接打开草图】：选中该复选框，新零件窗口在前视基准面中打开，可直接使用草图绘制图形区域和草图绘制工具。

(7)【尺寸随拖动/移动修改】：选中该复选框，可通过拖动草图实体或在【移动】、【复制】属性管理器中移动实体以修改尺寸值，拖动后，尺寸自动更新；也可选择【工具】|【草图设定】|【尺寸随拖动/移动修改】命令。

(8)【上色时显示基准面】：选中该复选框，在上色模式下编辑草图时，基准面被着色。

(9)【以 3d 在虚拟交点之间所测量的直线长度】：从虚拟交点处而不是三维草图中的端点测量直线长度。

(10)【激活样条曲线相切和曲率控标】：为相切和曲率显示样条曲线控标。

(11)【默认显示样条曲线控制多边形】：显示空间中用于操纵对象形状的一系列控制点，以操纵样条曲线的形状显示。

(12)【拖动时的幻影图像】：在拖动草图时显示草图实体原有位置的幻影图像。

(13)【显示曲率梳形图边界曲线】：显示草图边界曲线的曲率梳形图。

(14)【在生成实体时启用荧屏上数字输入】：草图生成实体时，在绘图区输入数字。

(15)【过定义尺寸】选项组，可设置如下选项。

- 【提示设定从动状态】：选中该复选框，当一个过定义尺寸被添加到草图中时，会弹出对话框询问尺寸是否为"从动"。此复选框可以单独使用，也可与【默认为从动】选项配合使用。根据选项，当一个过定义尺寸被添加到草图中时，会出现后面 4 种情况之一，即弹出对话框并默认为"从动"、弹出对话框并默认为"驱动"、尺寸以"从动"出现、尺寸以"驱动"出现。

- 【默认为从动】：选中该复选框，当一个过定义尺寸被添加到草图中时，尺寸默认为"从动"。

2.【草图设定】菜单

选择【工具】|【草图设定】命令，弹出【草图设定】菜单，如图 2-7 所示，在此菜单中可以使用草图的各种设定方法。

(1)【自动添加几何关系】：在添加草图实体时自动建立几何关系。

(2)【自动求解】：在生成零件时自动求解草图几何体。

(3)【激活捕捉】：可激活快速捕捉功能。

(4)【移动时不求解】：可在不解出尺寸或几何关系的情况下，在草图中移动草图实体。

(5)【独立拖动单一草图实体】：可从实体中拖动单一草图实体。

(6)【尺寸随拖动/移动修改】：拖动草图实体或在【移动】、【复制】属性管理器中将其移动以覆盖尺寸。

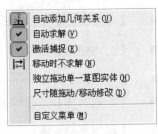

图 2-7　【草图设定】菜单

3. 草图网格线和捕捉

当草图或者工程图处于激活状态时，可选择在当前的草图或工程图上显示网格线。由于 SolidWorks 是参变量式设计，所以草图网格线和捕捉功能并不像 AutoCAD 那么重要，在大多数情况下不需要使用该功能。

2.1.4　草图绘制工具

与草图绘制相关的工具有【草图】工具栏、【草图绘制实体】菜单、快捷菜单等三种，可通过下列三种方法使用这些工具：

(1) 在【草图】工具栏中单击需要的按钮。

(2) 选择【工具】|【草图绘制实体】命令。

(3) 在草图绘制状态中使用快捷菜单。用鼠标右键单击时，只有适用的草图绘制工具和标注几何关系工具才会显示在快捷菜单中。

2.1.5 光标

在 SolidWorks 中，绘制草图实体或者编辑草图实体时，光标会根据所选择的命令，在绘图时变为相应的图标。而且 SolidWorks 软件提供了自动判断绘图位置的功能，在执行命令时，自动寻找端点、中心点、圆心、交点、中点等，这样提高了鼠标定位的准确性和快速性，提高了绘制图形的效率。

执行不同命令时，光标会在不同草图实体及特征实体上显示不同的类型，光标既可以在草图实体上形成，也可以在特征实体上形成。在特征实体上的光标，只能在绘图平面的实体边缘产生。

下面为常见的光标类型。

- 【点】光标 ✎：执行绘制点命令时光标的显示。
- 【线】光标 ✎：执行绘制直线或者中心线命令时光标的显示。
- 【圆心/起/终点画弧】光标 ✎：执行绘制圆心/起/终点画弧命令时光标的显示。
- 【圆】光标 ✎：执行绘制圆命令时光标的显示。
- 【椭圆】光标 ✎：执行绘制椭圆命令时光标的显示。
- 【抛物线】光标 ✎：执行绘制抛物线命令时光标的显示。
- 【样条曲线】光标 ✎：执行绘制样条曲线命令时光标的显示。
- 【边角矩形】光标 ✎：执行绘制边角矩形命令时光标的显示。
- 【多边形】光标 ✎：执行绘制多边形命令时光标的显示。
- 【剪裁实体】光标 ✎：执行剪裁草图实体命令时光标的显示。
- 【延伸草图实体】光标 ✎：执行延伸草图实体命令时光标的显示。
- 【标注尺寸】光标 ✎：执行标注尺寸命令时光标的显示。
- 【圆周阵列草图】光标 ✎：执行圆周阵列草图命令时光标的显示。
- 【线性阵列草图】光标 ✎：执行线性阵列命令时光标的显示。

2.2 绘 制 草 图

上一节介绍了草图绘制命令按钮及其基本概念，本节将介绍草图绘制命令的使用方法。在 SolidWorks 建模过程中，大部分特征都需要先建立草图实体然后再执行特征命令，因此本节的学习非常重要。

2.2.1 直线和中心线

1. 绘制直线的方法

(1) 单击【草图】工具栏中的【直线】按钮✎或选择【工具】|【草图绘制实体】|【直线】命令，系统弹出【插入线条】属性管理器，如图 2-8 所示，鼠标指针变为✎形状。

(2) 可按照下述方法生成单一线条或直线链。

① 生成单一线条：在图形区域中单击鼠标左键，定义直线起点的位置，将鼠标指针拖动到直线的终点位置后释放鼠标。

② 生成直线链：将鼠标指针拖动到直线的一个终点位置单击鼠标左键，然后将鼠标指针拖动到直线的第二个终点位置再次单击鼠标左键，最后单击鼠标右键，在弹出的快捷菜单中选择【选择】命令或【结束链】命令后结束绘制。

(3) 单击【确定】按钮 ✔，完成直线绘制。

2. 【插入线条】属性设置

在【插入线条】属性管理器中可编辑直线的以下属性。

1) 【方向】选项组

● 【按绘制原样】：单击鼠标左键并拖动鼠标指针，绘制出一条任意方向的直线后释放鼠标；也可在绘制一条任意方向的直线后，继续绘制其他任意方向的直线，然后双击鼠标左键结束绘制。

● 【水平】：绘制水平线，直到释放鼠标。

● 【竖直】：绘制竖直线，直到释放鼠标。

● 【角度】：以一定角度绘制直线，直到释放鼠标(此处的角度是相对于水平线而言)。

2) 【选项】选项组

● 【作为构造线】：可以将实体直线转换为构造几何体的直线。

● 【无限长度】：生成一条可剪裁的无限长度的直线。

3. 【线条属性】属性设置

在图形区域中选择绘制的直线，弹出【线条属性】属性管理器，设置该直线属性，如图 2-9 所示。

图 2-8　【插入线条】属性管理器

图 2-9　【线条属性】属性管理器

1) 【现有几何关系】选项组

该选项组显示现有几何关系，即草图绘制过程中自动推理或使用【添加几何关系】选项组手动生成的现有几何关系。该选项组还显示所选草图实体的状态信息，如"欠定义"、"完全定义"等。

2) 【添加几何关系】选项组

该选项组可将新的几何关系添加到所选草图实体中，其中只列举了所选直线实体可使用的几何关系，如【水平】、【竖直】和【固定】等。

3) 【选项】选项组

- 【作为构造线】：可以将实体直线转换为构造几何体的直线。
- 【无限长度】：可以生成一条可剪裁的、无限长度的直线。

4) 【参数】选项组

- 【长度】：设置该直线的长度。
- 【角度】：相对于网格线的角度，水平角度为180°，竖直角度为90°，且逆时针为正向。

5) 【额外参数】选项组

- 【开始 X 坐标】：开始点的 x 坐标。
- 【开始 Y 坐标】：开始点的 y 坐标。
- 【结束 X 坐标】：结束点的 x 坐标。
- 【结束 Y 坐标】：结束点的 y 坐标。
- Delta X $^{\Delta X}$：开始点和结束点 x 坐标之间的偏移。
- Delta Y $^{\Delta Y}$：开始点和结束点 y 坐标之间的偏移。

4. 中心线

利用【中心线】命令可绘制中心线，作为草图镜像及旋转特征操作的旋转中心轴或构造几何体。

(1) 单击【草图】工具栏中的【中心线】按钮 或选择【工具】|【草图绘制实体】|【中心线】命令，鼠标指针变为 形状。

(2) 在图形区域单击鼠标左键放置中心线的起点，系统弹出【线条属性】属性管理器。

(3) 在图形区域中拖动鼠标指针并单击鼠标左键放置中心线的终点。

要改变中心线属性，可选择绘制的中心线，然后在【线条属性】属性管理器中进行编辑。

2.2.2 圆

1. 绘制圆的方法

(1) 单击【草图】工具栏中的【圆】按钮 或选择【工具】|【草图绘制实体】|【圆】命令，系统弹出【圆】属性管理器，如图 2-10 所示，鼠标指针变为 形状。

(2) 在【圆类型】选项组中，若单击【圆】按钮 ，则在图形区域中单击鼠标左键可放置圆心；若单击【周边圆】按钮 ，在图形区域中单击鼠标左键便可放置圆弧，如图 2-11 所示。

图 2-10 【圆】属性管理器

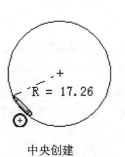

中央创建　　　　　　　　　　　周边创建

图 2-11　选择两种不同的绘制方式

(3) 拖动鼠标指针以定义半径。

(4) 设置圆的属性，单击【确定】按钮 ✓，完成圆的绘制。

2.【圆】属性设置

在图形区域选择绘制的圆，系统弹出【圆】属性管理器，在其中可设置其属性，如图 2-12 所示。

1)【现有几何关系】选项组

可显示现有几何关系及所选草图实体的状态信息。

2)【添加几何关系】选项组

可将新的几何关系添加到所选的草图实体圆中。

3)【选项】选项组

可选中【作为构造线】复选框，将实体圆转换为构造几何体的圆。

4)【参数】选项组

用来设置圆心的位置坐标和圆的半径尺寸。

● 【X 坐标置中】 ⊙x：设置圆心的 x 坐标。

● 【Y 坐标置中】 ⊙Y：设置圆心的 y 坐标。

● 【半径】 ⊿：设置圆的半径。

图 2-12　【圆】属性管理器

2.2.3　圆弧

圆弧有【圆心/起/终点画弧】、【切线弧】和【3 点圆弧】三种类型。

1. 圆心/起/终点画弧

(1) 单击【草图】工具栏中的【圆心/起/终点画弧】按钮 或者选择【工具】|【草图绘制实体】|【圆心/起/终点画弧】命令，鼠标指针变为 形状。

(2) 确定圆心，在图形区域中单击鼠标左键放置圆弧圆心。

(3) 拖动鼠标指针放置起点、终点。

(4) 单击鼠标左键，显示圆周参考线。

(5) 拖动鼠标指针确定圆弧的长度和方向，然后单击鼠标左键。

(6) 设置圆弧属性，单击【确定】按钮 ✓，完成圆弧的绘制。

2．切线弧

使用【切线弧】命令，可生成一条与草图实体(如直线、圆弧、椭圆或者样条曲线等)相切的弧线，也可利用自动过渡将绘制直线切换到绘制圆弧，而不必单击此按钮。

(1) 单击【草图】工具栏中的【切线弧】按钮 或选择【工具】|【草图绘制实体】|【切线弧】命令。

(2) 在直线、圆弧、椭圆或者样条曲线的端点处单击鼠标左键，系统弹出【圆弧】属性管理器，鼠标指针变为 形状。

(3) 拖动鼠标指针绘制所需的形状，单击鼠标左键。

(4) 设置圆弧的属性，单击【确定】按钮 ，完成圆弧的绘制。

3．三点圆弧

(1) 单击【草图】工具栏中的【三点圆弧】按钮 或者选择【工具】|【草图绘制实体】|【三点圆弧】命令，系统弹出【圆弧】属性管理器，鼠标指针变为 形状。

(2) 在图形区域中单击鼠标左键确定圆弧的起点位置。

(3) 将鼠标指针拖动到圆弧结束处，再次单击鼠标左键确定圆弧的终点位置。

(4) 拖动圆弧设置圆弧的半径，必要时可更改圆弧的方向，单击鼠标左键。

(5) 设置圆弧的属性，单击【确定】按钮 ，完成圆弧的绘制。

4．【圆弧】属性设置

在【圆弧】属性管理器中，可设置所绘制的【圆心/起/终点画弧】、【切线弧】和【三点圆弧】的属性，如图 2-13 所示。

1) 【现有几何关系】选项组

显示现有的几何关系，即在草图绘制过程中自动推理，或使用【添加几何关系】选项组手动生成的几何关系(在列表中选择某一几何关系时，图形区域中的标注会高亮显示)；显示所选草图实体的状态信息，如"欠定义"、"完全定义"等。

2) 【添加几何关系】选项组

只列举所选实体可使用的几何关系，如【固定】等。

3) 【选项】选项组

选中【作为构造线】复选框，可将实体圆弧转换为构造几何体的圆弧。

4) 【参数】选项组

如果圆弧不受几何关系约束，可指定以下参数中的任何适当组合以定义圆弧。当更改一个或者多个参数时，其他参数会自动更新。

图 2-13　【圆弧】属性管理器

● 【X 坐标置中】 ：设置圆心 x 坐标。

● 【Y 坐标置中】 ：设置圆心 y 坐标。

- 【开始 X 坐标】 $\overset{\frown}{}_x$：设置开始点 x 坐标。
- 【开始 Y 坐标】 $\overset{\frown}{}_Y$：设置开始点 y 坐标。
- 【结束 X 坐标】 $\overset{\frown}{}_x$：设置结束点 x 坐标。
- 【结束 Y 坐标】 $\overset{\frown}{}_Y$：设置结束点 y 坐标。
- 【半径】 ：设置圆弧的半径。
- 【角度】 ：设置端点到圆心的角度。

2.2.4　椭圆和椭圆弧

使用【椭圆(长短轴)】命令可生成一个完整椭圆；使用【部分椭圆】命令可生成一个椭圆弧。

1．绘制椭圆

(1) 单击【草图】工具栏【椭圆】按钮 ，或者选择【工具】|【草图绘制实体】|【椭圆(长短轴)】命令，系统弹出【椭圆】属性管理器，鼠标指针变为 形状。

(2) 在图形区域中单击鼠标左键放置椭圆中心。

(3) 拖动鼠标指针并单击鼠标左键定义椭圆的长轴(或者短轴)。

(4) 拖动鼠标指针并再次单击鼠标左键定义椭圆的短轴(或者长轴)。

(5) 设置椭圆的属性，单击【确定】按钮 ，完成椭圆的绘制。

2．绘制椭圆弧

(1) 单击【草图】工具栏【部分椭圆】按钮 ，或者选择【工具】|【草图绘制实体】|【部分椭圆】命令，系统弹出【椭圆】属性管理器，鼠标指针变为 形状。

(2) 在图形区域中单击鼠标左键放置椭圆的中心位置。

(3) 拖动鼠标指针并单击鼠标左键定义椭圆的第一个轴。

(4) 拖动鼠标指针并单击鼠标左键定义椭圆的第二个轴，保留圆周引导线。

(5) 围绕圆周拖动鼠标指针定义椭圆弧的范围。

(6) 设置椭圆弧属性，单击【确定】按钮 ，完成椭圆弧的绘制。

3．【椭圆】和【椭圆弧】属性设置

在【椭圆】或【椭圆弧】属性管理器中编辑其属性，其中大部分选项组中的属性设置与【圆】属性设置相似，如图 2-14 所示，在此不再赘述。

【参数】选项组中圆心、短轴、长轴后面的微调框，分别用来定义圆心的 x、y 坐标和短、长轴的长度。

- 【X 坐标置中】 ：设置椭圆圆心的 x 坐标。
- 【Y 坐标置中】 ：设置椭圆圆心的 y 坐标。
- 【半径 1】 ：设置椭圆长轴的半径。
- 【半径 2】 ：设置椭圆短轴的半径。

椭圆(长短轴)   部分椭圆

图 2-14   【椭圆】属性管理器

2.2.5   矩形、平行四边形和点

(1) 使用【矩形】命令可生成水平或竖直的矩形；使用【平行四边形】命令可生成任意角度的平行四边形。

① 单击【草图】工具栏中的【边角矩形】按钮 或选择【工具】|【草图绘制实体】|【边角矩形】命令，鼠标指针变为 形状。

② 在图形区域中单击鼠标左键放置矩形的第一个顶点，拖动鼠标指针定义矩形。在拖动鼠标指针时，会动态显示矩形的尺寸，当矩形的大小和形状符合要求时释放鼠标。

③ 要更改矩形的大小和形状，可选择并拖动一条边或一个顶点。在【线条属性】或【点】属性管理器中，【参数】选项组定义其位置坐标、尺寸等，也可以使用【智能尺寸】按钮 ，定义矩形的位置坐标、尺寸等，单击【确定】按钮 ，完成矩形的绘制。

(2) 平行四边形的绘制方法与矩形类似，单击【草图】工具栏中的【平行四边形】按钮 ，或者选择【工具】|【草图绘制实体】|【平行四边形】命令即可。

如果需要改变矩形或平行四边形中单条边线的属性，选择该边线，在【线条属性】属性管理器中编辑其属性。

(3) 使用【点】命令，可将点插入到草图和工程图中。

① 单击【草图】工具栏中的【点】按钮 或选择【工具】|【草图绘制实体】|【点】命令，鼠标指针变为 形状。

② 在图形区域单击鼠标左键放置点，系统弹出【点】属性管理器，如图 2-15 所示。【点】命令保持激活，可继续插入点。

图 2-15　【点】属性管理器

要设置点的属性，选择绘制的点后可在【点】属性管理器中进行编辑。

2.2.6　抛物线

使用【抛物线】命令可生成各种类型的抛物线。

1. 绘制抛物线

(1) 单击【草图】工具栏中的【抛物线】按钮 ∪，或选择【工具】|【草图绘制实体】|【抛物线】命令，鼠标指针变为 ∪ 形状。

(2) 在图形区域中单击鼠标左键放置抛物线的焦点，然后将鼠标指针拖动到起点处，沿抛物线轨迹绘制抛物线，系统弹出【抛物线】属性管理器。

(3) 单击鼠标左键并拖动鼠标指针定义抛物线，设置抛物线属性，单击【确定】按钮 ✔，完成抛物线的绘制。

2. 【抛物线】属性设置

(1) 在图形区域中选择绘制的抛物线，当鼠标指针位于抛物线上时会变成 ∪ 形状。系统弹出【抛物线】属性管理器，如图 2-16 所示。

(2) 当选择抛物线端点时，鼠标指针变成 ٭ 形状，拖动端点可改变曲线的形状。

将端点拖离焦点时，抛物线开口扩大，曲线展开。

将端点拖向焦点时，抛物线开口缩小，曲线变尖锐。

要改变抛物线一条边的长度而不修改抛物线的曲线，则应选择一个端点进行拖动。

(3) 设置抛物线的属性。

在图形区域中选择绘制的抛物线，然后在【抛物线】属性管理器

图 2-16　【抛物线】属性管理器

中编辑其属性。

- 【开始 X 坐标】：设置开始点 x 坐标。
- 【开始 Y 坐标】：设置开始点 y 坐标。
- 【结束 X 坐标】：设置结束点 x 坐标。
- 【结束 Y 坐标】：设置结束点 y 坐标。
- 【X 坐标置中】：将 x 坐标置中。
- 【Y 坐标置中】：将 y 坐标置中。
- 【极点 X 坐标】：设置极点 x 坐标。
- 【极点 Y 坐标】：设置极点 y 坐标。

其他属性与【圆】属性设置相似，在此不再赘述。

2.2.7 多边形

使用【多边形】命令可以生成带有任何数量边的等边多边形。用内切圆或者外接圆的直径定义多边形的大小，还可指定旋转角度。

1. 绘制多边形

(1) 单击【草图】工具栏中的【多边形】按钮，或选择【工具】|【草图绘制实体】|【多边形】命令，鼠标指针变为形状，系统弹出【多边形】属性管理器。

(2) 在【参数】选项组的【边数】微调框中设置多变形的边数，或在绘制多边形之后修改其边数，选中【内切圆】或【外接圆】单选按钮，并在【圆直径】微调框中设置圆直径数值。

(3) 在图形区域中单击鼠标左键放置多边形的中心，然后拖动鼠标指针定义多边形。

(4) 设置多边形的属性，单击【确定】按钮，完成多边形的绘制。

2. 【多边形】属性设置

完成多边形的绘制后，可通过编辑多边形属性来改变多边形的大小、位置、形状等。

(1) 用鼠标右键单击多边形的一条边，在弹出的快捷菜单中选择【编辑多边形】命令。

(2) 系统弹出【多边形】属性管理器，如图 2-17 所示，可编辑多边形的属性。

图 2-17 【多边形】属性管理器

2.2.8 样条曲线

样条曲线上的点可少至三个，中间为型值点(或者通过点)，两端为端点。可通过拖动样条曲线的型值点或端点改变其形状，也可在端点处指定相切，还可在 3D 草图绘制中绘制样条曲线，新绘制的样条曲线默认为"非成比例的"。

1. 绘制样条曲线

(1) 单击【草图】工具栏中的【样条曲线】按钮 ⌒，或选择【工具】|【草图绘制实体】|【样条曲线】命令，鼠标指针变为 ↘ 形状。

(2) 在图形区域单击鼠标左键放置第一点，然后拖动鼠标指针以定义曲线的第一段。

(3) 在图形区域中放置第二点，拖动鼠标指针以定义样条曲线的第二段。

(4) 重复以上步骤直到完成样条曲线。完成绘制时，双击最后一个点即可。

2. 样条曲线的属性设置

在【样条曲线】属性管理器中进行设置，如图 2-18 所示。

若样条曲线不受几何关系约束，则在【参数】选项组中指定以下参数定义样条曲线：

(1)【样条曲线控制点数】 ：滚动查看样条曲线上的点时，曲线相应点的序数出现在框中。

(2)【X 坐标】 ：设置样条曲线端点的 x 坐标。

(3)【Y 坐标】 ：设置样条曲线端点的 y 坐标。

(4)【相切重量 1】 、【相切重量 2】 ：相切量。通过修改样条曲线点处的样条曲线曲率度数来控制相切向量。

(5)【相切径向方向】 ：通过修改相对于 x、y、z 轴的样条曲线倾斜角度来控制相切方向。

(6)【相切驱动】：选中该复选框，可以激活【相切重量 1】、【相切重量 2】和【相切径向方向】等参数。

图 2-18   【样条曲线】属性管理器

(7)【重设此控标】：单击此按钮可将所选样条曲线控标重返到其初始状态。

(8)【重设所有控标】：单击此按钮可将所有样条曲线控标重返到其初始状态。

(9)【弛张样条曲线】：单击此按钮可显示控制样条曲线的多边形，然后拖动控制多边形上的任何节点以更改其形状，如图 2-19 所示。

(10)【成比例】：选中此复选框可使样条曲线成比例。成比例的样条曲线在拖动端点时会保持形状，整个样条曲线会按比例调整大小，可为成比例样条曲线的内部端点标注尺寸和添加几何关系。

3. 简化样条曲线

使用【简化样条曲线】命令可提高包含复杂样条曲线的模型的性能。除了绘制的样条曲线外，可使用如【转换实体引用】 、【等距实体】 和【交叉曲线】 等命令按钮绘制样条曲线，也可通过单击【平滑】按钮或指定公差数值以减少样条曲线上点的数量。

(1) 用鼠标右键单击样条曲线，在弹出的快捷菜单中选择【简化样条曲线】命令，弹出【简化样条曲线】

对话框，如图 2-20 所示。

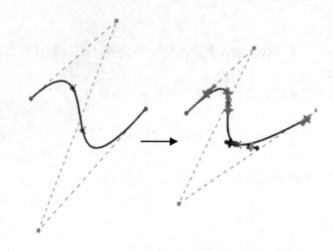

图 2-19　控制多边形

(2) 在【样条曲线型值点数】选项组的【在原曲线中】和【在简化曲线中】文本框中显示点的数量；在【公差】微调框中显示公差值(公差，即从原始曲线所产生的曲线的计划误差值)。如果要通过公差控制样条曲线点，则可在【公差】微调框中输入数值，然后按键盘上的 Enter 键，样条曲线点的数量可在图形区域中预览。

(3) 单击【平滑】按钮，系统将调整公差并计算点数更少的新曲线。点的数量重新显示在【在原曲线中】和【在简化曲线中】文本框中，公差值显示在【公差】微调框中。原始样条曲线显示在图形区域中并显示平滑曲线的预览，如图 2-21 所示。

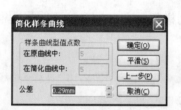

图 2-20　【简化样条曲线】对话框

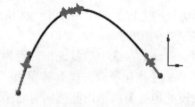

图 2-21　平滑曲线

(4) 可继续单击【平滑】按钮，直到只剩两个点为止，单击【确定】按钮 ，完成操作。

4. 插入样条曲线型值点

与前面的功能相反，在样条曲线右键快捷菜单中的【插入样条曲线型值点】命令，可为样条曲线增加一个或多个点。用该命令可完成以下操作：

(1) 使用样条曲线型值点作为控标，将样条曲线调整为所需的形状。

(2) 在样条曲线型值点之间，或样条曲线型值点与其他实体之间标注尺寸。

(3) 给样条曲线型值点添加几何关系。其步骤如下。

用鼠标右键单击所绘制的样条曲线，在弹出的快捷菜单中选择【插入样条曲线型值点】命令(或选择【工具】|【样条曲线工具】|【插入样条曲线型值点】命令)，鼠标指针显示为 形状。在样条曲线上单击鼠标左键定义一个或多个需要插入点的位置。

5. 改变样条曲线

1) 改变样条曲线的形状

选择样条曲线，控标出现在型值点和线段端点上，可用以下方法改变样条曲线：

● 拖动控标改变样条曲线的形状。
● 添加或移除样条曲线型值点改变样条曲线的形状。
● 用鼠标右键单击样条曲线，在弹出的快捷菜单中选择【插入样条曲线型值点】命令。
● 在样条曲线上通过控制多边形改变样条曲线的形状。

控制多边形是空间中用于操纵对象形状的一系列控制点(即节点)。它可拖动控制点而不是令修改区域局部化的样条曲线点，使用户可更精确地控制样条曲线的形状。在打开的草图中，用鼠标右键单击样条曲线，在弹出的快捷菜单中选择【显示控制多边形】命令，就可显示出控制多边形。

2) 简化样条曲线

用鼠标右键单击样条曲线，在弹出的快捷菜单中选择【简化样条曲线】命令。

3) 删除样条曲线型值点

选择要删除的点后按键盘上的 Delete 键。

4) 改变样条曲线的属性

从图形区域中选择样条曲线，在【样条曲线】属性管理器中编辑其属性。

2.2.9　绘制草图范例

 本范例完成文件：\02\2-2-9. SLDPRT

 多媒体教学路径：光盘→多媒体教学→第 2 章→2.2.9 节

Step 1　选择草图平面，如图 2-22 所示。

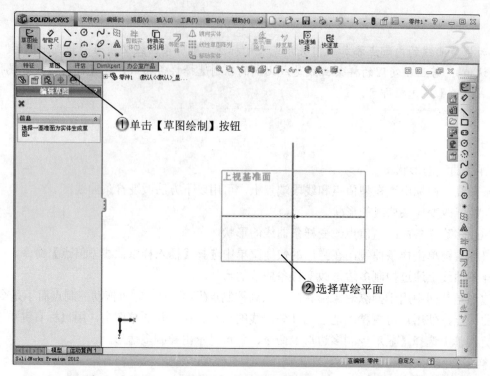

图 2-22　选择草图平面

Step 2　绘制六边形，如图 2-23 所示。

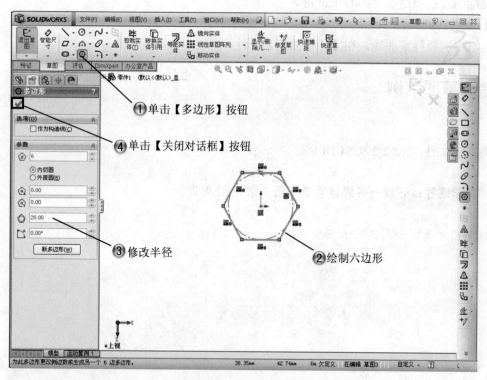

图 2-23　绘制六边形

Step 3　绘制圆形，如图 2-24 所示。

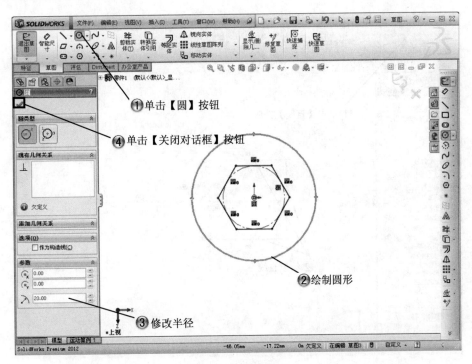

图 2-24　绘制圆形

Step 4　绘制中心线，如图 2-25 所示。

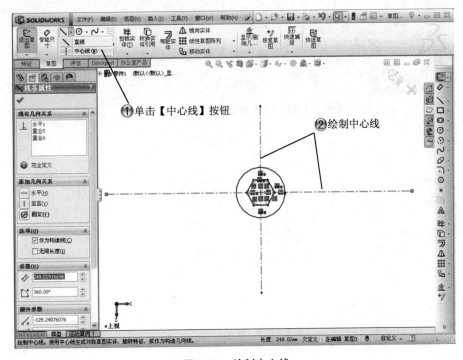

图 2-25　绘制中心线

Step 5 绘制直线图形，如图 2-26 所示。

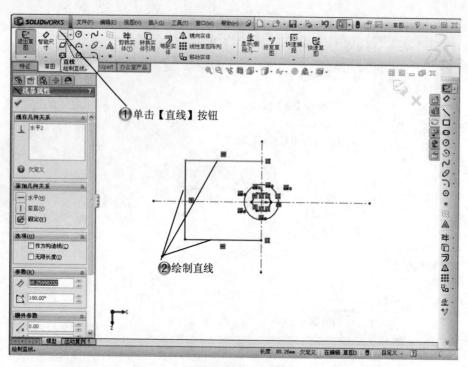

图 2-26　绘制直线图形

Step 6 标注直线尺寸，如图 2-27 所示。

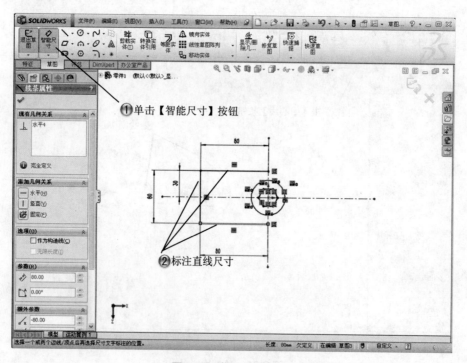

图 2-27　标注直线尺寸

Step 7　绘制圆弧，如图 2-28 所示。

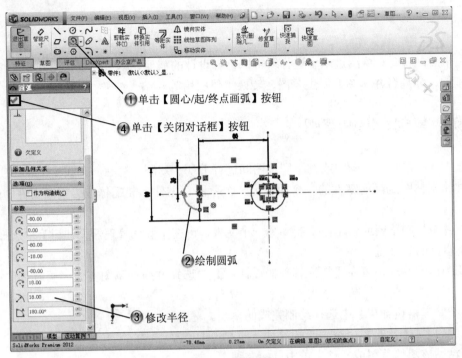

图 2-28　绘制圆弧

Step 8　绘制椭圆，如图 2-29 所示。

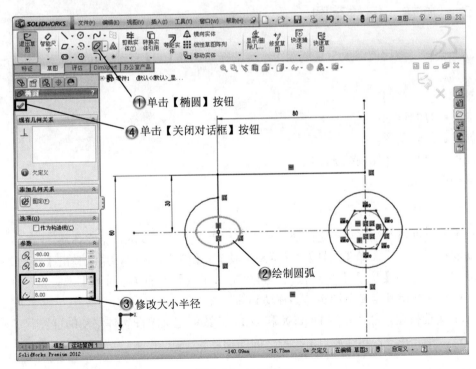

图 2-29　绘制椭圆

2.3 编 辑 草 图

草图绘制完毕后，需要对草图进一步进行编辑以符合设计的需要，本节介绍常用的草图编辑工具，如草图剪裁、草图延伸、分割合并草图、派生草图、转换实体引用等。

2.3.1 剪切、复制、粘贴草图

在草图绘制中，可在同一草图中或在不同草图间进行剪切、复制、粘贴一个或多个草图实体的操作，如复制整个草图并将其粘贴到当前零件的一个面或另一个草图、零件、装配体或工程图文件中(目标文件必须是打开的)。

要在同一文件中复制草图或将草图复制到另一个文件，可在【特征管理器设计树】中选择、拖动草图实体，同时按住键盘上的 Ctrl 键。

要在同一草图内部移动，可在【特征管理器设计树】中选择并拖动草图实体，同时按住键盘上的 Shift 键，也可按照以下步骤复制、粘贴一个或者多个草图实体。

(1) 在【特征管理器设计树】中选择绘制完成的草图。
(2) 选择【编辑】|【复制】命令，或按键盘上的 Ctrl+C 键。
(3) 在需要粘贴该图的草图或文件中单击鼠标左键。
(4) 选择【编辑】|【粘贴】命令，或按键盘上的 Ctrl+V 键，将草图实体的中心放置在单击鼠标的位置上。

2.3.2 移动、旋转、缩放草图

如果要移动、旋转、按比例缩放、复制草图，可选择【工具】|【草图工具】命令，然后选择子菜单下的命令。

- 【移动】：移动草图。
- 【复制】：复制草图。
- 【旋转】：旋转草图。
- 【按比例缩放】：按比例缩放草图。

下面进行详细的介绍。

1. 移动

使用【移动】命令可将实体移动一定距离，或以实体上某一点为基准，将实体移动至已有的草图点。

选择要移动的草图，然后选择【工具】|【草图工具】|【移动】命令，系统弹出【移动】属性管理器。在【参数】选项组中，选中【从/到】单选按钮，再单击【起点】下的【基准点】选择框，在图形区域中选择移动的起点，拖动鼠标指针定义草图实体要移动到的位置，如图 2-30 所示。

也可选中 X/Y 单选按钮，然后设置 Delta X 和 Delta Y 数值定义草图实体移动的位置。

(1) Delta X ΔX：表示开始点和结束点 x 坐标之间的偏移。

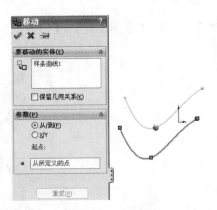

图 2-30　移动草图

(2) Delta Y $^{\Delta Y}$：表示开始点和结束点 y 坐标之间的偏移。

(3) 如果单击【重复】按钮，将按照相同距离继续修改草图实体位置，单击【确定】按钮，草图实体被移动。

2. 复制

【复制】命令的使用方法与【移动】相同，在此不再赘述。

> 提　示
>
> 　　【移动】或【复制】操作不生成几何关系。如果需要在移动或者复制过程中保留现有几何关系，则选中【保留几何关系】复选框；当取消选中【保留几何关系】复选框时，只有在所选项目和未被选择的项目之间的几何关系被断开，所选项目之间的几何关系仍被保留。

3. 旋转

使用【旋转】命令可使实体沿旋转中心旋转一定角度。

(1) 选择要旋转的草图。

(2) 选择【工具】|【草图工具】|【旋转】命令。

(3) 系统弹出【旋转】属性管理器。在【参数】选项组中，单击【旋转中心】下的【基准点】选择框，然后在图形区域中单击鼠标左键放置旋转中心。在【基准点】　选择框中显示【旋转所定义的点】，如图 2-31 所示。

(4) 在【角度】微调框中设置旋转角度，或将鼠标指针在图形区域中任意拖动，单击【确定】按钮，草图实体被旋转。

> 提　示
>
> 　　拖动鼠标指针时，角度捕捉增量根据鼠标指针离基准点的距离而变化，在【角度】微调框中会显示精确的角度值。

4. 按比例缩放

使用【按比例缩放】命令可将实体放大或者缩小一定的倍数，或生成一系列尺寸成等比例的实体。

选择要按比例缩放的草图，选择【工具】|【草图工具】|【缩放比例】命令，系统弹出【比例】属性管理器，如图 2-32 所示。

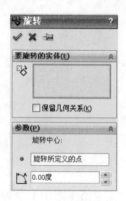

图 2-31　【旋转】属性管理器

图 2-32　【比例】属性管理器

在【参数】选项组中设置如下参数。

(1)【比例缩放点】：单击【基准点】选择框，在图形区域中单击草图的某个点作为比例缩放的基准点，在【基准点】 选择框中显示为【缩放所定义的点】。

(2)【比例因子】 ：比例因子按算术方法递增(不按几何体方法)。

(3)【复制】：选中此复选框，设置【份数】 数值，可将草图按比例缩放并复制。

2.3.3　剪裁草图

使用【剪裁】命令可用来裁剪或延伸某一草图实体，使之与另一个草图实体重合，或者删除某一草图实体。

单击【草图】工具栏中的【剪裁实体】按钮 或选择【工具】|【草图工具】|【剪裁】命令，系统弹出【剪裁】属性管理器，如图 2-33 所示。

在【选项】选项组中可以设置以下参数：

(1)【强劲剪裁】 ：剪裁草图实体。拖动鼠标指针时，剪裁一个或多个草图实体到最近的草图实体处。

(2)【边角】 ：修改所选两个草图实体，直到它们以虚拟边角交叉。沿其自然路径延伸一个或两个草图实体时就会生成虚拟边角。

控制【边角】选项的因素如下：

图 2-33　【剪裁】属性管理器

- 选择的草图实体可以不同(如直线和圆弧、抛物线和直线等)。
- 根据草图实体的不同，剪裁操作可以延伸一个草图实体而缩短另一个草图实体，或同时延伸两个草图实体。
- 受所选草图实体的末端影响，剪裁操作可能发生在所选草图实体两端的任一端。
- 剪裁行为不受选择草图实体顺序的影响。
- 如果所选的两个草图实体之间不可能有几何上的自然交叉，则剪裁操作无效。

(3)【在内剪除】：剪裁位于两个所选边界之间的草图实体，例如，椭圆等闭环草图实体将会生成一个边界区域，方式与选择两个开环实体作为边界相同。

控制此选项的因素如下：

- 作为两个边界实体的草图实体可以不同。
- 选择要剪裁的草图实体必须与每个边界实体交叉一次，或与两个边界实体完全不交叉。
- 剪裁操作将会删除所选边界内部全部的有效草图实体。
- 要剪裁的有效草图实体包括开环草图实体，不包括闭环草图实体(如圆等)。

(4)【在外剪除】：剪裁位于两个所选边界之外的开环草图实体。

控制此选项的因素如下：

- 作为两个边界实体的草图实体可以不同。
- 边界不受所选草图实体端点的限制，将边界定义为草图实体的无限延续。
- 剪除操作将会删除所选边界外全部的有效草图实体。
- 要剪裁的有效草图实体包括开环草图实体，但不包括闭环草图实体(如圆等)。

(5)【剪裁到最近端】：删除草图实体到与另一草图实体如直线、圆弧、圆、椭圆、样条曲线、中心线等或模型边线的交点。

控制此选项的因素如下：

- 删除所选草图实体，直到与其他草图实体的最近交点。
- 延伸所选草图实体，实体延伸的方向取决于拖动鼠标指针的方向。

在草图上移动鼠标指针，一直到希望剪裁(或者删除)的草图实体以红色高亮显示，然后单击该实体。如果草图实体没有和其他草图实体相交，则整个草图实体被删除。草图剪裁也可以删除草图实体余下的部分。

2.3.4　延伸草图

使用【延伸】命令可以延伸草图实体以增加其长度，如直线、圆弧或中心线等。常用于将一个草图实体延伸到另一个草图实体。

(1) 单击【草图】工具栏中的【延伸实体】按钮或选择【工具】|【草图工具】|【延伸】命令。

(2) 将鼠标指针拖动到要延伸的草图实体上，如直线、圆弧或者中心线等，所选草图实体显示为红色，绿色的直线或圆弧表示草图实体延伸的方向。

(3) 单击该草图实体，草图实体延伸到与下一草图实体相交。

> 提 示
> 如果预览显示延伸方向出错，将鼠标指针拖动到直线或者圆弧的另一半上并再一次预览。

2.3.5　分割、合并草图

【分割实体】命令是通过添加分割点将一个草图实体分割成两个草图实体。
(1) 打开包含需要分割实体的草图。
(2) 选择【工具】|【草图工具】|【分割实体】命令，或在图形区域中用鼠标右键单击草图实体，在弹出

的快捷菜单中选择【分割实体】命令。当鼠标指针位于被分割的草图实体上时，会变成 形状。

(3) 单击草图实体上的分割位置，该草图实体被分割成两个草图实体，这两个草图实体间会添加一个分割点，如图2-34所示。

2.3.6 派生草图

可以从属于同一零件的另一草图派生草图，或从同一装配体中的另一草图派生草图。

从现有草图派生草图时，这两个草图将保持相同特性。对原始草图所做的更改将反映到派生草图中。通过拖动派生草图和标注尺寸，将草图定位在所选面上。派生的草图是固定链接的，它将作为单一实体被拖动。

不能在派生的草图中添加或者删除几何体，派生草图的形状总是与原始草图相同。但可用尺寸或者几何关系重新定义该草图。

更改原始草图时，派生的草图会自动更新。

分割点

图2-34 分割点

如果要解除派生的草图与原始草图之间的链接，则在【特征管理器设计树】中用鼠标右键单击派生草图或零件的名称，然后在弹出的快捷菜单中选择【解除派生】命令。链接解除后，即使对原始草图进行修改，派生的草图也不会再自动更新。

从同一零件中的草图派生草图的步骤如下：①选择需要派生新草图的草图。②按住键盘上的 Ctrl 键并单击将放置新草图的面。③选择【插入】|【派生草图】命令，草图在所选面的基准面上出现。

从同一装配体中的草图派生草图的步骤如下：①用鼠标右键单击需要放置派生草图的零件，在弹出的快捷菜单中选择【编辑零件】命令。②在同一装配体中选择需要派生的草图。③按住键盘上的 Ctrl 键并单击鼠标左键放置新草图的面。④选择【插入】|【派生草图】命令，草图在选择面的基准面上出现，并可以进行编辑。

2.3.7 转换实体引用

使用【转换实体引用】命令可将其他特征上的边线投影到某草图平面上，此边线可以是作为等距的模型边线(包括一个或多个模型的边线、一个模型的面和该面所指定环的边线)，也可是作为等距的外部草图实体(包括一个或多个相连接的草图实体，或一个具有闭环轮廓线的草图实体等)。

(1) 在图形区域中选择模型面或边线、环、曲线、外部草图轮廓线、一组边线、一组曲线等。

(2) 单击【草图】工具栏中的【草图绘制】按钮 ，进入草图绘制状态。

(3) 单击【草图】工具栏中的【转换实体引用】按钮 或选择【工具】|【草图工具】|【转换实体引用】命令，将模型面转换为草图实体，如图2-35所示。

【转换实体引用】命令将自动建立以下几何关系：

(1) 在新的草图曲线和草图实体之间的边线上建立几何关系，如果草图实体更改，曲线也会随之更新。

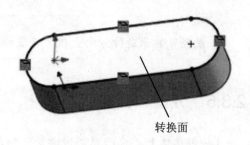

转换面

图2-35 将模型面转换为草图实体

(2) 在草图实体的端点上生成内部固定几何关系，使草图实体保持"完全定义"状态。

(3) 当使用【显示/删除几何关系】命令时，不会显示此内部几何关系，拖动草图实体端点可移除几何关系。

2.3.8　等距实体

使用【等距实体】命令可将其他特征的边线以一定的距离和方向偏移，偏移的特征可以是一个或多个草图实体、一个模型面、一条模型边线或外部草图曲线。

图 2-36　【等距实体】属性管理器

选择一个草图实体或者多个草图实体、一个模型面、一条模型边线或外部草图曲线等，单击【草图】工具栏中的【等距实体】按钮 ⅎ 或选择【工具】|【草图工具】|【等距实体】命令，系统弹出【等距实体】属性管理器，如图 2-36 所示。

在【参数】选项组中设置以下参数。

(1) 【等距距离】：可在此微调框中设置等距数值，或在图形区域中移动鼠标指针以定义等距距离。

(2) 【添加尺寸】：选中此复选框可在草图中添加等距距离，不会影响到原有草图实体中的任何尺寸。

(3) 【反向】：选中此复选框可更改单向等距的方向。

(4) 【选择链】：选中此复选框可生成所有连续草图实体的等距实体。

(5) 【双向】：选中此复选框可在图形区域的两个方向生成等距实体。

(6) 【制作基体结构】：选中此复选框可将原有草图实体转换为构造性直线。

(7) 【顶端加盖】：通过选中【双向】复选框并添加顶盖，以延伸原有非相交草图实体，可以选中【圆弧】或【直线】单选按钮作为延伸顶盖的类型。

2.3.9　编辑草图范例

 本范例练习文件：\02\2-2-9. SLDPRT

 本范例完成文件：\02\2-3-9. SLDPRT

 多媒体教学路径：光盘→多媒体教学→第 2 章→2.3.9 节

Step 1 修剪草图，如图 2-37 所示。

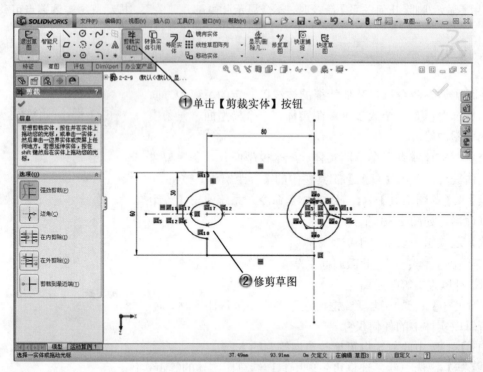

图 2-37 修剪草图

Step 2 复制草图，如图 2-38 所示。

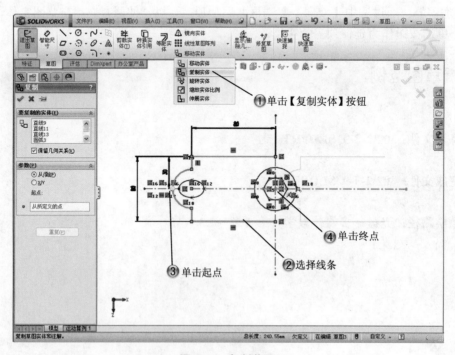

图 2-38 复制草图

Step 3　旋转草图，如图 2-39 所示。

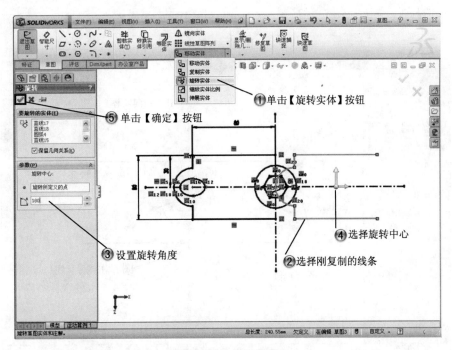

图 2-39　旋转草图

Step 4　移动草图，如图 2-40 所示。

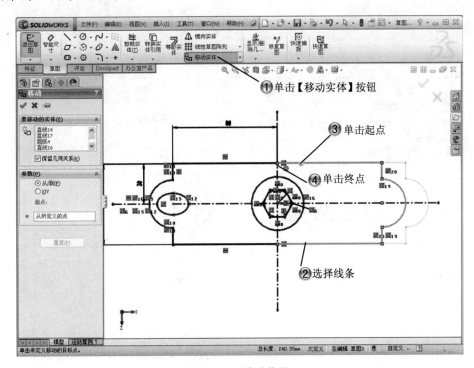

图 2-40　移动草图

Step 5 镜向草图，如图 2-41 所示。

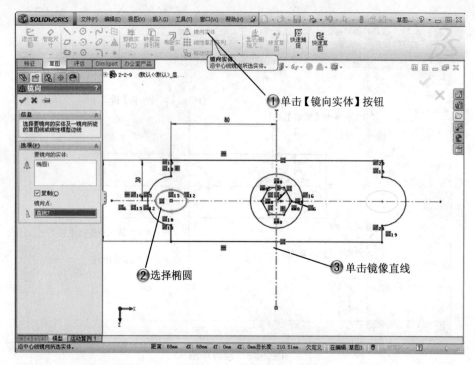

图 2-41 镜向草图

Step 6 等距实体，如图 2-42 所示。

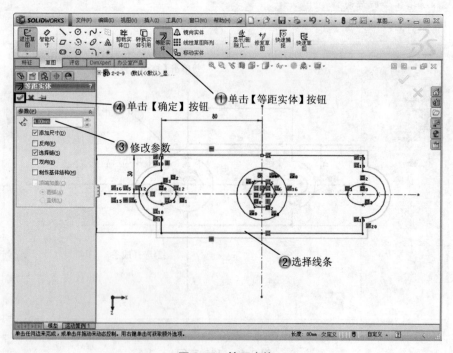

图 2-42 等距实体

2.4 3D 草图

3D 草图由一系列直线、圆弧以及样条曲线构成。3D 草图可以作为扫描路径，也可以用作放样或者扫描的引导线、放样的中心线等。

2.4.1 简介

单击【草图】工具栏中的【3D 草图】按钮 或选择【插入】|【3D 草图】命令，开始绘制 3D 草图。

1. 3D 草图坐标系

生成 3D 草图时，在默认情况下，通常是相对于模型中默认的坐标系进行绘制。如果要切换到另外两个默认基准面中的一个，则单击所需的草图绘制工具，然后按键盘上的 Tab 键，将当前的草图基准面的原点显示出来。如果要改变 3D 草图的坐标系，则单击所需的草图绘制工具，按住键盘上的 Ctrl 键，然后单击一个基准面、一个平面或一个用户定义的坐标系。如果选择一个基准面或者平面，3D 草图基准面将进行旋转，使 x、y 草图基准面与所选项目对正。如果选择一个坐标系，3D 草图基准面将进行旋转，使 x、y 草图基准面与该坐标系的 x、y 基准面平行。在开始 3D 草图绘制前，将视图方向改为【等轴测】，因为在此方向中 x、y、z 方向均可见，可以更方便地生成 3D 草图。

2. 空间控标

当使用 3D 草图绘图时，一个图形化的助手可以帮助定位方向，此助手被称为空间控标。在所选基准面上定义直线或者样条曲线的第一个点时，空间控标就会显示出来。使用空间控标可提示当前绘图的坐标，如图 2-43 所示。

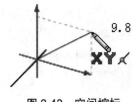

图 2-43 空间控标

3. 3D 草图的尺寸标注

使用 3D 草图时，先按照近似长度绘制直线，然后再按照精确尺寸进行标注。选择两个点、一条直线或者两条平行线，可以添加一个长度尺寸。选择三个点或者两条直线，可以添加一个角度尺寸。

4. 直线捕捉

在 3D 草图中绘制直线时，可用直线捕捉零件中现有的几何体，如模型表面或顶点及草图点。如果沿一个主要坐标方向绘制直线，则不会激活捕捉功能；如果在一个平面上绘制直线，且系统推理出捕捉到一个空间点，则会显示一个暂时的 3D 图形框以指示不在平面上的捕捉。

2.4.2 3D 直线

当绘制直线时，直线捕捉到的一个主要方向(即 x、y、z)将分别被约束为水平、竖直或沿 z 轴方向(相对于当前的坐标系为 3D 草图添加几何关系)，但并不一定要求沿着这三个主要方向之一绘制直线，可在当前基准面中与一个主要方向成任意角度进行绘制。如果直线端点捕捉到现有的几何模型，可在基准面之外进行绘制。

一般是相对于模型中的默认坐标系进行绘制。如果需要转换到其他两个默认基准面，则选择草图绘制工具，然后按键盘上的 Tab 键，即显示当前草图基准面的原点。

(1) 单击【草图】工具栏中的【3D 草图】按钮 或选择【插入】|【3D 草图】命令，进入 3D 草图绘制状态。

(2) 单击【草图】工具栏中的【直线】按钮 ，系统弹出【插入线条】属性管理器。在图形区域中单击鼠标左键开始绘制直线，此时出现空间控标，帮助在不同的基准面上绘制草图(如果想改变基准面，按键盘上的 Tab 键)。

(3) 拖动鼠标指针至直线段的终点处。

(4) 如果要继续绘制直线，可选择线段的终点，然后按键盘上的 Tab 键转换到另一个基准面。

(5) 拖动鼠标指针直至出现第二段直线，然后释放鼠标，如图 2-44 所示。

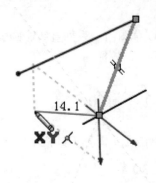

图 2-44　绘制 3D 直线

2.4.3　3D 圆角

3D 圆角的绘制方法如下：

(1) 单击【草图】工具栏中的【3D 草图】按钮 或选择【插入】|【3D 草图】命令，进入 3D 草图绘制状态。

(2) 单击【草图】工具栏中的【绘制圆角】按钮 或选择【工具】|【草图工具】|【圆角】命令，系统弹出【绘制圆角】属性管理器。在【圆角参数】选项组中，设置【圆角半径】 数值，如图 2-45 所示。

(3) 选择两条相交的线段或选择其交叉点，即可绘制出圆角，如图 2-46 所示。

图 2-45　【绘制圆角】属性管理器

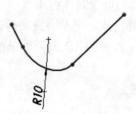

图 2-46　绘制圆角

2.4.4　3D 样条曲线

3D 样条曲线的绘制方法如下：

(1) 单击【草图】工具栏中的【3D 草图】按钮 或选择【插入】|【3D 草图】命令，进入 3D 草图绘制状态。

(2) 单击【草图】工具栏中的【样条曲线】按钮 或选择【工具】|【草图绘制实体】|【样条曲线】命令。

(3) 在图形区域中单击鼠标左键放置第一个点，拖动鼠标指针定义曲线的第一段，系统弹出【样条曲线】属性管理器，如图 2-47 所示，它比二维的【样条曲线】属性管理器多了【Z 坐标】 参数。

图 2-47　【样条曲线】属性管理器

(4) 每次单击鼠标左键时，都会出现空间控标来帮助在不同的基准面上绘制草图(如果想改变基准面，按键盘上的 Tab 键)。

(5) 重复前面的步骤，直到完成 3D 样条曲线的绘制。

2.4.5　3D 点

3D 草图点的绘制方法如下：

(1) 单击【草图】工具栏中的【3D 草图】按钮 或者选择【插入】|【3D 草图】命令，进入 3D 草图

绘制状态。

(2) 单击【草图】工具栏中的【点】按钮  或者选择【工具】|【草图绘制实体】|【点】命令。

(3) 在图形区域中单击鼠标左键放置点，系统弹出【点】属性管理器，如图 2-48 所示，它比二维的【点】的属性设置多了【Z 坐标】 $^\circ z$ 参数。

(4) 【点】命令保持激活，可继续插入点。

如果需要改变【点】属性，可在 3D 草图中选择一个点，然后在【点】属性管理器中编辑其属性。

图 2-48 【点】属性管理器

2.4.6 面部曲线

当使用从其他软件导入的文件时，可从一个面或曲面上提取 iso-参数(UV)曲线，然后使用【面部曲线】命令进行局部清理。

由此生成的每个曲线都将成为单独的 3D 草图。然而如果使用【面部曲线】命令时正在编辑 3D 草图，那么所有提取的曲线都将被添加到激活的 3D 草图中。

一般提取 iso-参数曲线的步骤如下：

(1) 选择【工具】|【草图工具】|【面部曲线】命令，然后选择一个面或曲面。

(2) 系统弹出【面部曲线】属性管理器，曲线的预览显示在面上，不同的颜色表示曲线的不同方向(读者可以在实际操作中进行体会)，与【面部曲线】属性设置中的颜色相对应。该面的名称显示在【选择】选项组的【面】 选择框中，如图 2-49 所示。

【面部曲线】属性管理器

生成面部曲线

图 2-49 面部曲线属性管理器及生成的曲线

(3) 在【选择】选项组中，可选中【网格】或【位置】两个单选按钮之一。

● 【网格】：均匀放置的曲线，可为【方向 1 曲线数】和【方向 2 曲线数】指定数值。

● 【位置】：两个直交曲线的相交处，在图形区域中拖动鼠标指针以定义位置。

选中不同的单选按钮，其属性设置如图 2-49 和图 2-50 所示。

如果不需要曲线，可以取消选中【方向 1 开/关】或【方向 2 开/关】复选框。

图 2-50　选中不同的单选按钮后的属性设置

(4) 在【选项】选项组中，可选择以下两个选项。

● 【约束于模型】：选中该复选框时，曲线随模型的改变而更新。

● 【忽视孔】：用于带内部缝隙或环的输入曲面。当选中该复选框时，曲线通过孔而生成；当取消选中该复选框时，曲线停留在孔的边线。

(5) 单击【确定】按钮 ，生成面部曲线。

2.4.7　3D 草图范例

 本范例完成文件：\02\2-4-7. SLDPRT

多媒体教学路径：光盘→多媒体教学→第 2 章→2.4.7 节

Step 1　单击【3D 草图】按钮，如图 2-51 所示。

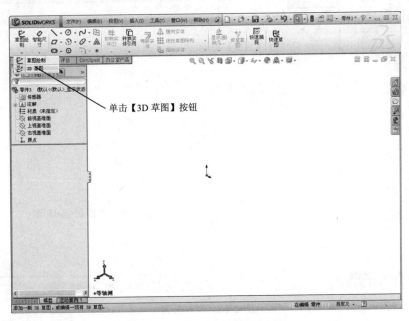

图 2-51　单击【3D 草图】按钮

Step 2 绘制空间直线，如图 2-52 所示。

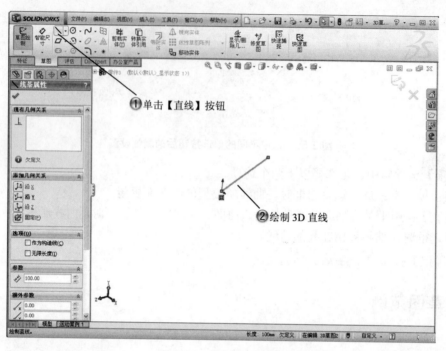

图 2-52　绘制空间直线

Step 3 绘制矩形，如图 2-53 所示。

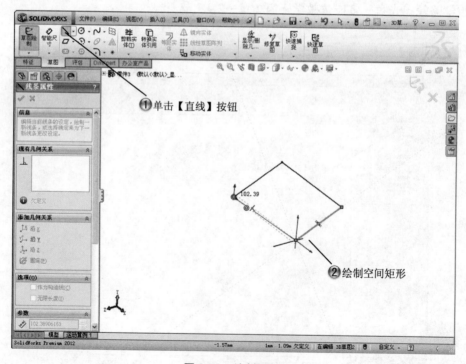

图 2-53　绘制矩形

Step 4 绘制其他 3D 直线，如图 2-54 所示。

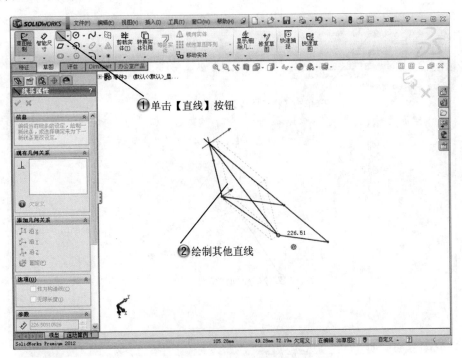

图 2-54　绘制其他 3D 直线

Step 5 绘制 3D 圆角，如图 2-55 所示。

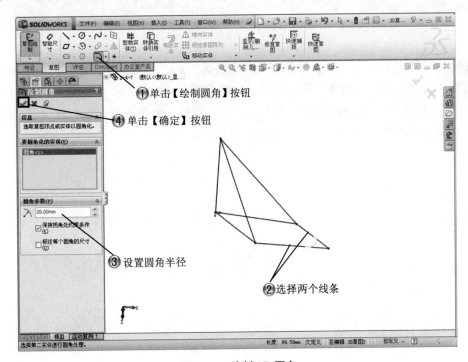

图 2-55　绘制 3D 圆角

Step 6 绘制 3D 样条曲线，如图 2-56 所示。

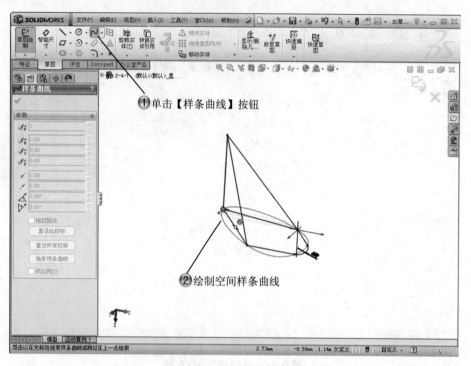

图 2-56   绘制 3D 样条曲线

2.5   本 章 小 结

　　本章主要讲解了草图的绘制方法，二维草图是三维实体的基础，二维的草图绘制在 SolidWorks 三维模型创建中起着非常重要的作用。三维实体可以被视为二维截面在第三维空间中的变化，因此在生成实体之前必须先绘制出实体模型的截面，再利用拉伸、旋转、扫描和放样等命令生成三维实体模型。希望读者能够在本章的学习中认真掌握这部分内容。

第3章

基本实体建模

本章导读

　　基体拉伸是由草图生成的实体零件的第一个特征。基体是实体的基础,在此基础上可以通过增加或减少材料实现各种复杂的实体零件。本章重点讲解增加材料的拉伸凸台特征和减少材料的拉伸切除特征。

　　旋转特征通过绕中心线旋转一个或多个轮廓来添加或移除材料,可以生成凸台/基体、旋转切除或旋转曲面,旋转特征可以是实体、薄壁特征或曲面。

　　扫描特征是通过沿着一条路径移动轮廓(截面)来生成基体、凸台、切除或曲面的方法,使用该方法可以生成复杂的模型零件。放样特征通过在轮廓之间进行过渡以生成特征,放样的对象可以是基体、凸台、切除或者曲面,可以使用两个或者多个轮廓生成放样,但仅第一个或者最后一个对象的轮廓可以是点。

　　本章主要介绍特征设计的方法,主要包括拉伸特征、旋转特征、扫描特征和放样特征。

学习内容

知识点 ＼ 学习目标	理 解	应 用	实 践
拉伸特征	√	√	√
旋转特征	√	√	√
扫描特征	√	√	√
放样特征	√	√	√

3.1 拉 伸 特 征

在拉伸特征包括拉伸凸台/基体特征和拉伸切除特征，下面将着重介绍这两种特征。

3.1.1 拉伸凸台/基体特征

单击【特征】工具栏中的【拉伸凸台/基体】按钮 或选择【插入】|【凸台/基体】|【拉伸】命令，系统弹出【凸台-拉伸】的属性管理器，如图 3-1 所示。

1. 【从】选项组

该选项组用来设置特征拉伸的开始条件，其选项包括【草图基准面】、【曲面/面/基准面】、【顶点】和【等距】，如图 3-2 所示。

图 3-1 【凸台-拉伸】属性管理器

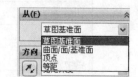

图 3-2 开始条件下拉列表

(1) 【草图基准面】：以草图所在的基准面作为基础开始拉伸。

(2) 【曲面/面/基准面】：以这些实体作为基础开始拉伸。操作时必须为【曲面/面/基准面】选择有效的实体，实体可以是平面或者非平面，平面实体不必与草图基准面平行，但草图必须完全在非平面曲面或者平面的边界内。

(3) 【顶点】：从选择的顶点处开始拉伸。

(4) 【等距】：从与当前草图基准面等距的基准面上开始拉伸，等距距离可以手动输入。

2. 【方向 1】选项组

(1) 【终止条件】：设置特征拉伸的终止条件，其下拉列表如图 3-3 所示。单击【反向】按钮 ，可沿预览中所示的相反方向拉伸特征。

图 3-3 【终止条件】下拉列表

- 【给定深度】：设置给定的【深度】数值 以终止拉伸。
- 【成形到一顶点】：拉伸到在图形区域中选择的顶点。
- 【成形到一面】：拉伸到在图形区域中选择的一个面或基准面。
- 【到离指定面指定的距离】：拉伸到在图形区域中选择的一个面或基准面，然后设置【等距距离】数值 。
- 【成形到实体】：拉伸到在图形区域中所选择的实体或者曲面实体。在装配体中拉伸时，可用此选项延伸草图到所选的实体。如果拉伸的草图在所选实体或者曲面实体之外，此选项可执行面的自动延伸以终止拉伸。
- 【两侧对称】：设置【深度】数值 ，从平面两侧的对称位置处生成拉伸特征。

(2) 【拉伸方向】 ：在图形区域中选择方向向量，并从垂直于草图轮廓的方向拉伸草图。

(3) 【拔模开/关】 ：设置【拔模角度】数值，如果有必要，可选中【向外拔模】复选框。

3. 【方向 2】选项组

该选项组中的参数用来设置同时从草图基准面向两个方向拉伸的相关参数，用法和【方向 1】选项组基本相同。

4. 【薄壁特征】选项组

该选项组中的参数可控制拉伸的【厚度】 (不是【深度】)数值。薄壁特征基体是钣金零件的基础。

1) 【类型】

设置【薄壁特征】拉伸的类型，如图 3-4 所示。

- 【单向】：以同一【厚度】 数值，沿一个方向拉伸草图。
- 【两侧对称】：以同一【厚度】 数值，沿相反方向拉伸草图。
- 【双向】：以不同【方向 1 厚度】 、【方向 2 厚度】 数值，沿相反方向拉伸草图。

2) 【顶端加盖】(如图 3-5 所示)

为薄壁特征拉伸的顶端加盖，生成一个中空的零件(仅限于闭环的轮廓草图)。

【加盖厚度】 (在选中【顶端加盖】复选框时可用)：设置薄壁特征从拉伸端到草图基准面的加盖厚度，只可用于模型中第一个生成的拉伸特征。

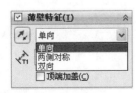

图 3-4 【类型】选项

图 3-5 选中【顶端加盖】复选框

5. 【所选轮廓】选项组

【所选轮廓】◇：允许使用部分草图生成拉伸特征，可以在图形区域中选择草图轮廓和模型边线。

3.1.2 拉伸切除特征

单击【特征】工具栏中的【拉伸切除】按钮或选择【插入】|【切除】|【拉伸】命令，弹出【切除-拉伸】属性管理器，如图3-6所示。

该属性设置与【凸台-拉伸】的属性设置方法基本一致。不同之处是，在【方向1】选项组中多了【反侧切除】复选框。

【反侧切除】(仅限于拉伸的切除)：移除轮廓外的所有部分。在默认情况下，从轮廓内部移除，如图3-7所示。

图3-6 【切除-拉伸】属性管理器

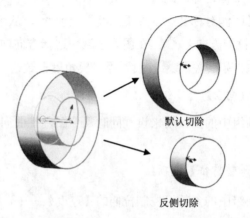

图3-7 反侧切除和默认切除

3.1.3 拉伸特征范例

本范例完成文件：\03\3-1-3. SLDPRT

多媒体教学路径：光盘→多媒体教学→第3章→3.1.3节

Step 1　选择拉伸草绘平面，如图 3-8 所示。

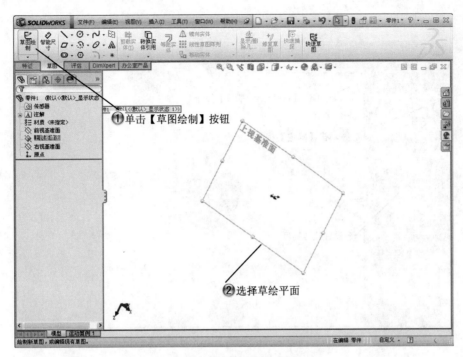

图 3-8　选择拉伸草绘平面

Step 2　绘制六边形，如图 3-9 所示。

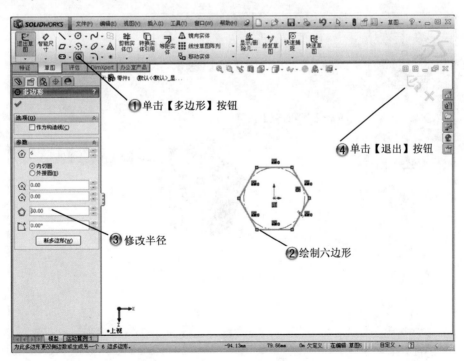

图 3-9　绘制六边形

Step 3 拉伸六边形，如图 3-10 所示。

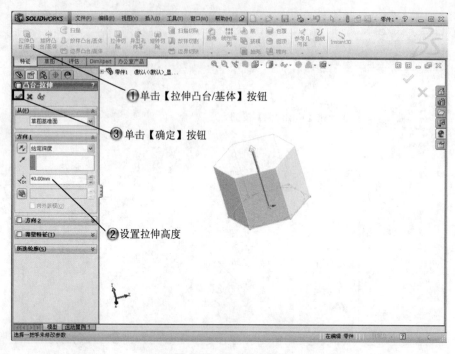

图 3-10　拉伸六边形

Step 4 选择六边形平面为草绘平面，如图 3-11 所示。

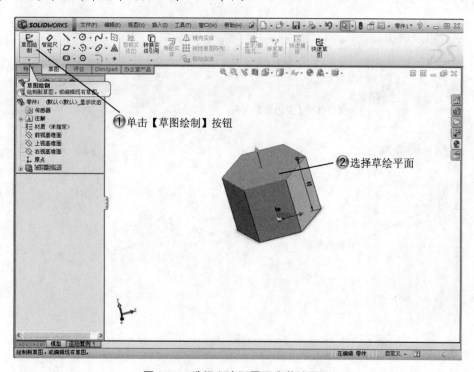

图 3-11　选择六边形平面为草绘平面

Step 5 绘制圆形草图，如图 3-12 所示。

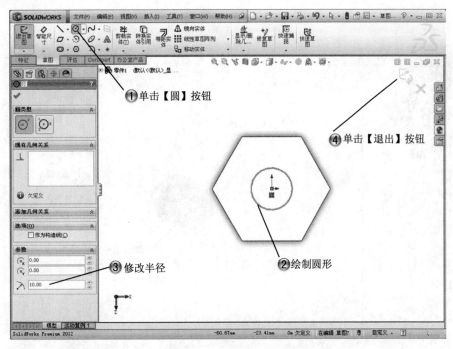

图 3-12　绘制圆形草图

Step 6 拉伸圆形草图，如图 3-13 所示。

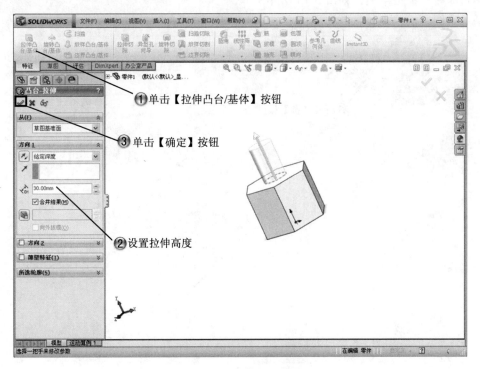

图 3-13　拉伸圆形草图

Step 7 创建拉伸切除特征，如图 3-14 所示。

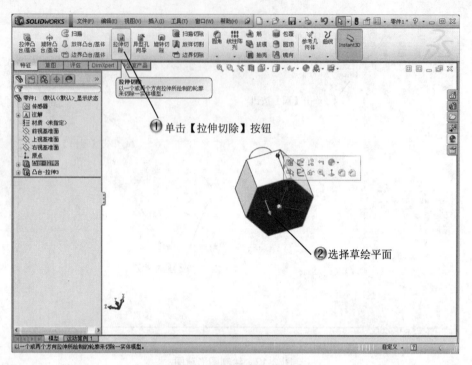

图 3-14　创建拉伸切除特征

Step 8 绘制切除特征圆形草图，如图 3-15 所示。

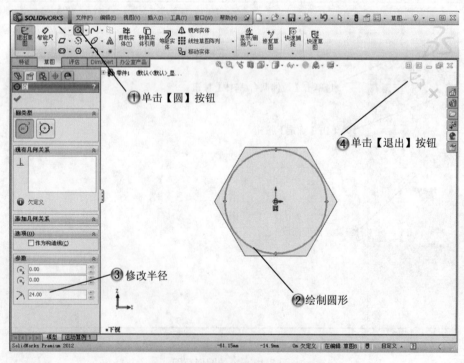

图 3-15　绘制切除特征圆形草图

Step 9 完成拉伸切除，如图 3-16 所示。

图 3-16　完成拉伸切除

3.2　旋　转　特　征

下面讲解旋转特征的属性设置和创建旋转特征的操作步骤。

3.2.1　旋转特征的属性设置

单击【特征】工具栏中的【旋转凸台/基体】按钮或者选择【插入】|【凸台/基体】|【旋转】命令，系统打开【旋转】属性管理器，如图 3-17 所示。【旋转切除】按钮和【旋转凸台/基体】按钮使用方法类似，这里就不介绍了。

1．【旋转参数】选项组

【旋转轴】：选择旋转所围绕的轴，根据生成旋转特征的类型来看，此轴可以为中心线、直线或者边线。

2．【方向 1】和【方向 2】选项组

(1)　【旋转类型】：从草图基准面中定义旋转方向，其选项如图 3-18 所示。

● 　【给定深度】：从草图以单一方向生成旋转。

● 　【成形到一顶点】：从草图基准面开始旋转到指定顶点。

- 【成形到一面】：从草图基准面开始旋转到指定曲面。
- 【到离指定面指定的距离】：从草图基准面生成旋转到指定曲面指定距离的特征。
- 【两侧对称】：从草图基准面以顺时针和逆时针方向，生成相同角度的旋转特征。

图 3-17　【旋转】属性管理器

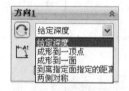

图 3-18　【旋转类型】选项

(2) 【反向】 ：单击该按钮，更改旋转方向。

(3) 【方向 1 角度】 ：设置旋转角度，默认的角度为 360°，沿顺时针方向从所选草图开始测量角度。

3. 【薄壁特征】选项组

【类型】：设置旋转厚度的方向。

(1) 【单向】：以同一【方向 1 厚度】 数值，从草图以单一方向添加薄壁特征体积。如果有必要，单击【反向】按钮 ，反转薄壁特征体积添加的方向。

(2) 【两侧对称】：以同一【方向 1 厚度】 数值，并以草图为中心，在草图两侧使用均等厚度的体积添加薄壁特征。

(3) 【双向】：在草图两侧添加不同厚度的薄壁特征的体积。设置【方向 1 厚度】 数值，从草图向外添加薄壁特征的体积；设置【方向 2 厚度】 数值，从草图向内添加薄壁特征的体积。

4. 【所选轮廓】选项组

在使用多轮廓生成旋转特征时使用此选项。

单击【所选轮廓】 选择框，拖动鼠标指针 ，在图形区域中选择适当轮廓，此时显示出旋转特征的预览，可以选择任何轮廓以生成单一或者多实体零件，单击【确定】按钮 ，生成旋转特征。

3.2.2　旋转特征的操作方法

生成旋转凸台/基体特征的操作方法如下：

(1) 绘制草图，以一个或多个轮廓以及一条中心线、直线或边线作为特征旋转所围绕的轴，如图 3-19 所示。

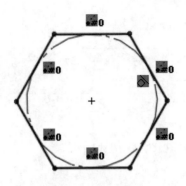

图 3-19　绘制草图

(2) 单击【特征】工具栏中的【旋转凸台/基体】按钮 或选择【插入】|【凸台/基体】|【旋转】命令，系统打开【旋转】属性管理器，如图 3-20 所示，选择旋转轴，根据需要设置参数，单击【确定】按钮，如图 3-21 所示。

图 3-20　【旋转】属性管理器

旋转轴

图 3-21　生成旋转特征

3.2.3　旋转特征范例

本范例完成文件：\03\3-2-3.SLDPRT

多媒体教学路径：光盘→多媒体教学→第 3 章→3.2.3 节

Step 1 选择拉伸草绘面，如图 3-22 所示。

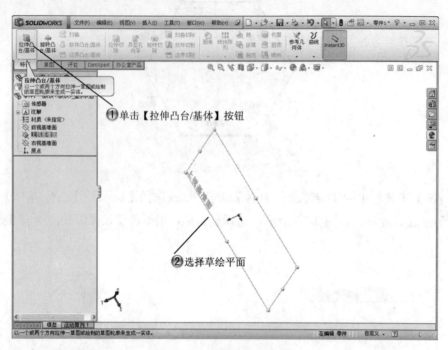

图 3-22　选择拉伸草绘面

Step 2 绘制矩形，如图 3-23 所示。

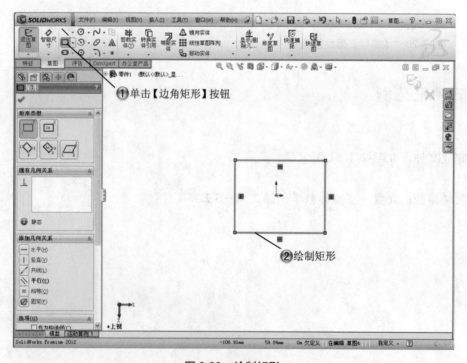

图 3-23　绘制矩形

Step 3 标注矩形尺寸，如图 3-24 所示。

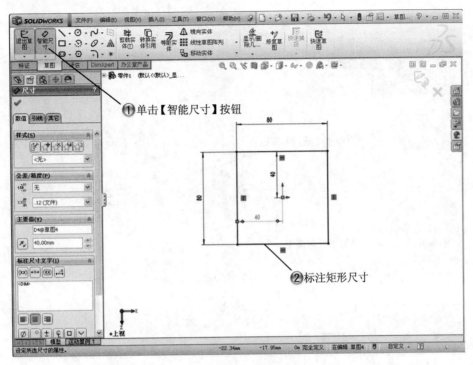

图 3-24　标注矩形

Step 4 绘制圆角，如图 3-25 所示。

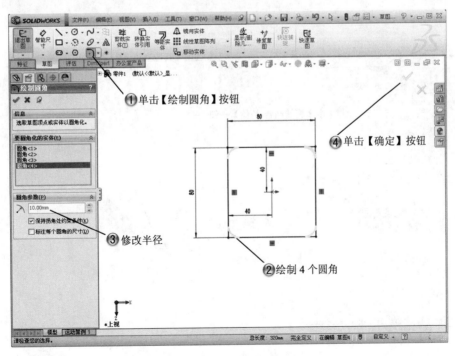

图 3-25　绘制圆角

Step 5 拉伸矩形，如图 3-26 所示。

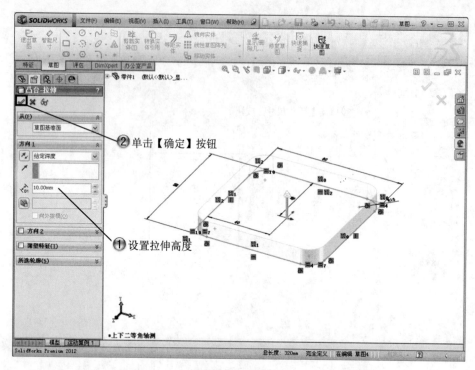

图 3-26 拉伸矩形

Step 6 选择旋转草绘面，如图 3-27 所示。

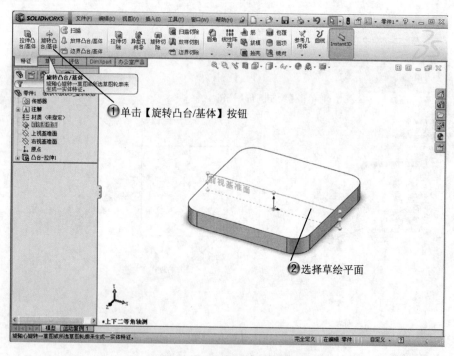

图 3-27 选择旋转草绘面

Step 7　绘制旋转草图，如图 3-28 所示。

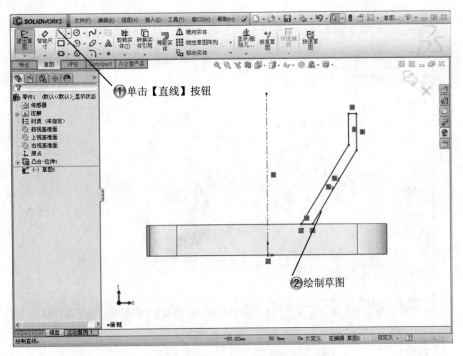

图 3-28　绘制旋转草图

Step 8　标注旋转草图，如图 3-29 所示。

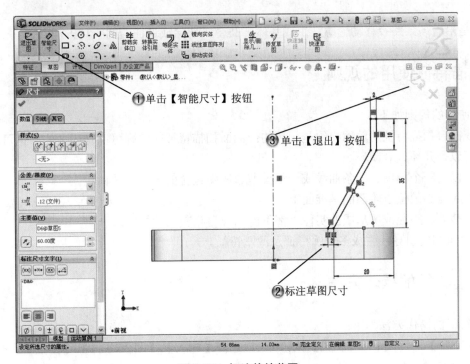

图 3-29　标注旋转草图

Step 9 完成旋转特征，如图 3-30 所示。

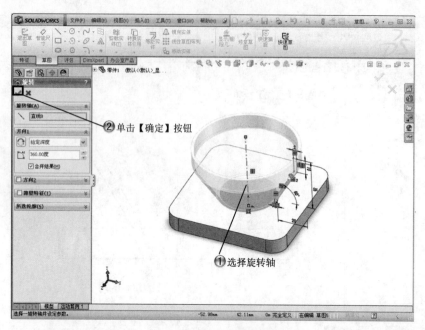

② 单击【确定】按钮

① 选择旋转轴

图 3-30　完成旋转特征

3.3　扫 描 特 征

扫描特征是沿着一条路径移动轮廓，生成基体、凸台、切除或者曲面的一种方法。

3.3.1　扫描特征使用的规则

扫描特征使用的规则如下：

(1) 基体或凸台扫描特征的轮廓必须是闭环的；曲面扫描特征的轮廓可以是闭环的，也可以是开环的。

(2) 路径可以是开环或者闭环。

(3) 路径可以是一个草图、一条曲线或一组模型边线中包含的一组草图曲线。

(4) 路径的起点必须位于轮廓的基准面上。

(5) 不论是截面、路径或所形成的实体，都不能出现自相交叉的情况。

扫描特征时可利用引导线生成多轮廓特征及薄壁特征。

3.3.2　扫描特征的操作方法

生成扫描特征的操作方法如下：

(1) 单击【特征】工具栏中的【扫描】按钮 或选择【插入】|【凸台/基体】|【扫描】命令，生成基体。选择【插入】|【切除】|【扫描】命令，生成切除特征。单击【曲面】工具栏中的【扫描曲面】按钮 或选

择【插入】|【曲面】|【扫描曲面】命令，生成扫描曲面。【扫描切除】按钮 和【扫描】按钮 的使用方法类似。

(2) 选择命令后，系统打开【扫描】属性管理器。在【轮廓和路径】选项组中，单击【轮廓】 选择框，在图形区域中选择轮廓，单击【路径】 选择框，在图形区域中选择路径，如图 3-31 所示。

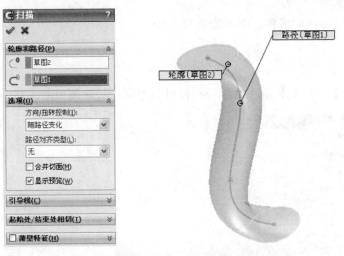

图 3-31　【扫描】属性管理器和选择轮廓路径

(3) 在【选项】选项组中，设置【方向/扭转控制】为【随路径变化】，【路径对齐类型】为【无】，单击【确定】按钮 ，如图 3-32 所示。

(4) 如果在【选项】选项组中，设置【方向/扭转控制】为【保持法向不变】，扫描路径会有所不同，如图 3-33 所示。

图 3-32　【随路径变化】扫描图

图 3-33　【保持法向不变】扫描图

3.3.3　扫描特征的属性设置

单击【特征】工具栏中的【扫描】按钮 或者选择【插入】|【凸台/基体】|【扫描】命令，打开【扫描】属性管理器，如图 3-34 所示。

1．【轮廓和路径】选项组

(1)【轮廓】 ：设置用来生成扫描的草图轮廓。在图形区域中或【特征管理器设计树】中选择草图轮廓。基体或凸台的扫描特征轮廓应为闭环，曲面扫描特征的轮廓可为开环或闭环。

(2) 【路径】 ⌒：设置轮廓扫描的路径。路径可以是开环或者闭环，是草图中的一组曲线、一条曲线或一组模型边线，但路径的起点必须位于轮廓的基准面上。

> **提 示**
>
> 不论是轮廓、路径或形成的实体，都不能自相交叉。

2. 【选项】选项组

(1) 【方向/扭转控制】：控制轮廓在沿路径扫描时的方向，其选项如图 3-35 所示。

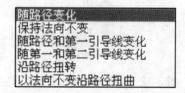

图 3-34 【扫描】属性管理器   图 3-35 【方向/扭转控制】下拉列表

- 【随路径变化】：轮廓相对于路径时刻保持处于同一角度。
- 【保持法向不变】：使轮廓总是与起始轮廓保持平行。
- 【随路径和第一引导线变化】：中间轮廓的扭转由路径到第一条引导线的向量决定，在所有中间轮廓的草图基准面中，该向量与水平方向之间的角度保持不变。
- 【随第一和第二引导线变化】：中间轮廓的扭转由第一条引导线到第二条引导线的向量决定。
- 【沿路径扭转】：沿路径扭转轮廓。可以按照度数、弧度或旋转圈数定义扭转。
- 【以法向不变沿路径扭曲】：在沿路径扭曲时，保持与开始轮廓平行，沿路径扭转轮廓。

(2)【定义方式】(在设置【方向/扭转控制】为【沿路径扭转】或【以法向不变沿路径扭曲】时可用)：定义扭转的形式，可以选择【度数】、【弧度】、【旋转】选项，也可单击【反向】按钮 ，其选项如图 3-36 所示。【扭转角度】：在扭转中设置【度数】、【弧度】或【旋转】圈数的数值。

(3)【路径对齐类型】(在设置【方向/扭转控制】为【随路径变化】时可用)：当路径上出现少许波动或不均匀波动，使轮廓不能对齐时，可将轮廓稳定下来，其选项如图 3-37 所示。

图 3-36　【定义方式】下拉列表　　　图 3-37　【路径对齐类型】下拉列表

● 【无】：垂直于轮廓而对齐轮廓，不进行纠正，如图 3-38 所示。

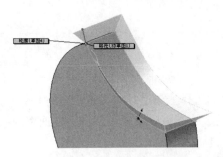

图 3-38　设置【路径对齐类型】为【无】

● 【最小扭转】(只对于 3D 路径)：阻止轮廓在随路径变化时自我相交。

● 【方向向量】：按照所选择的向量方向对齐轮廓，选择设定方向向量的实体，如图 3-39 所示。

【方向向量】(在设置【路径对齐类型】为【方向向量】时可用)：选择基准面、平面、直线、边线、圆柱、轴、特征上的顶点组等以设置方向向量。

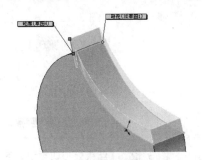
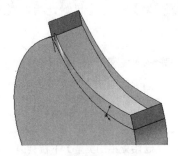

图 3-39　设置【路径对齐类型】为【方向向量】

● 【所有面】：当路径包括相邻面时，使扫描轮廓在几何关系可能的情况下与相邻面相切，如图 3-40 所示。

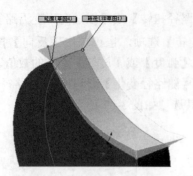

图 3-40　设置【路径对齐类型】为【所有面】

(4)【合并切面】：如果扫描轮廓具有相切线段，可使产生的扫描中的相应曲面相切，保持相切的面可以是基准面、圆柱面或锥面。

(5)【显示预览】：显示扫描的上色预览；取消选中此复选框，则只显示轮廓和路径。

3.【引导线】选项组

(1)【引导线】：在轮廓沿路径扫描时加以引导以生成特征。

> **注　意**
>
> 引导线必须与轮廓或轮廓草图中的点重合。

(2)【上移】、【下移】：调整引导线的顺序。选择一条引导线并拖动鼠标指针，以调整轮廓顺序。

(3)【合并平滑的面】：改进带引导线扫描的性能，并在引导线或者路径不是曲率连续的所有点处，分割扫描。

(4)【显示截面】：显示扫描的截面。单击箭头，按截面数查看轮廓并进行删减。

4.【起始处/结束处相切】选项组

(1)【起始处相切类型】：其选项如图 3-41 所示。

● 【无】：不应用相切。

● 【路径相切】：垂直于起始点路径而生成扫描。

(2)【结束处相切类型】：与【起始处相切类型】的选项相同，如图 3-42 所示，在此不做赘述。

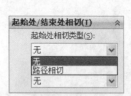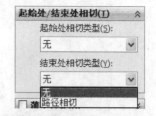

图 3-41　【起始处相切类型】下拉列表　　　图 3-42　【结束处相切类型】下拉列表

5.【薄壁特征】选项组

生成的薄壁特征扫描，如图 3-43 所示。

【类型】：设置【薄壁特征】扫描的类型，其选项如图 3-44 所示。

图 3-43　生成薄壁特征扫描

图 3-44　【类型】下拉列表

- 【单向】：设置同一【厚度】数值，以单一方向从轮廓生成薄壁特征。
- 【两侧对称】：设置同一【方向 1 厚度】数值，以两个方向从轮廓生成薄壁特征。
- 【双向】：设置不同【方向 1 厚度】、【方向 2 厚度】数值，以相反的两个方向从轮廓生成薄壁特征。

3.3.4　扫描特征范例

　本范例练习文件：\03\3-1-3. SLDPRT

　本范例完成文件：\03\3-3-4. SLDPRT

　多媒体教学路径：光盘→多媒体教学→第 3 章→3.3.4 节

Step 1　选择【螺旋线/涡状线】命令，如图 3-45 所示。

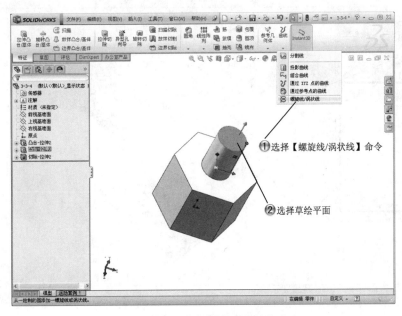

图 3-45　选择【螺旋线/涡状线】命令

Step 2　绘制螺旋线截面，如图 3-46 所示。

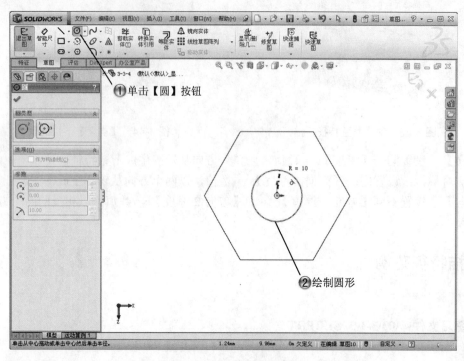

图 3-46　绘制螺旋线截面

Step 3　完成螺旋线，如图 3-47 所示。

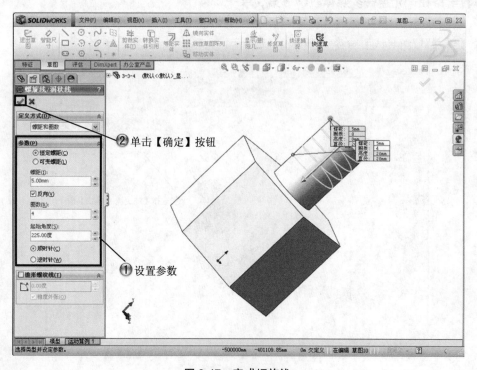

图 3-47　完成螺旋线

Step 4　选择轮廓草图平面，如图 3-48 所示。

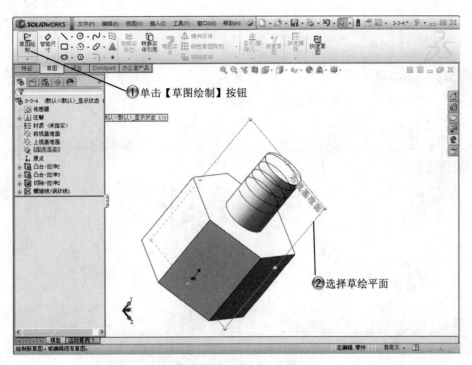

图 3-48　选择轮廓草图平面

Step 5　绘制轮廓草图，如图 3-49 所示。

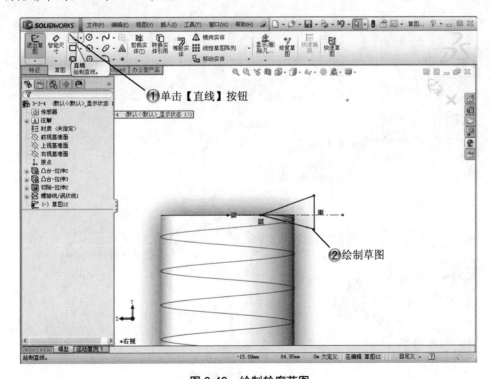

图 3-49　绘制轮廓草图

Step 6 标注轮廓草图，如图 3-50 所示。

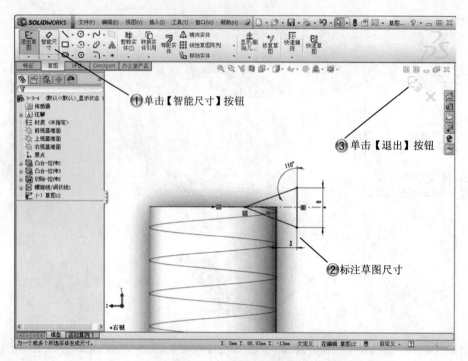

图 3-50　标注轮廓草图

Step 7 完成扫描切除，效果如图 3-51 所示。

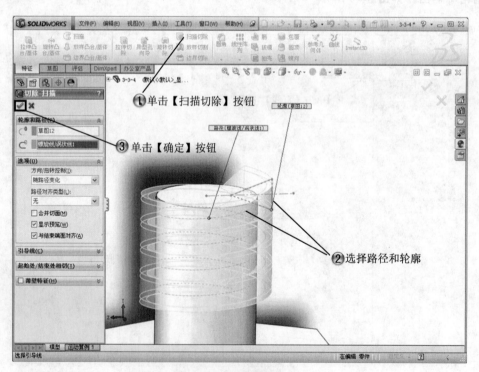

图 3-51　完成扫描切除

3.4　放　样　特　征

放样特征通过在轮廓之间进行过渡以生成特征，放样的对象可以是基体、凸台、切除或者曲面，可用两个或多个轮廓生成放样，但仅第一个或最后一个对象的轮廓可以是点。

3.4.1　放样特征的属性设置

单击【特征】工具栏【放样凸台/基体】按钮或选择【插入】|【凸台/基体】|【放样】命令，系统弹出【放样】属性管理器，如图 3-52 所示。

图 3-52　【放样】属性管理器

1. 【轮廓】选项组

(1) 【轮廓】：用来生成放样的轮廓，可以选择要放样的草图轮廓、面或者边线。

(2) 【上移】、【下移】：调整轮廓的顺序。

> 提　示
>
> 如果放样预览显示放样不理想，可以重新选择或将草图重新组序以在轮廓上连接不同的点。

2. 【起始/结束约束】选项组

(1) 【开始约束】、【结束约束】：应用约束以控制开始和结束轮廓的相切，其选项如图 3-53 所示。

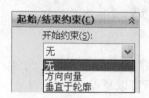 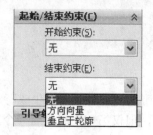

图 3-53　【开始约束】、【结束约束】下拉列表

图 3-54　设置【开始约束】为【方向向量】时的参数

- 【无】：不应用相切约束(即曲率为零)。
- 【方向向量】：根据所选的方向向量应用相切约束。
- 【垂直于轮廓】：应用在垂直于开始或者结束轮廓处的相切约束。

(2)【方向向量】 ✐ (在设置【开始/结束约束】为【方向向量】时可用)：按照所选择的方向向量应用相切约束，放样与所选线性边线或轴相切，或与所选面或基准面的法线相切，如图 3-54 所示。

(3)【拔模角度】(在设置【开始/结束约束】为【方向向量】或【垂直于轮廓】时可用)：为起始或结束轮廓应用拔模角度，如图 3-55 所示。

(4)【起始/结束处相切长度】(在设置【开始/结束约束】为【垂直于轮廓】时可用)：控制对放样的影响量，如图 3-56 所示。

图 3-55　【拔模角度】参数

图 3-56　【起始/结束处相切长度】参数

(5)【应用到所有】：显示一个为整个轮廓控制所有约束的控标；取消选中此复选框，显示可允许单个线段控制约束的多个控标。

在选择不同【开始/结束约束】选项时的效果如图 3-57 所示。

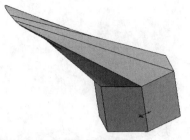

设置【开始约束】为【无】
设置【结束约束】为【无】

设置【开始约束】为【无】
设置【结束约束】为【垂直于轮廓】

设置【开始约束】为【垂直于轮廓】
设置【结束约束】为【无】

设置【开始约束】为【垂直于轮廓】
设置【结束约束】为【垂直于轮廓】

设置【开始约束】为【方向向量】
设置【结束约束】为【无】

设置【开始约束】为【方向向量】
设置【结束约束】为【垂直于轮廓】

图 3-57　选择不同【开始/结束约束】选项时的效果

3. 【引导线】选项组

(1) 【引导线感应类型】：控制引导线对放样的影响力，其选项如
图 3-58 所示。

●　【到下一引线】：只将引导线延伸到下一引导线。

●　【到下一尖角】：只将引导线延伸到下一尖角。

●　【到下一边线】：只将引导线延伸到下一边线。

●　【整体】：将引导线影响力延伸到整个放样。

选择不同【引导线感应类型】选项时的效果如图 3-59 所示。

(2) 【引导线】 ：选择引导线来控制放样。

(3) 【上移】 、【下移】 ：调整引导线的顺序。

图 3-58　【引导线感应类型】下拉列表

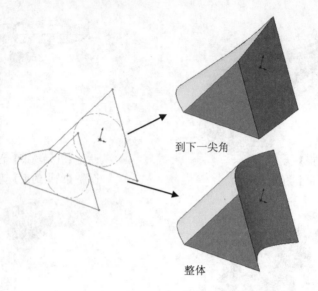

到下一尖角

整体

图 3-59　选择不同【引导线感应类型】选项时的效果

(4)【边线<n>-相切】：控制放样与引导线相交处的相切关系(n 为所选引导线标号)，其选项如图 3-60 所示。

- 【无】：不应用相切约束。
- 【方向向量】：根据所选的方向向量应用相切约束。
- 【与面相切】(在引导线位于现有几何体的边线上时可用)：在位于引导线路径上的相邻面之间添加边侧相切，从而在相邻面之间生成更平滑的过渡。

图 3-60　【边线<n>-相切】下拉列表

提　示

　　为获得最佳结果，轮廓在其与引导线相交处还应与相切面相切。理想的公差是 2° 或者小于 2° ，可以使用连接点离相切面小于 30° 的轮廓(角度大于 30° ，放样就会失败)。

(5)【方向向量】↗(在设置【边线<n>-相切】为【方向向量】时可用)：根据所选的方向向量应用相切约束，放样与所选线性边线或者轴相切，也可以与所选面或者基准面的法线相切。

(6)【拔模角度】(在设置【边线<n>-相切】为【方向向量】时可用)：只要几何关系成立，将拔模角度沿引导线应用到放样。

4．【中心线参数】选项组

(1)【中心线】：使用中心线引导放样形状。
(2)【截面数】：在轮廓之间并围绕中心线添加截面。
(3)【显示截面】：显示放样截面。单击箭头显示截面，也可输入截面数，然后单击【显示截面】按钮跳转到该截面。

5．【草图工具】选项组

使用 Selection Manager(选择管理器)帮助选择草图实体。

(1)【拖动草图】按钮：激活拖动模式，当编辑放样特征时，可从任何已经为放样定义了轮廓线的 3D

草图中拖动 3D 草图线段、点或基准面，3D 草图在拖动时自动更新。如果需要退出草图拖动状态，再次单击【拖动草图】按钮即可。

(2)【撤销草图拖动】：撤销先前的草图拖动，并将预览返回到其先前状态。

6.【选项】选项组(如图 3-61 所示)

(1)【合并切面】：如果对应的线段相切，则保持放样中的曲面相切。

(2)【闭合放样】：沿放样方向生成闭合实体，选择此选项会自动连接最后一个和第一个草图实体。

(3)【显示预览】：显示放样的上色预览；取消选中此选项，则只能查看路径和引导线。

(4)【合并结果】：合并所有放样要素。

7.【薄壁特征】选项组

【类型】：设置【薄壁特征】放样的类型。如图 3-62 所示。

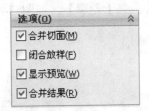

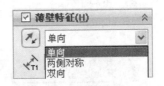

图 3-61　【选项】选项组　　　　　　图 3-62　类型选项

(1)【单向】：设置同一【厚度】数值，以单一方向从轮廓生成薄壁特征。

(2)【两侧对称】：设置同一【厚度】数值，以两个方向从轮廓生成薄壁特征。

(3)【双向】：设置不同【厚度】、【方向 2 厚度】数值，以两个相反的方向从轮廓生成薄壁特征。

3.4.2　放样特征的操作方法

(1) 单击【特征】工具栏中的【放样凸台/基体】按钮或选择【插入】|【凸台/基体】|【放样】命令，生成实体特征。单击【特征】工具栏中的【放样切割】按钮或选择【插入】|【切除】|【放样】命令，生成放样切割特征。单击【曲面】工具栏中的【放样曲面】按钮或选择【插入】|【曲面】|【放样】命令，生成放样曲面。

(2) 系统打开【放样】属性管理器。在【轮廓】选项组中，单击【轮廓】选择框，在图形区域中分别选择矩形草图和六边形草图，如图 3-63 所示，单击【确定】按钮，结果如图 3-64 所示。

图 3-63　设置【轮廓】选项组

图 3-64　生成放样特征

(3) 在【轮廓】选项组中，单击【轮廓】 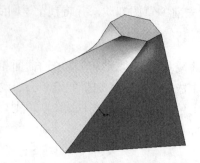 选择框，在图形区域中分别选择矩形草图的一个顶点和六边形草图的另一个顶点，单击【确定】按钮 ，结果如图 3-65 所示。

图 3-65　更换顶点生成放样特征

(4) 在【起始/结束约束】选项组中，设置【开始约束】为【垂直于轮廓】，如图 3-66 所示，单击【确定】按钮 ，结果如图 3-67 所示。

图 3-66　【起始/结束约束】选项组的设置

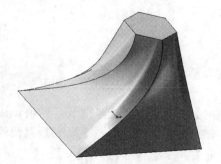

图 3-67　生成垂直于轮廓的放样特征

3.4.3　放样特征范例

本范例完成文件：\03\3-4-3. SLDPRT

多媒体教学路径：光盘→多媒体教学→第 3 章→3.4.3 节

Step 1　选择拉伸草绘平面，如图 3-68 所示。

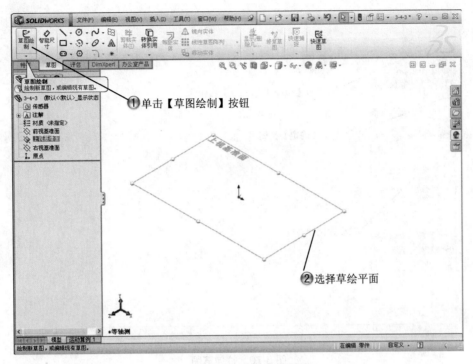

图 3-68　选择拉伸草绘平面

Step 2　绘制正方形草图，如图 3-69 所示。

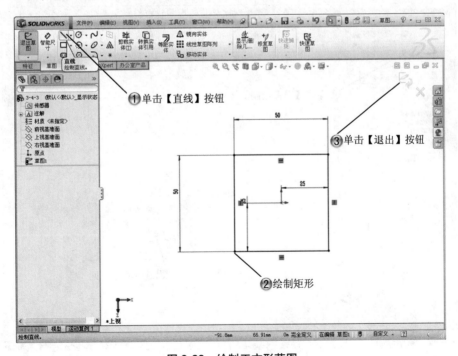

图 3-69　绘制正方形草图

Step 3 拉伸草图，如图 3-70 所示。

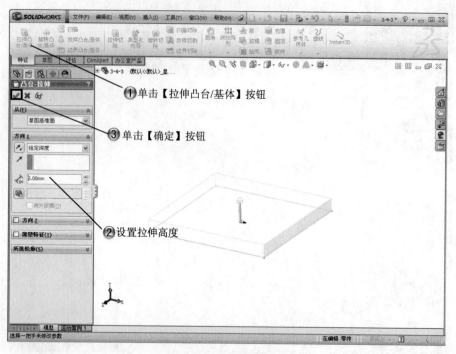

图 3-70　拉伸草图

Step 4 选择正方形草绘面，如图 3-71 所示。

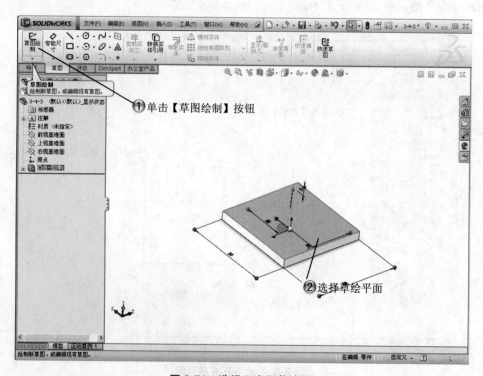

图 3-71　选择正方形草绘面

Step 5　绘制圆形草图，如图 3-72 所示。

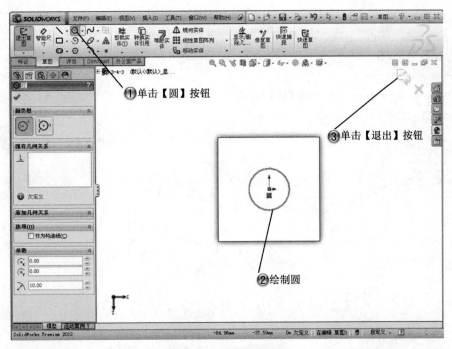

图 3-72　绘制圆形草图

Step 6　选择侧面为草绘面，如图 3-73 所示。

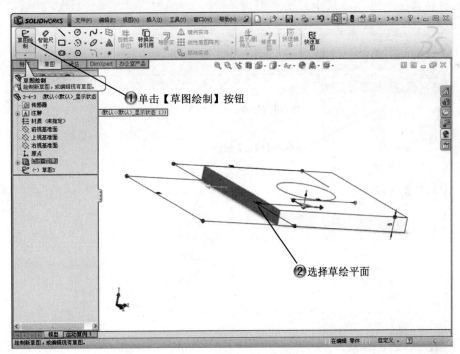

图 3-73　选择侧面为草绘面

Step 7 绘制侧表面上的圆，如图 3-74 所示。

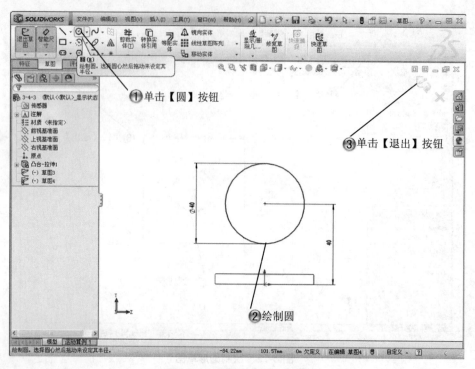

图 3-74　绘制侧表面上的圆

Step 8 创建放样特征，如图 3-75 所示。

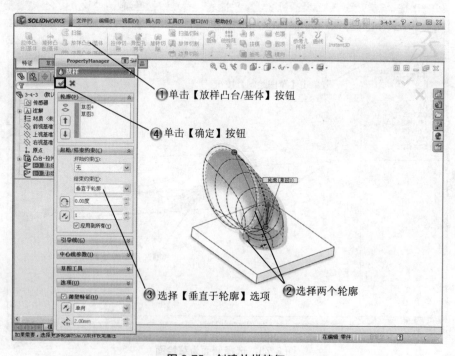

图 3-75　创建放样特征

3.5　本 章 小 结

　　本章重点介绍了拉伸特征、旋转特征、扫描特征和放样特征的使用方法和创建特征的操作步骤，这些特征是创建模型实体的基础，所以掌握并灵活使用这些特征，对建立机械零件模型非常有用。本章中的范例可以帮助读者回顾实体特征设计的方法，希望对读者有所帮助。

第 4 章

实体附加特征

本章导读

　　使用基本建模命令创建的实体特征，在大多数情况下都需要进行实体附加特征的添加。实体附加特征是针对已经完成的实体模型进行辅助性的编辑特征，其应用到的特征包括圆角特征、倒角特征、筋特征、孔特征、抽壳特征和扣合特征，本章主要介绍这些命令的创建和属性设置方法。

学习内容

知 识 点 ＼ 学习目标	理　解	应　用	实　践
圆角和倒角特征	√	√	√
筋和孔特征	√	√	√
抽壳和扣合特征	√	√	√

4.1　圆角和倒角特征

圆角特征是在零件上生成内圆角面或者外圆角面的一种特征，可在一个面的所有边线、所选的多组面、所选的边线或边线环上生成圆角。

一般而言，在生成圆角时应遵循以下规则：

(1) 在添加小圆角之前添加较大圆角。当有多个圆角汇聚于一个顶点时，先生成较大的圆角。

(2) 在生成圆角前先添加拔模特征。如果要生成具有多个圆角边线及拔模面的铸模零件，在大多数情况下，应在添加圆角之前添加拔模特征。

(3) 最后添加装饰用的圆角。在大多数其他几何体定位后尝试添加装饰圆角，添加的时间越早，系统重建零件需要花费的时间越长。

(4) 如果要加快零件重建的速度，使用一次生成多个圆角的方法处理，需要相同半径圆角的多条边线。

4.1.1　圆角特征

单击【特征】工具栏【圆角】按钮，系统打开【圆角】属性管理器。在【圆角类型】选项组中，选中一个圆角类型单选按钮，如图 4-1 所示；在【圆角项目】选项组中，单击【边线、面、特征和环】选择框，选择模型上面的边线，设置【半径】，单击【确定】按钮，就可以生成圆角特征，如图 4-2 所示。下面介绍创建不同圆角类型的设置。

图 4-1　【圆角】属性管理器

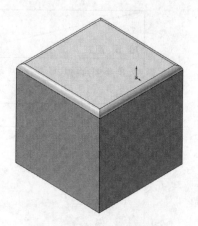

图 4-2　生成等半径圆角特征

1. 等半径圆角

在整个边线上生成具有相同半径的圆角。在【圆角】属性管理器选中【等半径】单选按钮，如图 4-1 所示。

1) 【圆角项目】选项组

- 【半径】⟋：设置圆角的半径。
- 【边线、面、特征和环】▢：在图形区域中选择要进行圆角处理的实体。
- 【多半径圆角】：以不同边线的半径生成圆角，可以使用不同半径的三条边线生成圆角，但不能为具有共同边线的面或环指定多个半径。
- 【切线延伸】：将圆角延伸到所有与所选面相切的面。
- 【完整预览】：显示所有边线的圆角预览。
- 【部分预览】：只显示一条边线的圆角预览。
- 【无预览】：可以缩短复杂模型的重建时间。

2) 【逆转参数】选项组(如图 4-3 所示)

在混合曲面之间沿着模型边线生成圆角并形成平滑的过渡。

- 【距离】⟋：在顶点处设置圆角逆转距离。
- 【逆转顶点】▢：在图形区域中选择一个或者多个顶点。
- 【逆转距离】Ⴤ：以相应的【距离】⟋数值列举边线数。
- 【设定未指定的】：应用当前的【距离】⟋数值到【逆转距离】Ⴤ下没有指定距离的所有项目。
- 【设定所有】：应用当前的【距离】⟋数值到【逆转距离】Ⴤ下的所有项目。

3) 【圆角选项】选项组(如图 4-4 所示)

图 4-3　【逆转参数】选项组

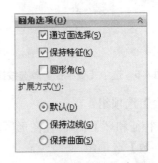

图 4-4　【圆角选项】选项组

- 【通过面选择】：应用通过隐藏边线的面选择边线。
- 【保持特征】：如果应用一个大到可以覆盖特征的圆角半径，则保持切除或者凸台特征使其可见。
- 【圆形角】：生成含圆形角的等半径圆角。必须选择至少两个相邻边线使其圆角化，圆形角在边线之间有平滑过渡，可以消除边线汇合处的尖锐接合点。
- 【扩展方式】：控制在单一闭合边线(如圆、样条曲线、椭圆等)上圆角在与边线汇合时的方式。
  - 【默认】：由应用程序选中【保持边线】或【保持曲面】单选按钮。
  - 【保持边线】：模型边线保持不变，而圆角则进行调整。
  - 【保持曲面】：圆角边线调整为连续和平滑，而模型边线更改以与圆角边线匹配。

2. 变半径圆角

生成含可变半径值的圆角，使用控制点帮助定义圆角。选中【变半径】单选按钮，属性设置如图 4-5 所示，生成的变半径圆角如图 4-6 所示。

图 4-5 选中【变半径】单选按钮

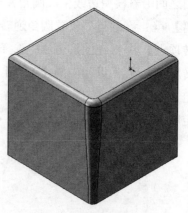

图 4-6 生成变半径圆角特征

1) 【圆角项目】选项组

【边线、面、特征和环】 ：在图形区域中选择需要圆角处理的实体。

2) 【变半径参数】选项组

● 【半径】 ：设置圆角半径。

● 【附加的半径】 ：列举在【圆角项目】选项组的【边线、面、特征和环】 选择框中的边线顶点，并列举在图形区域中选择的控制点。

● 【设定未指定的】：应用当前的【半径】 到【附加的半径】 下所有未指定半径的项目。

● 【设定所有】：应用当前的【半径】 到【附加的半径】 下的所有项目。

● 【实例数】 ：设置边线上的控制点数。

● 【平滑过渡】：生成圆角，当一条圆角边线接合于一个邻近面时，圆角半径从某一半径平滑地转换为另一半径。

● 【直线过渡】：生成圆角，圆角半径从某一半径线性转换为另一半径，但是不将切边与邻近圆角相匹配。

3) 【逆转参数】选项组

与【等半径】的【逆转参数】选项组属性设置相同。

4) 【圆角选项】选项组

与【等半径】的【圆角选项】选项组属性设置相同。

3. 面圆角

用于混合非相邻、非连续的面。选中【面圆角】单选按钮，属性设置如图 4-7 所示。

1) 【圆角项目】选项组

- 【半径】：设置圆角半径。
- 【面组 1】：在图形区域中选择要混合的第一个面或第一组面。
- 【面组 2】：在图形区域中选择要与【面组 1】混合的面。

2) 【圆角选项】选项组

- 【通过面选择】：应用通过隐藏边线的面选择边线。
- 【包络控制线】：选择模型上的边线或者面上的投影分割线，作为决定圆角形状的边界，圆角的半径由控制线和要圆角化边线之间的距离来控制。
- 【曲率连续】：解决不连续问题并在相邻曲面之间生成更平滑的曲率。如果需要核实曲率连续性的效果，可显示斑马条纹，也可使用曲率工具分析曲率。曲率连续圆角不同于标准圆角，它们有一个样条曲线横断面，而不是圆形横断面，曲率连续圆角比标准圆角更平滑，因为边界处在曲率中无跳跃。
- 【等宽】：生成等宽的圆角。
- 【辅助点】：在可能不清楚在何处发生面混合时解决模糊选择的问题。单击【辅助点】选择框，然后单击要插入面圆角的边线上的一个顶点，圆角在靠近辅助点的位置处生成。

图 4-7　选中【面圆角】单选按钮后的属性设置

4. 完整圆角

生成相切于三个相邻面组(一个或者多个面相切)的圆角。选中【完整圆角】单选按钮，属性设置如图 4-8 所示。

- 【面组 1】：选择第一个边侧面。
- 【中央面组】：选择中央面。
- 【面组 2】：选择与【面组 1】相反的面组。

在 FilletXpert 模式中，可以帮助管理、组织和重新排序圆角。

使用【添加】选项卡生成新的圆角，使用【更改】选项卡修改现有圆角。切换到【添加】选项卡，如图 4-9 所示。

1) 【圆角项目】选项组

- 【边线、面、特征和环】：在图形区域中选择要用圆角处理的实体。
- 【半径】：设置圆角半径。

图 4-8　【完整圆角】属性设置

图 4-9　【添加】选项卡

2)【选项】选项组

● 【通过面选择】：在上色或者 HLR 显示模式中应用隐藏边线的选择。

● 【切线延伸】：将圆角延伸到所有与所选边线相切的边线。

● 【完整预览】：显示所有边线的圆角预览。

● 【部分预览】：只显示一条边线的圆角预览。

● 【无预览】：可以缩短复杂圆角的显示时间。

切换到【更改】选项卡，如图 4-10 所示。

1)【要更改的圆角】选项组

● 【边线、面、特征和环】🗅：选择要调整大小或者删除的圆角，可以在图形区域中选择个别边线，从包含多条圆角边线的圆角特征中，删除个别边线或调整其大小，或以图形方式编辑圆角，而不必知道边线在圆角特征中的组织方式。

● 【半径】↗：设置新的圆角半径。

● 【调整大小】：将所选圆角修改为设置的半径值。

● 【移除】：从模型中删除所选的圆角。

2)【现有圆角】选项组

【按大小分类】：按照大小过滤所有圆角。

从【边角】选项卡的【边角面】选择框中选择圆角，以选择模型中包含该值的所有圆角，同时将它们显示在【边线、面、特征和环】🗅选择框中，如图 4-11 所示。

图 4-10　【更改】选项卡

图 4-11　【边角】选项卡

4.1.2　倒角特征

倒角特征是在所选边线、面或者顶点上生成倾斜的特征。

单击【特征】工具栏中的【倒角】按钮 或者选择【插入】|【特征】|【倒角】命令，系统弹出【倒角】属性管理器，如图 4-12 所示。下面介绍一下倒角设置和圆角设置不同的选项。

(1)　【边线和面或顶点】 ：在图形区域中选择需要倒角的实体。

(2)　【角度距离】：以倾斜角度和距离创建倒角。

(3)　【距离-距离】：以两个倒角面的距离来创建倒角。

(4)　【顶点】：选择倒角顶点，设置参数创建倒角。

(5)　【通过面选择】：通过隐藏边线的面选择边线。

(6)　【保持特征】：保留如切除或拉伸之类的特征，这些特征在生成倒角时通常被移除。

生成倒角特征的操作步骤如下：

(1)　单击【特征】工具栏中的【倒角】按钮 或选择【插入】|【特征】|【倒角】命令，系统打开【倒角】属性管理器。在【倒角参数】选项组中，单击【边线和面或顶点】 选择框，在图形区域中选择模型的边线，选中【角度距离】单选按钮，设置【距离】 为 60mm，【角度】 为 45deg，取消选中【保持特征】复选框，如图 4-13 所示，单击【确定】按钮 ，生成不保持特征的倒角特征，如图 4-14 所示。

(2)　在【倒角参数】选项组中，选中【保持特征】复选框，单击【确定】按钮 ，生成保持特征的倒角特征，如图 4-15 所示。

图 4-12　【倒角】属性管理器(1)

图 4-13　【倒角】属性管理器(2)

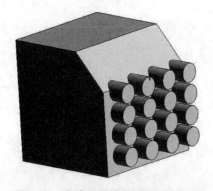

图 4-14　生成不保持特征的倒角特征

图 4-15　生成保持特征的倒角特征

4.1.3　圆角和倒角特征范例

 本范例完成文件：\04\4-1-3. SLDPRT

 多媒体教学路径：光盘→多媒体教学→第 4 章→4.1.3 节

Step 1 选择拉伸草绘平面，如图 4-16 所示。

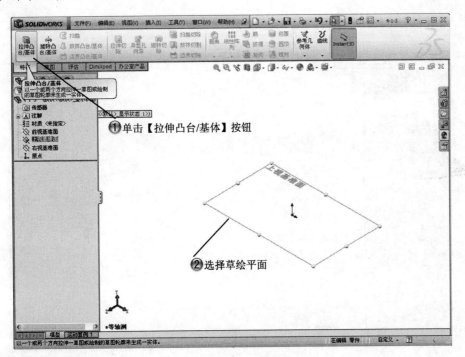

图 4-16 选择拉伸草绘平面

Step 2 绘制矩形，如图 4-17 所示。

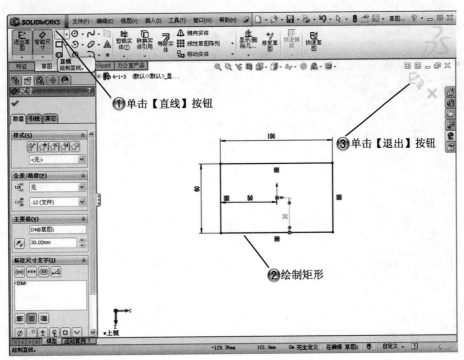

图 4-17 绘制矩形

Step 3 拉伸矩形，如图 4-18 所示。

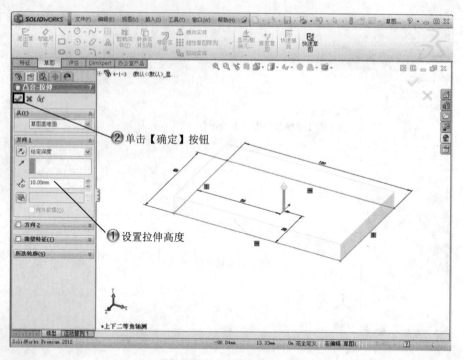

图 4-18　拉伸矩形

Step 4 选择第二个草绘平面，如图 4-19 所示。

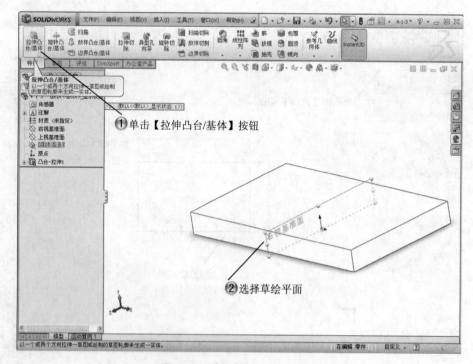

图 4-19　选择第二个草绘平面

Step 5　绘制草图，如图 4-20 所示。

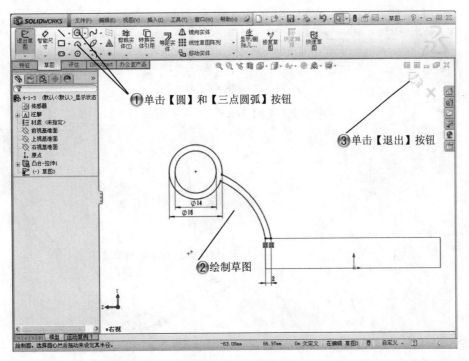

图 4-20　绘制草图

Step 6　拉伸草图，如图 4-21 所示。

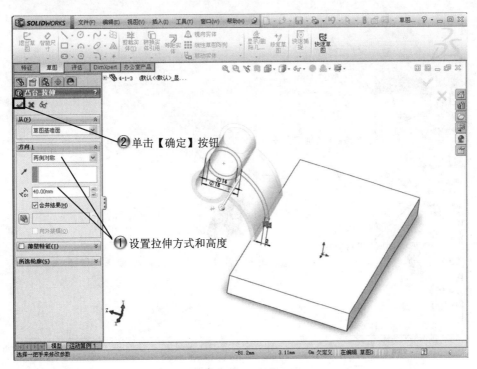

图 4-21　拉伸草图

Step 7 选择圆角边，如图 4-22 所示。

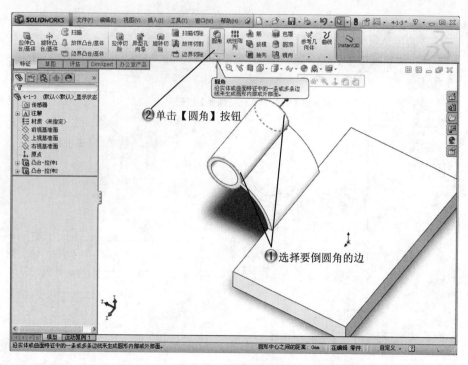

图 4-22　选择圆角边

Step 8 创建特征圆角，如图 4-23 所示。

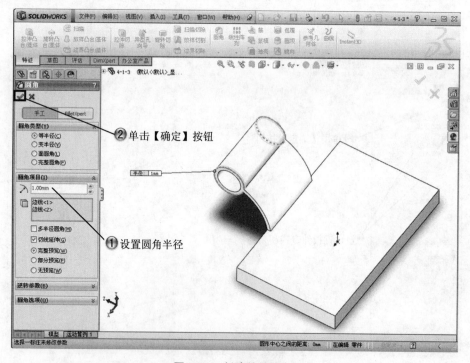

图 4-23　创建特征圆角

Step 9 选择两个圆角边，如图 4-24 所示。

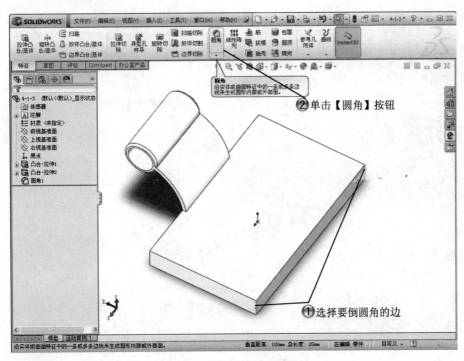

图 4-24　选择两个圆角边

Step 10 创建圆角特征，如图 4-25 所示。

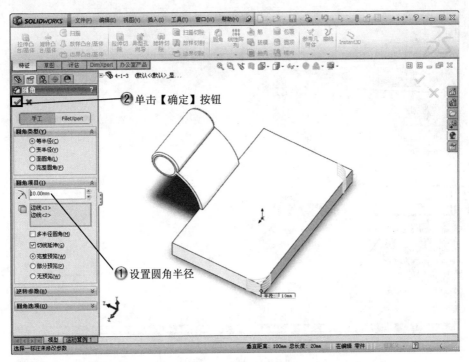

图 4-25　创建圆角特征

Step 11 选择倒角边，如图 4-26 所示。

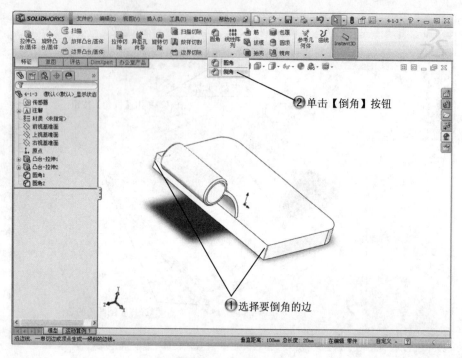

图 4-26　选择倒角边

Step 12 创建倒角特征，如图 4-27 所示。

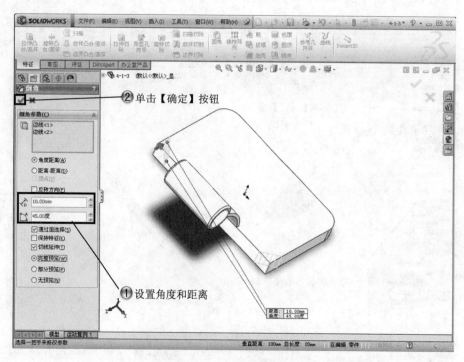

图 4-27　创建倒角特征

4.2　筋和孔特征

4.2.1　筋特征

筋是由开环或闭环绘制的轮廓所生成的特殊类型拉伸特征。它在轮廓与现有零件之间添加指定方向和厚度的材料，可使用单一或多个草图生成筋，也可以选择要拔模的参考轮廓，用拔模生成筋特征。

生成筋特征的操作步骤如下：

(1) 选择一个草图。

(2) 单击【特征】工具栏【筋】按钮 或选择【插入】|【特征】|【筋】命令，系统弹出【筋】属性管理器。在【参数】选项组中，单击【两侧】按钮 ，设置【筋厚度】 为 30mm，在【拉伸方向】中单击【平行于草图】按钮 ，取消选中【反转材料方向】复选框，如图 4-28 所示。

(3) 单击【确定】按钮 ，结果如图 4-29 所示。

图 4-28　【参数】选项组的参数设置

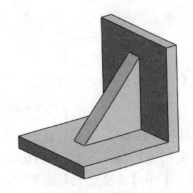

图 4-29　生成筋特征

单击【特征】工具栏中的【筋】按钮 或选择【插入】|【特征】|【筋】命令，系统弹出【筋】属性管理器，下面介绍其中的选项设置。

1. 【参数】选项组

(1) 【厚度】：在草图边缘添加筋的厚度。

● 【第一边】按钮 ：单击此按钮将只延伸草图轮廓到草图的一边。

● 【两侧】按钮 ：单击此按钮将均匀延伸草图轮廓到草图的两边。

● 【第二边】按钮 ：单击此按钮将只延伸草图轮廓到草图的另一边。

(2) 【筋厚度】 微调框：用来设置筋的厚度。

(3) 【拉伸方向】：用来设置筋的拉伸方向。

● 【平行于草图】按钮 ：单击此按钮将平行于草图生成筋拉伸。

● 【垂直于草图】按钮 ：单击此按钮将垂直于草图生成筋拉伸。

选择不同选项时的效果如图4-30所示。

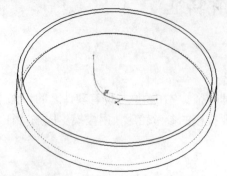

选择面上单一开环草图生成筋特征

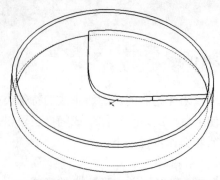

单击【平行于草图】按钮，生成的筋特征

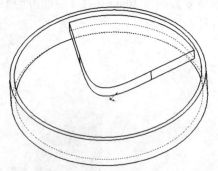

单击【两侧】和【平行于草图】按钮，生成的筋特征

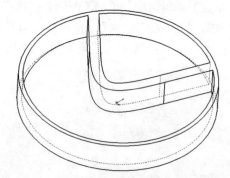

单击【垂直于草图】按钮，生成的筋特征

图4-30 选择不同筋拉伸方向的效果

(4) 【反转材料方向】：选中此复选框将更改拉伸的方向。

(5) 【拔模开/关】 ：添加拔模特征到筋，可以设置【拔模角度】。

【向外拔模】(在【拔模开/关】被选择时可用)：生成向外拔模角度；取消选中此复选框，将生成向内拔模角度。

(6) 【类型】(在【拉伸方向】中单击【垂直于草图】按钮 时可用)。

- 【线性】：生成与草图方向相垂直的筋。

- 【自然】：生成沿草图轮廓延伸方向的筋。例如，如果草图为圆或者圆弧，则自然使用圆形延伸筋，直到与边界汇合。

(7) 【下一参考】按钮(在【拉伸方向】中单击【平行于草图】按钮 且单击【拔模开/关】按钮 时可用)：切换草图轮廓，可以选择拔模所用的参考轮廓。

2. 【所选轮廓】选项组

【所选轮廓】选项组用来列举生成筋特征的草图轮廓。

4.2.2 孔特征

孔特征是在模型上生成各种类型的孔。在平面上放置孔并设置深度，可以通过标注尺寸的方法定义它的位置。

作为设计者，一般是在设计阶段临近结束时生成孔，这样可以避免因为疏忽而将材料添加到先前生成的孔内。如果准备生成不需要其他参数的孔，可以选择【简单直孔】命令；如果准备生成具有复杂轮廓的异型孔(如锥孔等)，则一般会选择【异型孔向导】命令。两者相比较，【简单直孔】命令在生成不需要其他参数的孔时，可以提供比【异型孔向导】命令更优越的性能。

生成孔特征的操作步骤如下：

(1) 选择【插入】|【特征】|【孔】|【简单直孔】命令，系统弹出【孔】属性管理器。在【从】选项组中，选择【草图基准面】，如图 4-31 所示；在【方向 1】选项组中，设置【终止条件】为【给定深度】，【深度】为 30mm，【孔直径】为 30mm，【拔模角度】为 26 度，单击【确定】按钮，生成简单直孔特征，如图 4-32 所示。

图 4-31　【孔】属性管理器

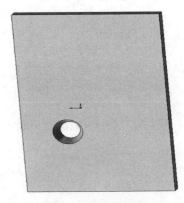

图 4-32　生成简单直孔特征

(2) 单击【特征】工具栏【异型孔向导】按钮或选择【插入】|【特征】|【孔】|【向导】命令，系统打开【孔规格】属性管理器。切换到【类型】选项卡，在【孔类型】选项组中，单击【锥形沉头孔】按钮，设置【标准】为 GB，【类型】为【内六角花形半沉头螺钉】，【大小】为 M10，【配合】为【正常】；在【终止条件】选项组中，设置【终止条件】为【完全贯穿】，如图 4-33 所示；切换到【位置】选项卡，在图形区域中定义点的位置，单击【确定】按钮，完成异型孔特征，如图 4-34 所示。

1. 简单直孔

选择【插入】|【特征】|【孔】|【简单直孔】命令，系统弹出【孔】属性管理器，如图 4-35 所示。

1) 【从】选项组(如图 4-36 所示)

● 　【草图基准面】：从草图所在的同一基准面开始生成简单直孔。
● 　【曲面/面/基准面】：从这些实体之一开始生成简单直孔。
● 　【顶点】：从所选择的顶点位置处开始生成简单直孔。
● 　【等距】：从与当前草图基准面等距的基准面上生成简单直孔。

2) 【方向 1】选项组

● 　【终止条件】：其下拉列表如图 4-37 所示。

图 4-33 【孔规格】属性设置

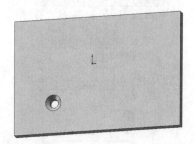

图 4-34 生成异型孔特征

图 4-35 【孔】属性管理器

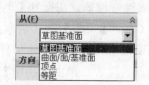

图 4-36 【从】选项组选项

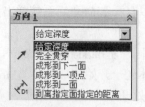

图 4-37 【终止条件】下拉列表

- ◆ 【给定深度】：从草图的基准面以指定的距离延伸特征。
- ◆ 【完全贯穿】：从草图的基准面延伸特征，直到贯穿所有现有的几何体。

- ◆ 【成形到下一面】：从草图的基准面延伸特征到下一面(隔断整个轮廓)以生成特征。
- ◆ 【成形到一顶点】：从草图基准面延伸特征到某一平面，这个平面平行于草图基准面且穿越指定的顶点。
- ◆ 【成形到一面】：从草图的基准面延伸特征到所选的曲面以生成特征。
- ◆ 【到离指定面指定的距离】：从草图的基准面到某面的特定距离处生成特征。
- ● 【拉伸方向】↗：用于在除了垂直于草图轮廓以外的其他方向拉伸孔。
- ● 【深度】或者【等距距离】🔐：在设置【终止条件】为【给定深度】或者【到离指定面指定的距离】时可用(在选择【给定深度】选项时，此选项为【深度】；在选择【到离指定面指定的距离】选项时，此选项为【等距距离】)。
- ● 【孔直径】⌀：设置孔的直径。
- ● 【拔模开/关】◨：添加拔模到孔，可以设置【拔模角度】。选中【向外拔模】复选框，则生成向外拔模。

设置【终止条件】为【到离指定面指定的距离】时，【孔】属性管理器如图 4-38 所示。

2. 异型孔

单击【特征】工具栏中的【异型孔向导】按钮◨或者选择【插入】|【特征】|【孔】|【向导】菜单命令，系统打开【孔规格】属性管理器，如图 4-39 所示。

1) 【孔规格】属性管理器

【孔规格】属性管理器包括两个选项卡。

- ● 【类型】：设置孔类型参数。
- ● 【位置】：在平面或者非平面上找出异型孔向导孔，使用尺寸和其他草图绘制工具定位孔中心。

可以在这些选项卡之间进行转换。例如，切换到【位置】选项卡定义孔的位置，切换到【类型】选项卡定义孔的类型，然后再次切换到【位置】选项卡添加更多孔。

> 注　意
>
> 如果需要添加不同的孔类型，可以将其添加为单独的异型孔向导特征。

2) 【孔规格】选项组

【孔规格】选项组会根据孔类型而有所不同，孔类型包括【柱形沉头孔】、【锥形沉头孔】、【孔】、【直螺纹孔】、【锥形螺纹孔】、【旧制孔】。

- ● 【标准】：选择孔的标准，如 Ansi Metric 或者 JIS 等。
- ● 【类型】：选择孔的类型，以 Ansi Inch 标准为例，其下拉列表如图 4-40 所示(【旧制孔】为在 SolidWorks 2000 版本之前生成的孔，在此不再赘述)。
- ● 【大小】：为螺纹件选择尺寸大小。
- ● 【配合】(在单击【柱形沉头孔】和【锥形沉头孔】按钮时可用)：为扣件选择配合形式，其选项如图 4-41 所示。

3) 【截面尺寸】选项组(在单击【旧制孔】按钮时可用)

双击任一数值可以进行编辑。

4) 【终止条件】选项组(如图 4-42 所示)

【终止条件】选项组中的参数根据孔类型的变化而有所不同。

图 4-38　选择【到离指定面指定的距离】选项

图 4-39　【孔规格】属性管理器

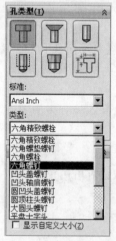

柱形沉头孔

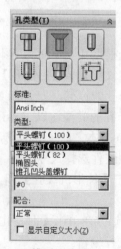

锥形沉头孔

图 4-40　【类型】下拉列表

孔

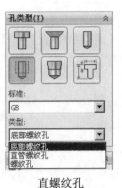
直螺纹孔

锥形螺纹孔

图 4-40　【类型】下拉列表(续)

图 4-41　【配合】选项

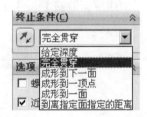
图 4-42　【终止条件】选项组

● 【盲孔深度】 (在设置【终止条件】为【给定深度】时可用)：设定孔的深度。对于【螺纹孔】类型，可以设置螺纹线的【螺纹线类型】和【螺纹线深度】 ，如图 4-43 所示；对于【直管螺纹孔】类型，可以设置【螺纹线深度】 ，如图 4-44 所示。

图 4-43　设置【螺纹孔】的【终止条件】为【给定深度】　图 4-44　设置【直管螺纹孔】的【终止条件】为【给定深度】

● 【面/曲面/基准面】 (在设置【终止条件】为【成形到一顶点】时可用)：将孔特征延伸到选择的顶点处。
● 【面/曲面/基准面】 (在设置【终止条件】为【成形到一面】或者【到离指定面指定的距离】时可用)：将孔特征延伸到选择的面、曲面或者基准面处。

- 【等距距离】 (在设置【终止条件】为【到离指定面指定的距离】时可用)：将孔特征延伸到从所选面、曲面或者基准面设置等距距离的平面处。

5) 【选项】选项组(如图 4-45 所示)

【选项】选项组包括【带螺纹标注】、【螺纹线等级】、【近端锥孔】、【近端锥形沉头孔直径】 、【近端锥形沉头孔角度】 等选项，可以根据孔类型的不同而发生变化。

6) 【收藏】选项组

用于管理可以在模型中重新使用的常用异型孔清单，如图 4-46 所示。

图 4-45　【选项】选项组　　　　　　　　　　　图 4-46　【常用类型】选项组

- 【应用默认/无收藏】按钮 ：重设到【没有选择最常用的】及默认设置。
- 【添加或更新收藏】按钮 ：将所选异型孔向导孔添加到常用类型清单中。如果需要添加常用类型，单击【添加或更新收藏】按钮 ，打开【添加或更新收藏】对话框，输入名称，如图 4-47 所示，单击【确定】按钮。

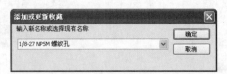

图 4-47　【添加或更新收藏】对话框

如果需要更新常用类型，单击【添加或更新收藏】按钮 ，打开【添加或更新收藏】对话框，输入新的或者现有的名称。
- 【删除收藏】按钮 ：删除所选的收藏。
- 【保存收藏】按钮 ：保存所选的收藏。
- 【装入收藏】按钮 ：载入收藏。

4.2.3　筋和孔特征范例

本范例练习文件：\04\4-1-3. SLDPRT

本范例完成文件：\04\4-2-3. SLDPRT

多媒体教学路径：光盘→多媒体教学→第 4 章→4.2.3 节

Step 1 选择筋的草绘平面，如图 4-48 所示。

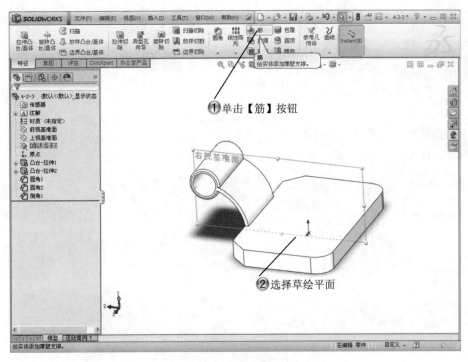

图 4-48　选择筋的草绘平面

Step 2 绘制直线，如图 4-49 所示。

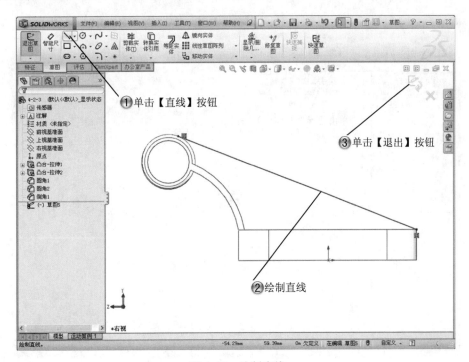

图 4-49　绘制直线

Step 3 完成筋的创建，效果如图 4-50 所示。

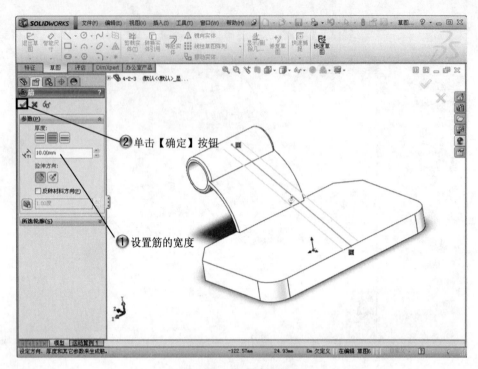

图 4-50 完成筋的创建

Step 4 选择异型孔向导，如图 4-51 所示。

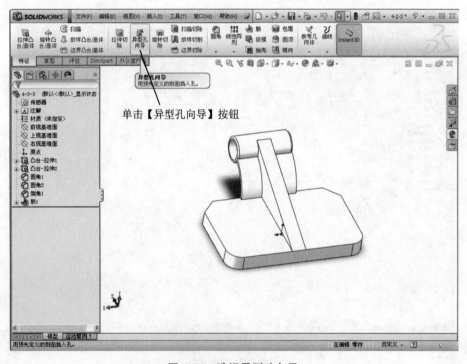

图 4-51 选择异型孔向导

Step 5 设置孔的参数，如图 4-52 所示。

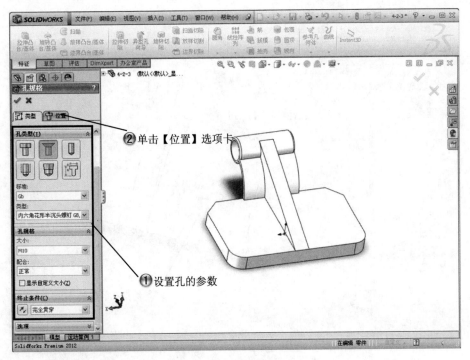

②单击【位置】选项卡

①设置孔的参数

图 4-52   设置孔的参数

Step 6 选择孔放置面，如图 4-53 所示。

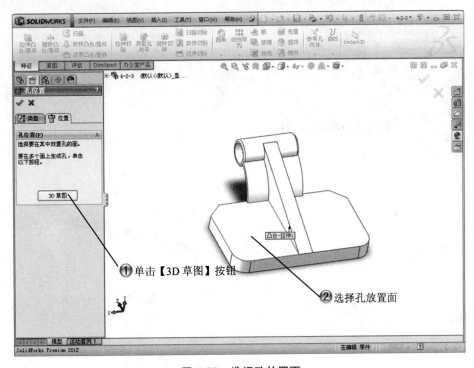

①单击【3D 草图】按钮

②选择孔放置面

图 4-53   选择孔放置面

Step 7 约束孔的位置，如图 4-54 所示。

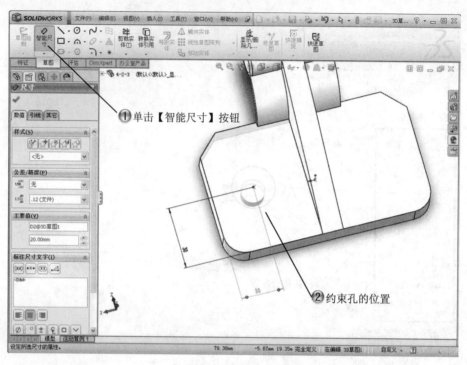

图 4-54 约束孔的位置

Step 8 创建第二个孔，如图 4-55 所示。

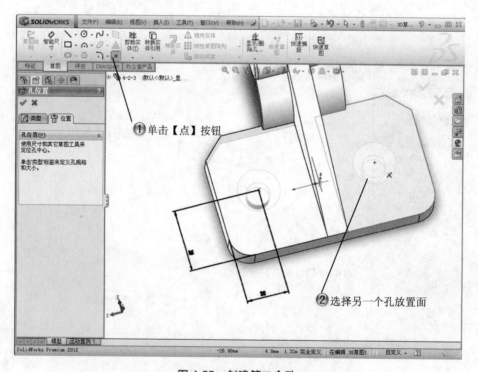

图 4-55 创建第二个孔

Step 9　约束第二个孔的位置，如图 4-56 所示。

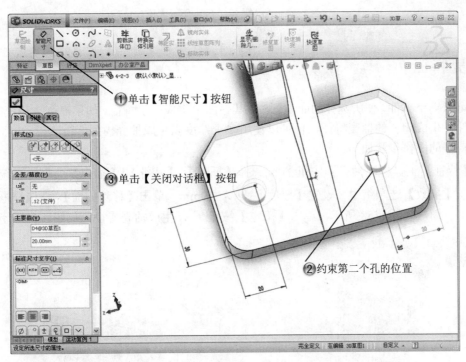

图 4-56　约束第二个孔的位置

Step 10　完成异型孔创建，效果如图 4-57 所示。

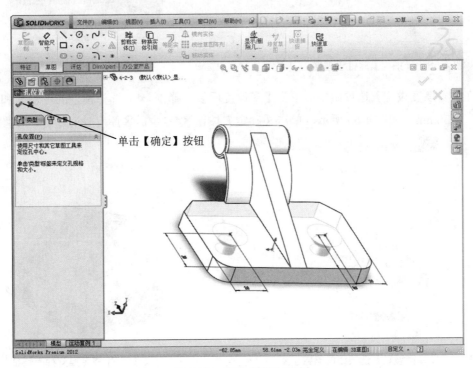

图 4-57　完成异型孔创建

4.3 抽壳和扣合特征

4.3.1 抽壳特征

抽壳特征可以掏空零件，使所选择的面敞开，在其他面上生成薄壁特征。如果没有选择模型上的任何面，则掏空实体零件，生成闭合的抽壳特征，也可以使用多个厚度以生成抽壳模型。

生成抽壳特征的操作步骤如下：

(1) 单击【特征】工具栏【抽壳】按钮![icon]或选择【插入】|【特征】|【抽壳】命令，系统弹出【抽壳】属性管理器。在【参数】选项组中，设置【厚度】![icon]为 10mm，单击【移除的面】![icon]选择框，在图形区域中选择模型的上表面，如图 4-58 所示，单击【确定】按钮![icon]，生成抽壳特征，如图 4-59 所示。

图 4-58 【抽壳】属性管理器

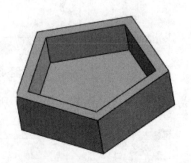

图 4-59 生成抽壳特征

(2) 如果在【多厚度设定】选项组中，单击【多厚度面】选择框![icon]，选择模型的下表面和左侧面，设置【多厚度】![icon]为 30mm，如图 4-60 所示，单击【确定】按钮![icon]，生成多厚度抽壳特征，如图 4-61 所示。

图 4-60 【多厚度设定】选项组的参数设置

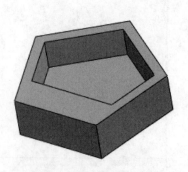

图 4-61 生成多厚度抽壳特征

选择抽壳命令，系统弹出【抽壳】属性管理器，下面介绍属性管理器的设置。

1. 【参数】选项组

(1) 【厚度】：设置保留面的厚度。

(2) 【移除的面】：在图形区域中可以选择一个或者多个面。

(3) 【壳厚朝外】：增加模型的外部尺寸。

(4) 【显示预览】：显示抽壳特征的预览。

2. 【多厚度设定】选项组

【多厚度面】：在图形区域中选择一个面，为所选面设置【多厚度】数值。

4.3.2　扣合特征

扣合特征简化了为塑料和钣金零件生成共同特征的过程。本节主要介绍 3 种扣合特征：装配凸台、弹簧扣、弹簧扣凹槽。

1. 装配凸台特征

选择【插入】|【扣合特征】|【装配凸台】命令或者单击【扣合特征】工具栏中的【装配凸台】按钮，系统弹出【装配凸台】属性管理器，如图 4-62 所示。

1) 【定位】选项组

● 【选择一个面或 3D 点】：选择用于放置装配凸台的平面或空间或一个 3D 点。

● 【选择圆形边线将装配凸台定位】：选择圆形边线以定位装配凸台的中心轴。

2) 【凸台】选项组

【凸台】选项组如图 4-63 所示。

● 【输入凸台高度】：定义凸台的高度。

● 【选择配合面】：选中该单选按钮，可激活【选择配合面】选择框，以选择与凸台顶部相配合的面。如果更改配合面的高度，凸台高度也会发生变化。没有选择配合面时装配凸台如图 4-64 所示；选择配合面时装配凸台如图 4-65 所示。

3) 【翅片】选项组

● 【选择一向量来定义翅片的方向】选择框：选择用于定位一个翅片的方向向量。

● 翅片的各项参数，如图 4-66 所示。无翅片拔模角度时如图 4-67 所示；有翅片拔模角度时如图 4-68 所示。

◆ 翅片宽度：表示应用拔模前翅片基体的厚度，如图 4-69 所示。

◆ 翅片长度：是指从凸台中心为起点，测量的翅片延伸，如图 4-70 所示。

图 4-62　【装配凸台】属性管理器

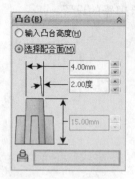

图 4-63 【凸台】选项组

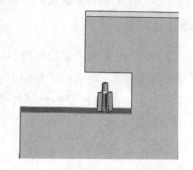

图 4-64 没有选择配合面的装配凸台

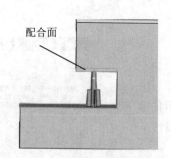

图 4-65 选择配合面的装配凸台

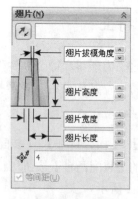

图 4-66 翅片的参数

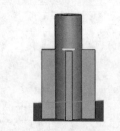

图 4-67 无翅片拔模角度

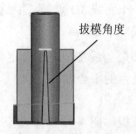

图 4-68 有翅片拔模角度

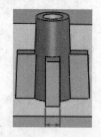

图 4-69 翅片宽度

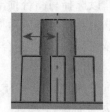

图 4-70 翅片长度

- 【输入翅片数】 ：控制翅片的数量，如图 4-71 所示。
- 【等间距】：在翅片之间生成相同的角度。

(4) 【装配孔/销】选项组

● 【销】：生成装配销钉，如图 4-72 所示。

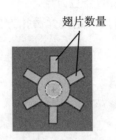

翅片数量

图 4-71 翅片数

装配销钉

图 4-72 装配销钉

● 【孔】：生成装配孔，如图 4-73 所示。

● 【输入直径】：输入孔/销的直径，先选择装配销还是装配孔，再输入销或者孔的直径，其中数据的含义如图 4-74 所示。

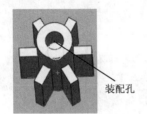

装配孔

图 4-73 装配孔

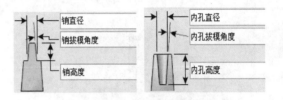

销直径
销拔模角度
销高度
内孔直径
内孔拔模角度
内孔高度

图 4-74 输入销/孔的直径

● 【选择配合边线】：选中该单选按钮，可激活【选择配合边线来定义直径】◎选择框

● 【选择配合边线来定义直径】◎选择框：选择自动定义直径的配合边线。

5) 【收藏】选项组

管理在模型中多次使用的收藏清单。

● 【应用默认/无收藏】按钮：重设到默认设置。

● 【添加或更新收藏】按钮：要更新某个收藏，可在属性管理器中编辑其属性，在收藏中选择其名称，单击此按钮，然后可输入新名称或现有的名称。

● 【删除收藏】按钮：删除所选的收藏。

● 【保存收藏】按钮：保存所选的收藏。

● 【装入收藏】按钮：单击此按钮，浏览到文件夹，然后选择一个收藏。

2. 弹簧扣特征

单击【扣合特征】工具栏中的【弹簧扣】按钮或者选择【插入】|【扣合特征】|【弹簧扣】命令，系统弹出如图 4-75 所示的【弹簧扣】属性管理器。

图 4-75 【弹簧扣】属性管理器

1) 【弹簧扣选择】选项组

● 【为扣钩的位置选择定位】：选择放置弹簧扣的边线或面。

● 【定义扣钩的竖直方向】：选择面、边线或轴来定义弹簧扣的竖直方向。

● 【定义扣钩的方向】：选择面、边线或轴来定义弹簧扣的方向。定义弹簧扣方向之前，如图 4-76 所示；定义弹簧扣方向之后，如图 4-77 所示。

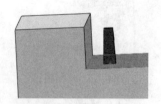
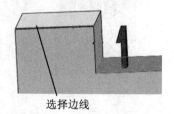

选择边线

图 4-76　定义弹簧扣方向之前　　　　　　　　图 4-77　定义弹簧扣方向之后

● 【选择一个面来配合扣钩实体】：选择与弹簧扣的实体配合的面。选择配合面之前，如图 4-78 所示；选择配合面之后，如图 4-79 所示。

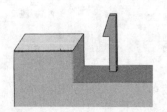
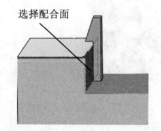

选择配合面

图 4-78　选择配合面之前　　　　　　　　图 4-79　选择配合面之后

● 【输入实体高度】：激活实体高度设定(位于弹簧扣数据下)。设定从选择的实体到扣钩唇缘底部的弹簧扣高度，如图 4-80 所示。

● 【选择配合面】(用于弹簧扣底部)：选择与弹簧扣底部配合的面。选择与弹簧扣底部配合的面之前，如图 4-81 所示；选择与弹簧扣底部配合的面之后，如图 4-82 所示。

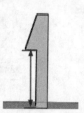
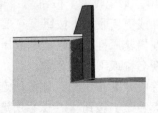

图 4-80　弹簧扣的实体高度　　　　　　图 4-81　选择与弹簧扣底部配合的面之前

2) 【弹簧扣数据】选项组

弹簧扣各项数据的含义如图 4-83 所示。

3. 弹簧扣凹槽特征

选择【插入】|【扣合特征】|【弹簧扣凹槽】命令或者单击【扣合特征】工具栏中的【弹簧扣凹槽】按钮，系统弹出【弹簧扣凹槽】属性管理器，如图 4-84 所示。

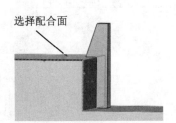

图 4-82　选择与弹簧扣底部配合的面之后

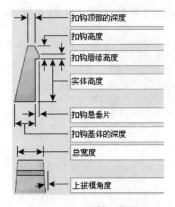

图 4-83　弹簧扣数据

(1) 【从特征树选择一弹簧扣特征】选择框：选择弹簧扣。

(2) 【选择一实体】选择框：设定凹槽的位置。

(3) 弹簧扣凹槽的各项参数含义如图 4-85 所示。

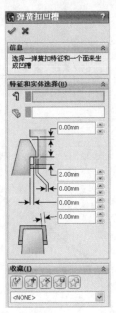

图 4-84　【弹簧扣凹槽】属性管理器

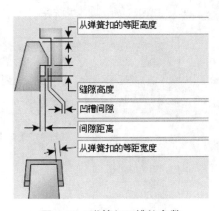

图 4-85　弹簧扣凹槽的参数

4.3.3　抽壳和扣合特征范例

　本范例完成文件：\04\4-3-3. SLDPRT

　多媒体教学路径：光盘→多媒体教学→第 4 章→4.3.3 节

Step 1 选择拉伸草绘平面，如图 4-86 所示。

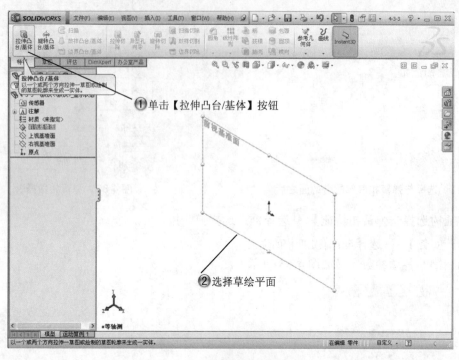

图 4-86　选择拉伸草绘平面

Step 2 绘制半圆草图，如图 4-87 所示。

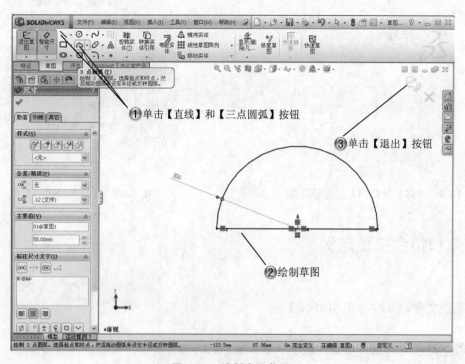

图 4-87　绘制半圆草图

Step 3　拉伸半圆草图，如图 4-88 所示。

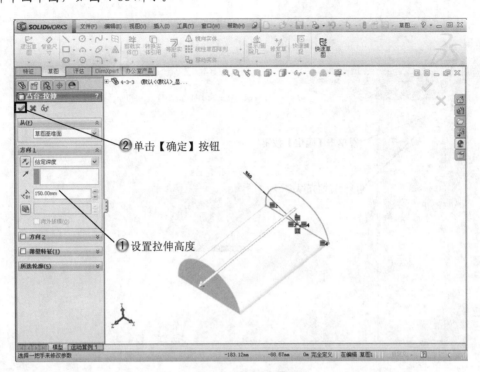

② 单击【确定】按钮

① 设置拉伸高度

图 4-88　拉伸半圆草图

Step 4　选择抽壳命令，如图 4-89 所示。

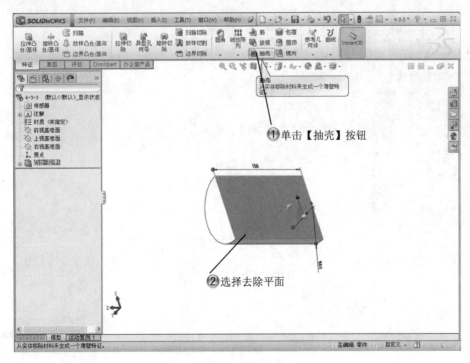

① 单击【抽壳】按钮

② 选择去除平面

图 4-89　选择抽壳命令

Step 5 完成抽壳，效果如图 4-90 所示。

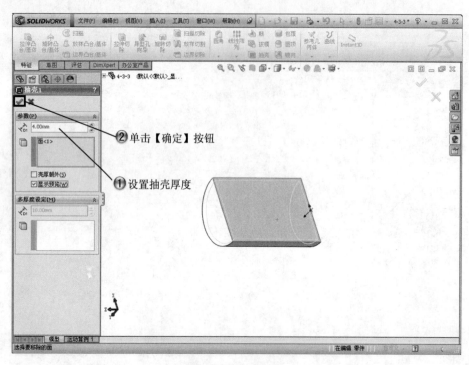

图 4-90 完成抽壳

Step 6 单击【拉伸切除】按钮，如图 4-91 所示。

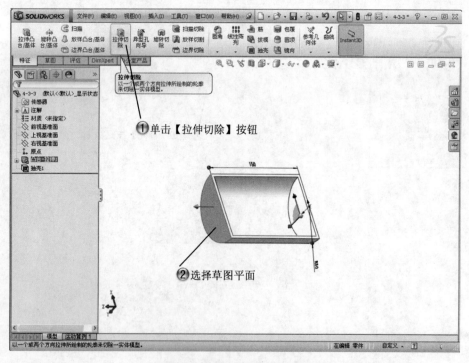

图 4-91 单击【拉伸切除】按钮

Step 7 绘制切除草图，如图 4-92 所示。

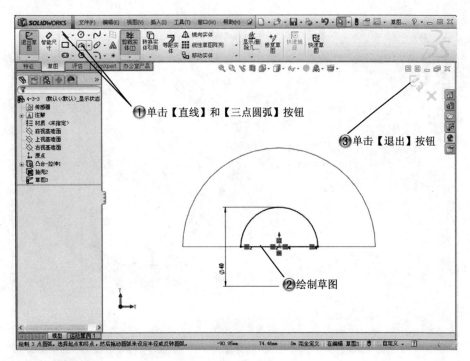

①单击【直线】和【三点圆弧】按钮

③单击【退出】按钮

②绘制草图

图 4-92　绘制切除草图

Step 8 完成切除，效果如图 4-93 所示。

②单击【确定】按钮

①设置拉伸切除距离

图 4-93　完成切除

137

Step 9 选择点的草绘平面，如图 4-94 所示。

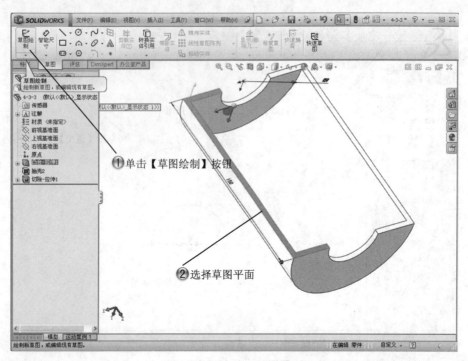

图 4-94　选择点的草绘平面

Step 10 绘制 4 个定位点，如图 4-95 所示。

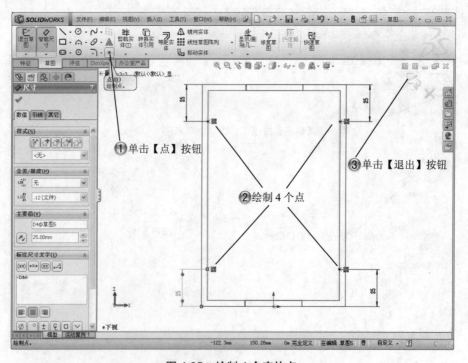

图 4-95　绘制 4 个定位点

Step 11　选择【弹簧扣】命令，如图 4-96 所示。

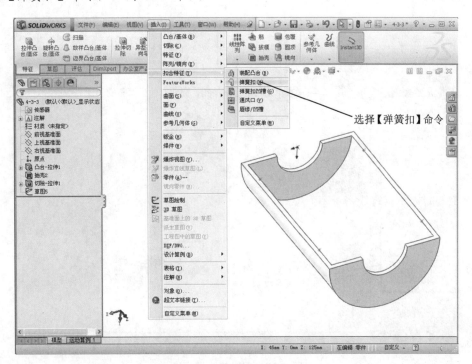

图 4-96　选择【弹簧扣】命令

Step 12　创建弹簧扣，如图 4-97 所示。

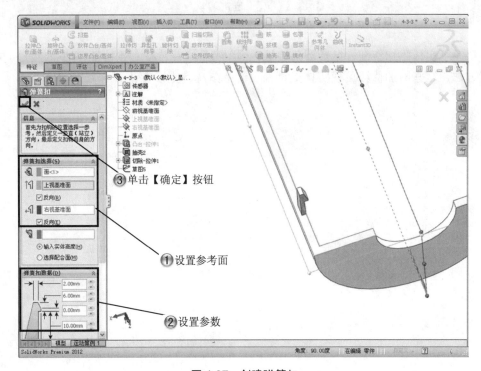

图 4-97　创建弹簧扣

Step 13 创建其他弹簧扣，如图 4-98 所示。

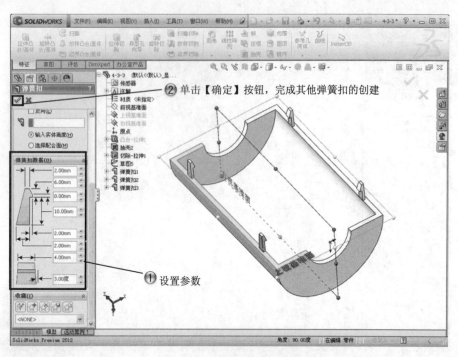

图 4-98　创建其他弹簧扣

4.4　本　章　小　结

　　本章重点讲解了实体附加特征，包括圆角特征、倒角特征、筋特征、孔特征、抽壳特征和扣合特征的创建和参数设置方法，这些附加特征可使实体更符合设计意图，希望读者认真学习。

第 5 章

零件形变特征

本章导读

　　零件形变特征可以改变复杂曲面和实体模型的局部或整体形状，无需考虑用于生成模型的草图或者特征约束，其特征包括弯曲特征、压凹特征、变形特征、拔模特征和圆顶特征等，本章主要介绍这些特征的具体操作方法。

学习内容

知识点 \ 学习目标	理　解	应　用	实　践
压凹特征	√	√	√
弯曲和变形特征	√	√	√
拔模和圆顶特征	√	√	√

5.1 压凹特征

压凹特征是利用厚度和间隙生成的特征，其应用包括封装、冲印、铸模及机器的压入配合等。根据所选实体类型，指定目标实体和工具实体之间的间隙数值，并为压凹特征指定厚度数值。压凹特征可使目标实体变形或从目标实体中切除某个部分。

压凹特征以工具实体的形状在目标实体中生成袋套或突起，因此在最终实体中比在原始实体中会有更多的面、边线和顶点。其注意事项如下：

(1) 目标实体和工具实体必须有一个为实体。

(2) 如果要生成压凹特征，目标实体必须与工具实体接触，或间隙值必须允许穿越目标实体的突起。

(3) 如果要生成切除特征，目标实体和工具实体不必相互接触，但间隙值必须大到可足够生成与目标实体的交叉。

(4) 如果需要以曲面工具实体压凹(或者切除)实体，曲面必须与实体完全相交。

(5) 唯一不允许的压凹组合为曲面目标实体和曲面工具实体。

5.1.1 压凹特征属性设置

选择【插入】|【特征】|【压凹】命令，系统弹出【压凹】的属性管理器，如图 5-1 所示。

1. 【选择】选项组

(1) 【目标实体】⌂选择框：选择要压凹的实体或曲面实体。

(2) 【工具实体区域】⌂选择框：选择一个或多个实体(或者曲面实体)。

(3) 【保留选择】、【移除选择】：选择要保留或移除的模型边界。

(4) 【切除】：选中此复选框，则移除目标实体的交叉区域，无论是实体还是曲面，即使没有厚度也会存在间隙。

2. 【参数】选项组

(1) 【厚度】⌀(仅限实体)：确定压凹特征的厚度。

(2) 【间隙】：确定目标实体和工具实体之间的间隙。如果有必要，单击【反向】按钮⟋。

图 5-1 【压凹】属性管理器

5.1.2 压凹特征操作步骤

选择【插入】|【特征】|【压凹】命令，系统打开【压凹】属性管理器。在【选择】选项组中，单击【目标实体】⌂选择框，在图形区域中选择模型实体，单击【工具实体区域】⌂选择框，选择模型中拉伸特征的下表面，选中【切除】复选框；在【参数】选项组中设置【间隙】为 2mm，如图 5-2 所示，在图形区域中显示出预览，单击【确定】按钮✓，生成压凹特征，如图 5-3 所示。

图 5-2　【压凹】的属性设置

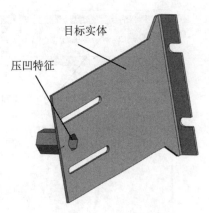

图 5-3　生成压凹特征

5.1.3　压凹特征范例

本范例完成文件：\05\5-1-3. SLDPRT

多媒体教学路径：光盘→多媒体教学→第 5 章→5.1.3 节

Step 1　选择拉伸草绘平面，如图 5-4 所示。

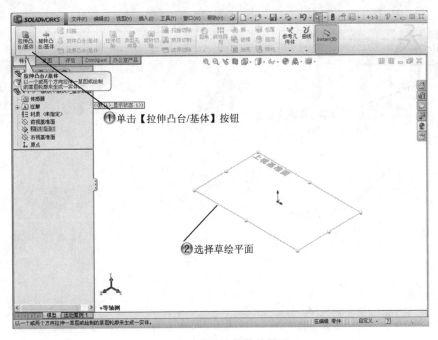

图 5-4　选择拉伸草绘平面

Step 2 绘制同心圆，如图 5-5 所示。

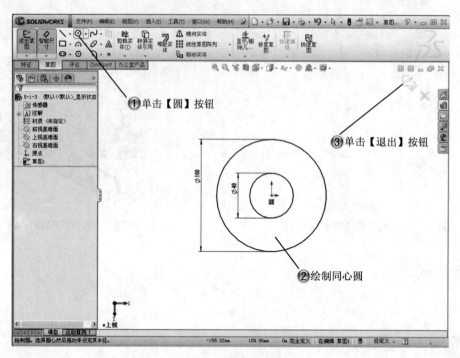

图 5-5 绘制同心圆

Step 3 拉伸草图，如图 5-6 所示。

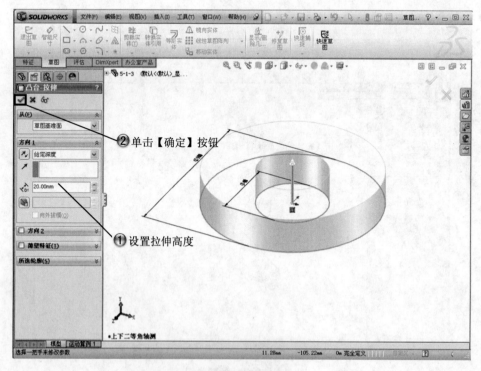

图 5-6 拉伸草图

Step 4　创建基准面，如图 5-7 所示。

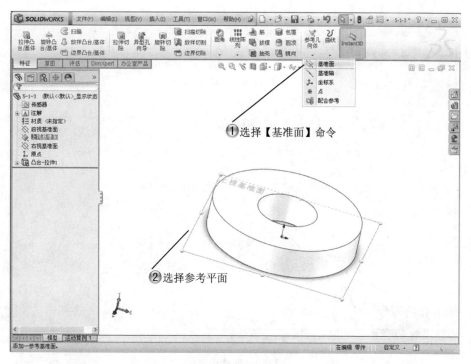

图 5-7　创建基准面

Step 5　设置基准面参数，如图 5-8 所示。

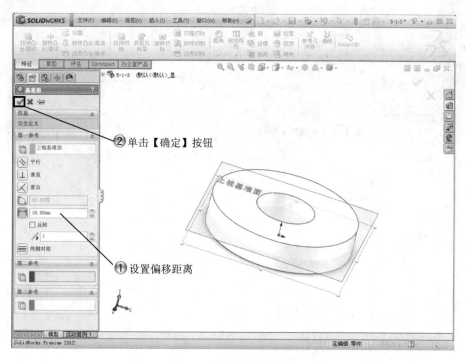

图 5-8　设置基准面参数

Step 6 创建压凹体，如图 5-9 所示。

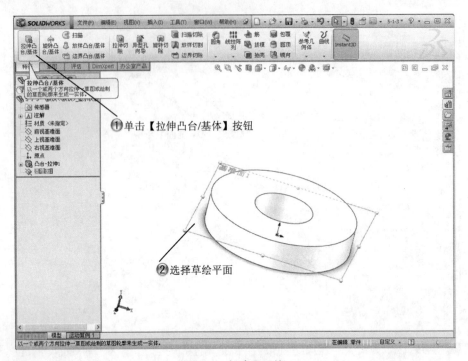

图 5-9　创建压凹体

Step 7 绘制六边形，如图 5-10 所示。

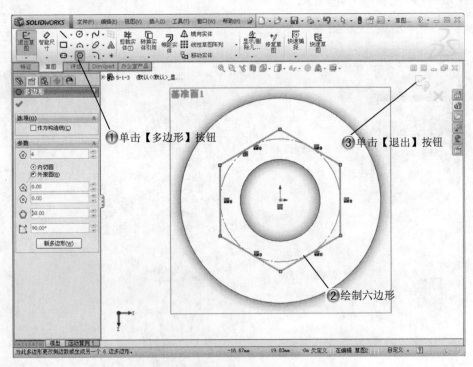

图 5-10　绘制六边形

Step 8 拉伸六边形，如图 5-11 所示。

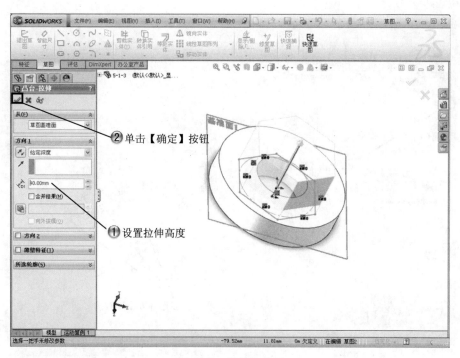

图 5-11　拉伸六边形

Step 9 选择【压凹】命令，如图 5-12 所示。

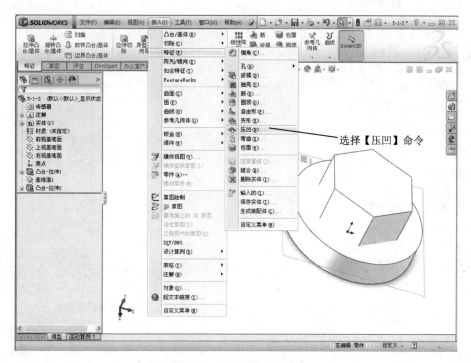

图 5-12　选择【压凹】命令

Step 10 设置目标实体和工具实体，如图 5-13 所示。

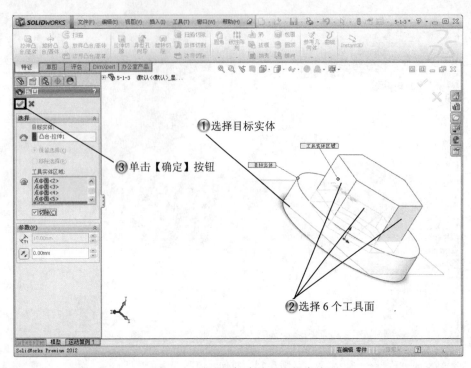

图 5-13　设置目标实体和工具实体

Step 11 查看压凹特征，如图 5-14 所示。

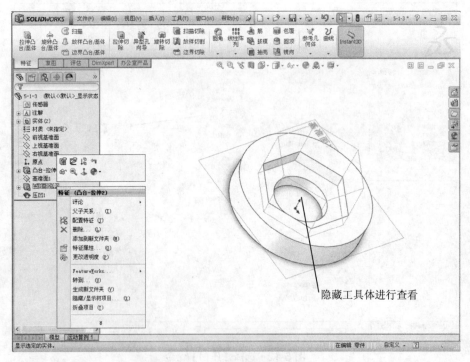

图 5-14　查看压凹特征

5.2　弯曲和变形特征

5.2.1　弯曲特征

弯曲特征以直观的方式对复杂的模型进行变形。弯曲特征包括四个选项：折弯、扭曲、锥削和伸展。

1．折弯

折弯的创建步骤如下。

选择【插入】|【特征】|【弯曲】命令，系统弹出【弯曲】属性管理器。在【弯曲输入】选项组中，选中【折弯】单选按钮，单击【弯曲的实体】选择框，在图形区域中选择模型特征，设置【角度】和【半径】值，单击【确定】按钮，生成折弯弯曲特征。

下面介绍折弯的属性设置。

选择【插入】|【特征】|【弯曲】命令，系统弹出【弯曲】属性管理器。在【弯曲输入】选项组中，选中【折弯】单选按钮，属性设置如图 5-15 所示。

1)【弯曲输入】选项组

● 【粗硬边线】：生成如圆锥面、圆柱面及平面等分析曲面，通常会形成剪裁基准面与实体相交的分割面。如果取消选中此复选框，则结果将基于样条曲线，曲面和平面会因此显得更光滑，而原有面保持不变。

● 【角度】：设置折弯角度，需要配合折弯半径。

● 【半径】：设置折弯半径。

2)【剪裁基准面 1】选项组

● 【为剪裁基准面 1 选择一参考实体】：将剪裁基准面 1 的原点锁定到所选模型上的点。

● 【基准面 1 剪裁距离】：从实体的外部界限沿三重轴的剪裁基准面轴(蓝色 z 轴)移动到剪裁基准面上的距离。

3)【剪裁基准面 2】选项组

【剪裁基准面 2】选项组的属性设置与【剪裁基准面 1】选项组基本相同，在此不做赘述。

4)【三重轴】选项组

使用这些参数来设置三重轴的位置和方向。

● 【为枢轴三重轴参考选择一坐标系特征】：将三重轴的位置和方向锁定到坐标系上。围绕三重轴中的红色 x 轴(即折弯轴)折弯一个或者多个实体，可以重新定位三重轴的位置和剪裁基准面，控制折弯的角度、位置和界限以改变折弯形状。

图 5-15　选中【折弯】单选按钮后的属性设置

> **注 意**
>
> 必须添加坐标系特征到模型上，才能使用此选项。

- 【X 旋转原点】⊙x、【Y 旋转原点】⊙y、【Z 旋转原点】⊙z：沿指定轴移动三重轴位置(相对于三重轴的默认位置)。
- 【X 旋转角度】⊡x、【Y 旋转角度】⊡y、【Z 旋转角度】⊡z：围绕指定轴旋转三重轴(相对于三重轴自身)，此角度表示围绕零部件坐标系的旋转角度，且按照 z、y、x 顺序进行旋转。

5) 【弯曲选项】选项组

⬦【弯曲精度】：控制曲面品质，提高品质还会提高弯曲特征的成功率。

生成的折弯特征如图 5-16 所示。

2. 扭曲

扭曲特征是通过定位三重轴和剪裁基准面，控制扭曲的角度、位置和界限，使特征围绕三重轴的蓝色 z 轴扭曲。

选择【插入】|【特征】|【弯曲】命令，系统打开【弯曲】属性管理器，在【弯曲输入】选项组中，选中【扭曲】单选按钮，如图 5-17 所示。单击【弯曲的实体】☞选择框，在图形区域中选择模型右侧的拉伸特征，设置【角度】⊡为 90 度，单击【确定】按钮✔，生成扭曲弯曲特征，如图 5-18 所示。

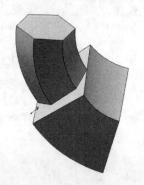

图 5-16　生成折弯弯曲特征

图 5-17　选中【扭曲】单选按钮

在【弯曲】属性管理器中的设置如下。

【角度】⊡：设置扭曲的角度。

其他选项组的属性设置不再赘述。

3. 锥削

锥削特征是通过定位三重轴和剪裁基准面，控制锥削的角度、位置和界限，使特征按照三重轴的蓝色 z 轴方向进行锥削。

选择【插入】|【特征】|【弯曲】命令，系统弹出【弯曲】属性管理器，如图 5-19 所示。在【弯曲输入】选项组中，选中【锥削】单选按钮，单击【弯曲的实体】☞选择框，在图形区域中选择模型右侧的拉伸特征，设置【锥削因子】⚒为 1.5，单击【确定】按钮✔，生成锥削弯曲特征，如图 5-20 所示。

在【弯曲】属性管理器中的设置如下。

【锥削因子】⚒：设置锥削量。调整【锥削因子】时，剪裁基准面不移动。

其他选项组的属性设置不再赘述。

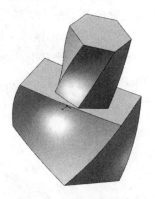

图 5-18　生成扭曲特征

图 5-19　选中【锥削】单选按钮

4．伸展

伸展特征是通过指定距离或使用鼠标左键拖动剪裁基准面的边线，使特征按照三重轴的蓝色 z 轴方向进行伸展。

选择【插入】|【特征】|【弯曲】命令，系统弹出【弯曲】属性管理器，如图 5-21 所示。在【弯曲输入】选项组中，选中【伸展】单选按钮，单击【弯曲的实体】选择框，在图形区域中选择模型右侧的拉伸特征，设置【伸展距离】为 100mm，单击【确定】按钮，生成伸展弯曲特征，如图 5-22 所示。

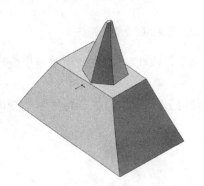

图 5-20　生成锥削弯曲特征

图 5-21　选中【伸展】单选按钮

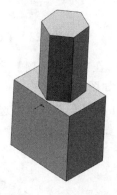

图 5-22　生成伸展弯曲特征

在【弯曲】属性管理器中的参数设置如下。

【伸展距离】：设置伸展量。

其他选项组的属性设置不再赘述。

5.2.2　变形特征

变形特征可以改变复杂曲面和实体模型的局部或者整体形状，无需考虑用于生成模型的草图或者特征约束。因为使用传统的草图、特征或者历史记录编辑需要花费很长的时间，变形特征提供了一种简单的方法虚拟改变模型，在生成设计概念或者对复杂模型进行几何修改时很有用。

生成变形特征的操作步骤如下：

(1) 选择【插入】|【特征】|【变形】命令，系统弹出【变形】属性管理器。在【变形类型】选项组中，选中【点】单选按钮；在【变形点】选项组中，单击【变形点】选择框，在图形区域中选择模型的右上角端点，设置【变形距离】为 50mm；在【变形区域】选项组中，设置【变形半径】为 100mm，如图 5-23 所示；在【形状选项】选项组中，单击【刚度-最小】按钮，单击【确定】按钮，生成最小刚度变形特征，如图 5-24 所示。

图 5-23　【变形】的属性设置

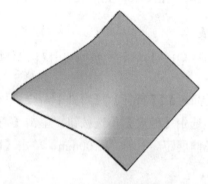

图 5-24　生成最小刚度变形特征

(2) 在【形状选项】选项组中，单击【刚度-中等】按钮，单击【确定】按钮，生成中等刚度变形特征，如图 5-25 所示。

(3) 在【形状选项】选项组中，单击【刚度-最大】按钮，单击【确定】按钮，生成最大刚度变形特征，如图 5-26 所示。

图 5-25　生成中等刚度变形特征

图 5-26　生成最大刚度变形特征

变形有三种类型，包括【点】、【曲线到曲线】和【曲面推进】。

1. 点

点变形是改变复杂形状的最简单的方法。选择模型面、曲面、边线、顶点上的点，或者选择空间中的点，然后设置用于控制变形的距离和球形半径数值。

选择【插入】|【特征】|【变形】命令，系统弹出【变形】属性管理器。在【变形类型】选项组中，选中【点】单选按钮，其属性设置如图 5-27 所示。

1) 【变形点】选项组

- 【变形点】　：设置变形的中心，可以选择平面、边线、顶点上的点或者空间中的点。
- 【变形方向】：选择线性边线、草图直线、平面、基准面或者两个点作为变形方向。如果选择一条线性边线或者直线，则方向平行于该边线或者直线。如果选择一个基准面或者平面，则方向垂直于该基准面或者平面。如果选择两个点或者顶点，则方向自第一个点或者顶点指向第二个点或者顶点。
- 【变形距离】　：指定变形的距离(即点位移)。
- 【显示预览】：使用线框视图(在取消选中【显示预览】复选框时)或者上色视图(在选中【显示预览】复选框时)预览结果。如果需要提高使用大型复杂模型的性能，在做了所有选择之后才选中该复选框。

2) 【变形区域】选项组

- 【变形半径】　：更改通过变形点的球状半径数值，变形区域的选择不会影响变形半径的数值。
- 【变形区域】：选中该复选框，可以激活【固定曲线/边线/面】　和【要变形的其他面】　选择框，如图 5-28 所示。

图 5-27　选中【点】单选按钮后的属性设置

图 5-28　选中【变形区域】复选框

- 【要变形的实体】　：在使用空间中的点时，允许选择多个实体或者一个实体。

3) 【形状选项】选项组

- 【变形轴】　(在取消选中【变形区域】复选框时可用)：通过生成平行于一条线性边线或者草图直线、垂直于一个平面或者基准面、沿着两个点或者顶点的折弯轴以控制变形形状。此选项使用【变形半径】　数值生成类似于折弯的变形。
- 【刚度】　、　、　：控制变形过程中变形形状的刚性。可以将刚度层次与其他选项(如　【变形轴】等)结合使用。刚度有 3 种层次，即【刚度-最小】 、【刚度-中等】 、【刚度-最大】 。

● 【形状精度】 ：控制曲面品质。默认品质在高曲率区域中可能有所不足，当移动滑块到右侧提高精度时，可以增加变形特征的成功率。

2. 曲线到曲线

曲线到曲线变形是改变复杂形状更为精确的方法。通过将几何体从初始曲线(可以是曲线、边线、剖面曲线以及草图曲线组等)映射到目标曲线组而完成。

选择【插入】|【特征】|【变形】命令，系统弹出【变形】属性管理器。在【变形类型】选项组中，选中【曲线到曲线】单选按钮，其属性设置如图 5-29 所示。

1) 【变形曲线】选项组

● 【初始曲线】 ：设置变形特征的初始曲线。选择一条或者多条连接的曲线(或者边线)作为 1 组，可以是单一曲线、相邻边线或者曲线组。

● 【目标曲线】 ：设置变形特征的目标曲线。选择一条或者多条连接的曲线(或者边线)作为 1 组，可以是单一曲线、相邻边线或者曲线组。

● 【组[n]】(n 为组的标号)：允许添加、删除以及循环选择组以进行修改。曲线可以是模型的一部分(如边线、剖面曲线等)或者单独的草图。

● 【显示预览】：使用线框视图或者上色视图预览结果。如果要提高使用大型复杂模型的性能,在做了所有选择之后才选中该复选框。

2) 【变形区域】选项组

● 【固定的边线】：防止所选曲线、边线或者面被移动。在图形区域中选择要变形的固定边线和额外面,如果取消选中该复选框,则只能选择实体。

● 【统一】：尝试在变形操作过程中保持原始形状的特性,可以帮助还原曲线到曲线的变形操作,生成尖锐的形状。

图 5-29　选中【曲线到曲线】单选按钮后的属性设置

● 【固定曲线/边线/面】 ：防止所选曲线、边线或者面被变形和移动。如果【初始曲线】位于闭合轮廓内,则变形将受此轮廓约束;如果【初始曲线】位于闭合轮廓外,则轮廓内的点将不会变形。

● 【要变形的其他面】 ：允许添加要变形的特定面,如果未选择任何面,则整个实体将会受影响。

● 【要变形的实体】 ：如果【初始曲线】不是实体面或者曲面中草图曲线的一部分,或者要变形多个实体,则选中该选项。

3) 【形状选项】选项组

● 【刚度】 、 、 ：控制变形过程中变形形状的刚性。可以将刚度层次与其他选项结合使用。有 3 种层次,即【刚度-最小】 、【刚度-中等】 、【刚度-最大】 。

- 【形状精度】　：控制曲面品质。默认品质在高曲率区域中可能有所不足，当移动滑块到右侧提高精度时，可以增加变形特征的成功率。

- 【重量】　(在选中【固定的边线】复选框和取消选中【统一】复选框时可用)：控制下面两个的影响系数。对在【固定曲线/边线/面】　中指定的实体衡量变形。对在【变形曲线】选项组中指定为【初始曲线】　和【目标曲线】　的边线和曲线衡量变形。

- 【保持边界】：确保所选边界作为【固定曲线/边线/面】　是固定的；取消选中【保持边界】复选框，可以更改变形区域、选中【仅对于额外的面】复选框或者允许边界移动。

- 【仅对于额外的面】(在取消选中【保持边界】复选框时可用)：使变形仅影响那些选择作为【要变形的其他面】　的面。

- 【匹配】：允许应用这些条件，将变形曲面或者面匹配到目标曲面或者面边线。

  - 【无】：不应用匹配条件。

  - 【曲面相切】：使用平滑过渡匹配面和曲面的目标边线。

  - 【曲线方向】：使用【目标曲线】的法线形成变形，将【初始曲线】映射到【目标曲线】以匹配【目标曲线】。

3. 曲面推进

曲面推进变形通过使用工具实体的曲面，推进目标实体的曲面以改变其形状。目标实体曲面近似于工具实体曲面，但在变形前后每个目标曲面之间保持一对一的对应关系。可以选择自定义的工具实体(如多边形或者球面等)，也可以使用自己的工具实体。在图形区域中使用三重轴标注，可以调整工具实体的大小，拖动三重轴或者在【特征管理器设计树】中进行设置，可以控制工具实体的移动。

与点变形相比，曲面推进变形可以对变形形状提供更有效的控制，同时还是基于工具实体形状生成特定特征的可预测的方法。使用曲面推进变形，可以设计自由形状的曲面、模具、塑料、软包装、钣金等，这对合并工具实体的特性到现有设计中很有帮助。

选择【插入】|【特征】|【变形】命令，系统弹出【变形】属性管理器。在【变形类型】选项组中，选中【曲面推进】单选按钮，其属性设置如图 5-30 所示。

1) 【推进方向】选项组

- 【变形方向】：设置推进变形的方向，可以选择一条草图直线或者直线边线、一个平面或者基准面、两个点或者顶点。

- 【显示预览】：使用线框视图或者上色视图预览结果，如果需要提高使用大型复杂模型的性能，在做了所有选择之后才启用该复选框。

2) 【变形区域】选项组

- 【要变形的其他面】　：允许添加要变形的特定面，仅变形所选面；如果未选择任何面，则整个实体将会受影响。

- 【要变形的实体】　：即目标实体，决定要被工具实体变形的实体。无论工具实体在何处与目标实体相交，或者在何处生成相对位移(当工具实体不与目标实体相交时)，整个实体都会受影响。

- 【要推进的工具实体】　：设置对【要变形的实体】　进行变形的工具实体。使用图形区域中的标注，设置工具实体的大小。如果要使用已生成的工具实体，从其选项中选择【选择实体】选项，然后在图形区域中选择工具实体。【变形区域】选项组如图 5-31 所示。

- 【变形误差】　：为工具实体与目标面或者实体的相交处指定圆角半径数值。

图 5-30 选中【曲面推进】单选按钮

图 5-31 【变形区域】选项组

3)【工具实体位置】选项组

以下选项允许通过输入正确的数值重新定位工具实体。此方法比使用三重轴更精确。

- Delta X $^{\Delta X}$、Delta Y $^{\Delta Y}$、Delta Z $^{\Delta Z}$：沿 x、y、z 轴移动工具实体的距离。
- 【X 旋转角度】、【Y 旋转角度】、【Z 旋转角度】：围绕 x、y、z 轴以及旋转原点旋转工具实体的旋转角度。
- 【X 旋转原点】、【Y 旋转原点】、【Z 旋转原点】：定位由图形区域中三重轴表示的旋转中心。当鼠标指针变为形状时，可以通过拖动鼠标指针或者旋转工具实体的方法定位工具实体。

5.2.3 弯曲和变形特征范例

本范例完成文件：\05\5-2-3. SLDPRT

多媒体教学路径：光盘→多媒体教学→第 5 章→5.2.3 节

Step 1 选择拉伸草绘平面，如图 5-32 所示。

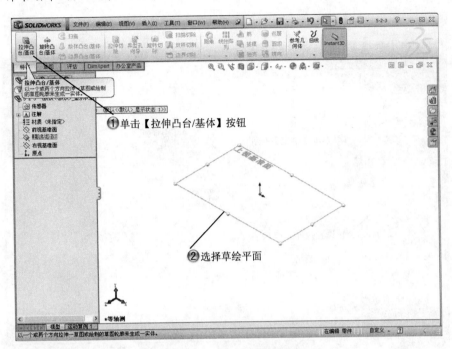

图 5-32　选择拉伸草绘平面

Step 2 草绘图形，如图 5-33 所示。

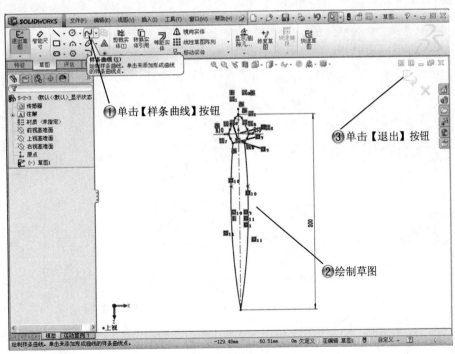

图 5-33　草绘图形

Step 3 拉伸草图，如图 5-34 所示。

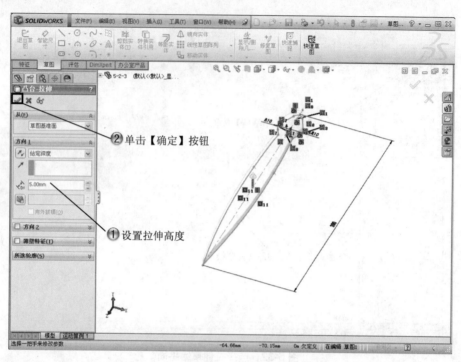

图 5-34　拉伸草图

Step 4 选择【弯曲】命令，如图 5-35 所示。

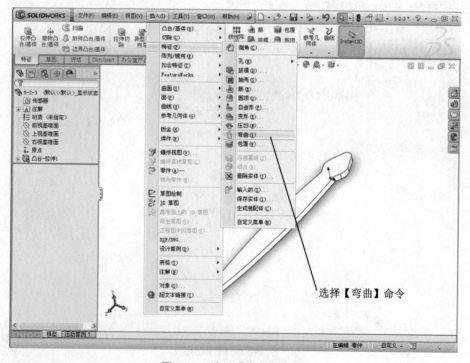

图 5-35　选择【弯曲】命令

Step 5 折弯模型，如图 5-36 所示。

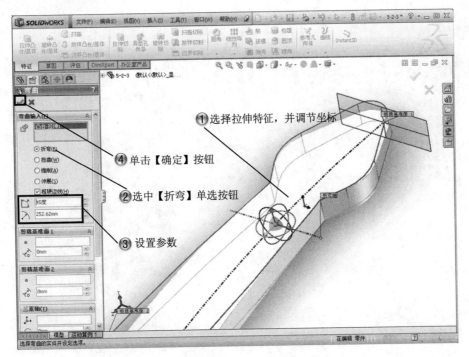

图 5-36　折弯模型

Step 6 扭曲模型，如图 5-37 所示。

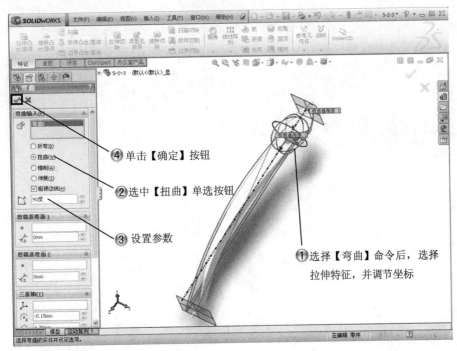

图 5-37　扭曲模型

Step 7 选择【变形】命令，如图 5-38 所示。

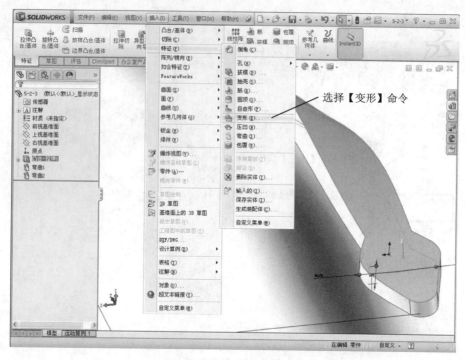

图 5-38 选择【变形】命令

Step 8 创建变形特征，如图 5-39 所示。

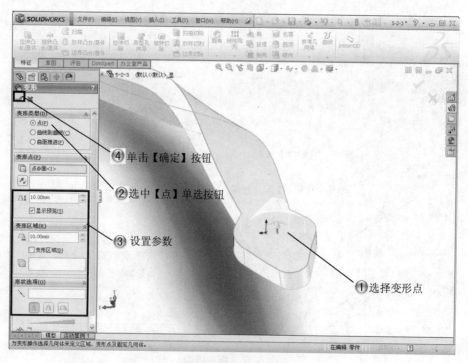

图 5-39 创建变形特征

5.3　拔模和圆顶特征

5.3.1　拔模特征

拔模特征是用指定的角度斜削模型中所选的面，使型腔零件更容易脱出模具，可以在现有的零件中插入拔模，或者在进行拉伸特征时拔模，也可以将拔模应用到实体或者曲面模型中。

单击【特征】工具栏【拔模】按钮或选择【插入】|【特征】|【拔模】命令，系统弹出【拔模】属性管理器。在【拔模类型】选项组中，选中【中性面】单选按钮；在【拔模角度】选项组中，设置【拔模角度】为 5 度；在【中性面】选项组中，单击【中性面】选择框，选择模型小圆柱体的上表面；在【拔模面】选项组中，单击【拔模面】选择框，选择模型小圆柱体的圆柱面，如图 5-40 所示，单击【确定】按钮，生成拔模特征，如图 5-41 所示。

图 5-40　【拔模】的属性设置

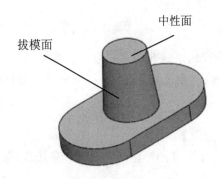

图 5-41　生成拔模特征

在【手工】模式中，可以指定拔模类型，包括【中性面】、【分型线】和【阶梯拔模】。

1. 中性面

在【拔模类型】选项组中，选中【中性面】单选按钮。

1) 【拔模角度】选项组

【拔模角度】：垂直于中性面进行测量的角度。

2) 【中性面】选项组

【中性面】：选择一个面或者基准面。如果有必要，单击【反向】按钮向相反的方向倾斜拔模。

3) 【拔模面】选项组

● 　【拔模面】：在图形区域中选择要拔模的面。

- 【拔模沿面延伸】：可以将拔模延伸到额外的面，其下拉列表如图 5-42 所示。
  - ◆ 【无】：只在所选的面上进行拔模。
  - ◆ 【沿切面】：将拔模延伸到所有与所选面相切的面。
  - ◆ 【所有面】：将拔模延伸到所有从中性面拉伸的面。
  - ◆ 【内部的面】：将拔模延伸到所有从中性面拉伸的内部面。
  - ◆ 【外部的面】：将拔模延伸到所有在中性面旁边的外部面。

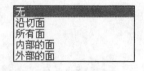

图 5-42 【拔模沿面延伸】
下拉列表

2．分型线

选中【分型线】单选按钮，可以对分型线周围的曲面进行拔模。

 注 意

使用分型线拔模时，可以包括阶梯拔模。

如果要在分型线上拔模，可以先插入一条分割线以分离要拔模的面，或者使用现有的模型边线，然后再指定拔模方向。可以使用拔模分析工具检查模型上的拔模角度。拔模分析根据所指定的角度和拔模方向，生成模型颜色编码的渲染。

选择【插入】|【特征】|【拔模】命令，系统弹出【拔模】属性管理器。在【拔模类型】选项组中，选中【分型线】单选按钮。

【允许减少角度】：只可用于分型线拔模。在由最大角度所生成的角度总和与拔模角度为 90°或者以上时允许生成拔模。

注 意

同时被拔模的边线和面，与它们相邻的一个或多个边，或者面的法线，与拔模方向几乎垂直时，可以选中【允许减少角度】复选框。当选中该复选框时，拔模面有些部分的拔模角度可能比指定的拔模角度要小。

1）【拔模方向】选项组

【拔模方向】：在图形区域中选择一条边线或者一个面指示拔模的方向。如果有必要，单击【反向】按钮以改变拔模的方向。

2）【分型线】选项组

- 【分型线】：在图形区域中选择分型线。如果要为分型线的每一条线段指定不同的拔模方向，单击选择框中的边线名称，然后单击【其他面】按钮。
- 【拔模沿面延伸】：可以将拔模延伸到额外的面，其下拉列表框如图 5-43 所示。
  - ◆ 【无】：只在所选的面上进行拔模。
  - ◆ 【沿切面】：将拔模延伸到所有与所选面相切的面。

3．阶梯拔模

阶梯拔模为分型线拔模的变体，阶梯拔模围绕着一个面，这个面由沿拔模方向的基准面旋转而生成。

选择【插入】|【特征】|【拔模】命令，系统弹出【拔模】属性管理器。在【拔模类型】选项组中，选中【阶梯拔模】单选按钮，如图 5-44 所示。

图 5-43　选中【分型线】单选按钮后的属性设置

图 5-44　选中【阶梯拔模】单选按钮

【阶梯拔模】的属性设置与【分型线】基本相同，在此不做赘述。

> **注 意**
>
> 　　采用 SolidWorks Intelligent Feature Technology (SWIFTTM) 的 FeatureXpert 可以帮助管理拔模特征和圆角特征。

选择【插入】|【特征】|【拔模】命令，系统弹出【拔模】属性管理器。在 DraftXpert 模式中，切换到【添加】选项卡，如图 5-45 所示。在 DraftXpert 模式中，可以生成多个拔模、执行拔模分析、编辑拔模以及自动调用 FeatureXpert 求解初始没有进入模型的拔模特征。

1) 【要拔模的项目】选项组

● 　【拔模角度】：设置拔模角度(垂直于中性面进行测量)。

● 　【中性面】：选择一个平面或者基准面。如果有必要，单击【反向】按钮，向相反的方向倾斜拔模。

● 　【拔模面】：在图形区域中选择要拔模的面。

2) 【拔模分析】选项组

● 　【自动涂刷】：选择模型的拔模分析。

● 　颜色轮廓映射：通过颜色和数值显示模型中拔模的范围以及【正拔模】和【负拔模】的面数。

在 DraftXpert 模式中，切换到【更改】选项卡，如图 5-46 所示。

1) 【要更改的拔模】选项组

● 　【拔模面】：在图形区域中，选择包含要更改或者删除的拔模面。

● 　【中性面】：选择一个平面或者基准面。如果有必要，单击【反向】按钮，向相反的方向倾斜拔模。如果只更改【拔模角度】，则无需选择中性面。

● 　【拔模角度】：设置拔模角度(垂直于中性面进行测量)。

图 5-45　【添加】选项卡

图 5-46　【更改】选项卡

2)　【现有拔模】选项组

【分排列表方式】：按照角度、中性面或者拔模方向过滤所有拔模，其下拉列表如图 5-47 所示，可以根据需要更改或者删除拔模。

3)　【拔模分析】选择组

【拔模分析】选择组的属性设置与【添加】选项卡中基本相同，在此不做赘述。

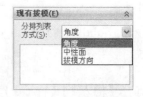

图 5-47　【分排列表方式】
下拉列表

5.3.2　圆顶特征

圆顶特征可以在同一模型上同时生成一个或者多个圆顶。

单击【特征】工具栏【圆顶】按钮 或者选择【插入】|【特征】|【圆顶】命令，系统弹出【圆顶】属性管理器。在【参数】选项组中，单击【到圆顶的面】 选择框，在图形区域中选择模型的上表面，设置【距离】为 100mm，单击【确定】按钮 ，生成圆顶特征，如图 5-48 所示。

单击【特征】工具栏【圆顶】按钮 或者选择【插入】|【特征】|【圆顶】命令，系统弹出【圆顶】属性管理器，如图 5-49 所示，下面介绍其中的设置。

(1)　【到圆顶的面】 ：选择一个或者多个平面或者非平面。

(2)　【距离】：设置圆顶扩展的距离。

(3)　【反向】按钮 ：单击该按钮，可以生成凹陷圆顶(默认为凸起)。

(4)　【约束点或草图】 ：选择一个点或者草图，通过对其形状进行约束以控制圆顶。当使用一个草图为约束时，【距离】微调框不可用。

(5)　【方向】 ：从图形区域选择方向向量，以垂直于面以外的方向拉伸圆顶，可以使用线性边线，或者由两个草图点所生成的向量作为方向向量。

图 5-48　生成圆顶特征

图 5-49　【圆顶】属性管理器

5.3.3　拔模和圆顶特征范例

 本范例完成文件：\05\5-3-3. SLDPRT

 多媒体教学路径：光盘→多媒体教学→第 5 章→5.3.3 节

Step 1　选择旋转草绘平面，如图 5-50 所示。

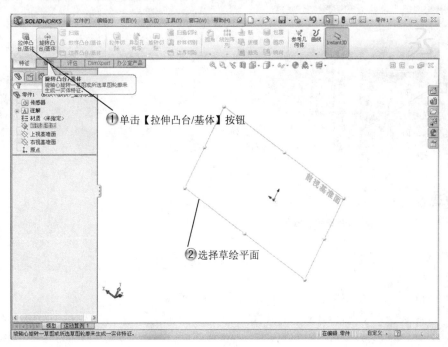

图 5-50　选择旋转草绘平面

Step 2 绘制旋转草图，如图 5-51 所示。

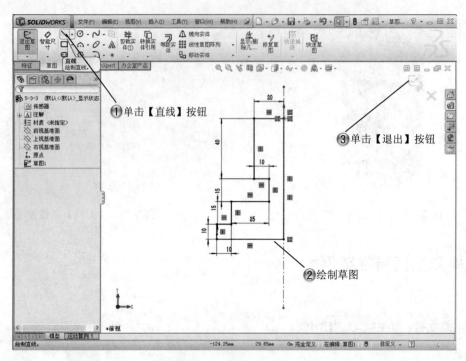

图 5-51　绘制旋转草图

Step 3 完成旋转特征，如图 5-52 所示。

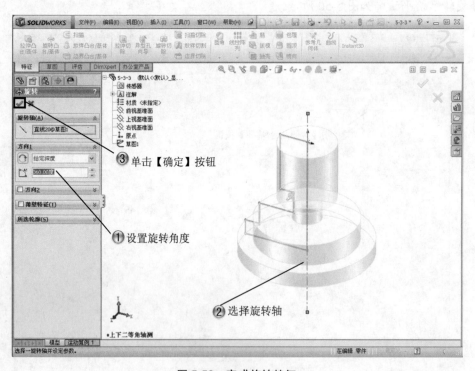

图 5-52　完成旋转特征

Step 4　单击【拔模】按钮，如图 5-53 所示。

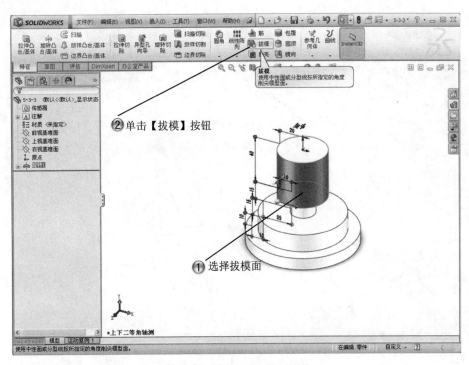

图 5-53　单击【拔模】按钮

Step 5　完成拔模，如图 5-54 所示。

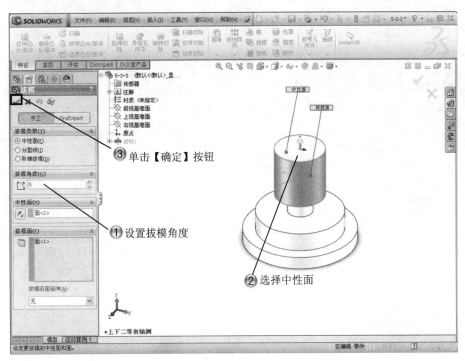

图 5-54　完成拔模

Step 6 单击【圆顶】按钮，如图 5-55 所示。

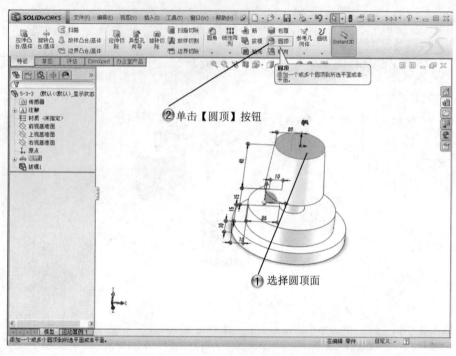

图 5-55　单击【圆顶】按钮

Step 7 完成圆顶，如图 5-56 所示。

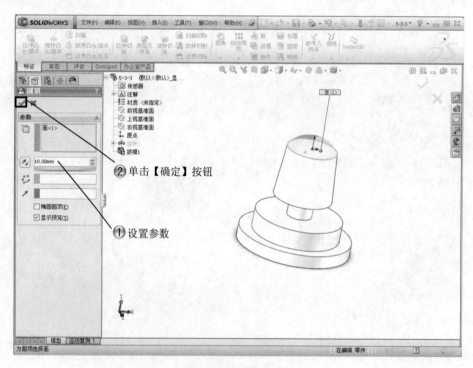

图 5-56　完成圆顶

5.4　本章小结

　　零件形变编辑可以改变复杂曲面和实体模型的局部或者整体形状，包括弯曲特征、压凹特征、变形特征、拔模特征和圆顶特征等。使用这些特征在生成设计草图或者对复杂模型进行几何修改时很有用。读者要结合范例进行学习、体会。

第6章

特征编辑

本章导读

组合编辑是将实体组合起来，从而获得新的实体特征。阵列编辑是利用特征设计中的驱动尺寸，将增量进行更改并指定给阵列进行特征复制的过程。源特征可以生成线性阵列、圆周阵列、曲线驱动的阵列、草图驱动的阵列和表格驱动的阵列等。镜向编辑是将所选的草图、特征和零部件对称于所选平面或者面的复制过程。

本章将讲解组合编辑、阵列和镜向这3个部分内容。

学习内容

学习目标 知 识 点	理 解	应 用	实 践
组合编辑	√	√	√
阵列	√	√	√
镜向	√	√	√

6.1 组 合 编 辑

本节将介绍对实体对象进行的组合操作,通过对其进行组合,可以获取一个新的实体。

6.1.1 组合

1. 组合实体的使用和参数设置

选择【插入】|【特征】|【组合】命令,打开【组合】属性管理器(属性管理器中的 1 代表第 1 个组合特征),如图 6-1 所示。其参数设置方法如下:

(1)【添加】:对选择的实体进行组合操作,选中该单选按钮,属性设置如图 6-1(a)所示,单击【实体】选择框,在绘图区选择要组合的实体。

(2)【删减】:选中【删减】单选按钮,属性设置如图 6-1(b)所示,单击【主要实体】选项组中的【实体】选择框,在绘图区域选择要保留的实体。单击【要组合的实体】选项组中的【实体】选择框,在绘图区域选择要删除的实体。

(3)【共同】:移除除重叠之外的所有材料。选中【共同】单选按钮,属性设置如图 6-1(c)所示,单击【实体】选择框,在绘图区选择有重叠部分的实体。

其他属性设置不再赘述。

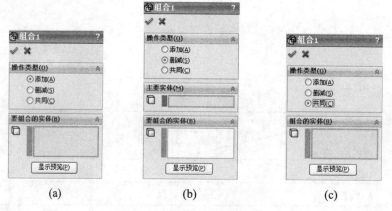

(a)   (b)   (c)

图 6-1 【组合】属性管理器

2. 组合实体的操作步骤

下面讲解组合实体的操作。

选择【插入】|【特征】|【组合】命令,打开【组合 1】属性管理器。

1)【添加】型组合操作

选中【添加】单选按钮,在绘图区分别选择凸台-拉伸 1 和凸台-拉伸 2,单击【确定】按钮✔,属性设置如图 6-2 所示,生成的组合实体如图 6-3 所示。

2)【删减】型组合操作

选中【删减】单选按钮,在绘图区选择凸台-拉伸 1 为主要实体,选择凸台-拉伸 2 为减除的实体,如图 6-4

所示，单击【确定】按钮 ✔ ，生成的组合实体如图 6-5 所示。

图 6-2　【添加】型组合的属性设置

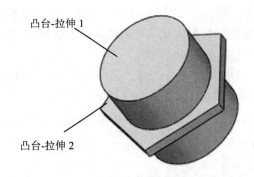

凸台-拉伸 1

凸台-拉伸 2

图 6-3　生成的组合实体

图 6-4　删减实体设置

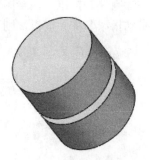

图 6-5　删减组合实体

3)【共同】型组合操作

选中【共同】单选按钮，在绘图区选择凸台-拉伸 1 和凸台-拉伸 2，如图 6-6 所示，类似求交集的过程，单击【确定】按钮 ✔ ，生成的组合实体如图 6-7 所示。

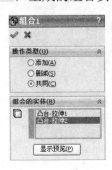

图 6-6　【共同】型组合的属性设置

图 6-7　生成共同实体

6.1.2　分割

1. 分割实体的使用和参数设置

选择【插入】|【特征】|【分割】命令，打开【分割】属性管理器，如图 6-8 所示。其参数设置如下：

(1) 【剪裁工具】选项组:

- 【剪裁曲面】 选择框: 在绘图区选择剪裁基准面, 曲面或草图。
- 【切除零件】按钮: 单击该按钮后选择要切除的部分。

(2) 【所产生实体】选项组:

- 【自动指派名称】按钮: 自动为分割成的实体命名。
- 【消耗切除实体】: 删除切除的实体。
- 【将自定义属性复制到新零件】: 将属性复制到新的零件文件中。

2. 分割实体的操作步骤

(1) 保存零件。

(2) 选择【插入】|【特征】|【分割】命令, 打开【分割】属性管理器。

(3) 选择【上视基准面】为剪裁曲面。

(4) 单击【切除零件】按钮, 在绘图区选择零件被分割后的两部分实体。

(5) 单击【自动指派名称】按钮, 则系统自动为实体命名为 "实体 1" 和 "实体 2", 如图 6-9 所示。

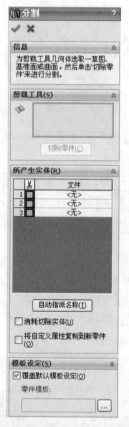

图 6-8 【分割】属性管理器(1)

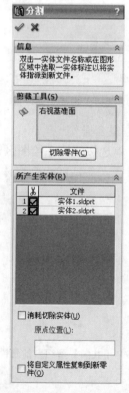

图 6-9 【分割】属性管理器(2)

(6) 单击【确定】按钮 , 即可分割实体特征。结果如图 6-10 所示。

图 6-10　分割后的实体

6.1.3　移动/复制实体

1. 移动/复制实体的使用和参数设置

选择【插入】|【特征】|【移动/复制】命令，打开【移动/复制实体】属性管理器，如图 6-11 所示。

图 6-11　【移动/复制实体】属性管理器

其参数设置方法如下：

(1)【要移动/复制的实体和曲面或图形实体】：单击该选择框，在绘图区选择要移动的对象。

(2)【要配合的实体】：在绘图区选择要配合的实体。

● 约束类型：包括【重合】、【平行】、【垂直】、【相切】、【同心】、【距离】和【角度】。

● 配合对齐：包括【同向对齐】和【异向对齐】。

其他选项组不再赘述。

2. 移动/复制实体的操作

移动/复制实体的操作类似于装配体的配合操作，读者可参阅后面的装配体章节。

6.1.4 删除

1. 删除实体的使用和参数设置

选择【插入】|【特征】|【删除实体】命令，打开【删除实体】属性管理器。如图 6-12 所示。其属性设置不再赘述。

图 6-12 【删除实体】属性管理器

2. 删除实体的操作步骤

(1) 选择【插入】|【特征】|【删除实体】命令，打开【删除实体】属性管理器。

(2) 单击【要删除的实体/曲面实体】选择框，在绘图区选择要删除的对象。

(3) 单击【确定】按钮，即可删除实体特征。

6.1.5 组合编辑范例

本范例完成文件：\06\6-1-5. SLDPRT

多媒体教学路径：光盘→多媒体教学→第 6 章→6.1.5 节

Step 1 选择拉伸草绘平面，如图 6-13 所示。

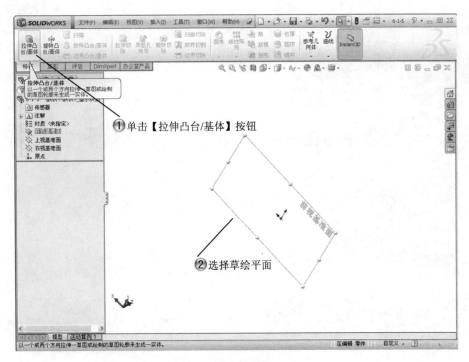

图 6-13 选择拉伸草绘平面

Step 2 绘制拉伸草图，如图 6-14 所示。

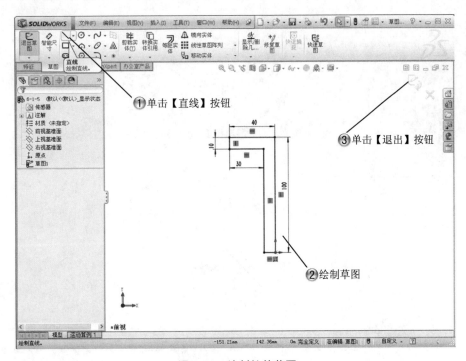

图 6-14 绘制拉伸草图

Step 3 完成拉伸，效果如图 6-15 所示。

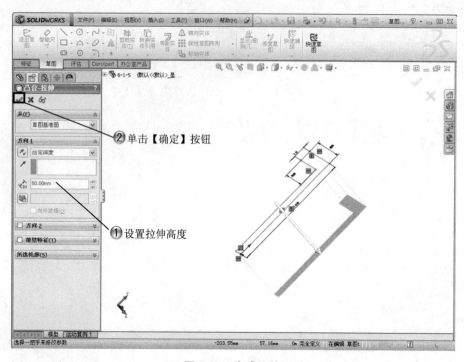

图 6-15　完成拉伸

Step 4 创建基准面，如图 6-16 所示。

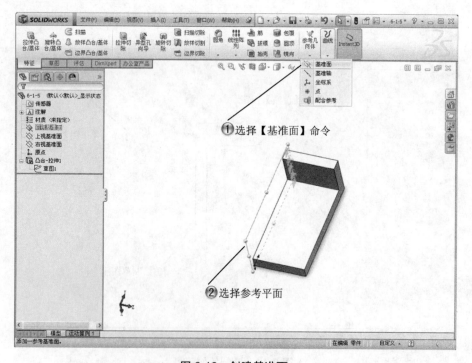

图 6-16　创建基准面

Step 5 设置基准面参数,如图 6-17 所示。

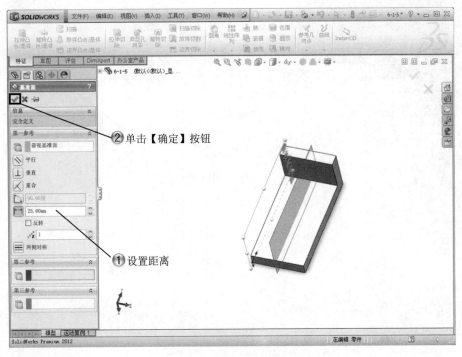

②单击【确定】按钮

①设置距离

图 6-17　设置基准面参数

Step 6 选择旋转草绘平面,如图 6-18 所示。

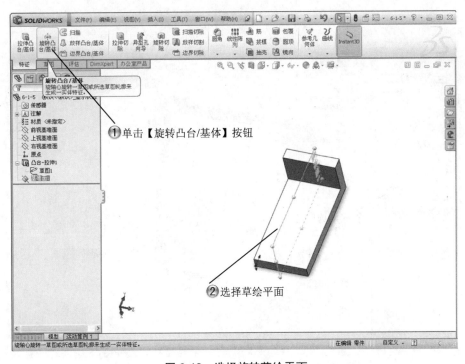

①单击【旋转凸台/基体】按钮

②选择草绘平面

图 6-18　选择旋转草绘平面

Step 7 绘制旋转草图，如图 6-19 所示。

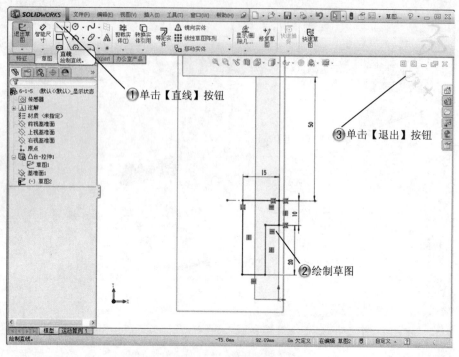

图 6-19 绘制旋转草图

Step 8 完成旋转特征，效果如图 6-20 所示。

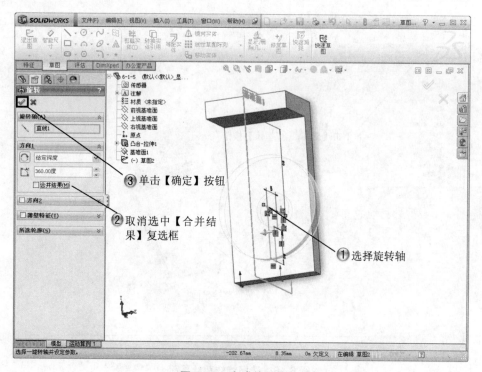

图 6-20 完成旋转特征

Step 9　选择【移动/复制】命令，如图 6-21 所示。

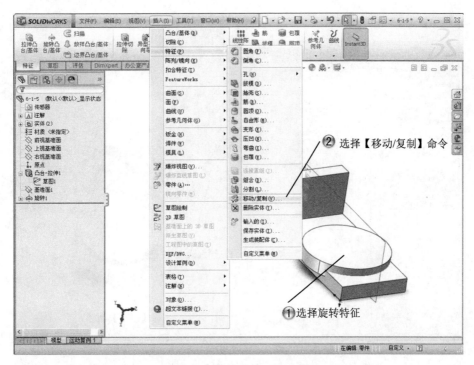

图 6-21　选择【移动/复制】命令

Step 10　设置移动参数，如图 6-22 所示。

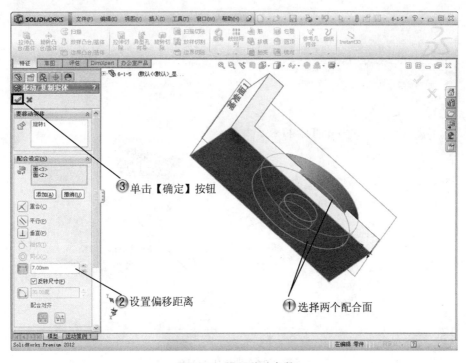

图 6-22　设置移动参数

Step 11 选择【组合】命令，如图 6-23 所示。

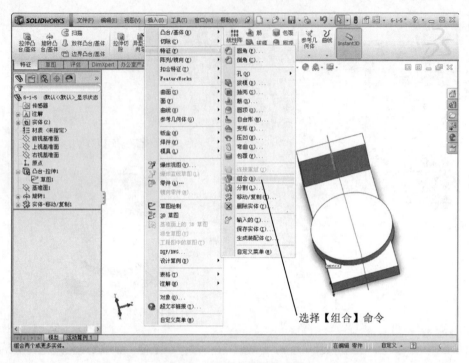

图 6-23 选择【组合】命令

Step 12 选择组合对象，如图 6-24 所示。

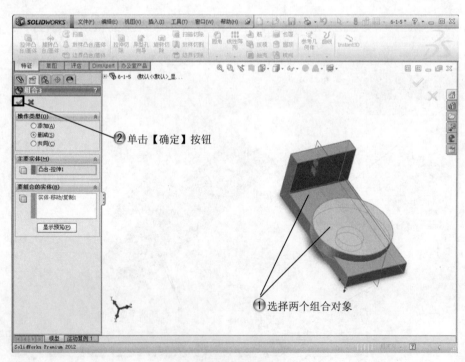

图 6-24 选择组合对象

Step 13　选择【分割】命令，如图 6-25 所示。

图 6-25　选择【分割】命令

Step 14　分割实体，如图 6-26 所示。

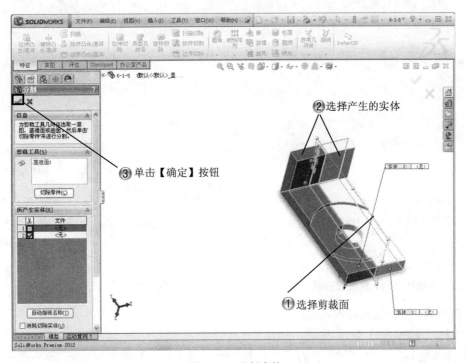

图 6-26　分割实体

6.2 阵　　列

阵列编辑是利用特征设计中的驱动尺寸，将增量进行更改并指定给阵列进行特征复制的过程。源特征可以生成线性阵列、圆周阵列、曲线驱动的阵列、草图驱动的阵列和表格驱动的阵列等。镜向编辑是将所选的草图、特征和零部件对称于所选平面或者面的复制过程。本章将主要介绍这两种编辑方法。

6.2.1 草图阵列

1. 线性阵列

(1) 选择要进行线性阵列的草图。

(2) 单击【草图】工具栏中的【线性草图阵列】按钮⊞或选择【工具】|【草图工具】|【线性阵列】命令，系统打开【线性阵列】属性管理器，如图 6-27 所示。根据需要，设置各选项组参数，单击【确定】按钮✔，生成草图线性阵列，如图 6-28 所示。

图 6-27 【线性阵列】属性管理器

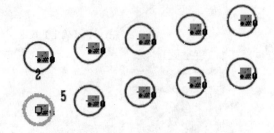

图 6-28 生成草图线性阵列

下面介绍【线性阵列】属性管理器的属性设置。

1)【方向1】、【方向2】选项组

【方向1】选项组显示了沿 x 轴线性阵列的特征参数；【方向2】选项组显示了沿 y 轴线性阵列的特征参数。

- 【反向】按钮 ：可以改变线性阵列的排列方向。
- 【间距】、：线性阵列 x、y 轴相邻两个特征参数之间的距离。
- 【标注 X/Y 间距】：形成线性阵列后，在草图上自动标注特征尺寸(如线性阵列特征之间的距离)。
- 【显示实例记数】：经过线性阵列后草图最后形成的总个数。
- 【角度】、：线性阵列的方向与 x、y 轴之间的夹角。

2) 【可跳过的实例】选项组

【要跳过的单元】：生成线性阵列时跳过在图形区域中选择的阵列实例。

其他属性设置不再赘述。

2. 圆周阵列

(1) 选择要进行圆周阵列的草图。

(2) 选择【工具】|【草图工具】|【圆周阵列】命令，系统打开【圆周阵列】属性管理器，如图 6-29 所示。根据需要，设置各选项组参数，单击【确定】按钮 ，生成草图圆周阵列，如图 6-30 所示。

图 6-29 【圆周阵列】属性管理器

图 6-30 生成草图圆周阵列

下面介绍【圆周阵列】属性管理器【参数】选项组的属性设置。

- 【反向】：修改草图圆周阵列围绕原点旋转的方向。
- 【中心点 X】：草图圆周阵列旋转中心的横坐标。
- 【中心点 Y】：草图圆周阵列旋转中心的纵坐标。
- 【等间距】：圆周阵列中草图之间的夹角是相等的。
- 【添加间距尺寸】：形成圆周阵列后，在草图上自动标注出特征尺寸(如圆周阵列旋转的角度等)。
- 【实例数】：经过圆周阵列后草图最后形成的总个数。
- 【半径】：圆周阵列的旋转半径。
- 【圆弧角度】：圆周阵列旋转中心与要阵列的草图重心之间的夹角。

其他属性设置不再赘述。

6.2.2 特征阵列

特征阵列与草图阵列相似，都是复制一系列相同的要素。不同之处在于草图阵列复制的是草图，特征阵列复制的是结构特征；草图阵列得到的是一个草图，而特征阵列得到的是一个复杂的零件。

特征阵列包括线性阵列、圆周阵列、表格驱动的阵列、草图驱动的阵列和曲线驱动的阵列等。选择【插入】|【阵列/镜向】命令，弹出特征阵列的菜单，如图6-31所示。

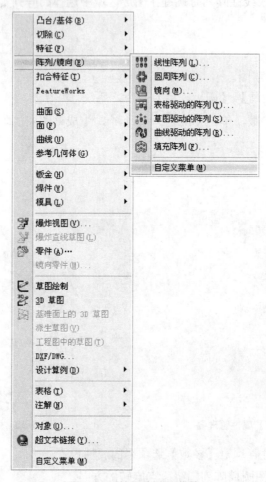

图6-31　特征阵列的菜单

1. 特征线性阵列

特征的线性阵列是在一个或者几个方向上生成多个指定的源特征。

(1) 选择要进行阵列的特征。

(2) 单击【特征】工具栏中的【线性阵列】按钮▦或者选择【插入】|【阵列/镜向】|【线性阵列】命令，系统打开【线性阵列】属性管理器，如图6-32所示。根据需要，设置各选项组参数，单击【确定】按钮✔，生成特征线性阵列，如图6-33所示。

单击【特征】工具栏中的【线性阵列】按钮▦或者选择【插入】|【阵列/镜向】|【线性阵列】命令，系

统弹出【线性阵列】属性管理器，如图 6-34 所示。下面介绍其中的属性设置。

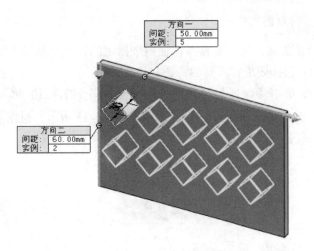

图 6-32　【线性阵列】属性管理器　　　　　　图 6-33　生成特征线性阵列

1) 【方向 1】、【方向 2】选项组

分别指定两个线性阵列的方向。

- 　【阵列方向】：设置阵列方向，可以选择线性边线、直线、
  轴或者尺寸。
- 　【反向】按钮：改变阵列方向。
- 　【间距】：设置阵列实例之间的间距。
- 　【实例数】：设置阵列实例之间的数量。
- 　【只阵列源】：只使用源特征，而不复制【方向 1】选项组的
  阵列实例在【方向 2】选项组中生成的线性阵列。

2) 【要阵列的特征】选项组

可以使用所选择的特征作为源特征以生成线性阵列。

3) 【要阵列的面】选项组

可以使用构成源特征的面生成阵列。在图形区域中选择源特征的
所有面，这对于只输入构成特征的面而不是特征本身的模型很有用。
当设置【要阵列的面】选项组时，阵列必须保持在同一面或者边界内，
不能跨越边界。

4) 【要阵列的实体】选项组

可以使用在多实体零件中选择的实体生成线性阵列。

5) 【可跳过的实例】选项组

可以在生成线性阵列时跳过在图形区域中选择的阵列实例。

6) 【选项】选项组

- 　【随形变化】：允许重复时更改阵列。

图 6-34　【线性阵列】属性管理器

- 【几何体阵列】：只使用特征的几何体(如面、边线等)生成线性阵列，而不阵列和求解特征的每个实例。此复选框可以加速阵列的生成及重建，对于与模型上其他面共用一个面的特征，不能选中该复选框。

- 【延伸视向属性】：将 SolidWorks 的颜色、纹理和装饰螺纹数据延伸到所有阵列实例。

2. 特征圆周阵列

特征的圆周阵列是将源特征围绕指定的轴线复制多个特征。

(1) 选择要进行阵列的特征。

(2) 单击【特征】工具栏中的【圆周阵列】按钮 或者选择【插入】|【阵列/镜向】|【圆周阵列】命令，弹出【圆周阵列】属性管理器如图 6-35 所示。根据需要，设置各选项组参数，单击【确定】按钮 ，生成特征圆周阵列，如图 6-36 所示。

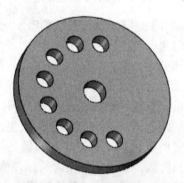

图 6-35　【圆周阵列】属性管理器　　　　图 6-36　生成特征圆周阵列

在【圆周阵列】属性管理器，设置属性如下。

(1) 【阵列轴】：在图形区域中选择轴、模型边线或者角度尺寸，作为生成圆周阵列所围绕的轴。

(2) 【反向】按钮 ：改变圆周阵列的方向。

(3) 【角度】 ：设置每个实例之间的角度。

(4) 【实例数】 ：设置源特征的实例数。

(5) 【等间距】：设置特征等间距排列。

其他属性设置不再赘述。

6.2.3　表格驱动的阵列

【表格驱动的阵列】命令可以使用 x、y 坐标来对指定的源特征进行阵列。使用 x、y 坐标的孔阵列是【表格驱动的阵列】的常见应用，但也可以由【表格驱动的阵列】使用其他源特征(如凸台等)。

(1) 创建新的坐标系。此坐标系的原点作为表格阵列的原点，x 轴和 y 轴定义阵列发生的基准面。

(2) 选择要进行阵列的特征。

(3) 单击【特征】工具栏【表格驱动的阵列】按钮 或选择【插入】|【阵列/镜向】|【表格驱动的阵列】命令，弹出【由表格驱动的阵列】对话框，如图 6-37 所示。根据需要进行设置，单击【确定】按钮，生成表格驱动的阵列，如图 6-38 所示。

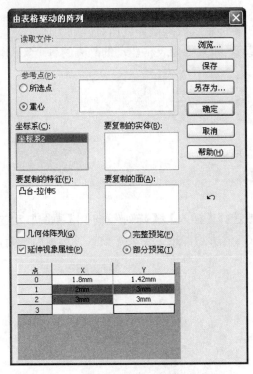

图 6-37　【由表格驱动的阵列】对话框

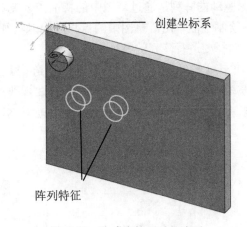

图 6-38　生成表格驱动的阵列

> **注 意**
>
> 在生成表格驱动的阵列前，必须要先生成一个坐标系，并且要求要阵列的特征相对于该坐标系有确定的空间位置关系。

在【由表格驱动的阵列】对话框中的各项设置如下。

(1)【读取文件】：输入含 x、y 坐标的阵列表或者文字文件。单击【浏览】按钮，选择阵列表(*.SLDPTAB)文件或者文字(*.TXT)文件以输入现有的 x、y 坐标。

(2)【参考点】：指定在放置阵列实例时 x、y 坐标所适用的点，参考点的 x、y 坐标在阵列表中显示为点 o。

● 【所选点】：将参考点设置到所选顶点或者草图点。

● 【重心】：将参考点设置到源特征的重心。

(3)【坐标系】：设置用来生成表格阵列的坐标系，包括原点、从【特征管理器设计树】中选择所生成的坐标系。

(4)【要复制的实体】：根据多实体零件生成阵列。

(5) 【要复制的特征】：根据特征生成阵列，可以选择多个特征。

(6) 【要复制的面】：根据构成特征的面生成阵列，选择图形区域中的所有面，这对于只输入构成特征的面而不是特征本身的模型很有用。

(7) 【几何体阵列】：只使用特征的几何体(如面和边线等)生成阵列。此复选框可以加速阵列的生成及重建，对于具有与零件其他部分合并的特征，不能生成几何体阵列，几何体阵列在选择了【要复制的实体】时不可用。

(8) 【延伸视向属性】：将 SolidWorks 的颜色、纹理和装饰螺纹数据延伸到所有阵列实体。

(9) 列表框。可以使用 x、y 坐标作为阵列实例生成位置点。如果要为表格驱动的阵列的每个实例输入 x、y 坐标，双击数值框输入坐标值即可。

6.2.4 草图驱动的阵列

草图驱动的阵列是通过草图中的特征点复制源特征的一种阵列方式。

(1) 绘制平面草图，草图中的点将成为源特征复制的目标点。

(2) 选择要进行阵列的特征。

(3) 单击【特征】工具栏【草图驱动的阵列】按钮 或选择【插入】|【阵列/镜向】|【草图驱动的阵列】命令，系统弹出【由草图驱动的阵列】属性管理器，如图 6-39 所示。根据需要，设置各选项组参数，单击【确定】按钮 ，生成草图驱动的阵列，如图 6-40 所示。

图 6-39 【由草图驱动的阵列】属性管理器

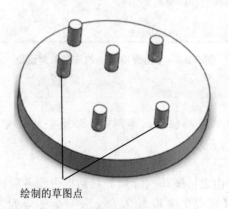

绘制的草图点

图 6-40 生成草图驱动的阵列

在【由草图驱动的阵列】属性管理器中的属性设置介绍如下。

(1) 【参考草图】 ：在【特征管理器设计树】中选择草图用作阵列。

(2) 【参考点】。

● 【重心】：根据源特征的类型决定重心。

● 【所选点】：在图形区域中选择一个点作为参考点。

其他属性设置不再赘述。

6.2.5　曲线驱动的阵列

曲线驱动的阵列是通过草图中的平面或者 3D 曲线复制源特征的一种阵列方式。

(1) 绘制曲线草图。

(2) 选择要进行阵列的特征。

(3) 单击【草图】工具栏【曲线驱动的阵列】按钮 或选择【插入】|【阵列/镜向】|【曲线驱动的阵列】命令，系统弹出【曲线驱动的阵列】属性管理器，如图 6-41 所示，根据需要，设置各选项组参数，单击【确定】按钮 ，生成曲线驱动的阵列，如图 6-42 所示。

图 6-41　【曲线驱动的阵列】属性管理器

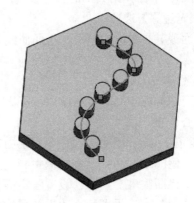

图 6-42　生成曲线驱动的阵列

在【曲线驱动的阵列】属性管理器中的属性设置如下。

(1)【阵列方向】：选择曲线、边线、草图实体或者在【特征管理器设计树】中选择草图作为阵列的路径。

(2)【反向】按钮：改变阵列的方向。

(3)【实例数】：为阵列中源特征的实例数设置数值。

(4)【等间距】：使每个阵列实例之间的距离相等。

(5)【间距】：沿曲线为阵列实例之间的距离设置数值，曲线与要阵列的特征之间的距离垂直于曲线而测量。

(6)【曲线方法】：使用所选择的曲线定义阵列的方向。

● 【转换曲线】：为每个实例保留从所选曲线原点到源特征的 Delta X 和 Delta Y 的距离。

- 【等距曲线】：为每个实例保留从所选曲线原点到源特征的垂直距离。
(7) 【对齐方法】。
- 【与曲线相切】：对齐所选择的与曲线相切的每个实例。
- 【对齐到源】：对齐每个实例以与源特征的原有对齐匹配。
(8) 【面法线】：(仅对于 3D 曲线)选择 3D 曲线所处的面以生成曲线驱动的阵列。
其他属性设置不再赘述。

6.2.6 填充阵列

填充阵列是在限定的实体平面或者草图区域中进行的阵列复制。

(1) 绘制平面草图。

(2) 单击【特征】工具栏中的【填充阵列】按钮🔲或者选择【插入】|【阵列/镜向】|【填充阵列】命令，系统弹出【填充阵列】属性管理器，根据需要，设置各选项组参数，单击【确定】按钮✔，生成填充阵列，如图 6-43 所示。

单击【特征】工具栏中的【填充阵列】按钮🔲或者选择【插入】|【阵列/镜向】|【填充阵列】命令，系统打开【填充阵列】属性管理器，如图 6-44 所示。下面介绍其中的属性设置。

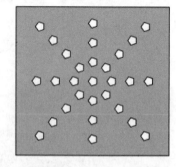

图 6-43　生成填充阵列

1) 【填充边界】选项组

【选择面或共平面上的草图、平面曲线】🔲：定义要使用阵列填充的区域。

2) 【阵列布局】选项组

定义填充边界内实例的布局阵列，可以自定义形状进行阵列或者对特征进行阵列，阵列实例以源特征为中心呈同轴心分布。

(1) 【穿孔】🔲：为钣金穿孔式阵列生成网格。

- 【实例间距】🔲：设置实例中心之间的距离。
- 【交错断续角度】🔲：设置各实例行之间的交错断续角度，起始点位于阵列方向所使用的向量处。
- 【边距】🔲：设置填充边界与最远端实例之间的边距，可以将边距的数值设置为零。
- 【阵列方向】🔲：设置方向参考。如果未指定方向参考，系统将使用最合适的参考。

(2) 【圆周】🔲：生成圆周形阵列，其参数如图 6-45 所示。

- 【环间距】🔲：设置实例环间的距离。
- 【目标间距】：设置每个环内的实例间距离以填充区域。每个环的实际间距可能有所不同，因此各实例之间会进行均匀调整。
- 【每环的实例】：使用实例数(每环)填充区域。
- 【实例间距】🔲(在选中【目标间距】单选按钮时可用)：设置每个环内实例中心间的距离。
- 【实例数】🔲(在选中【每环的实例】单选按钮时可用)：设置每环的实例数。
- 【边距】🔲：设置填充边界与最远端实例之间的边距，可以将边距的数值设置为零。
- 【阵列方向】🔲：设置方向参考。如果未指定方向参考，系统将使用最合适的参考。

图 6-44　【填充阵列】属性管理器

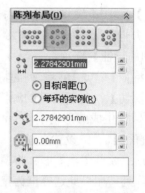

图 6-45　【圆周】阵列的参数

(3)【方形】：生成方形阵列，其参数如图 6-46 所示。

● 【环间距】：设置实例环间的距离。

● 【目标间距】：设置每个环内实例间距离以填充区域。每个环的实际间距可能有所不同，因此各实例之间会进行均匀调整。

● 【每边的实例】：使用实例数(每个方形的每边)填充区域。

● 【实例间距】(在选中【目标间距】单选按钮时可用)：设置每个方形内实例中心间的距离。

● 【实例数】(在选中【每边的实例】单选按钮时可用)：设置每个方形各边的实例数。

● 【边距】：设置填充边界与最远端实例之间的边距，可以将边距的数值设置为零。

● 【阵列方向】：设置方向参考。如果未指定方向参考，系统将使用最合适的参考。

(4)【多边形】：生成多边形阵列，其参数如图 6-47 所示。

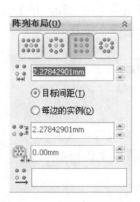

图 6-46　【方形】阵列的参数

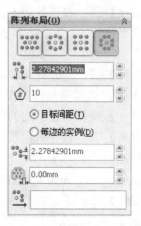

图 6-47　【多边形】阵列的参数

- 【环间距】🔩：设置实例环间的距离。
- 【多边形边】⬡：设置阵列中的边数。
- 【目标间距】：设置每个环内实例间距离以填充区域。每个环的实际间距可能有所不同，因此各实例之间会进行均匀调整。
- 【每边的实例】：使用实例数(每个多边形的各边)填充区域。
- 【实例间距】🔩(在选中【目标间距】单选按钮时可用)：设置每个多边形内实例中心间的距离。
- 【实例数】🔩(在选中【每边的实例】单选按钮时可用)：设置每个多边形每边的实例数。
- 【边距】🔩：设置填充边界与最远端实例之间的边距，可以将边距的数值设置为零。
- 【阵列方向】🔩：设置方向参考。如果未指定方向参考，系统将使用最合适的参考。

3) 【要阵列的特征】选项组
- 【所选特征】：选择要阵列的特征。
- 【生成源切】：为要阵列的源特征自定义切除形状。
- 【圆】⬚：生成圆形切割作为源特征，其参数如图 6-48 所示。
  - 【直径】⊘：设置直径。
  - 【顶点或草图点】⊙：将源特征的中心定位在所选顶点或者草图点处，并生成以该点为起始点的阵列。如果此选择框为空，阵列将位于填充边界面上的中心位置。
- 【方形】⬚：生成方形切割作为源特征，其参数如图 6-49 所示。

图 6-48　【圆】切割的参数

图 6-49　【方形】切割的参数

  - 【尺寸】⬚：设置各边的长度。
  - 【顶点或草图点】⬚：将源特征的中心定位在所选顶点或者草图点处，并生成以该点为起始点的阵列。如果此选择框为空，阵列将位于填充边界面上的中心位置。
  - 【旋转】⬚：逆时针旋转每个实例。
- 【菱形】⬙：生成菱形切割作为源特征，其参数如图 6-50 所示。
  - 【尺寸】◇：设置各边的长度。
  - 【对角】⬙：设置对角线的长度。
  - 【顶点或草图点】◈：将源特征的中心定位在所选顶点或者草图点处，并生成以该点为起始点的阵列。如果此选择框为空，阵列将位于填充边界面上的中心位置。
  - 【旋转】⬙：逆时针旋转每个实例。
- 【多边形】⬙：生成多边形切割作为源特征，其参数如图 6-51 所示。

图 6-50　【菱形】切割的参数

图 6-51　【多边形】切割的参数

- ◆　【多边形边】📏：设置边数。
- ◆　【外径】⬡：根据外径设置阵列大小。
- ◆　【内径】⬡：根据内径设置阵列大小。
- ◆　【顶点或草图点】⬠：将源特征的中心定位在所选顶点或者草图点处，并生成以该点为起始点的阵列。如果此选择框为空，阵列将位于填充边界面上的中心位置。
- ◆　【旋转】↺：逆时针旋转每个实例。
- ●　【反转形状方向】：围绕填充边界中所选择的面，反转源特征的方向。

6.2.7　阵列范例

本范例完成文件：\06\6-2-7. SLDPRT

多媒体教学路径：光盘→多媒体教学→第 6 章→6.2.7 节

Step 1 选择旋转草绘平面，如图 6-52 所示。

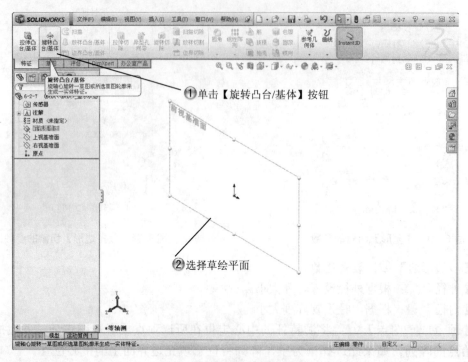

图 6-52 选择旋转草绘平面

Step 2 绘制旋转草图，如图 6-53 所示。

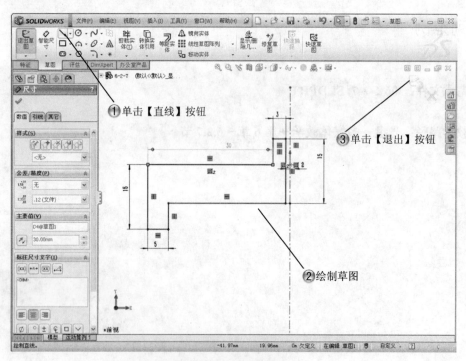

图 6-53 绘制旋转草图

Step 3　完成旋转特征，效果如图 6-54 所示。

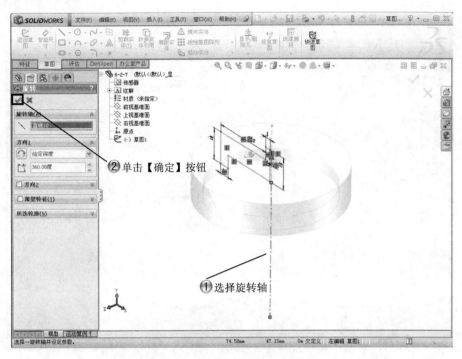

② 单击【确定】按钮

① 选择旋转轴

图 6-54　完成旋转特征

Step 4　单击【拉伸切除】按钮，如图 6-55 所示。

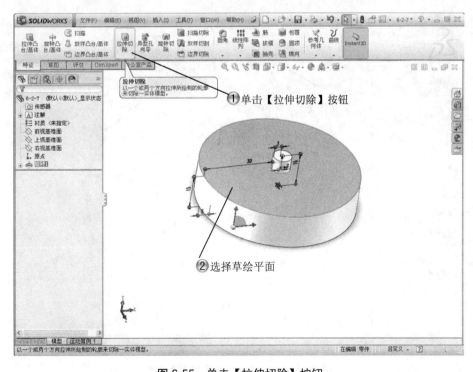

① 单击【拉伸切除】按钮

② 选择草绘平面

图 6-55　单击【拉伸切除】按钮

Step 5 绘制圆形，如图 6-56 所示。

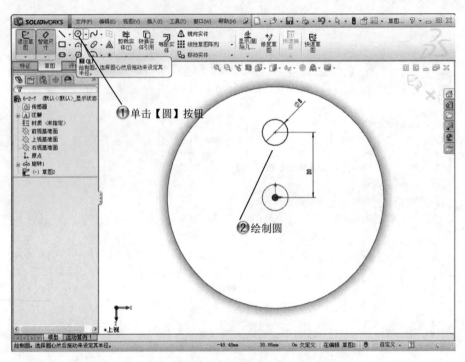

图 6-56　绘制圆形

Step 6 选择【圆周草图阵列】命令，如图 6-57 所示。

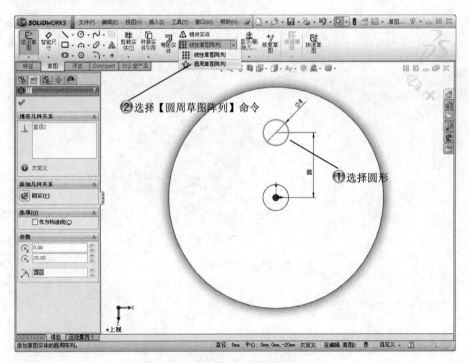

图 6-57　选择【圆周草图阵列】命令

Step 7 阵列草图，如图 6-58 所示。

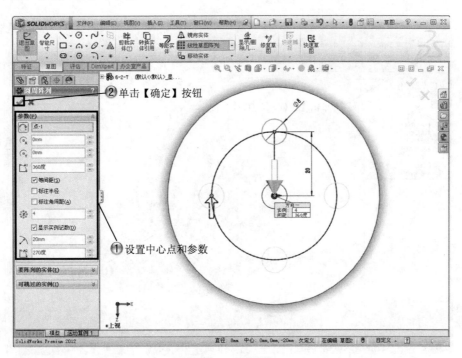

图 6-58　阵列草图

Step 8 切除拉伸，如图 6-59 所示。

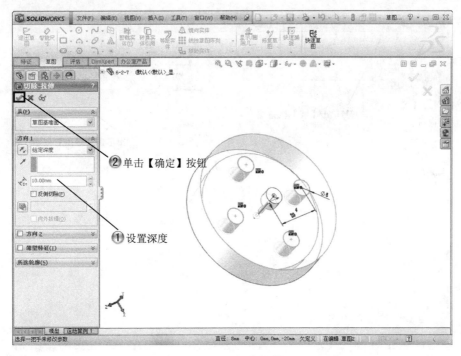

图 6-59　切除拉伸

Step 9　选择拉伸命令，如图 6-60 所示。

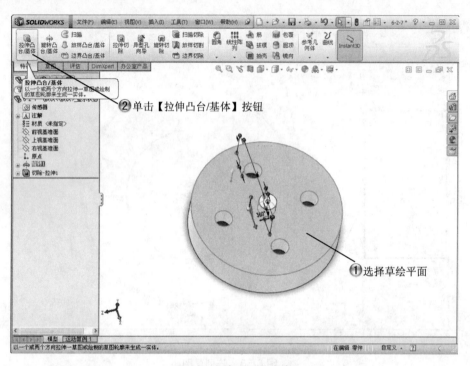

图 6-60　选择拉伸命令

Step 10　绘制小圆，如图 6-61 所示。

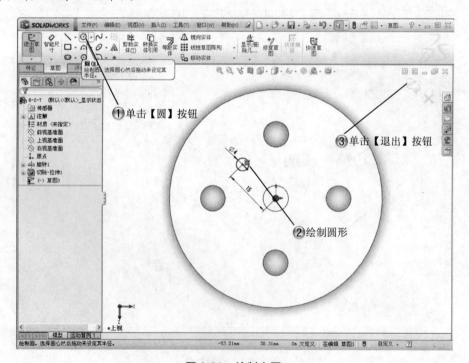

图 6-61　绘制小圆

Step 11 拉伸小圆，如图 6-62 所示。

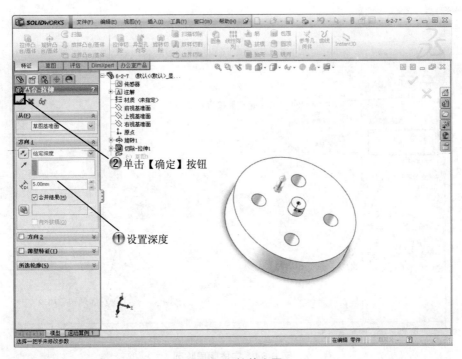

图 6-62 拉伸小圆

Step 12 选择【圆周阵列】命令，如图 6-63 所示。

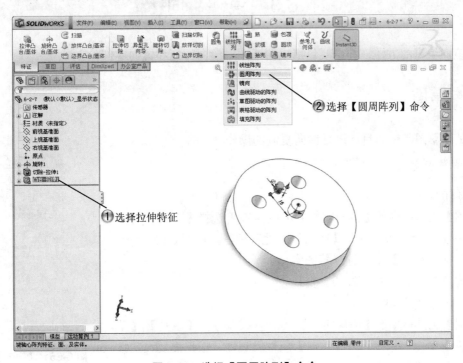

图 6-63 选择【圆周阵列】命令

Step 13 完成圆周阵列，效果如图 6-64 所示。

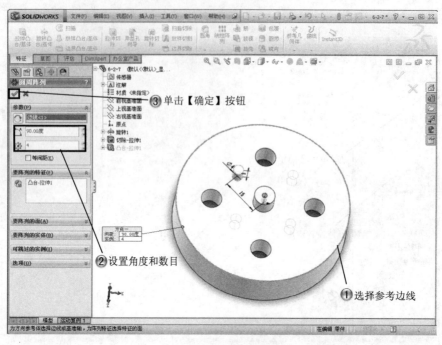

图 6-64　完成圆周阵列

6.3　镜　　向

下面介绍镜向编辑的方法，其主要包括镜向草图、镜向特征和镜向零部件。

6.3.1　镜向草图

镜向草图是以草图实体为目标进行镜向复制的操作。

1. 镜向现有草图实体

1) 镜向实体的属性设置

单击【草图】工具栏中的【镜向实体】按钮⚠或者选择【工具】|【草图工具】|【镜向】命令，系统打开【镜向】属性管理器，如图 6-65 所示。

● 【要镜向的实体】⚠：选择草图实体。

● 【镜向点】⊾：选择边线或者直线。

2) 镜向实体的操作步骤

单击【草图】工具栏中的【镜向实体】按钮⚠或者选择【工具】|【草图工具】|【镜向】命令，系统打开【镜向】属性管理器。根据需要设置参数，单击【确定】按钮✔，镜向现有草图实体，如图 6-66 所示。

图 6-65　【镜向】属性管理器

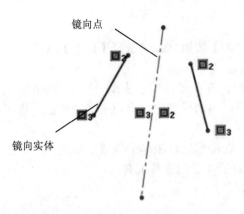

图 6-66　镜向现有草图实体

2. 在绘制时镜向草图实体

(1) 在激活的草图中选择直线或者模型边线。

(2) 选择【工具】|【草图工具】|【动态镜向】命令，此时对称符号出现在直线或者边线的两端，如图 6-67 所示。

(3) 实体在接下来的绘制中被镜向，对称轴就是第一步选择的线条，如图 6-68 所示。

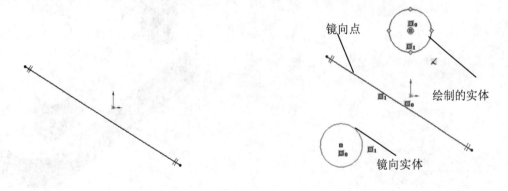

图 6-67　出现对称符号　　　　　　　　图 6-68　绘制的实体被镜向

(4) 如果要关闭镜向，则再次选择【工具】|【草图工具】|【动态镜向】命令。

3. 镜向草图操作的注意事项

(1) 镜向只包括新的实体或原有及镜向的实体。

(2) 可镜向某些或所有草图实体。

(3) 围绕任何类型直线(不仅仅是构造性直线)镜向。

(4) 可沿零件、装配体或工程图中的边线镜向。

6.3.2　镜向特征

镜向特征是沿面或者基准面镜向以生成一个特征(或者多个特征)的复制操作。

1. 镜向特征的属性设置

单击【特征】工具栏中的【镜向】按钮📖或者选择【插入】|【阵列/镜向】|【镜向】命令，系统弹出【镜向】属性管理器，如图 6-69 所示。

(1) 【镜向面/基准面】选项组：在图形区域中选择一个面或基准面作为镜向面。

(2) 【要镜向的特征】选项组：单击模型中一个或者多个特征，也可以在【特征管理器设计树】中选择要镜向的特征。

(3) 【要镜向的面】选项组：在图形区域中单击构成要镜向的特征的面，此选项组参数对于在输入的过程中，仅包括特征的面且不包括特征本身的零件很有用。

2. 生成镜向特征的操作步骤

(1) 选择要进行镜向的特征。

(2) 单击【特征】工具栏中的【镜向】按钮📖或者选择【插入】|【阵列/镜向】|【镜向】命令，系统弹出【镜向】属性管理器。根据需要，设置各选项组参数，单击【确定】按钮✔️，生成镜向特征，如图 6-70 所示。

图 6-69 【镜向】属性管理器

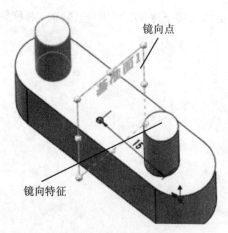

图 6-70 生成镜向特征

3. 镜向特征操作的注意事项

(1) 在单一模型或多实体零件中，选择一个实体生成镜向实体。

(2) 通过选择几何体阵列，并使用特征范围来选择包括特征的实体，并将特征应用到一个或多个实体零件中。

6.3.3 镜向零部件

镜向零部件就是选择一个对称基准面及零部件进行镜向的操作，这在装配体中经常用到。

在装配体窗口中，选择【插入】|【镜向零部件】命令，系统打开【镜向零部件】属性管理器，如图 6-71 所示。依次选择【镜向基准面】和【要镜向的零部件】，单击【确定】按钮✔️，即可完成装配体零部件的镜向。

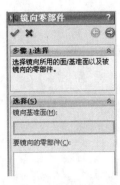

图 6-71　【镜向零部件】属性管理器

6.3.4　镜向范例

 本范例练习文件：\06\6-2-7.SLDPRT

 本范例完成文件：\06\6-3-4.SLDPRT

 多媒体教学路径：光盘→多媒体教学→第 6 章→6.3.4 节

Step 1　选择镜向命令，如图 6-72 所示。

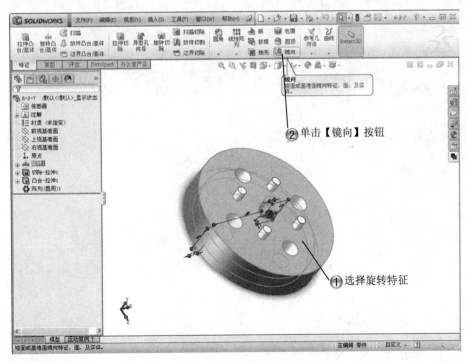

图 6-72　选择镜向命令

Step 2 完成特征镜向，如图 6-73 所示。

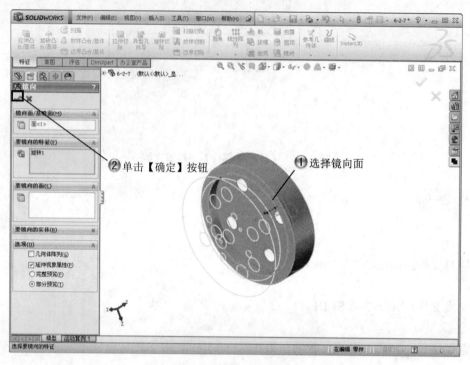

图 6-73 完成特征镜向

Step 3 单击【拉伸切除】按钮，如图 6-74 所示。

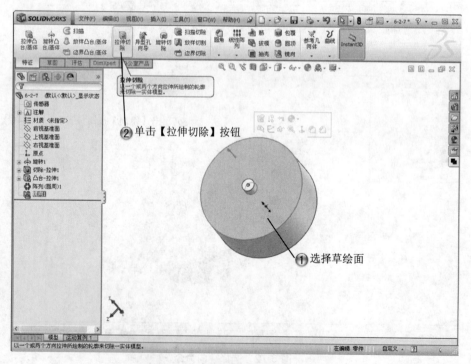

图 6-74 单击【拉伸切除】按钮

Step 4　绘制拉伸切除草图，如图 6-75 所示。

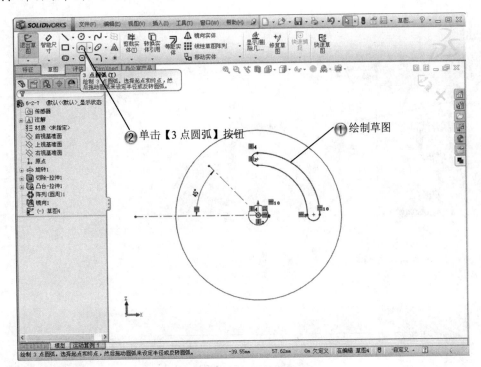

图 6-75　绘制拉伸切除草图

Step 5　单击【镜向实体】按钮，如图 6-76 所示。

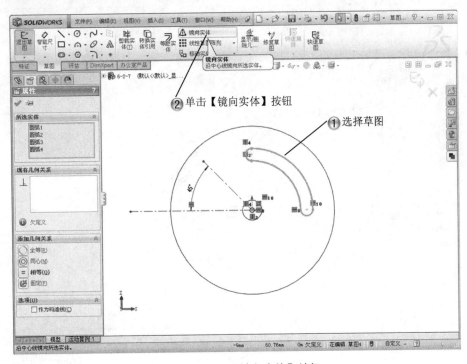

图 6-76　单击【镜向实体】按钮

Step 6 镜向草图，如图 6-77 所示。

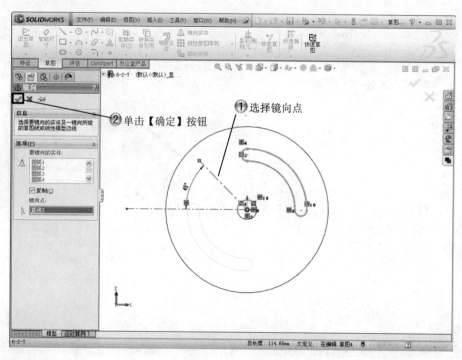

图 6-77　镜向草图

Step 7 完成切除拉伸，效果如图 6-78 所示。

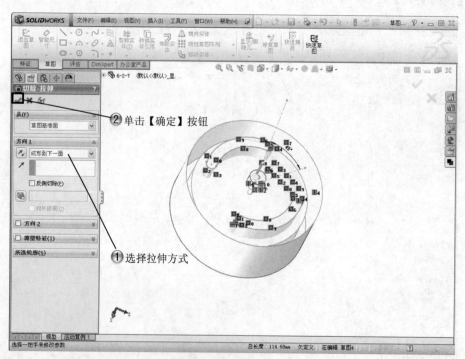

图 6-78　完成切除拉伸

6.4　本　章　小　结

　　本章讲解了对实体进行组合编辑及对相应对象进行阵列/镜向的方法。其中阵列和镜向都是按照一定规则复制源特征的操作。镜向操作是源特征围绕镜像轴或者面，进行一对一的复制过程。阵列操作是按照一定规则进行一对多的复制过程。阵列和镜像的操作对象可以是草图、特征和零部件等。

第 7 章

曲线与曲面设计

本章导读

SolidWorks 2012 提供了多样化的曲线曲面特征建模功能，使得工业应用中复杂曲面产品的设计开发效率得到了提高。本章主要介绍曲线设计、曲面设计、曲面编辑命令的功能及操作步骤。通过本章的学习，使读者能够熟练掌握曲线曲面的建模方法，为实际的设计工作打下坚实的基础。

学习内容

学习目标 知识点	了 解	理 解	应 用	实 践
曲线设计		√	√	√
曲面设计		√	√	√
曲面编辑		√	√	√

7.1 曲线设计

SolidWorks 2012 提供了多种曲线设计命令，包括分割线、投影曲线、组合曲线、通过 XYZ 点的曲线、通过参考点的曲线、螺旋线/涡状线，用户可以通过如图 7-1 所示的【曲线】子菜单或如图 7-2 所示的【特征】工具栏中的【曲线】命令组进行访问。

图 7-1　【曲线】子菜单　　　　图 7-2　【特征】工具栏中的【曲线】命令组

7.1.1 分割线

分割线可以将实体(草图、实体、曲面、面、基准面)投影到曲面或平面上，从而将所投影面分割为多个独立的面。

选择【插入】|【曲线】|【分割线】命令，或者单击【特征】工具栏中【曲线】命令组的【分割线】按钮，弹出【分割线】属性管理器，如图 7-3 所示，在【分割类型】选项组中包含了 3 种分割类型：轮廓、投影、交叉点。

1. 轮廓分割类型

当选中【轮廓】单选按钮时，该属性管理器中各选项的含义如图 7-4 所示。在如图 7-5 所示的模型中，选择【上视基准面】来设定方向，选择圆环面作为要分割的面。当方向向上，角度为 0 度时，分割的结果如图 7-6 最上方的图形所示；当方向向上，角度为 45 度时，分割的结果如图 7-6 中间的图形所示；当方向向下，角度为 45 度时，分割的结果如图 7-6 最下方的图形所示。

> 注　意
>
> 要分割的面不能是平面，角度的范围为大于等于 0 度，小于等于 89 度。

图 7-3　【分割线】属性管理器

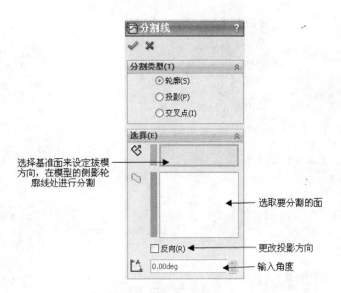

选择基准面来设定拔模方向，在模型的侧影轮廓线处进行分割

选取要分割的面

更改投影方向

输入角度

图 7-4　【轮廓】分割类型

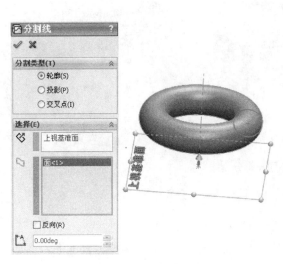

图 7-5　创建轮廓分割线

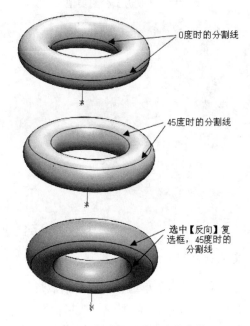

0度时的分割线

45度时的分割线

选中【反向】复选框，45度时的分割线

图 7-6　创建的不同轮廓分割线

2. 投影分割类型

当选中【投影】单选按钮时，该属性管理器中各选项的含义如图 7-7 所示。

在如图 7-8 所示的模型中，选择曲面中间的草图作为投影草图，选择圆柱面作为要分割的面。在默认情况下为双向投影，分割的结果如图 7-9 左侧的图形所示；当选中【单向】复选框时，分割的结果如图 7-9 中间的图形所示；当选中【单向】复选框且同时选中【反向】复选框时，分割的结果如图 7-9 右侧的图形所示。

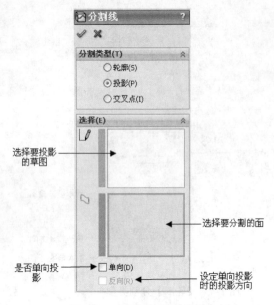

图 7-7 【投影】分割类型   图 7-8 创建投影分割线

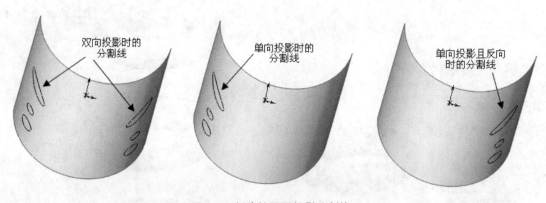

图 7-9 创建的不同投影分割线

3. 交叉点分割类型

当选中【交叉点】单选按钮时，该属性管理器中各选项的含义如图 7-10 所示。

在如图 7-11 所示的模型中，选择曲面作为分割工具，选择实体的侧平面作为要分割的面。当选中【自然】单选按钮时，分割的结果如图 7-12 左上角的图形所示；当选中【分割所有】复选框，同时选中【自然】单选按钮时，分割的结果如图 7-12 右上角的图形所示；当选中【线性】单选按钮时，分割的结果如图 7-12 左下角的图形所示；当选中【分割所有】复选框且同时选中【线性】单选按钮时，分割的结果如图 7-12 右下角的图形所示。

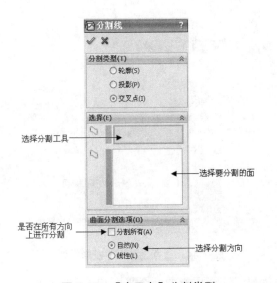

图 7-10　【交叉点】分割类型

图 7-11　创建交叉点分割线

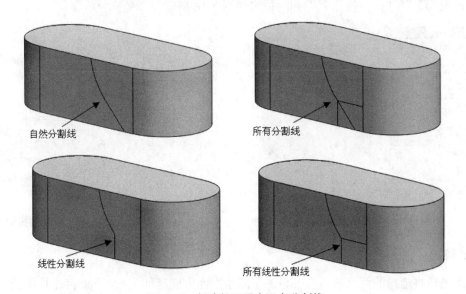

图 7-12　创建的不同交叉点分割线

7.1.2　投影曲线

投影曲线可以将绘制的草图进行投影，从而生成得到一条空间曲线。

选择【插入】|【曲线】|【投影曲线】命令，或者单击【特征】工具栏中【曲线】命令组的【投影曲线】按钮，弹出【投影曲线】属性管理器，如图 7-13 所示，在【投影类型】中包含了两种投影类型：面上草图、草图上草图。

1．面上草图

面上草图是指将草图投影到选定的面上，生成空间曲线。选中【面上草图】单选按钮，该属性管理器中各选项的含义如图 7-14 所示。

图 7-13　【投影曲线】属性管理器

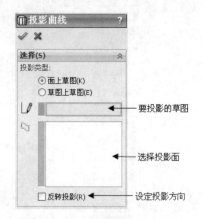

图 7-14　【面上草图】投影类型

在如图 7-15 所示的模型中，选择草图作为要投影的草图，选择顶部的两个平面和一个圆柱面作为投影面，选中【反转投影】复选框，投影后得到的曲线如图 7-16 所示。

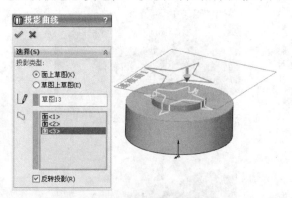

图 7-15　创建面上草图投影曲线

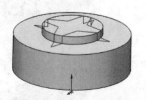

图 7-16　创建的投影曲线

2. 草图上草图

草图上草图是指将选择的两个草图沿各自的草图基准面方向延伸生成曲面，两个曲面的相交处生成一个空间曲线。选中【草图上草图】单选按钮后，该属性管理器中各选项的含义如图 7-17 所示。

在如图 7-18 所示的模型中，选择直线和圆两个草图作为要投影的草图，得到的投影曲线如图 7-19 所示。

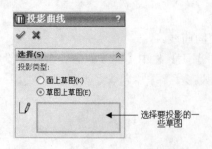

图 7-17　【投影曲线】属性管理器

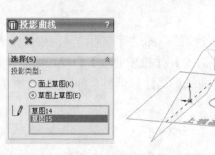

图 7-18　创建草图上草图投影曲线

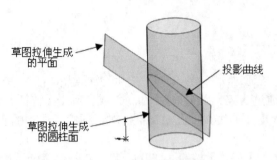

图 7-19　创建的投影曲线

注　意

为了理解草图上草图投影曲线的生成过程，在图 7-19 中，创建了两个草图的延伸曲面，在实际的操作中，这两个曲面是不会自动创建的。

7.1.3　组合曲线

组合曲线可以将草图、曲线或模型的边线组合成为一条单一的曲线，该曲线用于生成放样或扫描的引导曲线。

选择【插入】|【曲线】|【组合曲线】命令，或者单击【特征】工具栏中【曲线】命令组的【组合曲线】按钮 🗹，弹出【组合曲线】属性管理器，其中选择框的含义如图 7-20 所示。

在如图 7-21 中，分别对 3 个草图(左上角)、3 条曲线(左下角)、模型边线(右上角)、模型边线和草图(右下角)进行了组合，组合后分别生成一条空间曲线。

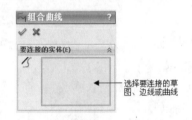

图 7-20　【组合曲线】属性管理器

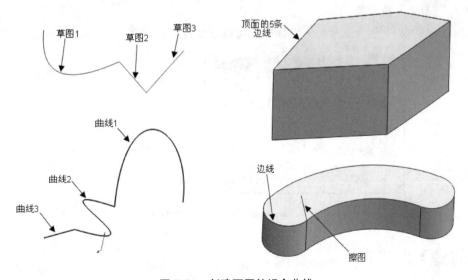

图 7-21　创建不同的组合曲线

217

7.1.4　通过 XYZ 点的曲线

通过 XYZ 点的曲线是指一条通过所有用户定义的空间坐标点(具有 X、Y、Z 三个坐标值)的曲线。

选择【插入】|【曲线】|【通过 XYZ 点的曲线】命令，或者单击【特征】工具栏中【曲线】命令组的【通过 XYZ 点的曲线】按钮 ，弹出【曲线文件】对话框，对话框中各选项的含义如图 7-22 所示。

曲线文件的操作方法如下。

(1) 打开现有曲线文件：单击【浏览】按钮，打开后缀为.sldcrv 或.txt 的文件，曲线文件的格式如图 7-23 所示。

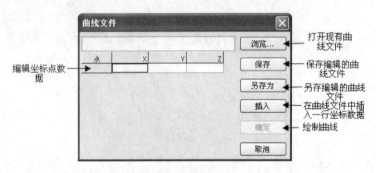

图 7-22　【曲线文件】对话框　　　　　图 7-23　曲线文件格式

(2) 编辑坐标点数据：该区域中分别列出了每个点的 X、Y、Z 值，双击赌赢的单元格，修改相应的数据。

(3) 添加一个坐标点：在最后一个空白行中单击，则添加一组坐标。

(4) 插入一个坐标点：在每个坐标点相应的序号处单击，则在该行的下方插入一个空白坐标点。

(5) 删除一个坐标点：通过坐标点的序号选中一行后，按键盘上的 Delete 键。

(6) 保存与另存坐标文件：分别单击【保存】、【另存为】按钮。

(7) 绘制曲线：单击【确定】按钮。

在如图 7-24 所示的文件中，输入 5 个坐标值，可以近似地绘制一条 0 到 2π 之间的正弦函数。

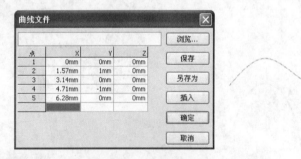

图 7-24　创建通过 XYZ 点的曲线

7.1.5　通过参考点的曲线

通过参考点的曲线是指一条通过所有所选参考点的曲线。

选择【插入】|【曲线】|【通过参考点的曲线】命令，或者单击【特征】工具栏中【曲线】命令组的【通

过参考点的曲线】按钮 🖰，弹出【通过参考点的曲线】属性管理器，其中个选项的含义如图 7-25 所示。

图 7-25　【通过参考点的曲线】属性管理器

在如图 7-26 所示的模型中，选择模型的顶点和草图点作为参考点，生成的曲线如图 7-26 所示，左侧图形为取消选中【闭环曲线】复选框时生成的曲线，右侧为选中该复选框时生成的曲线。

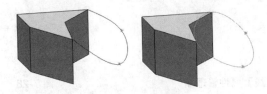

图 7-26　创建封闭与开放的通过参考点的曲线

7.1.6　螺旋线/涡状线

螺旋线/涡状线是指在圆的基础上，通过添加螺距、高度或圈数等参数后生成的螺旋曲线。

选择【插入】|【曲线】|【螺旋线/涡状线】命令，或者单击【特征】工具栏中【曲线】命令组的【螺旋线/涡状线】按钮 🖰，在"选择一基准面来绘制一个圆以定义一个螺旋线横断面"提示下，选择一个绘图基准面，绘制一个圆，退出草绘环境后，弹出【螺旋线/涡状线】属性管理器，如图 7-27 所示。在【定义方式】下拉列表框中列出了 4 种定义方式：螺距和圈数、高度和圈数、高度和螺距、涡状线。

1. 螺距和圈数

螺距和圈数是指通过定义螺距和圈数等参数来生成一条螺旋线。选择【螺距和圈数】选项，当选中【恒定螺距】单选按钮后，该属性管理器中各选项的含义如图 7-28 所示。当选中【可变螺距】单选按钮后，该属性管理器中各选项的含义如图 7-29 所示。

在如图 7-30 所示的模型中，选择上视基准面作为草绘平面，绘制半径为 5 的圆，在【螺旋线/涡状线】属性管理器中定义相应的参数，生成的曲线如图 7-31 所示，图(a)中选择恒定螺距、顺时针旋转，图(b)中选择恒定螺距、逆时针旋转，图(c)中定义了可变螺距，图(d)中定义了锥形参数。

2. 高度和圈数

高度和圈数是指通过定义高度和圈数等参数来生成一条螺旋线。选择【高度和圈数】选项，该属性管理器中各选项的含义如图 7-32 所示，定义如图所示的参数将会生成与图 7-30 相同的螺旋线。

3. 高度和螺距

高度和螺距是指通过定义高度和螺距等参数来生成一条螺旋线。选择【高度和螺距】选项后，该属性管理器中各选项的含义如图 7-33 所示，除【高度】微调框外，其他选项同【螺距和圈数】方式下的选项的含义是相同的，螺旋线的创建过程也是相同的。

图 7-27 【螺旋线/涡状线】属性管理器

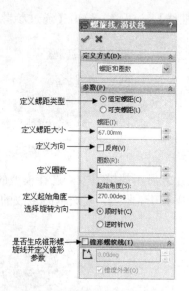

图 7-28 【恒定螺距】方式

图 7-29 【可变螺距】方式

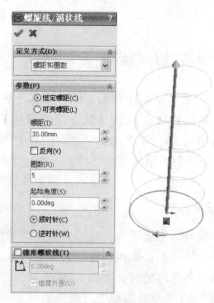

图 7-30 创建螺旋线

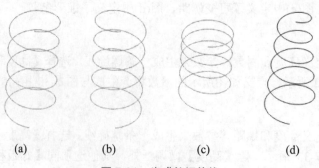

(a)　　　　　(b)　　　　　(c)　　　　　(d)

图 7-31 生成的螺旋线

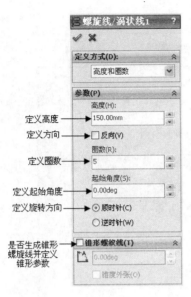

图 7-32　【高度和圈数】方式

图 7-33　【高度和螺距】方式

4. 涡状线

涡状线是指通过定义螺距和圈数等参数来生成一条涡状线。选择【涡状线】选项后，该属性管理器中各选项的含义如图 7-34 所示。定义如图 7-35 所示的参数，生成的曲线如右下方图所示。

图 7-34　【涡状线】方式

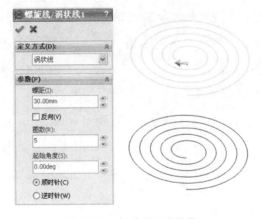

图 7-35　创建【涡状线】

7.1.7　曲线设计范例

本范例完成文件：\07\7-1-7. SLDPRT

多媒体教学路径：光盘→多媒体教学→第 7 章→7.1.7 节

Step 1　创建草图 1，如图 7-36 所示。

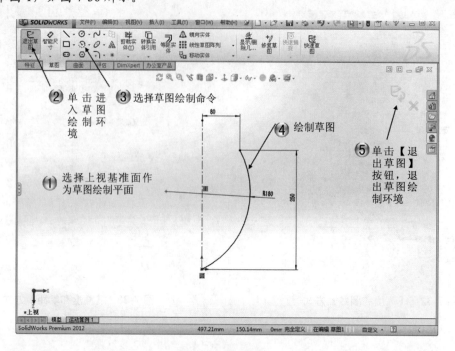

图 7-36　绘制草图 1

Step 2　创建草图 2，如图 7-37 所示。

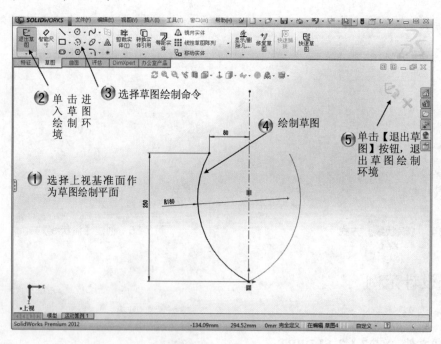

图 7-37　绘制草图 2

Step 3　创建草图 3，如图 7-38 所示。

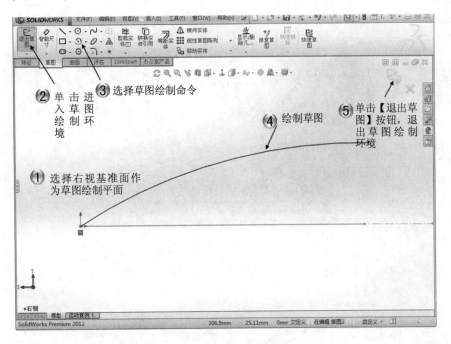

图 7-38　绘制草图 3

Step 4　创建草图 4，如图 7-39 所示。

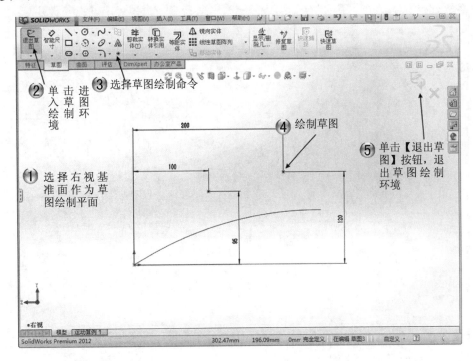

图 7-39　绘制草图 4

Step 5 创建投影曲线 1，如图 7-40、图 7-41 所示。

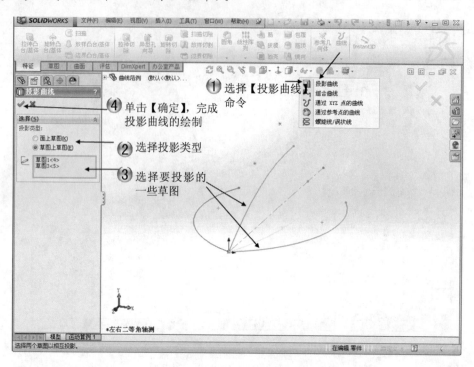

图 7-40　创建投影曲线 1

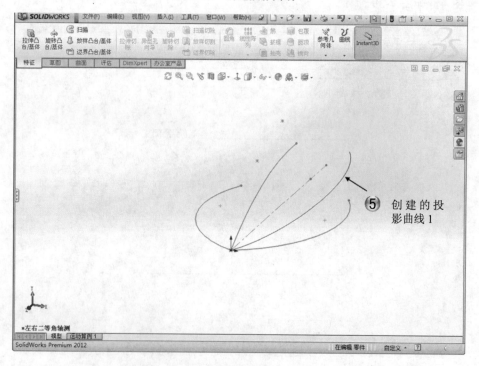

图 7-41　创建的投影曲线 1

创建投影曲线 2，如图 7-42、图 7-43 所示。

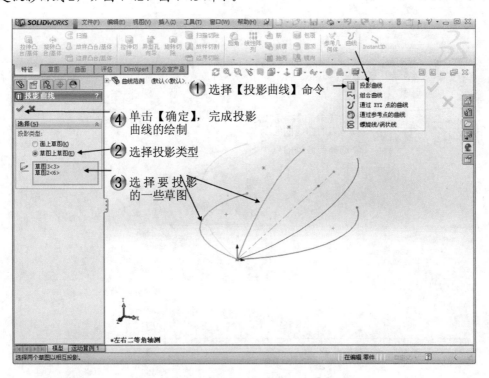

图 7-42　创建投影曲线 2

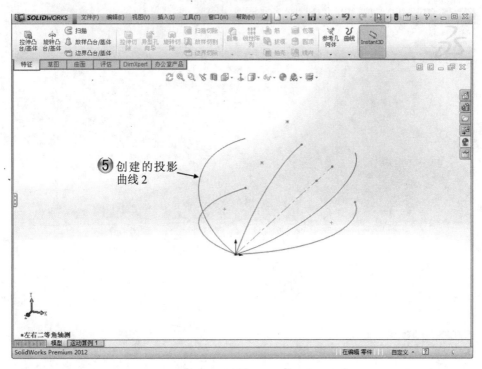

图 7-43　创建的投影曲线 2

Step 7 创建通过参考点的曲线 1 ，如图 7-44、图 7-45 所示。

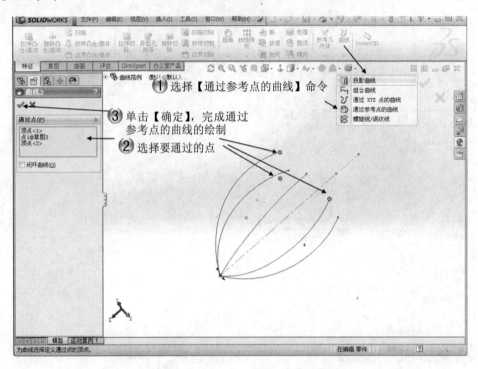

图 7-44　创建通过参考点的曲线 1

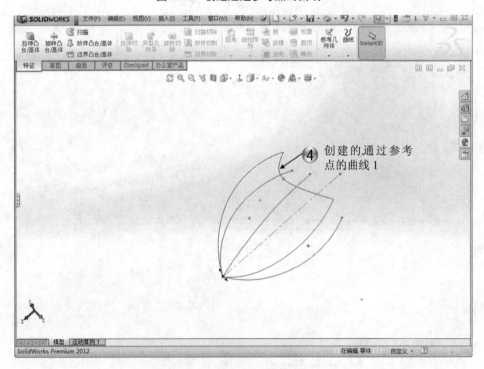

图 7-45　创建的通过参考点的曲线 1

Step 8　创建通过参考点的曲线 2，如图 7-46、图 7-47 所示。

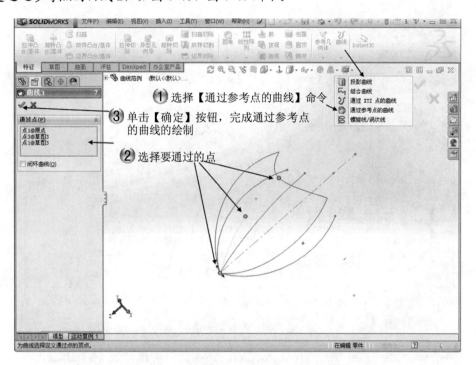

图 7-46　创建通过参考点的曲线 2

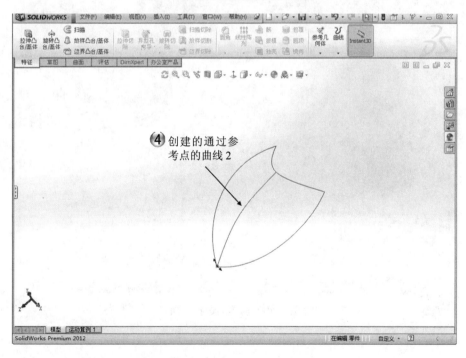

图 7-47　创建的通过参考点的曲线 2

Step 9　创建边界曲面，如图 7-48、图 7-49 所示。

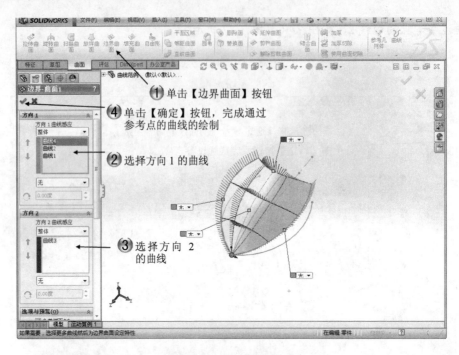

① 单击【边界曲面】按钮

④ 单击【确定】按钮，完成通过
参考点的曲线的绘制

② 选择方向 1 的曲线

③ 选择方向 2
的曲线

图 7-48　创建边界曲面

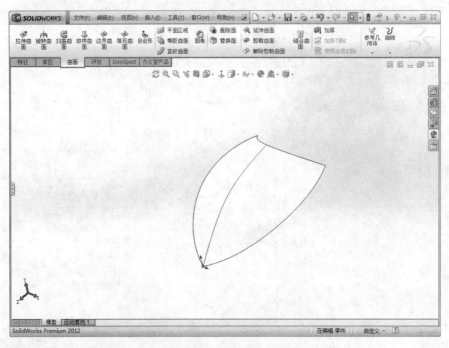

图 7-49　创建的边界曲面

提　示

在创建边界曲面时可以通过调整转接头的位置、曲线处的方向向量等来改变曲面的形状，该内容会在曲面设计中进行详细讲解，读者可以参考该节内容。

Step 10 创建草图 5，如图 7-50 所示。

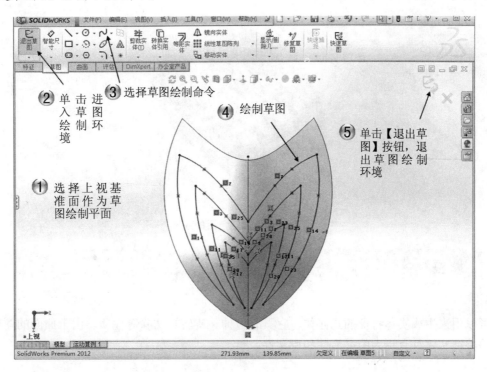

图 7-50　创建草图 5

Step 11 创建分割线，如图 7-51 所示。

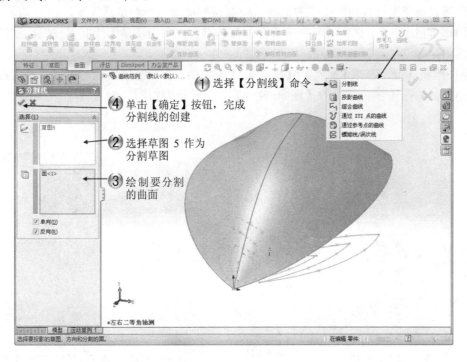

图 7-51　创建分割线

Step 12 添加颜色后的效果如图 7-52 所示。

图 7-52　添加颜色后的效果

7.2　曲　面　设　计

曲面是可以用来生成实体特征的几何体，它具有拉伸、旋转、切除等性质。由于曲面的厚度为 0，所以用曲面行程的特征实体具有更大的灵活性和可塑性。

7.2.1　拉伸曲面

拉伸曲面是通过对草图进行拉伸形成的曲面。绘制拉伸曲面的一般步骤如下。

(1) 绘制曲面的轮廓曲线。选择【前视基准面】为基准面，单击【草图绘制】按钮，在基准面上绘制如图 7-53 所示的草图。

(2) 退出草图绘制环境，选择【插入】|【曲面】|【拉伸曲面】命令 拉伸曲面(E)...，或者在【曲面】工具栏中单击【拉伸曲面】按钮 。弹出的【曲面-拉伸】属性管理器如图 7-54 所示。

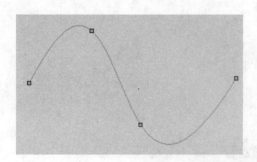

图 7-53　曲面轮廓

图 7-54　【曲面-拉伸】属性管理器

(3) 设置属性管理器中各项参数。

● 曲面开始条件。SolidWorks 提供了 4 种曲面开始条件：【草图基准面】、【曲面/面/面基准面】、【顶点】和【等距】。这里我们选择【草图基准面】。它们之间的区别如下。

① 草图基准面：曲面从曲面轮廓所在的基准面开始；

② 曲面/面/面基准面：曲面从用户指定的一个基准面开始；

③ 顶点：曲面从用户指定的一个顶点开始；

④ 等距：用户设置基准面与草图轮廓线的等距距离，曲面从这个基准面开始。

● 设置曲面拉伸方向。SolidWorks 提供了 6 种曲面拉伸方向：【给定深度】、【成形到一顶点】、【成形到一面】、【到离指定面指定的距离】、【成形到实体】和【两侧对称】。这里我们选择【给定深度】选项。

● 设置拉伸深度。在【深度】微调框 中输入 20mm。设置完成的属性管理器如图 7-55 所示。

(4) 单击【确定】按钮 ，完成的曲面如图 7-56 所示。最后保存文件即可。

图 7-55　【曲面-拉伸】属性管理参数设置

图 7-56　拉伸曲面

7.2.2　旋转曲面

旋转曲面是曲面轮廓绕着某一轴线旋转形成的。生成旋转曲面的一般步骤如下。

(1) 绘制曲面的轮廓曲线。选择【前视基准面】为基准面，单击【草图绘制】按钮，在基准面上绘制如图 7-57 所示的草图。

(2) 退出草图绘制环境，选择【插入】|【曲面】|【旋转曲面】命令 旋转曲面(R)... 或者在【曲面】工具栏中单击【旋转曲面】按钮 。弹出的【曲面-旋转】属性管理器如图 7-57 所示。

(3) 设置属性管理器中各项参数。

● 选择旋转轴。选择如图 7-58 所示的旋转轴。

● 选择旋转类型。SolidWorks 提供了 3 种旋转类型：【单向】、【两侧对称】以及【双向】。这里我们选择【单向】选项。它们之间的区别如下。

① 【单向】：当选择【单向】时，在【旋转角度】微调框⊿中输入某一数值。旋转曲面如图 7-59 所示。

② 【两侧对称】：当选择【两侧对称】时，在【旋转角度】微调框⊿中输入某一数值。旋转曲面如图 7-60 所示。

③ 【双向】：当选择【双向】时，需要分别在【方向 1 角度】⊿和【方向 2 角度】微调框⊿中输入两个角度。旋转曲面如图 7-61 所示。

图 7-57　【曲面–旋转】属性管理器

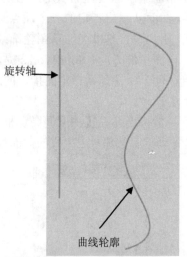

图 7-58　曲线轮廓及旋转轴

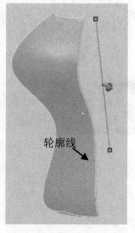

图 7-59　单向

图 7-60　两侧对称

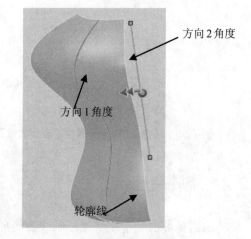

图 7-61　双向

设置旋转角度。在【旋转角度】微调框⊿中输入 45deg。

(4) 选择曲面轮廓。选择如图 7-62 所示的草图轮廓。

(5) 单击【确定】按钮✓，绘制完的旋转曲面如图 7-63 所示。

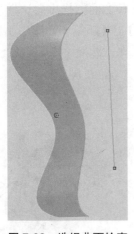

图 7-62　选择曲面轮廓　　　　　　　　　　　　图 7-63　旋转曲面

7.2.3　扫描曲面

扫描曲面是通过指定的曲面轮廓沿着路径扫描后生成的曲面。生成扫描曲面的一般步骤如下。

(1) 绘制曲面轮廓以及扫描路径，如图 7-64 所示。

(2) 退出草图绘制环境。选择【插入】|【曲面】|【扫描曲面】命令 或者在【曲面】工具栏中单击【扫描曲面】按钮 。弹出【曲面-扫描】属性管理器，如图 7-65 所示。

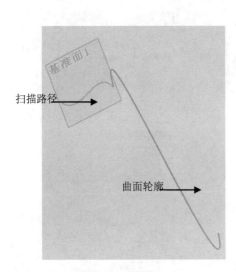

图 7-64　草图

图 7-65　【曲面-扫描】属性管理器

(3) 设置属性管理器中各个选项参数。

● 选择曲面轮廓以及扫描路径。选择如图 7-64 所示的曲面轮廓以及曲面的扫描路径。

● 在【选项】选项组中，选择曲面方向。SolidWorks 提供了 6 种曲面扫描方向选择，分别为：【随路径变化】、【保持法向不变】、【随路径和第一引导线变化】、【随第一和第二引导线变化】、【沿路径扭转】和【以法向不变沿路径扭曲】。这里我们选择【保持法向不变】选项。它们之间的区别如下。

① 【随路径变化】：曲面截面与路径的角度始终保持不变。

② 【保持法向不变】：截面与与其实截面始终保持不变。

③ 【随路径和第一引导线变化】：如果引导线不只一条，选择该项将使扫描随较长的一条引导线变化。

④ 【随第一和第二引导线变化】：如果引导线不只一条，选择该项将使扫描随第一条和第二条引导线同时变化。

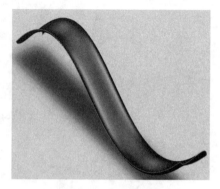

图 7-66　扫描曲面

● 选择引导线。引导线是用来控制曲面形状的，其端点必须贯穿轮廓图元。

● 在【起始处/结束处相切】选项组中，可以选择起始以及结束处相切的类型，可以选择没有相切或者选择与路径相切。这里我们选择【无】选项。

(4) 单击【确定】按钮 ✔ ，生成的曲面如图 7-66 所示。

7.2.4　放样曲面

放样曲面就是通过使用放样的方法创建一个曲面。创建一个放样曲面的基本步骤如下。

(1) 绘制放样曲面的截面轮廓，如图 7-67 所示。

(2) 选择【插入】|【曲面】|【放样曲面】命令 　放样曲面(L)... 或者单击【曲面】工具栏中的【放样曲面】按钮 　，弹出如图 7-68 所示的【曲面-放样】属性管理器。

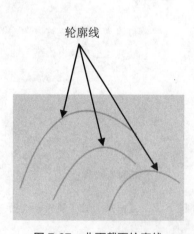

图 7-67　曲面截面轮廓线

图 7-68　【曲面-放样】属性管理器

(3) 设置属性管理器中的各个选项参数。

● 　选择轮廓线。依次选择如图 7-67 所示的三条轮廓线。可以通过 ⬆ 按钮以及 ⬇ 按钮调整轮廓线的次序。轮廓线的次序会影响放样曲面的最终形状。

● 　在【起始/结束约束】选项组中，选择起始以及结束时曲面的约束。SolidWorks 提供了 3 种约束条件：【无】、【方向向量】以及【垂直于轮廓】。当选择【方向向量】选项时，需要指定方向向量、拔模角度以及相切长度；当选择【垂直于轮廓】选项时，需要设定拔模角度以及相切长度，如图 7-69 所示。

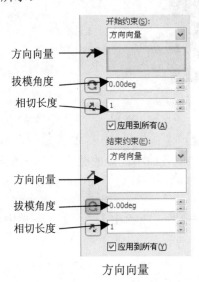

图 7-69　　开始/结束约束条件

● 　在【引导线】选项组中，选择曲面的引导线。如图 7-70 所示，是带有引导线的曲面轮廓。根据不同的放样曲面轮廓，选择其功能。

● 　在【中心线参数】选项组中，选择曲面放样的中心线以及相应的参数，如图 7-71 所示。这也是根据设计的需要选择的功能。

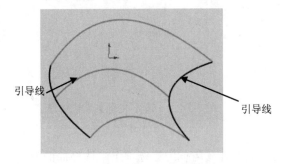

图 7-70　　带引导线的轮廓

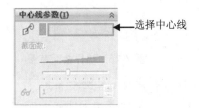

图 7-71　　中心线参数

● 　在【选项】选项组中，有【合并切面】、【闭合放样】以及【显示预览】3 个复选框。这里我们选中【合并切面】和【显示预览】复选框。

◆ 　【合并切面】：如果相对应的放样线段相切，可选中【合并切面】复选框，以使生成的放样中相应的曲面保持相切。

◆ 【闭合放样】是指沿着放样方向生成闭合实体，当启用此复选框后，系统将会自动连接最后一个和第一个草图。

(4) 单击【确定】✔按钮，绘制完成的放样曲面如图 7-72 所示。

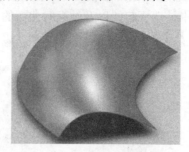

图 7-72　放样曲面

7.2.5　边界曲面

边界曲面可以用以生成在两个方向上(曲面所有边)相切或者曲率连续的曲面。在一般情况下，使用这种方法生成的曲面比用放样的方法生成的曲面质量要高。下面介绍生成边界曲面的一般步骤：

(1) 绘制边界曲面的边界草图，如图 7-73 所示。

(2) 选择【插入】|【曲面】|【边界曲面】命令 ◈ 边界曲面(B)... 或者在【曲面】工具栏中单击【边界曲面】按钮◈，弹出的【边界-曲面】属性管理器如图 7-74 所示。

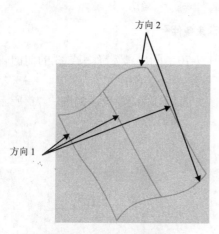

图 7-73　边界曲面草图

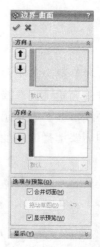

图 7-74　【边界-曲面】属性管理器

(3) 设置属性管理器中的各个参数。

● 在【方向 1】选项组中选择曲面第一个方向上的曲线，在【方向 2】选项组中选择曲面第二个方向上的曲线。如图 7-73 所示。

● 在【选项与预览】选项组中有【合并切面】、【按方向 1 剪裁】、【按方向 2 剪裁】以及【显示预览】4 个复选框。这里我们选中【合并切面】和【显示预览】复选框。它们的含义如下。

◆ 【合并切面】：如果对应的线段相切，则会使所生成的边界特征中的曲面保持相切。

◆ 【按方向 1 剪裁】和【按方向 2 剪裁】：当曲线不形成闭合的边界时，按方向剪裁。

- 在【显示】选项组中，有【网格预览】、【斑马条纹】和【曲率检查梳形图】3 种显示形式。如图 7-75 所示。当然我们也可以复选几种显示形式。

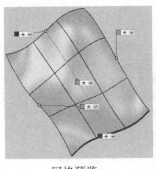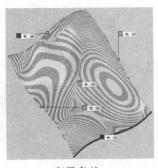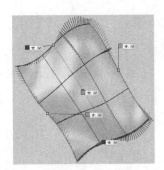

网格预览　　　　　　　　斑马条纹　　　　　　　　曲率检查梳形图

图 7-75　显示设置

(4) 单击【确定】按钮，生成的边界曲面如图 7-76 所示。

图 7-76　边界曲面

7.2.6　平面区域

我们可以通过非相交闭合草图、一组闭合边线、多条共有平面分型线或者一对平面实体来生成皮面区域。这里我们采用一对平面实体的方法生成一个平面区域，其一般步骤如下。

(1) 打开一个实体文件，如图 7-77 所示。

(2) 选择【插入】|【曲面】|【平面区域】命令 平面区域(P)... 或者在【曲面】工具栏中单击【平面区域】按钮，弹出的【平面】属性管理器如图 7-78 所示。

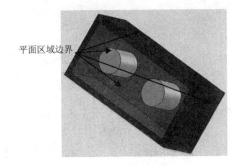

平面区域边界

图 7-77　实体文件

图 7-78　【平面】属性管理器

237

(3) 选择平面区域的边界，如图 7-77 所示的平面区域的 4 条边。

(4) 单击【确定】按钮 ✅，生成的平面区域如图 7-79 所示。

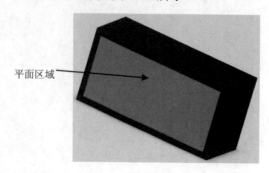

平面区域

图 7-79　平面区域

7.2.7　圆角曲面

在曲面设计过程中，若曲面实体中含有以一定角度相交的两平面，我们可以使用圆角功能使它们之间平滑过渡。创建圆角曲面的一般过程如下。

(1) 打开文件，如图 7-80 所示，平面与圆柱面相交。

(2) 选择【插入】|【曲面】|【圆角】命令 🌀 圆角(U)... 或者在【曲面】工具栏中单击【圆角】按钮 🌀，弹出的【圆角】属性管理器如图 7-81 所示。

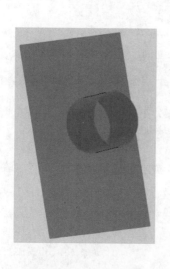

图 7-80　需处理的文件

(a) 手工　　　　(b) FilletXpert

图 7-81　【圆角】属性管理器

(3) 设置属性管理器中的各个参数。在【圆角】属性管理器中，含有【手工】和 FilletXpert 两个标签。【手工】是指通过人为添加圆角各个属性来创建圆角特性，界面如图 7-81(a)所示；FilletXpert 指的是圆角专家功能，系统能够根据实际需要自动添加合适的圆角，界面如图 7-81(b)所示。这里主要介绍【手工】方法。FilletXpert 将在以后的章节中介绍。

- 【圆角类型】选项组：系统提供【等半径】、【变半径】、【面圆角】以及【完整圆角】4 种圆角类型。根据草图的不同类型选择合适的圆角类型。由于原图是两个面相交的情况，这里我们选中【面圆角】单选按钮。

- 【圆角项目】选项组：在【半径】微调框 中输入圆角半径，这里我们输入"10mm"。选择面组 1 和面组 2 的面，并且选中【完整预览】单选按钮，预览效果如图 7-82 所示。通过单击 按钮，可以改变反转面法向的方向。

- 【圆角选项】选项组：通过选择【剪裁和附加】或者【不剪裁或附加】，创建不同的圆角。分别选择【剪裁和附加】和【不剪裁或附加】的圆角如图 7-83(a)和图 7-83(b)所示。

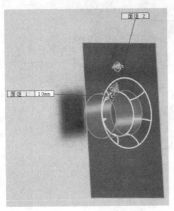

图 7-82　完整预览

(a) 剪裁和附加　　　　(b) 不剪裁或附加

图 7-83　圆角选项

7.2.8　等距曲面

使用等距曲面能够创建与实体的面或者曲面等距的曲面。创建等距曲面的一般步骤如下。

(1) 打开文件，创建如图 7-84 中的圆面等距的曲面。

(2) 选择【插入】|【曲面】|【等距曲面】命令 等距曲面(O)... 或者在【曲面】工具栏中单击【等距曲面】按钮 。弹出的【等距曲面】属性管理器如图 7-85 所示。

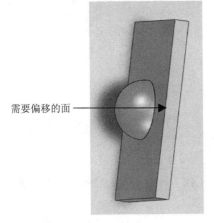

需要偏移的面

图 7-84　创建起始文件

选择需要等距的曲面或面

图 7-85　【等距曲面】属性管理器

(3) 设置【等距曲面】属性管理器中的各个参数。选择如图 7-84 所示的曲面为需要等距的面。在【距离】微调框 中输入等距的距离为"20mm"。

(4) 单击【确定】 按钮，生成的等距曲面如图 7-86 所示。

等距曲面预览图

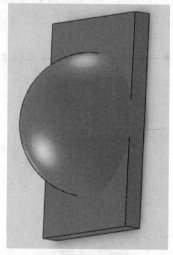

等距曲面最终效果图

图 7-86　等距曲面

7.2.9　延展曲面

延展曲面是通过沿所选平面方向延展实体或者曲面的边线来生成曲面。生成延展曲面的一般步骤如下。

(1) 打开实体文件，如图 7-87 所示。

(2) 选择【插入】|【曲面】|【延展曲面】命令 延展曲面(A)... 或者在【曲面】工具栏中单击【延展曲面】按钮 ，弹出【延展曲面】属性管理器，如图 7-88 所示。

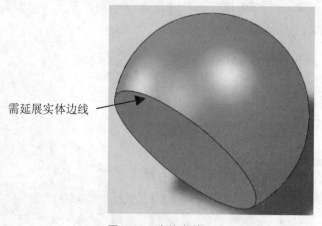

需延展实体边线

图 7-87　实体文件

图 7-88　【延展曲面】属性管理器

(3) 设置【延展曲面】属性管理器中的各个参数。

● 选择参考延展方向。选择一个与设计需要延展曲面方向平行的面或者基面，选择如图 7-89 所示的基准面为参考延展方向。用户可以单击 按钮，反向选择延展方向。

- 选择要延展的边线。在图形中选择一条或者一组连续的边线，此处选择如图 7-89 所示的边线作为需要延展的边线。
- 设置延展距离。在【距离】微调框 中输入延展距离，这里我们输入"20mm"。

(4) 单击【确定】 按钮，生成的延展曲面如图 7-90 所示。

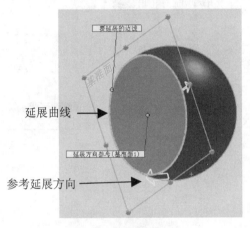

延展曲线

参考延展方向

图 7-89　设置参数

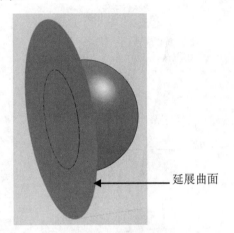

延展曲面

图 7-90　延展曲面

7.2.10　填充曲面

填充曲面是在现成的模型边线、草图或者曲线定义的边界内构成带任何边数进行曲面修补。下列情况下可以使用【填充曲面】功能。

(1) 生成实体。

(2) 创建的曲面应用于工业设计。

(3) 填充孔，这些孔用于型芯和型腔造型的零件。

(4) 包括作为独立实体的特征或者合并那些特征。

(5) 纠正有丢失面的零件。

生成填充曲面的一般步骤如下。

(1) 打开有需要填充曲面的零件，如图 7-91 所示。

(2) 选择【插入】|【曲面】|【填充】命令 填充(I)... 或者在【曲面】工具栏中单击【填充曲面】按钮 ，弹出的【填充曲面】属性管理器如图 7-92 所示。

(3) 设置【填充曲面】属性管理器各个参数。设置完成的各个参数如图 7-93 所示。以下介绍各个参数的含义。

① 【修补边界】选项组中各个参数的设置：

- 选择修补边界。选择如图 7-91 所示的边界为修补边界。
- 边线设置。当选择某一边界时，填充曲面特征将自动选择一方向，但是在某些情况下，有可能有多种方向。单击【交替面】按钮，用户将可以选择其他方向。
- 曲率控制。SolidWorks 提供了【相触】、【相切】和【曲率】3 种曲率控制方式。这里我们选择【相触】选项。它们之间的区别如下：

◆ 相触：在所选的边界内产生曲面。
◆ 相切：在所选边界内产生曲面，并且保持修补边线的相切。
◆ 曲率：在与相邻曲面交界的边界边线上生成与所选曲面的曲率相配套的曲面。

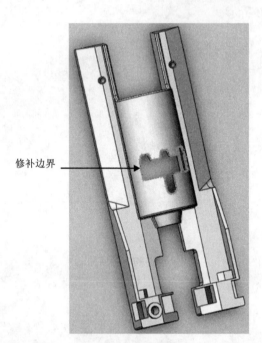

修补边界

图 7-91 实体零件图

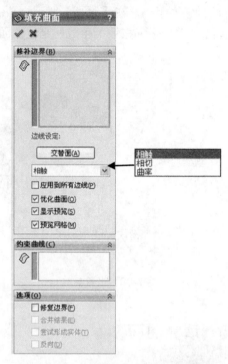

图 7-92 【填充曲面】属性管理器

● 应用到所有边线：当选中此复选框后，用户就可以将相同的曲率控制应用到所有边线上。
● 优化曲面：放样曲面和相类似的简化曲面能够应用于此选项。当选中此复选框时，能够加快重建时间和增强应用于模型其他特征时的稳定性。
● 预览网格：当选中【显示预览】复选框后，用户能够通过选中【预览网格】直观地查看曲率。
② 【约束控制】选项组：当选择约束曲线后，用户能够对修补曲面添加斜面控制。
③ 【选项】选项组中各个参数的设置如图 7-93 所示。
● 【修复边界】：当选中此复选框时，SolidWorks 将通过建造遗失部分或者裁剪过的大部分来构造有效边界。
● 【合并结果】：对于不同的边界，选中这个复选框产生的结果不一样：当所选边界至少有一个边线是开环边线，选中此复选框时，曲面填充会用边线所属的曲面缝合；当所有边界实体都是开环边线时，那么可以选择生成实体。
● 【尝试形成实体】：当所有边界实体都是开环曲面边线，当选中启用此复选框时，是有可能形成实体的。
● 【反向】：改变填充曲面填充实体的方向。
(4) 单击【确定】 ✔ 按钮，生成的填充曲面如图 7-94 所示。

图 7-93　设置参数

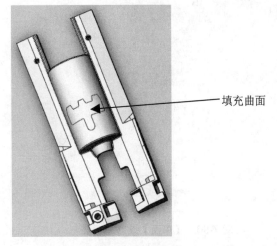

填充曲面

图 7-94　填充曲面

7.2.11　中面

使用【中面】工具，用户能够在所选合适的双对面之间生成中面。并且可以通过选择，生成单对，多对或者系统自动识别的所有合适的等距面。但是面必须属于同一实体。生成中面的一般步骤如下。

(1) 打开实体文件，如图 7-95 所示为一个曲轴零件。

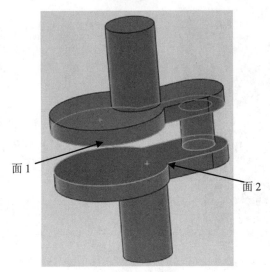

面 1

面 2

图 7-95　实体文件

(2) 选择【插入】|【曲面】|【中面】命令　中面(M)… 或者在【曲面】工具栏中单击【中面】按钮　。

弹出的【中面】属性管理器如图 7-96 所示。

(3) 设置【中面 1】属性管理器中的各个参数。设置完成的属性管理器如图 7-97 所示。

图 7-96 【中面】属性管理器　　　　　　　图 7-97 中面参数设置

- 选择一对面：面 1 和面 2 的选择如图 7-95 所示。选择后，在【双对面】选择框中将显示刚才所选的双对面。
- 【查找双对面】按钮。单击这个按钮，系统将自动扫描模型上所有适合的双对面。并且用户可以通过在【识别阈值】下拉列表框中输入数值过滤去除不合适的双对面。阈值厚度指的是壁厚。
- 【定位】微调框：输入的数值为出现在【面 1】和【面 2】选择框中的面之间的距离，如图 7-98 所示。
- 【缝合曲面】复选框：选中此复选框能够生成缝合曲面，取消选中此复选框能够保留单个曲面。

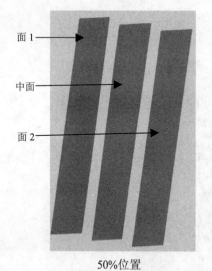

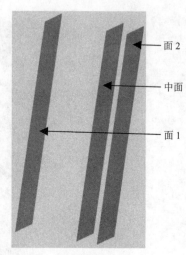

50%位置　　　　　　　　　　　　　75%位置

图 7-98 定位

(4) 单击【确定】按钮 ✓ ，生成的中面如图 7-99 所示。

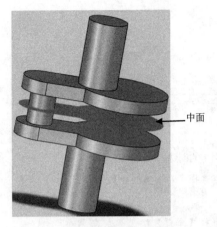

图 7-99　生成的中面

7.2.12　曲面设计范例

本范例完成文件：\07\7-2-12.SLDPRT

多媒体教学路径：光盘→多媒体教学→第 7 章→7.2.12 节

Step 1　创建草图 1，如图 7-100 所示。

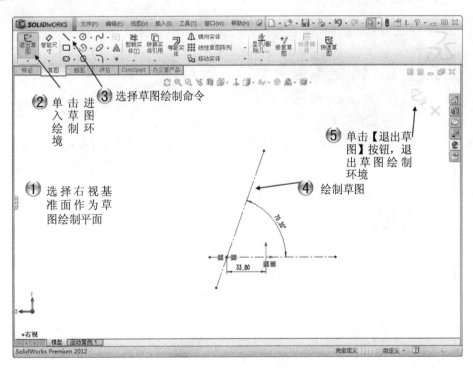

图 7-100　创建草图 1

Step 2 创建基准面 1，如图 7-101 所示。

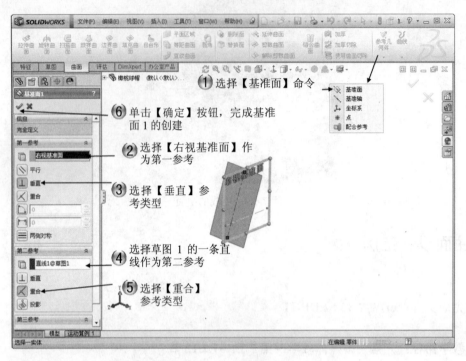

图 7-101　创建基准面 1

Step 3 绘制草图 2，如图 7-102 所示。

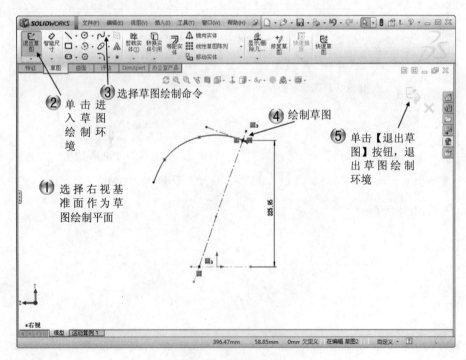

图 7-102　绘制草图 2

Step 4　绘制草图 3，如图 7-103 所示。

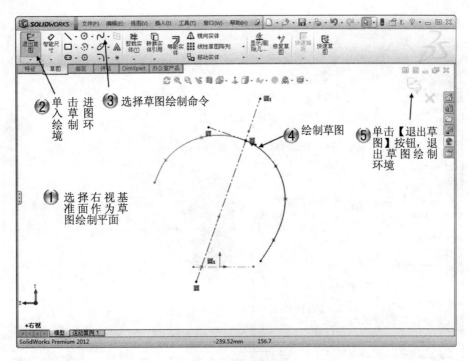

图 103　绘制草图 3

Step 5　绘制草图 4，如图 7-104 所示。

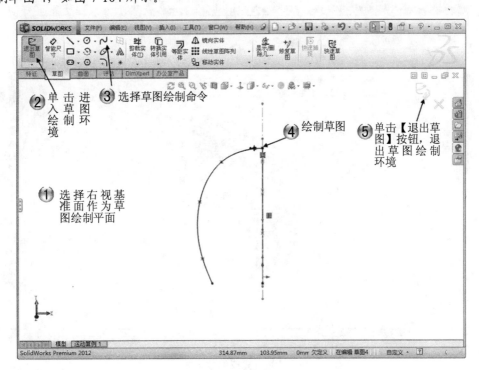

图 104　绘制草图 4

Step 6 创建放样曲面，如图 7-105、图 7-106 所示。

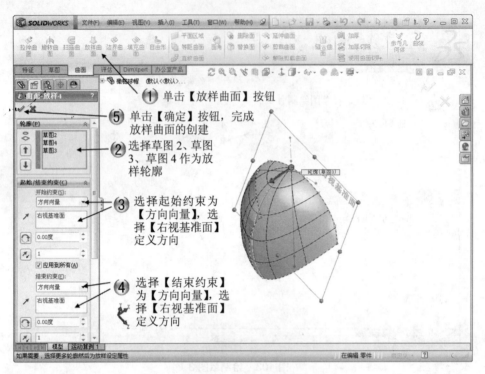

① 单击【放样曲面】按钮

⑤ 单击【确定】按钮，完成放样曲面的创建

② 选择草图 2、草图 3、草图 4 作为放样轮廓

③ 选择起始约束为【方向向量】，选择【右视基准面】定义方向

④ 选择【结束约束】为【方向向量】，选择【右视基准面】定义方向

图 7-105　创建放样曲面

图 7-106　完成的放样曲面

Step 7 绘制草图 5，如图 7-107 所示。

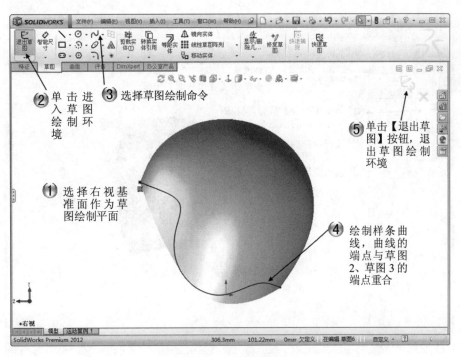

图 7-107　绘制草图 5

Step 8 创建剪裁曲面 1，如图 7-108 所示。

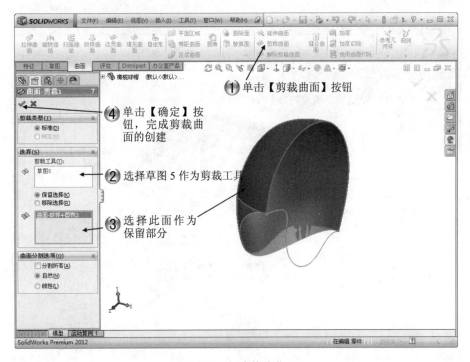

图 7-108　创建剪裁曲面 1

Step 9 创建等距曲面，如图 7-109 所示。

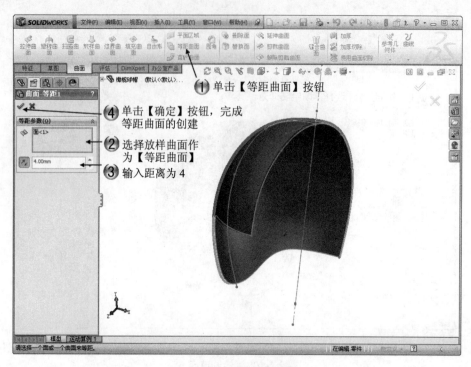

图 7-109　创建等距曲面

Step 10 绘制草图 6，如图 7-110 所示。

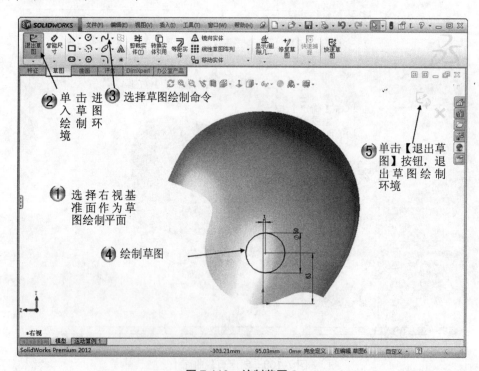

图 7-110　绘制草图 6

Step 11 创建剪裁曲面 2，如图 7-111 所示。

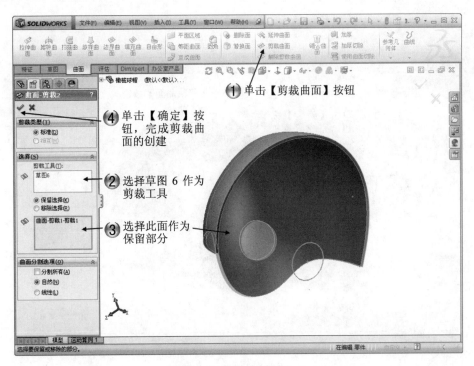

图 7-111 创建剪裁曲面 2

Step 12 创建草图 7，如图 7-112 所示。

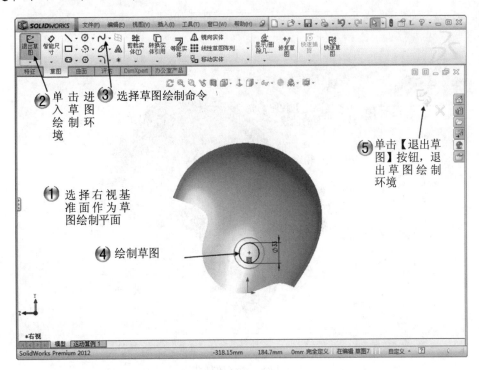

图 7-112 创建草图 7

Step 13 创建剪裁曲面 3,如图 7-113 所示。

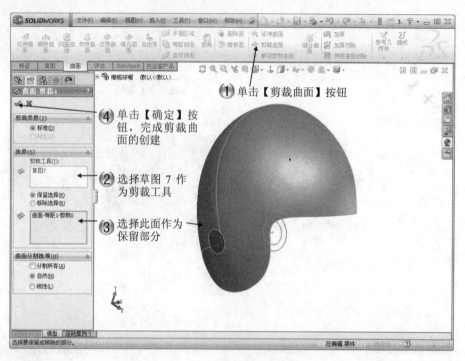

图 7-113　创建剪裁曲面 3

Step 14 创建放样曲面,如图 7-114 所示。

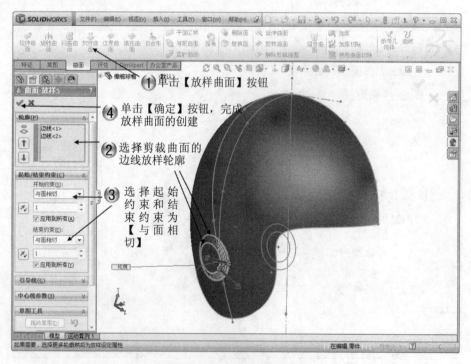

图 7-114　创建放样曲面

Step 15　创建镜向特征，如图 7-115 所示。

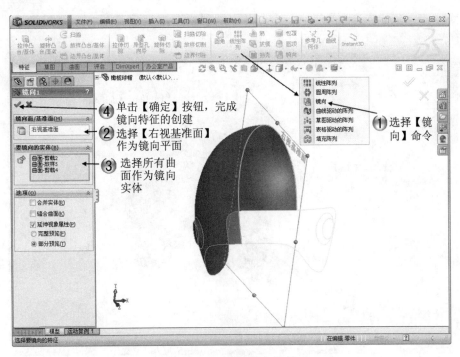

图 7-115　创建镜向特征

Step 16　创建缝合曲面，如图 7-116 所示。

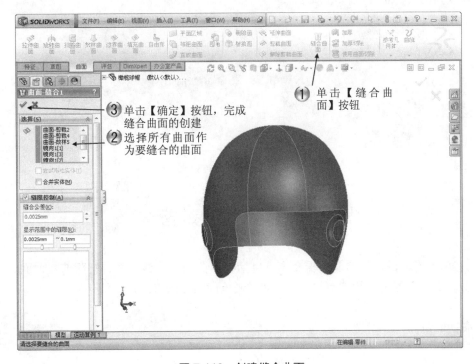

图 7-116　创建缝合曲面

Step 17 创建加厚特征，如图 7-117 所示。

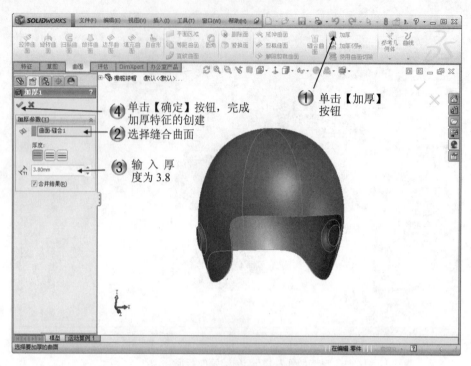

图 7-117　创建加厚特征

Step 18 最终效果如图 7-118 所示。

图 7-118　范例最终效果

7.3　曲　面　编　辑

SolidWorks 2012 提供的多种曲面编辑命令，包括延伸曲面、剪裁曲面、解除剪裁曲面、缝合曲面、移动/复制曲面、删除面、替换面，用户可以通过这些命令创建更为复杂的曲面模型。

7.3.1　延伸曲面

延伸曲面是指将现有曲面的边缘，沿着切线方向，以直线或曲面的形式延伸指定的距离所产生的附加曲面。

选择【插入】|【曲面】|【延伸曲面】命令✎，弹出【延伸曲面】属性管理器，各选项的含义如图 7-119
所示。

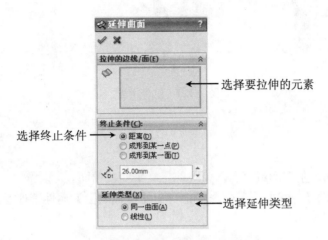

图 7-119　【延伸曲面】属性管理器

(1) 拉伸元素可以是边或是面，如图 7-120 所示，选择边时将延伸面形成面，选择面时会延伸面的周边
形成面。

(2)【终止条件】选项组中列出了 3 种深度类型，含义分别为：

● 【距离】：指定延伸距离，选中该单选按钮后，该选项组的下方会显示如图 7-121 上方所示的微调
框，用户可以输入一个数值定义延伸距离。

● 【成形到某一点】：延伸元素到指定的点，选中该单选按钮后，该选项组的下方会显示如图 7-121
中间所示的选择框，此时用户可以在图形区域中选择一个点。

● 【成形到某一面】：延伸元素到指定的面，选中该单选按钮后，该选项组的下方会显示如图 7-121
下方所示的选择框，此时用户可以在图形区域中选择一个曲面。

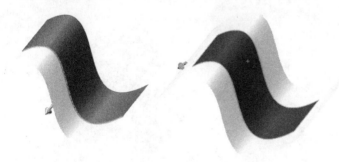

图 7-120　选择拉伸元素

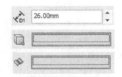

图 7-121　终止类型

(3)【延伸类型】选项组中给出了两种延伸类型，含义分别为：

● 【同一曲面】：沿着曲面的几何特征延伸曲面，如图 7-122 左侧所示。

● 【线性】：沿着切向延伸为平面，如图 7-122 右侧所示。

图 7-122　延伸类型

7.3.2　剪裁曲面

剪裁曲面是指使用曲面、基准面或草图作为裁剪工具来剪裁曲面。

选择【插入】|【曲面】|【剪裁曲面】命令 ◈，弹出【剪裁曲面】属性管理器，如图 7-123 所示，剪裁曲面有两种类型：标准、相互。

1. 标准剪裁曲面

在【剪裁类型】选项组中选中【标准】单选按钮后，属性管理器如图 7-123 所示，其中各选项的含义如图中所示。

(1)【剪裁工具】选择框被激活时，用户可以在图形区域中选择草图、基准面或其他曲面作为工具，如图 7-124 中的前视基准面。

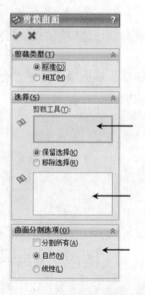

图 7-123　【剪裁曲面】属性管理器

图 7-124　【标准】剪裁类型

(2) 当选中【保留选择】单选按钮时，用户可以选择要保留的部分，相反，当选中【移除选择】单选按钮时，用户可以选择要移除的部分。如图 7-124 所示，选择加亮的部分作为要保留的部分。

(3)【曲面分割选项】选项组中列出了 3 个选项，含义分别为：

● 【分割所有】：显示曲面中的所有分割。

● 【自然】：使边界边线随曲面形状变化。

● 【线性】：使边界边线随剪裁点的线性方向变化。

2. 相互剪裁曲面

在【剪裁类型】选项组中选中【相互】单选按钮后，属性管理器如图 7-125 所示，其中各选项的含义如图所示。

该属性管理器中选项含义与【标注】剪裁类型下的选项含义一样，在用户激活【曲面】选择框时，可以在图形区域中选择要相互切除的曲面，如图 7-126 所示，选择两个相交的曲面，曲面会被分成四部分，选择图中加亮的两个部分作为要移除的部分。

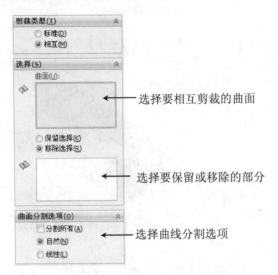

图 7-125 　【剪裁曲面】属性管理器

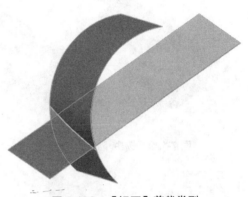

图 7-126 　【相互】剪裁类型

7.3.3 　解除剪裁曲面

解除剪裁曲面是指按照曲面边界的自然形态对曲面边线进行延伸修剪。

选择【插入】|【曲面】|【解除剪裁曲面】命令 ，弹出【解除剪裁曲面】属性管理器，如图 7-127 所示，各选项的含义如下。

(1) 当激活【选择】选择框时，用户可以在图形区域中选择边或面。当选择边时，在【选项】选项组中出现如图 7-128 上方所示的选项，各选项含义为：

● 【延伸边线】：按给定的距离延伸边线形成曲面，如图 7-129 所示。

● 【连接端点】：连接所选边线的端点，形成的直线与边线生成延伸曲面，如图 7-130 所示。

(2) 当选择面时，在【选项】选项组中出现如图 7-128 下方所示的选项，各选项含义为：

● 【所有边线】：曲面的内外边线都将延伸修剪，如图 7-131 左侧图形所示。

● 【内部边线】：曲面的内部边线都将延伸修剪，内部边线的延伸修剪将填充内部边线缺口，如图 7-131 中间图形所示。

● 【外部边线】：曲面的外部边线都将延伸修剪，可以设置百分比，如图 7-131 右侧图形所示。

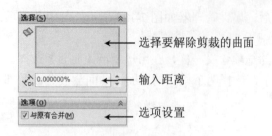

图 7-127　【解除剪裁曲面】属性管理器 　　　　　　　图 7-128　　【选项】选项组

图 7-129　选中【延伸边线】单选按钮 　　　　　　　图 7-130　选中【连接端点】单选按钮

图 7-131　选择面时的选项

7.3.4　缝合曲面

缝合曲面是指将多个曲面缝合成为一个独立的曲面，从而减少曲面的数量。

选择【插入】|【曲面】|【缝合曲面】命令，弹出【缝合曲面】属性管理器，如图 7-132 所示，各选项的含义如下。

当【选择】选择框处于激活状态下，用户可以在图形区域中选择多个相接曲面，如图 7-133 所示，选择所有面作为要缝合的面。

当选择的面组成了一个封闭的空间，则【尝试形成实体】复选框变为可用，选中该复选框后，将会在封闭空间中生成一个实体。在图 7-133 中，选择的圆柱面和顶端的两个平面就组成了一个封闭的空间。

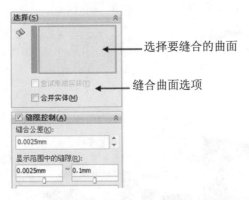

选择要缝合的曲面

缝合曲面选项

图 7-132　【缝合曲面】属性管理器

图 7-133　缝合曲面操作

7.3.5　移动/复制曲面

移动/复制曲面是指按照指定的方向和距离移动曲面或旋转轴和角度旋转曲面，同实体的移动/复制操作是类似的。

选择【插入】|【曲面】|【移动/复制曲面】命令 ，弹出【移动/复制曲面】属性管理器，如图 7-134 所示。曲面的移动/复制包括两种类型：约束、平移/旋转，可以通过属性管理器底部的【平移/旋转】或【约束】按钮在两种类型间进行切换。

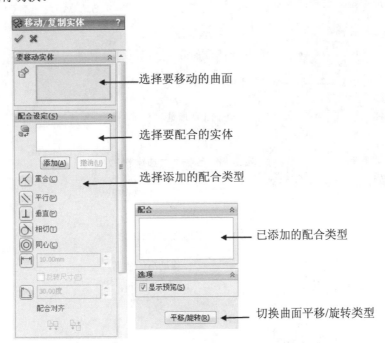

选择要移动的曲面

选择要配合的实体

选择添加的配合类型

已添加的配合类型

切换曲面平移/旋转类型

图 7-134　【移动/复制曲面】属性管理器

(1) 约束类型。约束类型的属性管理器各选项含义如图 7-134 所示，这种曲面移动类型的操作同装配体中的配合是类似的，在如图 7-135 所示的图形中，左侧是将曲面移动到与实体的前面重合的位置，中间图形是将曲面移动到与实体前面平行的位置，右侧图形是将曲面移动到与实体前面垂直的位置。

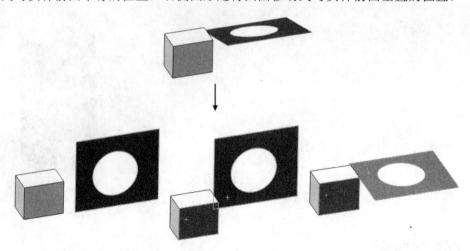

图 7-135　约束类型

(2) 平移/旋转类型。平移/旋转类型的属性管理器各选项含义如图 7-136 所示，在选择框中选择要进行操作的曲面，如果选中【复制】复选框，将复制一个曲面，然后在 ΔX、ΔY、ΔZ 微调框中输入要移动的数值。当用户选择一个边来定义移动方向时，【平移】选项组则变为图右下角所示的状态，在【距离】微调框中输入要移动的距离。如图 7-137 所示，将曲面沿边 1 移动 20mm。

图 7-136　平移/旋转类型

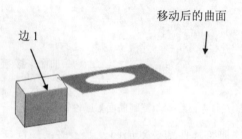

图 7-137　平移曲面

展开【旋转】选项组，内部选项如图 7-138 所示，在【旋转】选项组中用户可以定义旋转点及绕 x、y、z 轴旋转的角度，当用户选择模型的边线作为旋转轴的话，可以输入旋转的角度。如图 7-139 所示，将曲面绕边 1 旋转 90°。

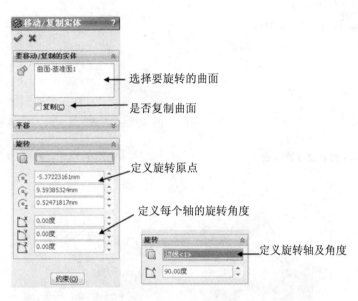

选择要旋转的曲面

是否复制曲面

定义旋转原点

定义每个轴的旋转角度

定义旋转轴及角度

图 7-138　旋转曲面

图 7-139　旋转曲面

7.3.6　删除面

删除面是指将选定的面删除掉，根据需要进行修补。

选择【插入】|【面】|【删除面】命令 ，弹出【删除面】属性管理器，如图 7-140 所示，各选项的含义如图中所示。当【选择】选择框激活后，用户可以在图形区域中选择要删除的面，在【选项】选项组中列出了【删除】、【删除并修补】、【删除与填补】3 个选项，各选项含义如下。

- 【删除】：将选定的曲面进行删除，如果选择的实体的一个面，则实体会转换为多个曲面，一个单独的曲面是不能执行删除面操作的。如图 7-141 所示，删除实体的一个面。
- 【删除并修补】：按照删除面周围曲面的形态来填补删除面区域。如图 7-142 所示，选择凹槽内的三个面作为要删除的面，修补后的结果如图中所示。
- 【删除并填补】：是指采用填充曲面的方法将删除的曲面区域重新填补。

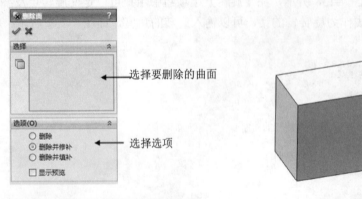

图 7-140　【删除面】属性管理器

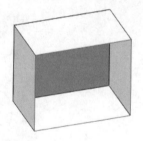

图 7-141　删除实体的面

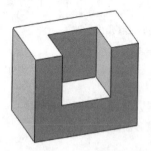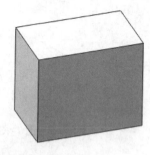

图 7-142　删除并修补选项

7.3.7　替换面

替换面是指以新的曲面实体来替换曲面或实体中的面，原来实体中的相邻面会自动延伸并裁剪到替换曲面实体中。

选择【插入】|【面】|【替换面】命令 ，弹出【替换面】属性管理器，如图 7-143 所示，各选项的含义如图中所示。用户需要分别选取要替换的面和替换后的面。如图 7-144 左图所示，将实体的上面用一个曲面来替换，替换后的结果如图 7-144 右图所示。

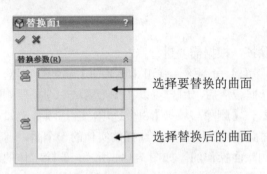

图 7-143　【替换面】属性管理器

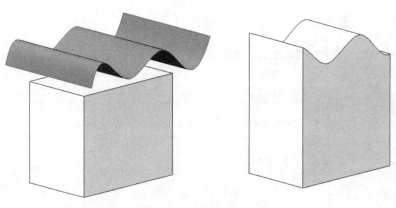

图 7-144　创建替换面

7.3.8　曲面编辑范例

本范例完成文件：\07\7-3-8.SLDPRT

多媒体教学路径：光盘→多媒体教学→第 7 章→7.3.8 节

Step 1　创建草图 1，如图 7-145 所示。

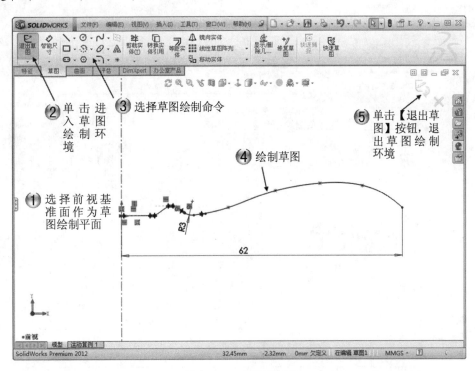

图 7-145　创建草图 1

Step 2 创建旋转曲面 1, 如图 7-146 所示。

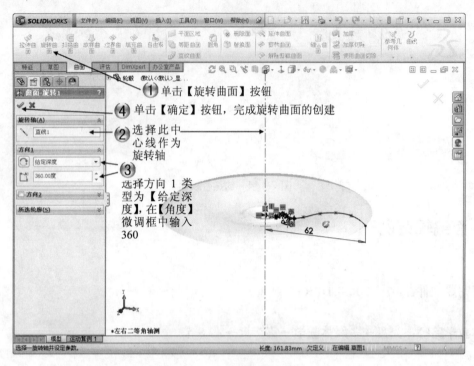

图 7-146　创建旋转曲面 1

Step 3 创建草图 2, 如图 7-147 所示。

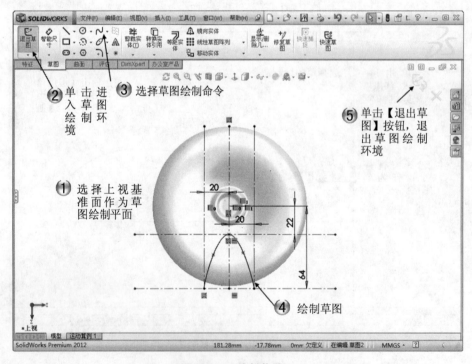

图 7-147　绘制草图 2

Step 4 创建拉伸曲面，如图 7-148 所示。

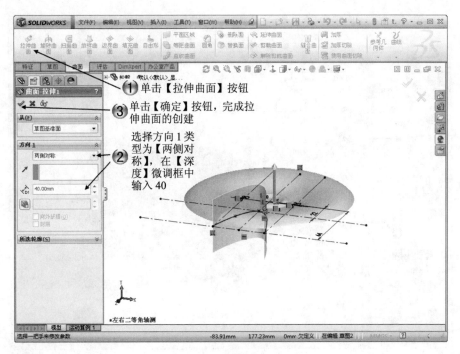

图 7-148　创建拉伸曲面

Step 5 创建阵列特征，如图 7-149 所示。

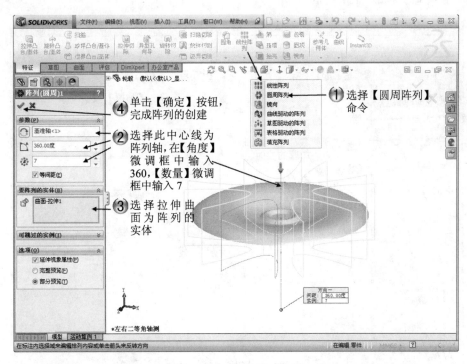

图 7-149　创建阵列特征

Step ⟨6⟩ 创建剪裁曲面，如图 7-150 所示。

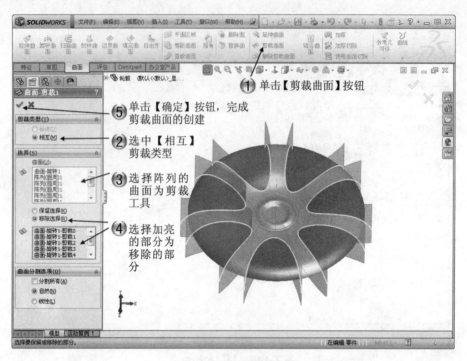

图 7-150 创建剪裁曲面

Step ⟨7⟩ 创建加厚特征，如图 7-151 所示。

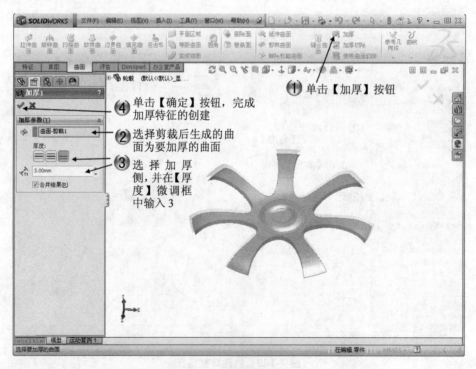

图 7-151 创建加厚特征

Step 8 创建草图 3，如图 7-152 所示。

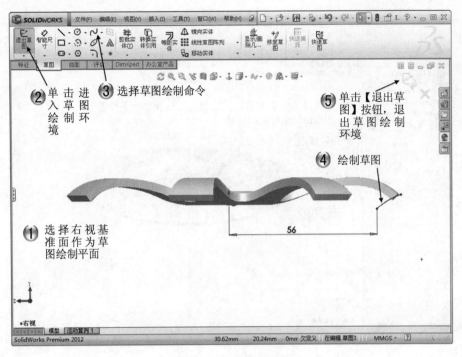

图 7-152　创建草图 3

Step 9 创建旋转曲面 2，如图 7-153 所示。

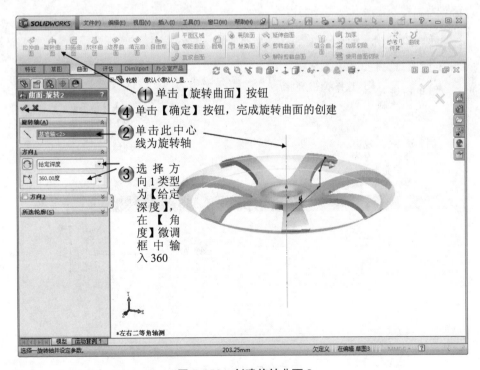

图 7-153　创建旋转曲面 2

Step 10 创建使用曲面切除特征，如图 7-154 所示。

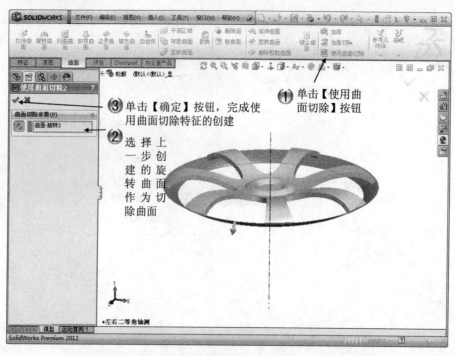

图 7-154　创建使用曲面切除特征

Step 11 创建草图 4，如图 7-155 所示。

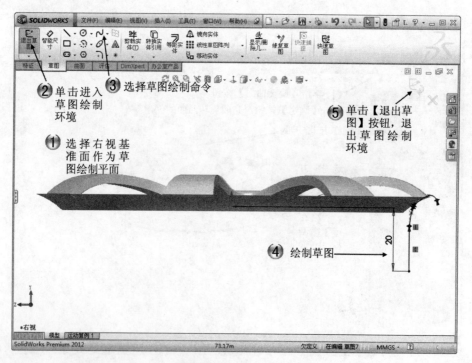

图 7-155　创建草图 4

Step 12 创建旋转曲面 3，如图 7-156 所示。

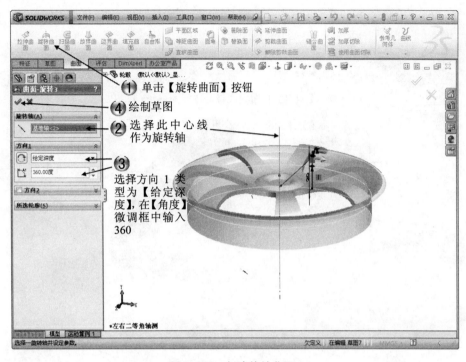

图 7-156　创建旋转曲面 3

Step 13 创建加厚特征，如图 7-157 所示。

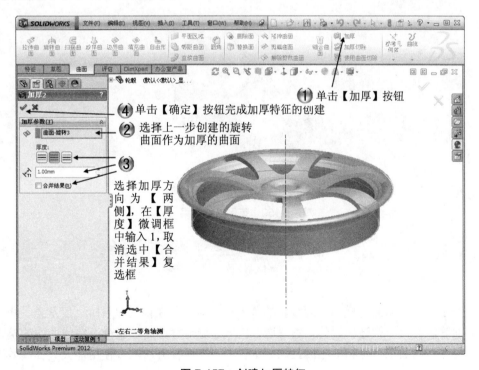

图 7-157　创建加厚特征

Step 14 创建镜向特征，如图 7-158 所示。

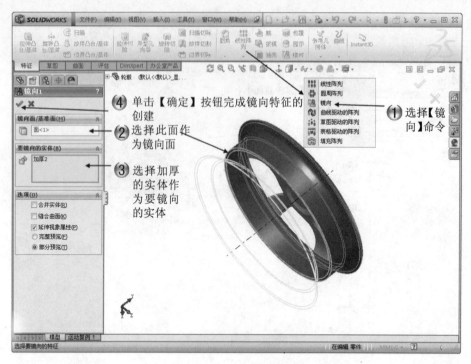

图 7-158   创建镜向特征

Step 15 最终效果如图 7-159 所示。

图 7-159   范例最终效果

7.4   本 章 小 结

本章主要介绍了曲线、曲面建模和曲面编辑的基本操作方法，在曲面建模时一般从点、线开始，通过拉伸曲面、旋转曲面等曲面命令构建曲面体，然后通过剪裁、缝合等曲面编辑命令完成曲面的整体设计。在实际造型中，基体实体和曲面造型是相辅相成且同时进行的，将两种方法混合使用能大大提高效率，并能成功建立复杂的模型。

第8章

工程图设计

本章导读

工程图是指以投影原理为基础，用多个视图清晰详尽地表达出设计产品的几何形状、结构以及加工参数的图纸。在 SolidWorks 2012 工程图环境中，用户可以：

- 创建工程图。
- 对工程图进行尺寸标注。
- 对工程图进行注解。

学习内容

知 识 点 ＼ 学习目标	理　解	应　用	实　践
创建工程图	√	√	√
尺寸标注	√	√	√
注解	√	√	√

8.1 工程图基本设置

8.1.1 创建工程图

选择【文件】|【新建】命令，在弹出的【新建 SolidWorks 文件】对话框中单击【工程图】按钮 ，单击【确定】按钮，进入工程图环境界面。

下面介绍设置工程图的具体方法。

在默认的情况下，将出现【图纸格式/大小】对话框，设置图纸选项：

● 取消选中【只显示标准格式】复选框；
● 在列表框中选择 A3(GB)标准格式的图纸。

如图 8-1 所示，单击【确定】按钮。

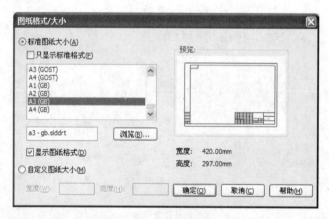

图 8-1　创建工程图

8.1.2 设置选项

为了更好地便于设计人员进行以后的设计工作，需要对工程图进行一些设置。

1) 设置总绘图标准

选择【工具】|【选项】命令，在弹出的窗口中切换到【文档属性】选项卡，选择【绘图标准】选项，设置 GB 为总绘图标准。如图 8-2 所示。

图 8-2　总绘图标准选项

2) 设置工程图选项

选择【工具】|【选项】命令，在弹出的窗口中切换到【系统选项】选项卡，选择【工程图】选项，其各

个选项的设置如图 8-3 所示。

   3) 设置视图显示选项

   在【系统选项】选项卡中选择【工程图】|【显示类型】选项，其各个选项的设置如图 8-4 所示。

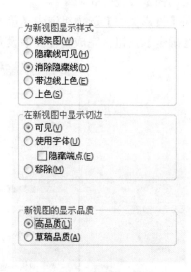

图 8-3　工程图选项　　　　　　　　　　图 8-4　视图显示选项

4) 设置字体

选择【工具】|【选项】命令，在弹出的窗口中切换到【文档属性】选项卡，选择【尺寸】|【字体】选项，弹出【选择字体】对话框，其各个选项的设置如图 8-5 所示。

5) 设置自动插入选项

在【文档属性】选项卡中选择【出详图】选项，自动插入选项的设置如图 8-6 所示。

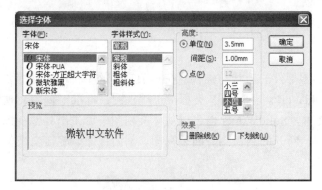

图 8-5　字体选项　　　　　　　　　　图 8-6　自动插入选项

8.1.3 设置图纸属性

用户可以通过【图纸属性】对话框来改变图纸名称、比例等。

设置图纸属性的方法如下。

用鼠标右键单击工程图图纸或者 FeatureManager 设计树，在弹出的快捷菜单中选择【属性】命令，弹出如图 8-7 所示的【图纸属性】对话框。

- 【比例】设置为 3：2。
- 在【投影类型】选项组选中【第一视角】单选按钮。

单击【确定】按钮。完成工程图的设置。

图 8-7 设置图纸属性

8.2 工程视图设计

8.2.1 工程图视图概述

视图是工程图中最主要的组成部分，用来表达零部件的形状与结构。在复杂零件的工程图中，需要由多个视图来共同表达才能使人看得清楚明白。在 SolidWorks 中，有 5 类标准工程视图：标准三视图、模型视图、相对视图、预定义的视图、空白视图。除此之外，SolidWorks 也可以从标准视图中派生出其他视图，主要有：投影视图、辅助视图、局部视图、剪裁视图、断开的剖视图、断裂视图、剖面视图、旋转交替位置视图和相对视图。

8.2.2 创建标准工程视图

下面介绍标准三视图、模型视图、相对模型视图的创建过程。

1. 标准三视图

下面介绍创建标准三视图的具体方法。

1) 调用创建工程视图命令

SolidWorks 提供的创建标准三视图的命令有两种。

● 单击【工程图】工具栏中的【标准三视图】按钮 ;

● 选择【插入】|【工程图视图】|【标准三视图】命令。

弹出如图 8-8 所示的【标准三视图】属性管理器。

2) 加载文件

单击属性管理器中的【浏览】按钮,选择模型,载入零件文件,单击【确定】按钮,生成如图 8-9 所示的标准三视图。

图 8-8 【标准三视图】属性管理器

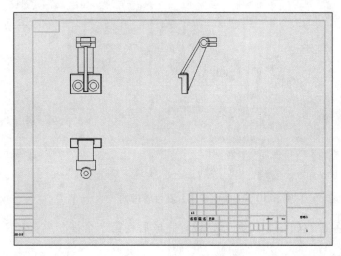

图 8-9 创建三视图

2. 模型视图

模型视图就是通过定义第一个视图的方向来创建模型的各个其他方向的视图。

下面介绍创建模型视图的具体方法。

(1) 调用创建模型视图命令。

SolidWorks 提供的创建模型视图命令有两种。

● 单击【工程图】工具栏中的【模型视图】按钮 。

● 选择【插入】|【工程图视图】|【模型】命令。

弹出如图 8-10 所示的【模型视图】属性管理器。

(2) 加载文件。

单击属性管理器中的【浏览】按钮,选择模型,载入零件文件,则【模型视图】属性管理器如图 8-11 所示。

(3) 设置第一个视图。

各项参数的设置如下:

● 在【方向】选项组中设置适当的视图方向,选择【前视图】为第一个视图方向;

- 在【显示样式】选项组中单击【消除隐藏线】按钮；
- 在【比例】选项组中选中【使用图纸比例】单选按钮；
- 在【尺寸类型】选项组中选中【预测】单选按钮；
- 在【装饰螺纹线显示】选项组中选中【高品质】单选按钮。

图 8-10　【模型视图】属性管理器

图 8-11　设置参数

各参数如图 8-12 所示，设置完成后将第一个视图放置在图形区中合适的位置。

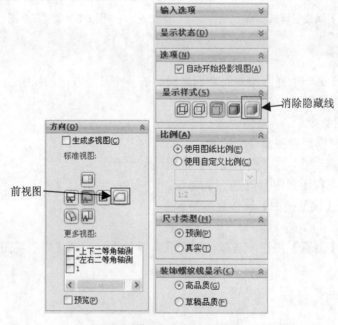

图 8-12　设置第一个视图

(4) 对于其他方向上的视图，用户可以直接在图形区中拖放加以创建。

3. 相对视图

相对视图是一个正交视图，由模型中两个直交面或基准面及各自的具体方位的规格定义。

下面介绍创建相对视图的具体方法。

1) 调用创建相对视图命令

在工程图文件中，选择【插入】|【工程图视图】|【相对于模型】命令，弹出如图 8-13 所示的【相对视图】属性管理器。

2) 设置属性管理器选项

单击工程图中的任一视图，SolidWorks 进入到零件编辑环境，则【相对视图】属性管理器如图 8-14 所示，各项参数设置如下。

● 在【第一方向】下拉列表框中选择一视向(前视、上视、左视等)，然后在工程视图中为此方向选择面或基准面；

● 在【第二方向】下拉列表框中选择另一视向，并且要与第一方向正交，然后在工程视图中为此方向选择另一个面或基准面。选择的视向如图 8-15 所示。

图 8-13　【相对视图】属性管理器

图 8-14　设置相对视图具体方位

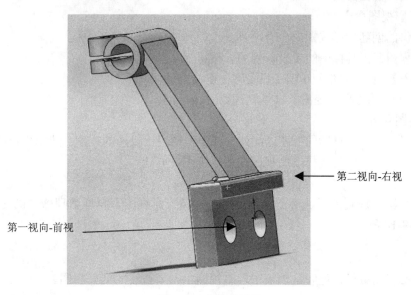

图 8-15　选择视向

3) 拖放相对视图

单击【相对视图】属性管理器中的【确定】按钮 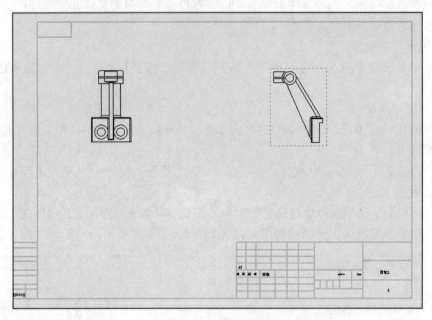，完成视向的设置。将设置完成的视图拖放到图形区合适的位置，这样就完成了相对视图，如图 8-16 所示。

图 8-16　相对视图

8.2.3　创建派生的工程视图

1. 投影视图

下面介绍创建投影视图的具体方法。

1) 调用创建投影视图命令

SolidWorks 提供的创建投影视图命令有两种。

● 单击【工程图】工具栏中的【投影视图】按钮。

● 选择【插入】|【工程图视图】|【投影视图】命令。

出现如图 8-17 所示的【投影视图】属性管理器。

2) 选择投影视图和方向

在图形区中选择一个用于投影的视图，此处选择上视图用于投影的视图；选择投影的方向时，将指针移动到所选视图的相应一侧，此处选择投影视图在所选视图的右边。

3) 拖放视图

将设置完成的视图拖放到图形区合适的位置。单击【投影视图】属性管理器中的【确定】按钮，完成的投影视图如图 8-18 所示。

2. 辅助视图

辅助视图和投影视图类似，但它是垂直于现有视图中参考边线的展开视图。

消除隐藏线

图 8-17　【投影视图】属性管理器

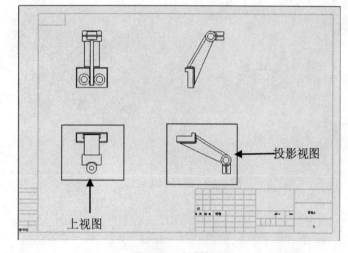

投影视图

上视图

图 8-18　投影视图

下面介绍创建辅助视图的具体方法。

(1) 调用创建辅助视图命令。

SolidWorks 提供的创建辅助视图命令有两种:

● 单击【工程图】工具栏中的【辅助视图】按钮。

● 选择【插入】|【工程图视图】|【辅助视图】命令。

(2) 选取参考边线。

为了能够生成所需的辅助视图,参考边线不能是水平或竖直的,因为这样会生成标准投影视图。零件的边线、侧影轮廓边线、轴线或所绘制的直线都可以成为参考边线。此处选择如图 8-19 所示的边线为参考边线。

(3) 选择参考边线后,出现【辅助视图】属性管理器,可以对辅助视图的参数进行设置,各项参数设置如图 8-20 所示。

(4) 拖放视图。

将设置完成的视图拖放到图形区合适的位置。单击【辅助视图】属性管理器中的【确定】按钮,完成的辅助视图如图 8-21 所示。

参考边线

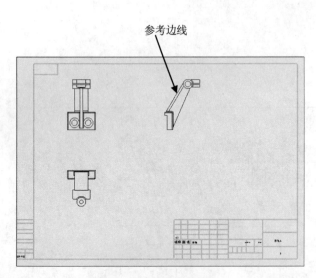

消除隐藏线

图 8-19　选择参考边线　　　　　　　　图 8-20　【辅助视图】属性管理器

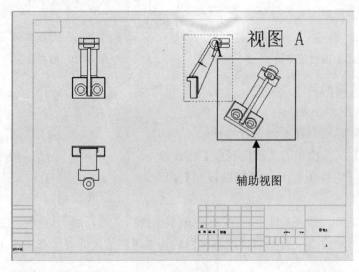

视图 A

辅助视图

图 8-21　辅助视图

3．剖面视图

在工程图中，用一条剖切线来分割父视图以生成一个剖面视图。用户可以用直切线生成剖面视图或者用阶梯剖切线生成等距剖面视图。

下面介绍创建剖面视图的具体方法。

1）调用创建剖面视图命令

SolidWorks 提供的创建剖面视图命令有两种：

- 单击【工程图】工具栏中的【剖面视图】⏍按钮。
- 选择【插入】|【工程图视图】|【剖面视图】命令。

出现【剖面视图】属性管理器，【直线】工具被激活。

2) 绘制剖切线

在图形区中选择一个用于剖切的视图，绘制如图 8-22 所示的剖切线。【剖面视图】属性管理器如图 8-23 所示。

剖切线

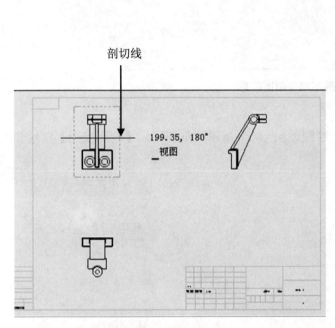

图 8-22　绘制剖切线　　　　　　　图 8-23　【剖面视图】属性管理器

3) 拖动视图

将设置完成的视图拖放到图形区合适的位置。单击【剖面视图】属性管理器中的【确定】按钮✔，完成的投影视图如图 8-24 所示。

4. 旋转剖视图

旋转剖视图就是在工程图中贯穿模型或是局部模型并与所选剖切线线段对齐的视图。旋转剖视图和剖面视图类似，但旋转剖面的剖切线由连接到一个夹角的两条线组成。

下面介绍创建旋转剖视图的具体方法。

1) 调用创建旋转剖视图命令

SolidWorks 提供的创建旋转剖视图命令有两种：

- 单击【工程图】工具栏中的【旋转剖视图】按钮⟲；
- 选择【插入】|【工程图视图】|【旋转剖视图】命令。

出现【旋转剖视图】属性管理器，【直线】工具被激活。

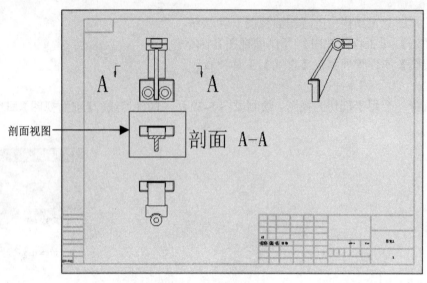

图 8-24　剖面视图

2) 绘制剖切线

剖切线由有一个夹角的两条连接线组成。绘制如图 8-25 所示的剖切线。【剖面视图】属性管理器如图 8-26 所示。

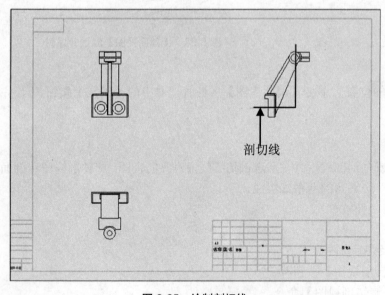

图 8-25　绘制剖切线

图 8-26　【剖面视图】属性管理器

3) 拖动视图

将设置完成的视图拖放到图形区合适的位置。单击【剖面视图】属性管理器中的【确定】按钮，完成的旋转剖视图如图 8-27 所示。

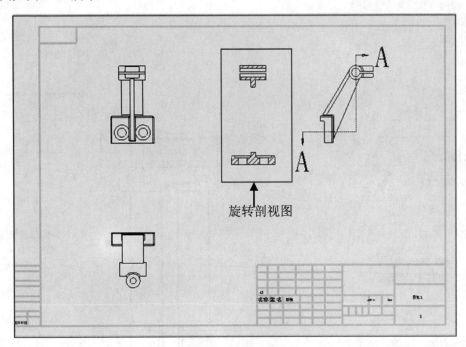

图 8-27　旋转剖视图

5. 局部视图

在工程图中，局部视图用来显示一个视图的某个部分，通常是以放大比例显示。正交视图、空间(等轴测)视图、剖面视图、裁剪视图、爆炸装配体视图或另一局部视图都可以成为局部视图。

下面介绍创建局部视图的具体方法。

1) 调用创建局部视图命令

SolidWorks 提供的创建局部视图命令有两种：

- 单击【工程图】工具栏中的【局部视图】按钮 $\mathbb{Q}$ 。
- 选择【插入】|【工程图视图】|【局部视图】命令。

出现【局部视图】属性管理器，【圆】工具被激活。

2) 绘制一个圆

将圆绘制于需要生成局部视图的位置。

3) 拖动视图

【局部视图】属性管理器如图 8-28 所示。将设置完成的视图拖放到图形区合适的位置。单击【局部视图】属性管理器中的【确定】按钮，完成的局部视图如图 8-29 所示。

图 8-28 【局部视图】属性管理器

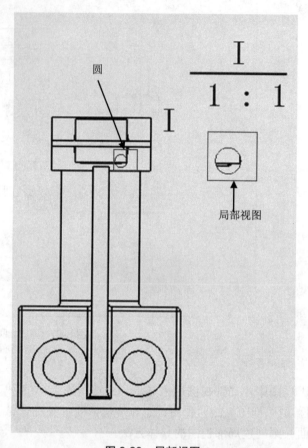

图 8-29 局部视图

8.2.4 创建模型视图范例

 本范例练习文件：\08\10.1.SLDPRT

 本范例完成文件：\08\8.1 模型视图案例.SLDDRW

 多媒体教学路径：光盘→多媒体教学→第 8 章→8.2.4 节

Step 1   新建一个工程图，如图 8-30 所示。

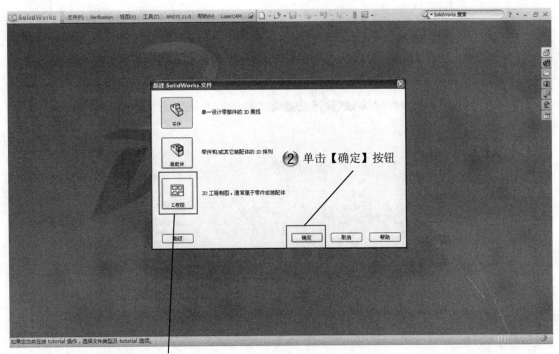

① 单击【工程图】按钮

图 8-30   创建一个新的工程图

Step 2   选择图纸，如图 8-31 所示。

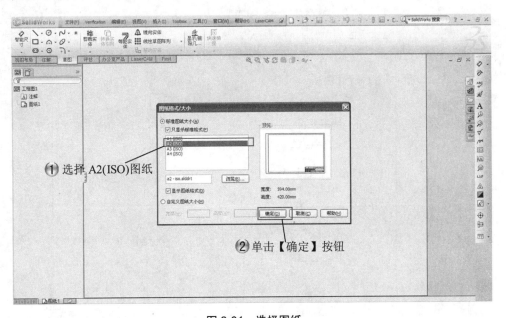

① 选择 A2(ISO)图纸

② 单击【确定】按钮

图 8-31   选择图纸

Step 3 选择零件，如图 8-32 所示。

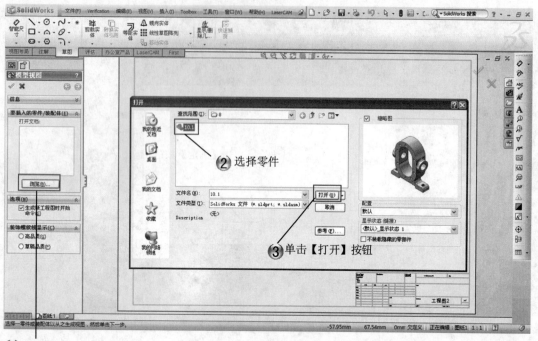

① 单击【浏览】按钮

图 8-32 选择零件

Step 4 拖动视图，如图 8-33 所示。

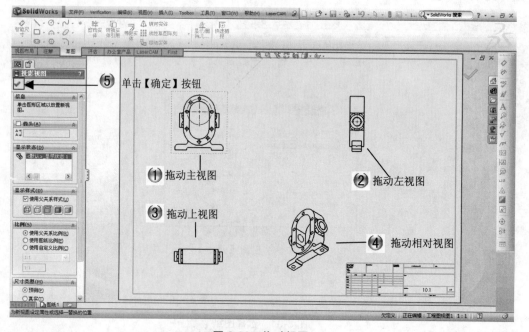

图 8-33 拖动视图

8.3　尺　寸　标　注

8.3.1　概述

在 SolidWorks 中，尺寸标注是与模型相关联的，而且模型中尺寸的变更会反映到工程图中。SolidWorks 有模型尺寸和参考尺寸这两种不同类型的尺寸，与此对应的添加尺寸方法也有两种。

● 选择【插入】|【模型项目】命令，显示存在于零件模型中的尺寸信息；
● 选择【工具】|【标准尺寸】|【智能尺寸】命令，手动创建尺寸。

在本章中，主要介绍使用【模型项目】命令来创建尺寸。

8.3.2　创建尺寸

创建尺寸的一般步骤如下。

1) 设置尺寸属性

选择【工具】|【选项】命令，在弹出的窗口中切换到【文档属性】选项卡，然后选择【尺寸】选项，如图 8-34 所示。

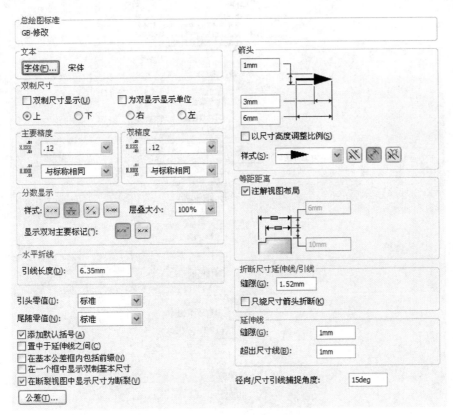

图 8-34　设置尺寸

2) 设置不同类型的尺寸

【尺寸】包含的内容如图 8-35 所示。根据需要对每一项内容进行设置。单击每一页的【公差】按钮，能够设置公差的类型。

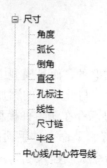

图 8-35　设置不同类型尺寸

3) 设置模型项目属性管理器

选择【插入】|【模型项目】命令，弹出【模型项目】属性管理器，如图 8-36 所示，在【尺寸】选项组中，单击【为工程图标注】按钮。

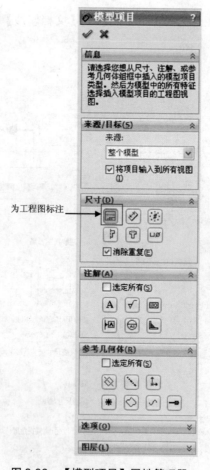

图 8-36　【模型项目】属性管理器

4) 选择视图

选择上视图、左视图和正视图为标注的视图。选择完成之后在【模型项目】属性管理器中单击【确定】按钮 ✓ ，完成尺寸的标注。

5) 修改标注

将其中标注位置不合理的尺寸进行手动调整，单击直接拖动即可。

6) 手动修改尺寸

对于标注不完全的尺寸，可通过调用【尺寸/几何关系】工具栏中的命令，进行手动添加。添加方法与零件的标注相似，这里就不一一叙述了。修改完的尺寸如图 8-37 所示。

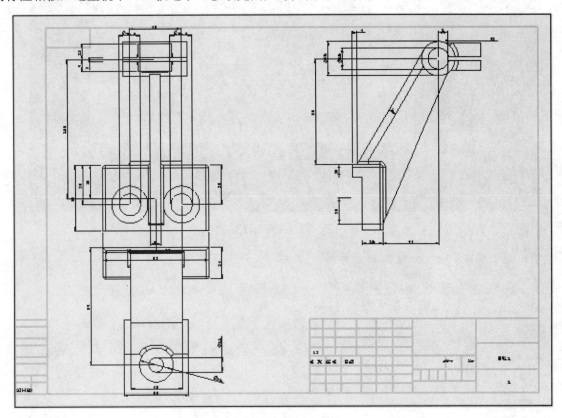

图 8-37　标注尺寸

8.3.3　尺寸标注范例

 本范例完成文件：\08\8.2 尺寸标注范例.SLDDRW

 多媒体教学路径：光盘→多媒体教学→第 8 章→8.3.3 节

Step 1 打开工程图，如图 8-38 所示。

① 选择【文件】|【打开】命令

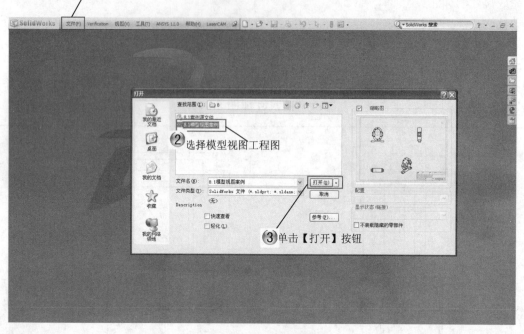

图 8-38 打开工程图

Step 2 调出模型项目命令，如图 8-39 所示。

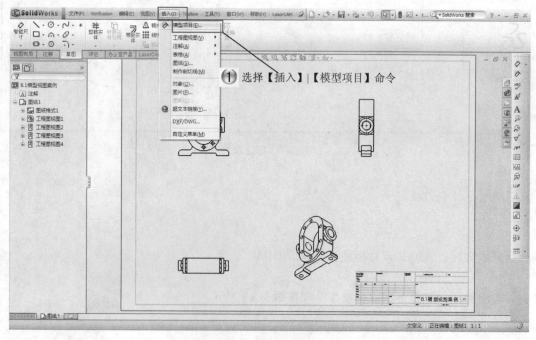

① 选择【插入】|【模型项目】命令

图 8-39 调出模型项目命令

Step 3　尺寸标注，如图 8-40 所示。

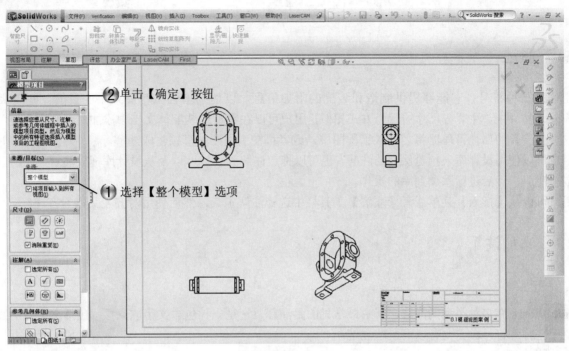

图 8-40　尺寸标注

Step 4　保存文件，如图 8-41 所示。

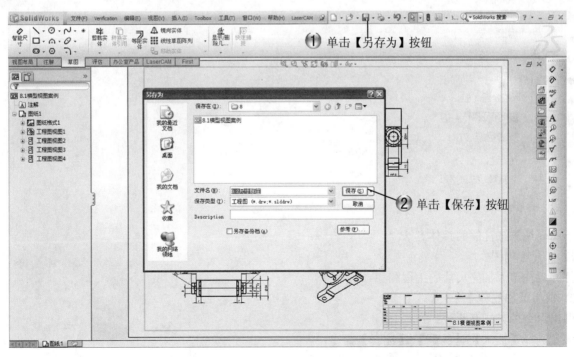

图 8-41　保存文件

8.4 注　解

8.4.1 概述

注解是一种符号，它能够提供制造和装配的附加信息，以达到增强工程图效果的目的。在各类型的 SolidWorks 文件中，注解与尺寸的行为方式相似，用户可以在零件或装配体文档中添加注解，然后使用注解视图或模型项目的属性管理器将之插入工程图中，或者可在工程图中直接生成注解。

用户可以使用设计库来预览保存的注解，也可以拖放注解到设计库以及从设计库拖放注解，或用鼠标右键单击一注解，然后进行添加到库的操作。

用户可以从【插入】菜单或者【注解】工具栏中选择注解工具，然后使用对齐工具来对齐注解。

8.4.2 添加注解

1. 注解类型

SolidWorks 有多种类型的注解，其中最常见的是注释，它是一种包含文字的直接，包括文字、引线、箭头以及一些特殊符号。主要有以下一些注解：

- 注释… (A)
- 零件序号… (B)
- 成组的零件序号… (D)
- 表面粗糙度符号… (E)
- 焊接符号… (F)
- 毛虫… (G)
- 端点处理… (H)
- 形位公差… (I)
- 基准特征符号… (J)
- 基准目标… (K)
- 孔标注… (L)
- 装饰螺蚊线… (M)

2. 添加注释

下面介绍添加注解的具体方法。

1）打开工程图

打开上一节添加完尺寸的工程图。

2）调用增加注释命令

调出命令的方式有两种：

- 选择【插入】|【注解】|【注释】命令；
- 在【注解】工具栏中单击【注释】按钮 **A**。

选择命名完成后，显示如图 8-42 所示的【注释】属性管理器。

3) 注释参数设置

在此处于参数的设置如下：

- 在【文字格式】选项组中单【左对齐】按钮；
- 在【引线】选项组中单击【自动引线】、【引线最近】和【下划线引线】按钮，箭头样式选择如图 8-42 所示的箭头；
- 在【引线样式】选项组中选中【使用文档显示】复选框。

设置完成的【注释】属性管理器如图 8-42 所示。

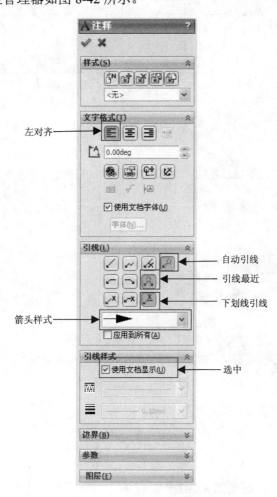

图 8-42　【注释】属性管理器

4) 增加注释

将箭头拖动至工程图中需要注释的位置，弹出如图 8-43 所示的文本输入和编辑窗口。

5) 输入文本

在输入窗口中输入需要注解的文本，并且通过【格式化】窗口对文本的属性进行设置。单击【注释】属性管理器中的【确定】按钮，完成注释的添加。添加注释后工程图如图 8-44 所示。

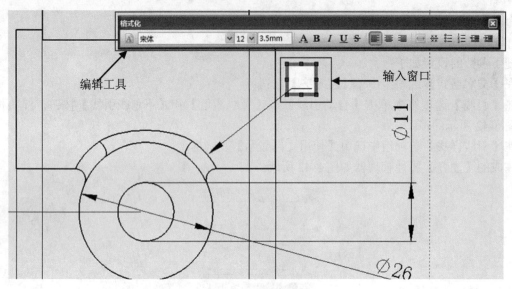

图 8-43　拖动位置

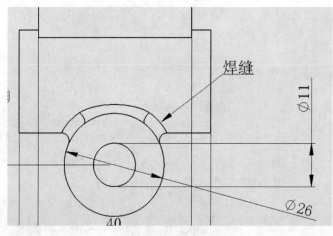

图 8-44　添加注释

8.4.3　注解范例

本范例完成文件：\08\8.4 注解范例.SLDDRW

多媒体教学路径：光盘→多媒体教学→第 8 章→8.4.3 节

Step 1　打开工程图，如图 8-45 所示。

① 选择【文件】|【打开】命令

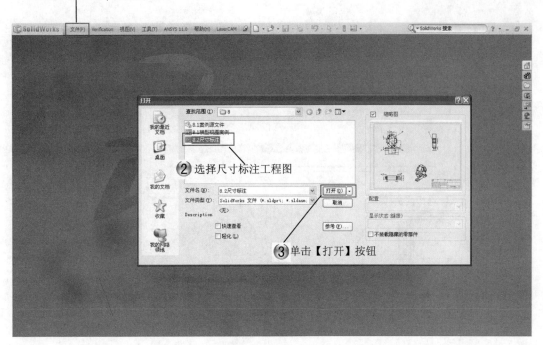

② 选择尺寸标注工程图

③ 单击【打开】按钮

图 8-45　打开工程图

Step 2　调用注释命令，如图 8-46 所示。

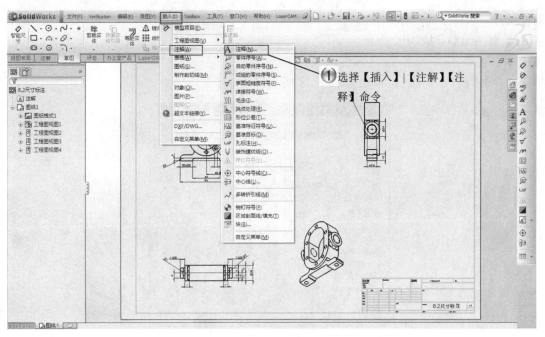

① 选择【插入】|【注解】【注释】命令

图 8-46　调用注释命令

Step 3 添加注释，如图 8-47 所示。

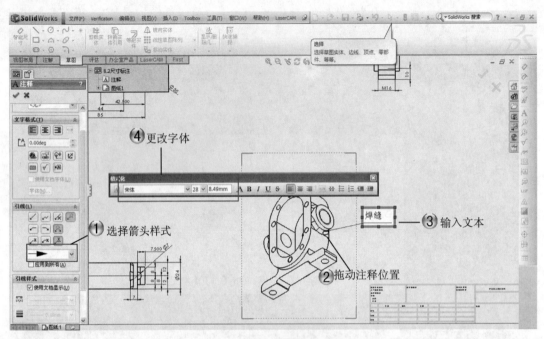

图 8-47　添加注释

8.5　打印工程图

下面介绍打印工程图的具体方法：

1) 打开工程图绘制完成的工程图

2) 调用打印命令

选择【文件】|【打印】命令，弹出如图 8-48 所示的【打印】对话框。

图 8-48　【打印】对话框

3) 设置打印选项

【打印】对话框中各个选项的设置如下：

● 在【系统打印机】选项组的【名称】下拉列表框中选择合适的打印机。

● 单击【属性】按钮，弹出如图 8-49 所示的打印机属性对话框，对打印机的各项属性进行设置。

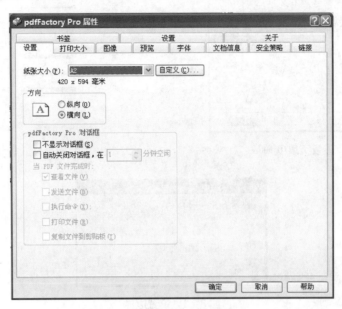

图 8-49　打印机属性对话框

● 单击【页面设置】按钮，弹出【页面设置】对话框，对打印页面进行设置，各项参数如图 8-50 所示。

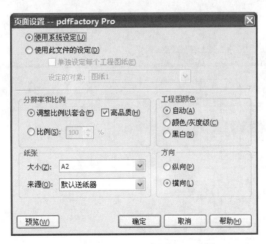

图 8-50　页面设置

● 在【文件选项】选项组中分别单击【页眉/页脚】按钮和【线粗】按钮，分别弹出如图 8-51 和图 8-52 所示的对话框，根据实际情况对打印图纸的页眉、页脚以及线宽进行设置。

● 在【系统选项】选项组中单击【边界】按钮，弹出如图 8-53 所示的【边界】对话框，对工程图的边界进行设置。

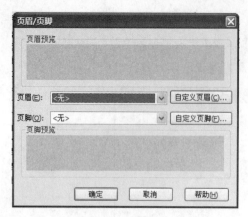

图 8-51　设置页眉/页脚

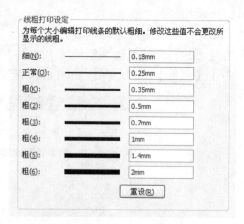

图 8-52　设置线粗

图 8-53　设置边界

● 在【打印范围】选项组中选中【当前图纸】单选按钮。

4) 打印预览

单击【预览】按钮，对打印的工程图进行预览，预览窗口如图 8-54 所示。

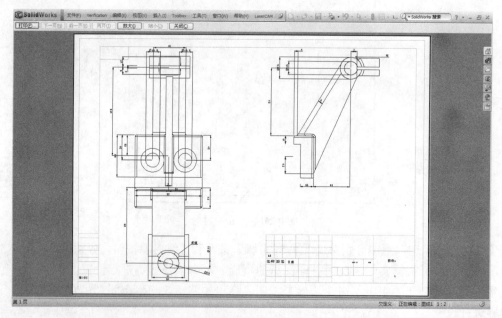

图 8-54　预览工程图

5) 打印

单击【打印】按钮，打印工程图。

8.6　本 章 小 结

　　本章主要介绍了工程图的特点和创建工程图的基本操作方法，这些都是工程图的入门知识。主要有工程图的基本设置、工程视图设计、尺寸标注、注解和打印工程图。通过本章的学习，读者应能够学会创建工程图的基本规律，在学习有关工程图的其他内容时，也可很快地掌握。

第 9 章

装配体设计

本章导读

SolidWorks 提供了多样化的装配体设计方案。通过使用爆炸视图，用户可以更加直观地观察装配体，从而快速有效地分析装配体各个零部件。在装配体设计完成之后，可用云后期的装配体分析功能，对装配体进行进一步的优化。而装配体零部件的压缩与轻化则提高了系统资源的利用效率。

学习内容

知识点 \ 学习目标	理 解	应 用	实 践
装配体的设计方法	√	√	√
装配体的干涉检查	√	√	√
装配体的爆炸视图	√	√	√
装配体轴侧剖视图	√	√	√
装配体零部件的压缩与轻化	√	√	√
装配体的统计	√	√	√

9.1 设计装配体的两种方式

装配体的设计有自下而上和自上而下两种方法。用户也可以两种方法同时使用。

9.1.1 自下而上的设计方法

自下而上的设计方法是比较传统的设计方法。用户先设计零部件，而后将设计好的零部件插入到装配体中。用户若想更改零部件，需要必须单独编辑零部件。

自下而上的设计方法是对于已经设计好的零件或者标准零部件是优先选择的方法。因为这些零部件不根据你的设计而改变形状和大小，除非用户选择不同大小和形状的零部件。

自下而上的设计方法的优点在于零件根据用户所采用的设计方法而自动更新，更改设计时所需的改制更少。

在零件的某些特征、某个完整零件或者整个装配体上可以采用自下而上的设计方法。而一般在实际设计中，设计人员一般使用自下而上的设计方法来布局装配体并且捕捉对其装配体特定的自定义零件的关键方面。本章我们主要要讨论的是如何采用自上而下的设计方法设计装配体。

9.1.2 自上而下的设计方法

当采用自上而下的方法设计装配体时，装配体将定义零件的一个或者多个特征。特征大小、装配体中零部件的放置位置等设计意图来自上层(装配体)并下移(到零件中)，所以此种方法称之为自上而下的设计方法。

1. 在装配体中生成零件

用户可以在新装配体中生成新零部件。如在如图 9-1 所示的装配体中插入圆柱体。

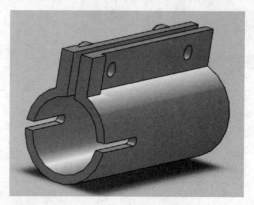

图 9-1 在装配体中插入圆柱体

下面介绍在装配体中生成零件的具体方法。

1) 调用生成零件命令

SolidWorks 提供两种在装配体中生成零件的命令：

- 在【装配体】工具栏中选择【插入零部件】|【新零件】命令；
- 选择【插入】|【零部件】|【新零件】命令。

2）选择基准面

选择一个平面或者基准面作为新零件的基准面。选择如图 9-2 所示的蓝色平面作为新零件的基准面。SolidWorks 进入草图编辑状态。

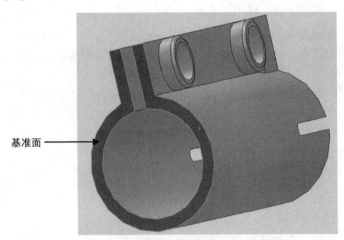

图 9-2　选择基准面

3）绘制新零件

新零件的绘制与单独使用零件绘制的方法相同。也可以参考装配体中其他零部件的几何形状。绘制完成的新零件与装配体如图 9-3 所示。

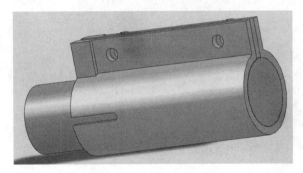

图 9-3　新零件与装配体

4）退出编辑状态

若要取消零件编辑状态，单击【编辑零部件】按钮，以退出零部件编辑状态。

2. 虚拟零部件

虚拟零部件在装配体文件的内部，而不是作为一个单独的文件存在。使用虚拟零部件有诸多优点：

- 可以在【特征管理器设计树】中直接编辑零部件，而不需要另外打开零件进行各种编辑操作；
- 由于虚拟零件存储方式的特殊性，避免存放零部件设计迭代而产生的未用零件和装配体文件；
- 只需要一步操作，就可以让虚拟零部件的一个实例独立于其他实例。

用户可以对虚拟零部件进行以下操作：

1）重命名虚拟零部件

虚拟零部件的命名格式为"虚拟零部件名^装配体文件名"，用户只可以更改"虚拟零部件名"部分，这样可以保证整个虚拟零部件名是唯一的。当需要复制或者移动虚拟零部件时，只会更改"装配体文件名"部分，以反映虚拟零部件所属的装配体名称。

2）使外部零件成为虚拟零部件

在【装配体】工具栏中单击【插入零部件】按钮，选择需要插入的零部件，然后在属性管理器中选择已经插入的零部件，选中【使成为虚拟】复选框。这样就将外部插入的零部件变为虚拟零部件了。

用户可以移动、复制虚拟零部件，也可以将虚拟零部件保存为装配体以外的零件，这里就不再赘述了。

9.1.3 在装配体中生成零部件范例

 本范例练习文件：\09\9.1\9.1.SLDPRT

 本范例完成文件：\09\9.1\9-1-3.SLDASM

 多媒体教学路径：光盘→多媒体教学→第 9 章→9.1.3 节

 Step 1 新建装配体，如图 9-4 所示。

① 选择【文件】|【新建】命令

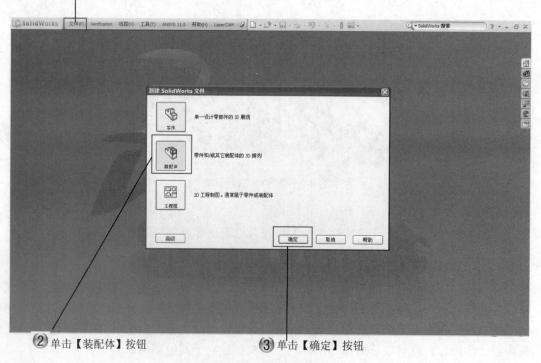

② 单击【装配体】按钮   ③ 单击【确定】按钮

图 9-4 新建装配体

Step 2　打开已有零件，如图 9-5 所示。

图 9-5　打开已有零件

Step 3　调用插入新零件命令，如图 9-6 所示。

① 选择【插入】|【零部件】|【新零件】命令

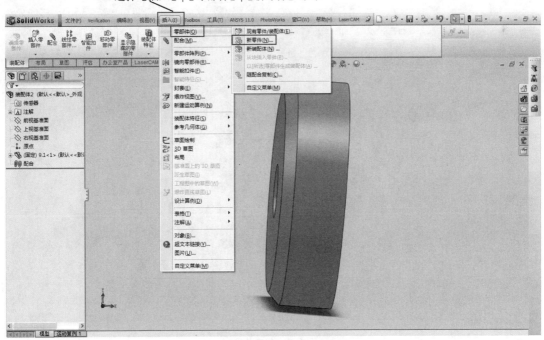

图 9-6　调用插入新零件命令

Step 4 选择基准面，如图 9-7 所示。

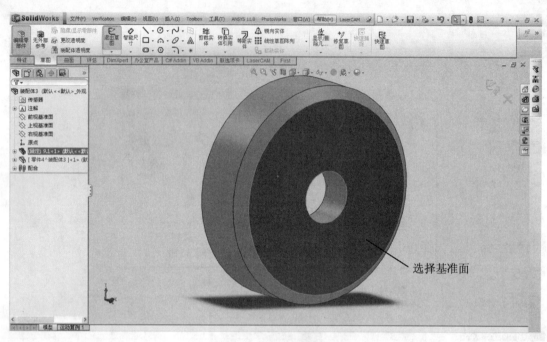

图 9-7　选择基准面

Step 5 绘制草图，如图 9-8 所示。

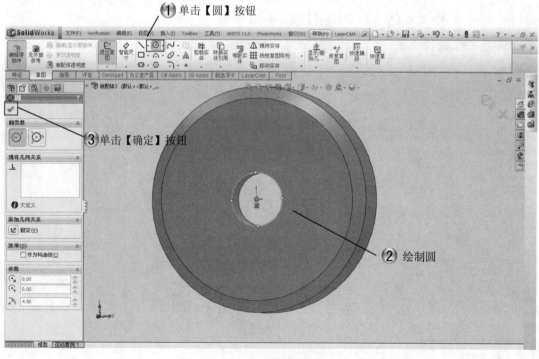

图 9-8　绘制草图

Step 6 拉伸草图，如图 9-9 所示。

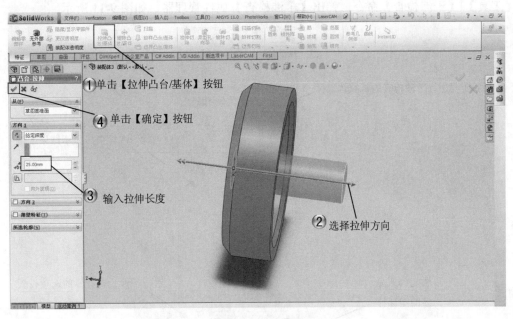

① 单击【拉伸凸台/基体】按钮

④ 单击【确定】按钮

③ 输入拉伸长度

② 选择拉伸方向

图 9-9   拉伸草图

9.2 装配体的干涉检查

对于简单的装配体，我们可以通过视觉来判断零部件之间是否存在干涉。而对于复杂的装配体，再使用视觉来进行判断，就会非常困难。SolidWorks 提供了干涉检测的功能。

干涉检查的任务是发现装配体中静态零部件之间的干涉。

9.2.1 干涉检查

下面介绍对装配体进行干涉检查的具体方法。需要干涉检查的装配体如图 9-10 所示。

图 9-10   需要干涉检查的装配体

1) 调用干涉检查命令

选择【工具】|【干涉检查】命令，弹出【干涉检查】属性管理器，如图 9-11 所示。

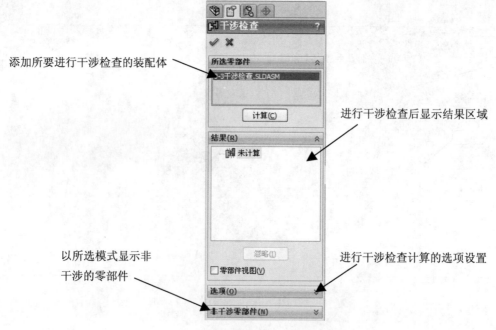

添加所要进行干涉检查的装配体

进行干涉检查后显示结果区域

以所选模式显示非
干涉的零部件

进行干涉检查计算的选项设置

图 9-11　【干涉检查】属性管理器

2) 进行干涉计算

各个选项设置完成之后，单击【计算】按钮，开始进行干涉计算。

3) 查看计算结果

计算结果如图 9-12 所示，深红色区域就是杆与连接器将产生干涉的区域。

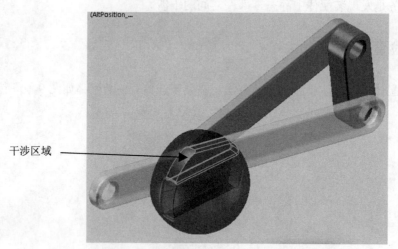

干涉区域

图 9-12　计算结果

同时，在属性管理器的计算结果区域显示如图 9-13 所示的计算结果。

【干涉检查】属性管理器【选项】选项组中的选项用于完善干涉检测的标准，如图 9-14 所示。

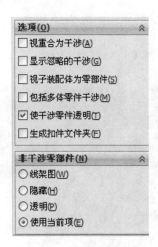

图 9-13　计算结果

图 9-14　干涉检查选项

【选项】选项组中各个选项的含义如下。

(1)【视重合为干涉】：将所有重合的实体视为干涉。

(2) 在【结果】选项组中单击【忽略】按钮，将计算的干涉结果忽略。被忽略的干涉结果可以通过选中【显示忽略的干涉】复选框来重新显示。

(3)【视子装配体为零部件】：将子装配体视为一个零部件，忽略子装配中的干涉。

图 9-15　【扣件】文件夹

(4)【包括多体零件干涉】：显示多实体零件中实体之间的干涉情况。

(5)【使干涉零件透明】：以透明的形式显示干涉的零部件。

(6)【生成扣件文件夹】：选中该复选框后，就在计算结果中生成一个【扣件】文件夹，其中包含所有的干涉结果，如图 9-15 所示。

(7)【非干涉零部件】：选择非干涉零部件的显示形式。

9.2.2　干涉检查范例

本范例完成文件：\09\9.2\9-2-2.SLDASM

多媒体教学路径：光盘→多媒体教学→第 9 章→9.2.2 节

Step ◢ 1 打开装配体，如图 9-16 所示。

① 选择【文件】|【打开】命令

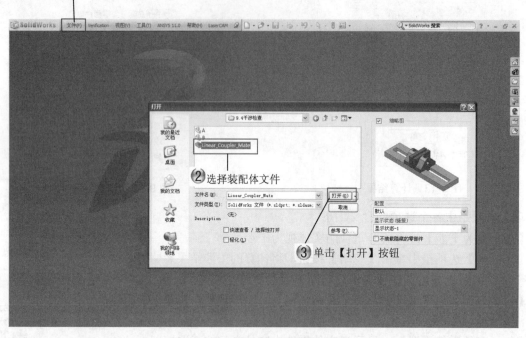

图 9-16　打开装配体

Step ◢ 2 调用【干涉检查】命令，如图 9-17 所示。

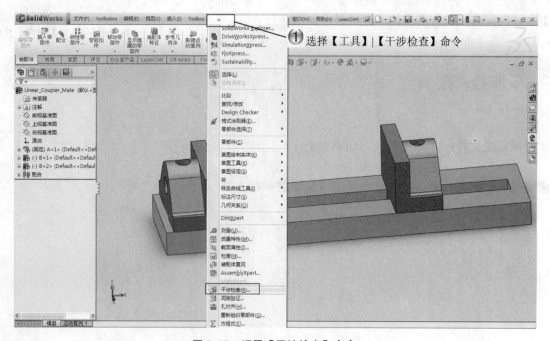

图 9-17　调用【干涉检查】命令

Step 3 　设置干涉选项，如图 9-18 所示。

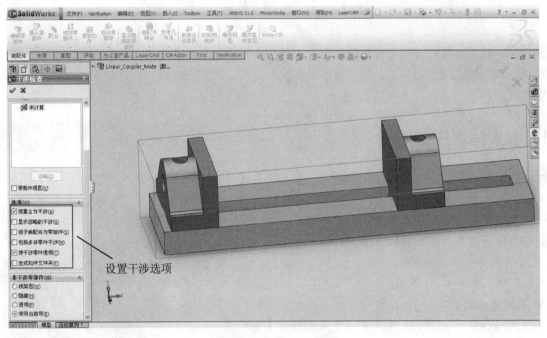

设置干涉选项

图 9-18　设置干涉选项

Step 4 　干涉计算，如图 9-19 所示。

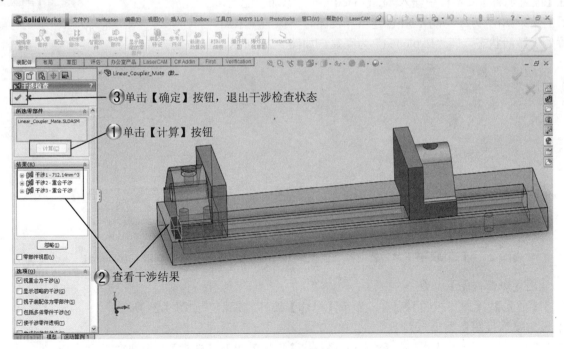

③单击【确定】按钮，退出干涉检查状态

①单击【计算】按钮

②查看干涉结果

图 9-19　干涉计算

9.3 装配体爆炸视图

在 SolidWorks 中，用户可以通过自动或者一个一个零部件地爆炸来创建装配体的爆炸视图。用户可以在爆炸视图和正常视图之间来回切换。当创建了爆炸视图之后，用户可以编辑，还能引入二维工程图，并且还可保存爆炸视图。

9.3.1 配置爆炸视图

在创建爆炸视图之前，用户需要设置相关步骤以便于以后的使用。一般的做法是：先创建爆炸视图的配置，保存爆炸视图，添加配合关系并保持在装配体在"起始位置"处。

下面介绍配置爆炸视图的具体方法。

1) 打开装配体

打开装配体，如图 9-20 所示。

2) 添加装配体配置

在 SolidWorks 的管理器窗口中单击【配置管理器】标签 ，切换到【配置管理器】窗口，在其中单击鼠标右键，在弹出的快捷菜单中选择【添加配置】命令，打开【添加配置】属性管理器。

在【配置名称】文本框中输入"Exploded"并且添加该配置，配置后的结果如图 9-21 所示。在创建爆炸视图时要保证新添加的配置处于激活状态，即"Exploded"为亮显，如图 9-22 所示。

图 9-20 装配体

图 9-21 【添加配置】属性管理器

图 9-22 显示配置

3) 调用【爆炸视图】命令

选择【插入】|【爆炸视图】命令，显示【爆炸】属性管理器，如图 9-23 所示。

4) 设定爆炸视图参数

在【爆炸】属性管理器中，有【爆炸步骤】、【设定】以及【选项】3 个选项组。

● 【爆炸步骤】：如图 9-24 所示，在其列表框中列出了每一个爆炸的步骤，用户可以定义每一个零件的移动位置。

图 9-23   【爆炸】属性管理器

- 【设定】：如图 9-25 所示，设定所需要爆炸的零部件的爆炸方向以及爆炸距离。
- 【选项】：如图 9-26 所示，包含【拖动后自动调整零部件间距】和【选择子装配体的零件】两个复选框。

图 9-24   【爆炸步骤】选项组

图 9-25   【设定】选项组

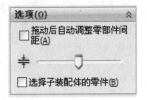

图 9-26   【选项】选项组

9.3.2   单个零部件的爆炸

用户可以任意地移动一个或者多个零部件。而其在单方向上的每一次移动都被认为是一步。

下面介绍单个零部件爆炸的具体方法。

1) 选择零部件

选择齿轮，如图 9-27 所示。

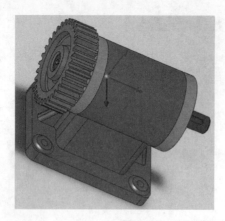

图 9-27　选择零部件

2）拖动零部件

可以在【设定】选项组中单击【反向】按钮 ，点击三维坐标轴选择需要的方向，然后在【距离】微调框 中输入需要的移动的距离，此处输入 10mm，在 X 轴方向上偏移 10mm，如图 9-28 所示。单击【应用】按钮，产生爆炸视图的预览图，如图 9-29 所示。最后单击【完成】按钮，由此产生一个爆炸步骤。

图 9-28　指定方向距离爆炸　　　　　　　　图 9-29　爆炸后的结果

若爆炸后的结果没有达到用户的期望，可以直接拖动零件上的方向箭头，如图 9-30 所示，直到产生满意的结果。

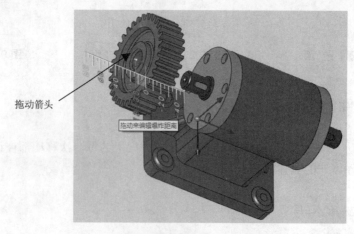

拖动箭头

拖动来编辑爆炸距离

图 9-30　拖动箭头

9.3.3　多个零部件的爆炸

用户可以根据实际需要，沿一个或者多个方向爆炸多个零部件。当选择多个零部件之后，移动的方向决定于最后被选择的零部件。

下面介绍爆炸多个零部件的具体方法。

1）选择多个零部件

选择多个零部件，在此处选择齿轮以及轴，如图 9-31 所示。

图 9-31　要爆炸的多个零件

2）选择移动路径

点击 X 轴方向，然后在【距离】微调框 中输入需要移动的距离，此处输入 10mm，在 X 轴方向上偏移 10mm，如图 9-31 所示。单击【应用】按钮，产生爆炸视图的预览图，如图 9-32 所示。最后单击【完成】按钮，由此产生一个爆炸步骤。

图 9-32　爆炸多个零件

3) 调整爆炸属性

在【爆炸步骤】选项组中用鼠标右键单击其中需要编辑的爆炸步骤，在弹出的快捷菜单中选择【编辑步骤】命令，修改步骤中的爆炸方向以及移动距离，如图 9-33 所示，编辑移动距离为 25mm，单击【应用】按钮，最后单击【完成】按钮。

4) 用同样的步骤爆炸其他零部件(如图 9-34 所示)

图 9-33　编辑爆炸　　　　　　　　　　　　图 9-34　爆炸零部件

9.3.4　子装配体的爆炸

用户可以应用以下方式来爆炸子装配体。

(1) 作为一个部件，子装配体能够像零件一样移动。

(2) 作为一个装配体，能够单独定义其零件的独立运动。

(3) 当已经创建子装配体的爆炸视图时，用户可以添加此爆炸视图到当前爆炸视图中。

9.3.5　自动间距零部件

选择【拖动后自动调整零部件间距】选项来展开沿单个方向步骤爆炸的一系列零部件。使用下面的滑动块可以设置间距，用户并且可以改变设定后的间距。

选择【选择子装配体的零件】选项把子装配作为一个单独的零部件。

下面介绍自动间距零部件的具体方法。

1) 选择子装配体的零件

选中【选择子装配体的零件】复选框，选取齿轮，进行爆炸操作。生成关于齿轮、端盖、中心轴的爆炸视图，如图 9-35 所示。

2）完成爆炸视图

单击【确定】按钮，完成爆炸视图。切换到【配置管理器】窗口，展开 Exploded，出现爆炸步骤，如图 9-36 所示。

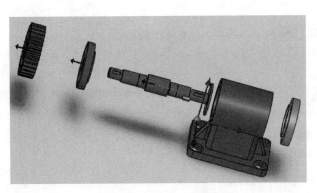

图 9-35　子装配体部件

图 9-36　爆炸视图步骤

9.4　装配体轴侧剖视图

9.4.1　装配体轴侧剖视图

为了表达装配体内部结构形状或者装配体的动作原理以及装配关系，用户可以使用剖切平面将装配体剖开，用轴侧视图来表达。

下面介绍生成装配体轴侧视图的具体方法。

1）打开 SolidWorks 装配体文件

打开如图 9-37 所示的装配体文件。

2）调用剖面视图命令

SolidWorks 提供两种调用剖面视图命令的方法：

● 选择【视图】|【显示】|【剖面视图】命令；

● 在【视图前导】工具栏中单击【剖面视图】按钮 。

3）设置属性管理器

选择后，弹出如图 9-38 所示的【剖面视图】属性管理器。

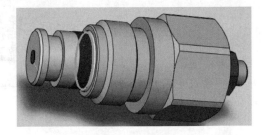

图 9-37　装配体文件

注　意

当用户需要使用多个剖面时，选中【剖面 2】复选框，则【剖面视图】属性管理器中将会出现新的剖面选项，由此可以生成多个剖面。

4）完成轴侧剖视图

在 、 和 微调框中均输入 0，SolidWorks 默认将从轴中间剖切；剖切颜色选择【蓝色】，单击【确

317

定】按钮 ✓，出现如图 9-39 所示的轴侧剖视图。

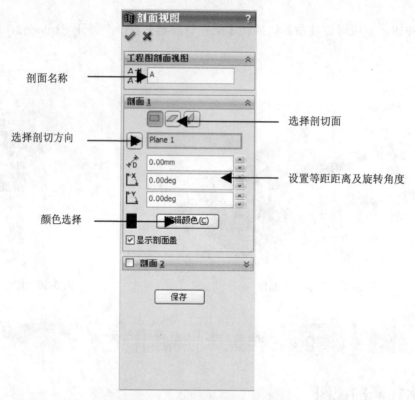

剖面名称

选择剖切面

选择剖切方向

设置等距离及旋转角度

颜色选择

图 9-38　【剖面视图】属性管理器

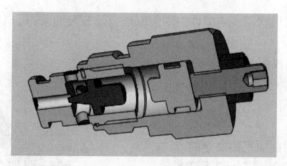

图 9-39　轴侧剖视图

9.4.2　装配体轴侧剖视图范例

本范例完成文件：\09\9.4\speaker_轴侧剖视图.SLDASM

多媒体教学路径：光盘→多媒体教学→第 9 章→9.4.2 节

Step 1 打开装配体文件，如图 9-40 所示。

①选择【文件】|【打开】命令
②选择装配体文件
③单击【打开】按钮

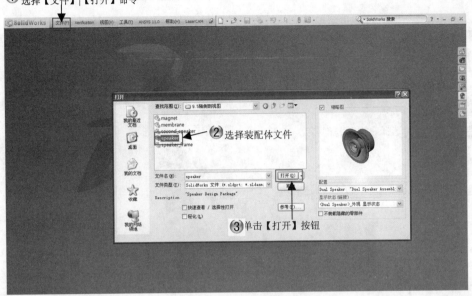

图 9-40　打开装配体文件

Step 2 调用【剖面视图】命令，如图 9-41 所示。

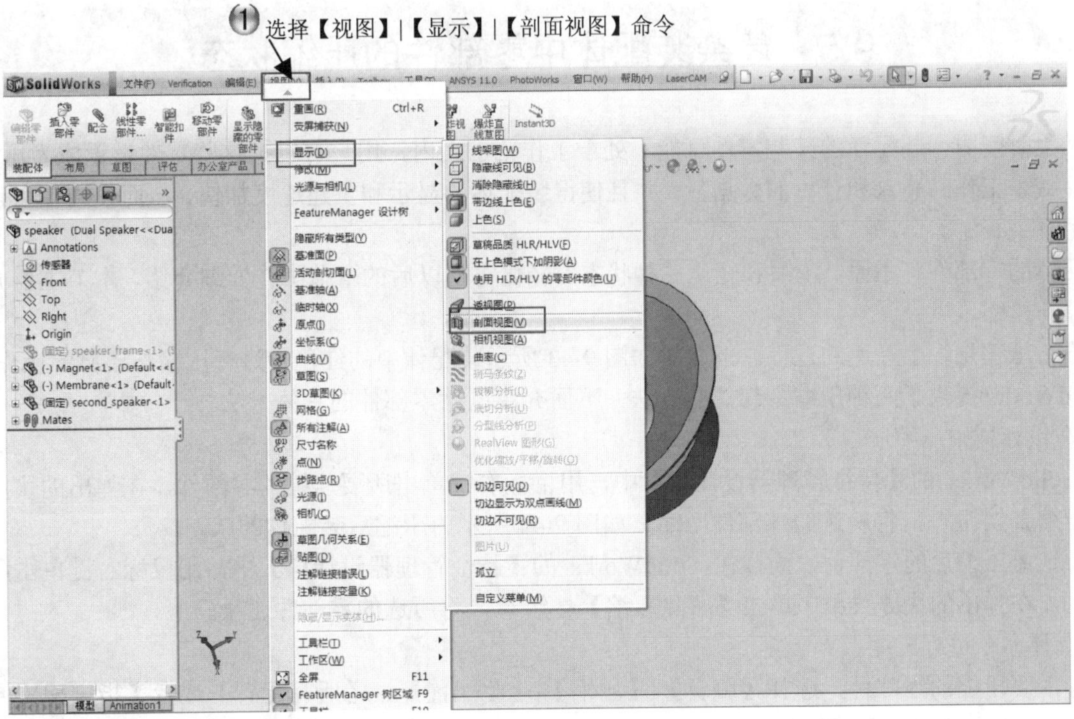

①选择【视图】|【显示】|【剖面视图】命令

图 9-41　调用【剖面视图】命令

Step 3 设置剖面视图属性，如图 9-42 所示。

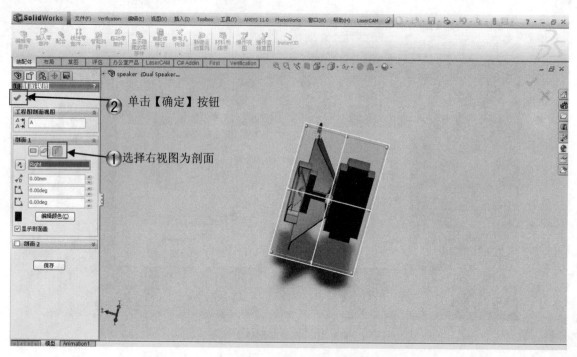

图 9-42 设置剖面视图属性

9.5 复杂装配体中零部件的压缩状态

在某段时间内，装配体的某些零件可能不处于工作范围之内，用户可以把这些零件设置成为压缩状态，这样能够减少工作时装入和计算的数据量。并且使得装配体的显示和重建速度加快，从而使用户可以更加有效地利用系统资源。

装配体的零部件有还原、压缩和轻化三种状态。轻化将在以后的章节中作详细介绍，本节主要介绍装配体的还原与压缩。

还原与压缩是一个互逆的过程。下面对如图 9-43 所示装配体中的红色轮进行压缩与还原的操作。

SolidWorks 提供了两种压缩零部件的方法，下面介绍压缩零部件的具体方法。

1) 在设计树中压缩

在 SolidWorks 的【特征管理器设计树】中，用鼠标右键单击所要压缩的零部件，在弹出的快捷菜单中单击【压缩】按钮 ，将所选的零部件压缩，如图 9-44 所示为压缩后装配体的状态。

若要还原压缩后的零部件，同样在 SolidWorks 的【特征管理器设计树】中，用鼠标右键单击所要还原的零部件，在弹出的快捷菜单中单击【解除压缩】按钮 ，将所选的零部件还原。

2) 选择命令进行压缩

选择需要压缩的零部件，选择【编辑】|【压缩】|【此配置】、【所有配置】或者【指定配置】命令，都将会出现如图 9-44 所示的效果。

图 9-43 压缩零部件

图 9-44 压缩装配体

9.6 装配体的统计

SolidWorks 提供了 AssemblyXpert 功能，能够分析装配体的性能，并且提供给用户一些可行的操作来提高装配体的性能。用户也可以选择让 SolidWorks 对装配体进行自动修改，提高性能。

> **注 意**
>
> AssemblyXpert 分析装配体性能时，只是给用户提供一个更改建议，而并不是装配体本身的错误。用户应该根据实际需要，对 AssemblyXpert 提供的修改建议进行筛选。在某些情况下，用户实施建议能够提高装配体的性能，但是在提高的同时，也有可能改变了用户的设计意图。

下面介绍运行 AssemblyXpert 的具体方法。

1）打开装配体

打开所要进行分析的装配体，如图 9-45 所示的曲轴机构。

图 9-45 要进行分析的装配体

2）调用 AssemblyXpert 命令

选择【工具】| AssemblyXpert 命令，出现如图 9-46 所示的 AssemblyXpert 对话框，其中展示了分析结果。

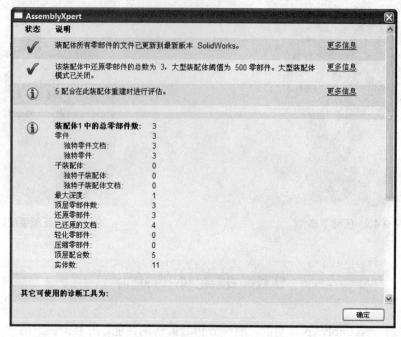

图 9-46　AssemblyXpert 分析结果

各个标记的含义如下：

- ✔标记表示通过诊断测试，不需要其他操作。
- ✕标记表示 AssemblyXpert 建议用户对其修改。
- ①表示一般信息，不需要进行操作。

当 AssemblyXpert 建议用户对装配体进行修改时，AssemblyXpert 对话框中将出现【显示这些零件】按钮、【打开大型装配体模式】按钮以及【分析和修复】按钮，用户若要对装配体进行修改，可以使用这些功能按钮。

3）退出界面

单击【确定】按钮，关闭 AssemblyXpert 对话框。

9.7　装配体的轻化

为了提高大型装配体性能，用户可以使用 SolidWorks 零部件的轻化功能。当用户轻化零部件之后，系统只装入零部件的部分数据至内存里，提高了系统的性能。

轻化零部件能够在保持完整的配合关系、零部件的位置及方向的前提下移动和旋转装配体，加速装配体的工作，也能够执行质量特征或干涉检查。但是轻化的零部件不能够被编辑，也不能够在 FeatureManager 设计树中显示轻化零部件的特征。

SolidWorks 有三种方式能够建立轻化的零部件，下面介绍轻化零部件的具体方法。

1) 设置系统选项

选择【工具】|【选项】|【系统选项】命令。

- 切换到【性能】选项卡，选中【自动以轻化状态装入零部件】复选框，如图 9-47 所示。

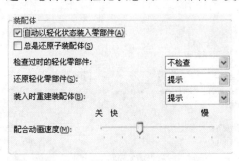

图 9-47　轻化零部件

- 【检查过时的轻化零件】选项用来控制在装配体保存后处理被修改零件轻化状态的方式，其下拉列表框中有 3 个选项：【不检查】、【指示】和【总是还原】。
- 【还原轻化零部件】包括【总是】和【提示】两种选择状态，此设置决定了系统如何还原轻化后的零部件。

2) 选择快速查看/选择性打开命令

选择【文件】|【打开】命令，打开装配体文件，选中对话框中的【快速查看/选择性打开】复选框，如图 9-48 所示。

图 9-48　建立轻化零部件

3) 选择轻化命令

选择【文件】|【打开】命令，打开装配体文件，选中对话框中的【轻化】复选框，如图 9-49 所示。

> **注　意**
>
> 　　由于轻化装配体有诸多优点，所以用户在处理装配体时，最好使用轻化装配体。为了避免重复设置，用户可以将系统默认设置为打开装配体时自动轻化零部件，这样用户就可以获得轻化零部件的诸多优点。在个别特殊情况下，用户需以还原的方式打开装配体，此时用户只要在打开装配体时不选中【轻化】复选框即可。

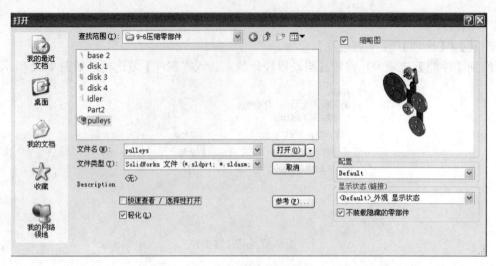

图 9-49　轻化零部件

9.8　本章小结

　　本章主要介绍了装配体的设计方法、装配体的干涉检查、装配体的爆炸视图、装配体轴侧剖视图、复杂装配体中零部件的压缩与轻化以及装配体的统计等内容。通过本章的学习，读者应熟练掌握装配体的设计、检查与修改的方法。在达到设计者设计目的的情况下，尽可能地节省资源的占有。通过本章学习之后，读者能够学会装配体设计的基本规律。在学习有关装配体的其他内容时，读者也可很快地掌握。

第10章

焊件设计

本章导读

  焊件是将多个零部件焊接在一起的，所以焊件是一个装配体。使用焊件设计功能，使设计者能够将多个零部件生成单一多实体零件。SolidWorks 能够自动处理各种坡口，自动出切割清单表，大大简化了设计人员的工作。在 SolidWorks 2012 焊件环境中，用户可以：

- 插入焊件、结构构件、角撑板、顶端盖以及圆角焊缝。
- 能够对焊件进行剪裁或者延伸。
- 可以生成子焊件，便于设计者将复杂的实体分段为更加便于管理的实体。
- 能够生成焊件工程图。

学习内容

知识点 ＼ 学习目标	理 解	应 用	实 践
焊件轮廓	√	√	√
结构构件	√	√	√
焊件工程图	√	√	√
焊件切割清单	√	√	√

10.1 焊 件 轮 廓

10.1.1 默认焊件轮廓

SolidWorks 自带了两种标准的焊件轮廓，我们可以在 SolidWorks 安装目录下查找\SolidWorks\SolidWorks\data\weldment profiles 文件夹。里面含有两个文件夹，文件夹的名称代表的是标准(如 ISO，Ansi Inch 等)，文件夹内部为焊件轮廓的分类，如角钢、管道、槽钢等。如图 10-1 所示为文件格式的构架。

ISO 标准包括的类型有：角铁、C 槽、圆管、矩形管、SB 横梁和方形管。

Ansi Inch 标准包括的类型有：角铁、C 槽、管道、矩形管筒、S 截面和方形管筒。

10.1.2 从【SolidWorks 内容】中下载焊件轮廓

当 SolidWorks 默认的焊件轮廓种类达不到设计者设计焊件的要求时，设计人员可以通过【SolidWorks 任务窗格】下载一套完整的结构构件草图轮廓文件，如图 10-2 所示。

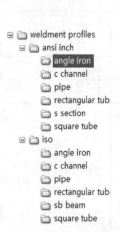

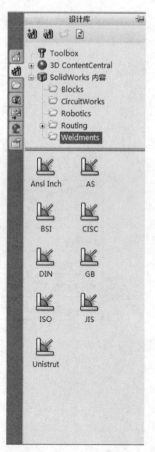

图 10-1 文件格式架构   图 10-2 SolidWorks 任务窗格

用户可以下载图标中列出的相应内容。

10.1.3 创建自定义焊件轮廓库

在实际应用中，SolidWorks 提供的焊件轮廓库可能不能完全满足设计者的要求，在这种情况下，用户可以自己创建焊件轮廓库。创建轮廓库的方法如下：

1) 新建零件

打开 SolidWorks，新建一个零件。

2) 保存零件

对新零件不进行任何操作，直接保存零件，保存零件格式为 Lib Feat Part(*.sldlpf)。保存路径为 \SolidWorks\SolidWorks\data\weldment profiles\Test\Others。如图 10-3 所示。

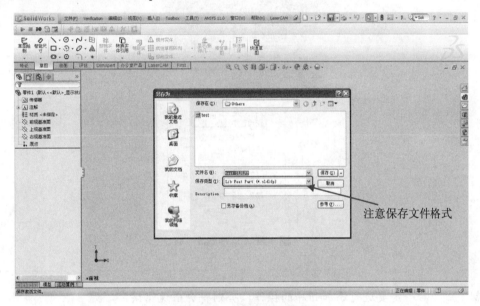

注意保存文件格式

图 10-3 创建焊件轮廓库

> **提 示**
>
> Test 文件夹表示的是焊件轮廓库标准名称，Test 文件夹下的 Others 文件夹代表的是轮廓分类，Others 文件夹下的 .sldlpf 文件就是用户所自定义的轮廓。
>
> 文件的保存路径必须是这样的构架，否则将会出现错误。

保存完毕后，特征管理器设计树显示如图 10-4 所示。

3) 绘制焊件轮廓

任意选择一基准面，绘制如图 10-5 所示的焊件轮廓，包括尺寸的标注。一般绘制焊件轮廓时以原点作为基准。

4) 添加到库

草图绘制完成之后，用鼠标右键单击设计树中绘制完的草图，在弹出的快捷菜单中选择【添加到库】命令，完成添加到库的操作，如图 10-6 所示。

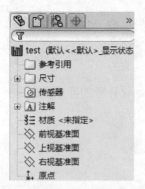

图 10-4　特征管理器设计树样式

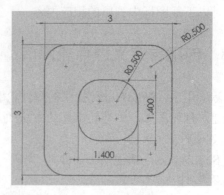

图 10-5　焊件轮廓

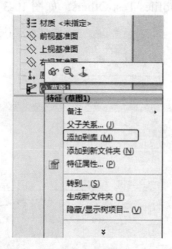

图 10-6　添加到库

> **提　示**
>
> 草图绘制完成之后一定要进行添加到库的操作，否则将会出现错误！

5) 保存

退出草图绘制，保存文件。保存完成之后就可以使用这个焊件轮廓了。

> **提　示**
>
> 我们通过上面的方法就可以绘制出更加复杂的焊件轮廓。但必须注意的是，焊件轮廓必须是单一封闭的。

10.2　结 构 构 件

结构构件就是通过绘制线架布局图中每一线段的轮廓来定义。所以在插入结构构件时，首先应该绘制 2D 或者 3D 的草图线段，建立结构构件的线架布局图。首先介绍插入结构构件的一般方法。

(1) 指定所需的轮廓类型及大小。

(2) 选择线架布局图中某一线段。

(3) 根据需要,指定轮廓的方向和位置。

(4) 定义结构构件之间的边角连接条件。

下面对如图 10-7 所示的线架布局图进行结构件的绘制。

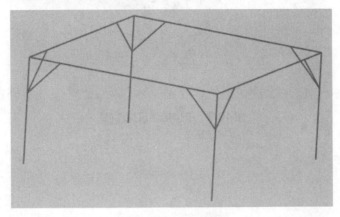

图 10-7　线架布局图

10.2.1　结构构件组

当结构构件形成组时,每段构件具有相同的特征,并且用户可以定义构件之间的边角处理的方法。

1) 调用结构构件命令

选择【插入】|【焊件】|【结构构件】命令,系统打开【结构构件】属性管理器选择图 10-7 所示的焊件轮廓。

2) 设置结构构件参数

● 在【标准】下拉列表框中选择 test 选项。

● 在【类型】下拉列表框中选择 Others 选项。

● 在【大小】下拉列表框中选择 3×1.4×0.5 选项,【结构构件】属性管理器显示如图 10-8 所示。

3) 选择第一路径段创建组

选择后结构构件的预览图如图 10-9 所示。

4) 选择其他组的路径图

选择另外三条线段,结构构件的预览图如图 10-10 所示。边角处理选择【边角斜接】 ，如图 10-11 所示。

图 10-8　【结构构件】属性管理器

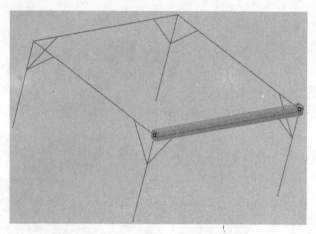

图 10-9　结构构件预览图(1)

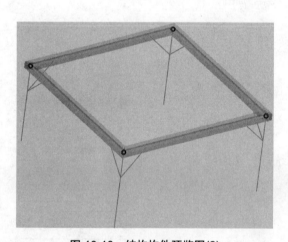

图 10-10　结构构件预览图(2)

图 10-11　选择边角处理

10.2.2　边角处理

根据用户的不同要求我们可以选择不同的边角处理方法。

1) 边角处理

如图 10-12 所示，单击连接处的球状体，将会出现【边角处理】对话框，从中能够选择边角的不同处理方法。

改变边角处理方法后的草图如图 10-13 所示。

2) 设置【设定】选项

在【设定】选项组中，也包含了一些其他的方法。如图 10-14 所示。

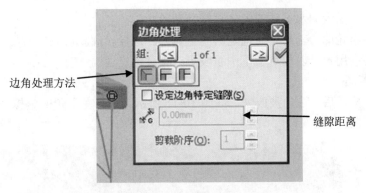

边角处理方法

缝隙距离

图 10-12　边角处理

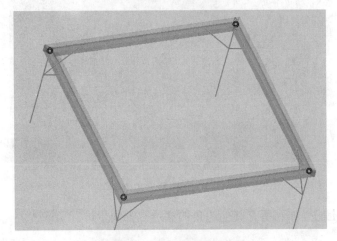

图 10-13　边角处理后的草图

镜向轮廓

对齐

找出轮廓

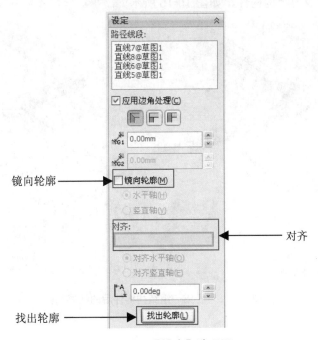

图 10-14　【设定】选项组

- 【镜向轮廓】：沿组的水平轴或者竖直轴翻转轮廓。
- 【对齐】：将组轮廓的轴与任何选定的向量对齐。这样轮廓就可以沿着某一规定方向对齐。
- 【找出轮廓】：用户可以相对于草图线段更改其穿透点。

3) 重新定位轮廓草图

单击【找出轮廓】按钮后，边角被放大，如图 10-15 所示。点击左上角的虚拟交点作为参考点，这样用户就重新定位了轮廓草图。

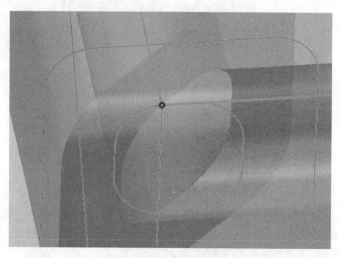

图 10-15   找出轮廓

这一组的构件通过以上的操作，所有其他边角的穿透点都同步进行了修改。

4) 完成结构构件

单击【确定】按钮，完成的结构构件，如图 10-16 所示。

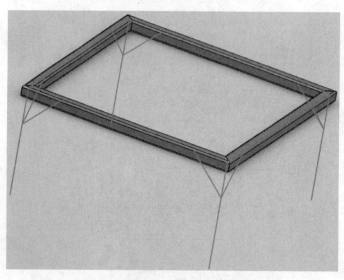

图 10-16   完成一组结构构件后的结果

5) 添加其他组

添加草图的 4 个直立支架为一个组。处理后的结果如图 10-17 所示。

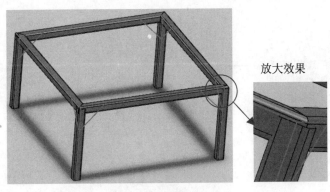

放大效果

图 10-17　添加其他组

我们可以看到有明显的互相干涉的问题。这些干涉问题将在下一节进行说明与处理。

① 路径线段必须要在同一草图中才能够被相连。

② 同一张布局草图可以有多个结构构件特征。

③ 草图的绘制方式多种多样，可以用 2D、3D 或者两者结合，完全根据用户自己的需要。

④ 用【新组】的方式添加另外一组结构构件时，系统将自动进行边角的剪裁处理，就不会出现上述中出现的干涉现象。但在设计制图过程中并不都能够通过这种方式进行新组的添加，而是要重新添加结构构件，从而出现干涉的现象。而这种干涉的现象可以通过下一节剪裁的方式对结构构件进行修改。

10.3　剪裁结构构件

为了使焊接零件正确对接，用户可以使用线段和实体剪裁其他线段。当结构构件作为单独的特征添加时，SolidWorks 会自动进行剪裁。而一般情况是用户将多个特征分多步进行添加，这时候就需要人工对焊接零件进行剪裁。剪裁实体的具体步骤如下。

1）调用剪裁/延伸命令

选择【插入】|【焊件】|【剪裁】|【延伸】命令，系统打开【剪裁/延伸】属性管理器，如图 10-18 所示。

2）设置【剪裁/延伸】命令属性

● 在【边角类型】选项组中选择【终端对接 1】。

● 在【要剪裁的实体】选择框中选择 4 个支架中的某一支架。

● 在【剪裁边界】选项组中选中【实体】为剪裁边界。

● 在【焊接隙缝】微调框中输入 0.5mm。如图 10-19 所示。

3）完成修改

单击【确定】按钮。剪裁后的焊接零件如图 10-20 所示。

4）修改其他支架

对每一条直立支架进行剪裁，最后的结果如图 10-21 所示。

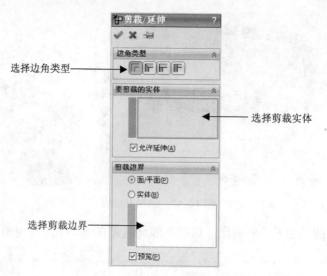

选择边角类型 ————→

选择剪裁实体

选择剪裁边界 ————→

图 10-18　【剪裁/延伸】属性管理器

图 10-19　剪裁实体设置

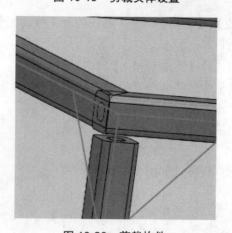

图 10-20　剪裁构件

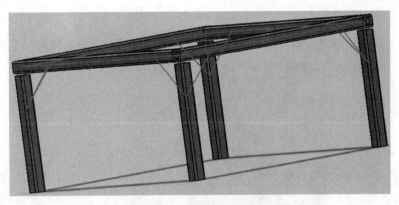

图 10-21　剪裁后的效果图

10.4　添 加 焊 缝

　　焊缝是一个实体，可以任意添加在交叉的实体间。这里主要介绍圆角焊缝，又分为全长、间歇和交叉圆角焊缝。

　　下面介绍添加圆角焊缝的具体方法。

　　1）调用添加焊缝命令

　　添加焊缝命令的调用方法如下：

● 选择【插入】|【焊件】|【圆角焊缝】命令；

● 在【焊件】工具栏中单击【圆角焊缝】按钮🔨。

　　2）设置属性参数

　　在【圆角焊缝】属性管理器中有【箭头边】和【对边】两个选项组。在【箭头边】选项组中，各个参数设置如下：

● 在【焊缝类型】下拉列表框中选择【全长】。

● 设置【圆角大小】为 2mm。

● 选中【切线延伸】复选框。

　　【圆角焊缝】属性管理器中【箭头边】选项组参数设置如图 10-22 所示。

图 10-22　【圆角焊缝】属性管理器各参数设置

3) 选择面组

如图 10-23 所示,蓝色的面为面组 1,粉红色的面为面组 2。透明部分为焊接预览效果。

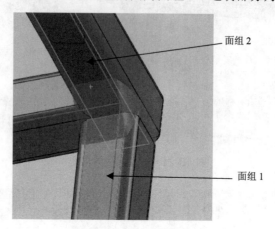

图 10-23　选择面组

4) 完成焊缝的添加

单击【确定】按钮,完成焊接最终效果图,如图 10-24 所示。

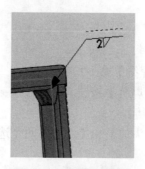

图 10-24　焊接效果图

提 示

在【对边】选项组中,若设计人员在【焊缝类型】下拉列表框中选择【全长】或者【间歇】选项时,应用其他设定。而当选择【交错】类型时,则【对边】选项组按照【箭头边】选项组交错显示,不需要再进行焊缝参数设定。

10.5　设计焊件范例

本范例完成文件:\10\10-5.SLDPRT

多媒体教学路径:光盘→多媒体教学→第 10 章→10.5 节

Step 1 新建结构构件轮廓文件，如图 10-25 所示。

① 单击【零件】按钮

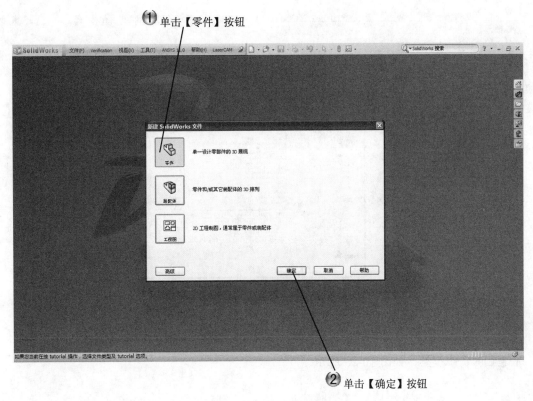

② 单击【确定】按钮

图 10-25　新建轮廓草图

Step 2 绘制草图，如图 10-26 所示。

② 单击【草图绘制】按钮　③ 单击【圆】按钮

① 选择前视基准面

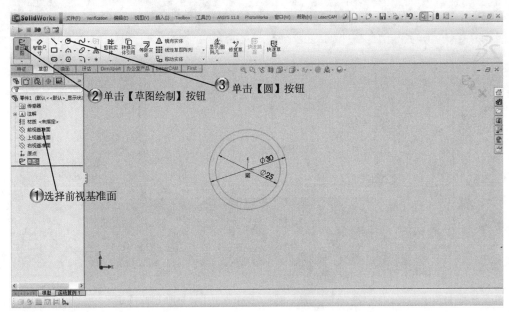

图 10-26　绘制轮廓草图

Step 3 保存构件轮廓，如图 10-27 所示。

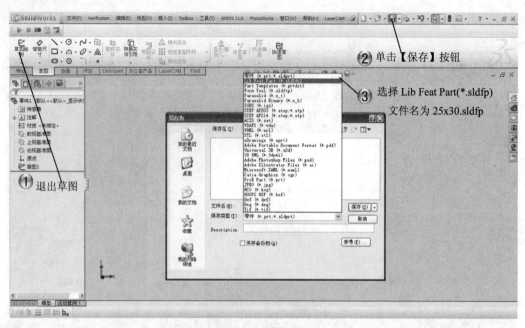

图 10-27 保存文件

Step 4 新建主体零件模型，如图 10-28 所示。

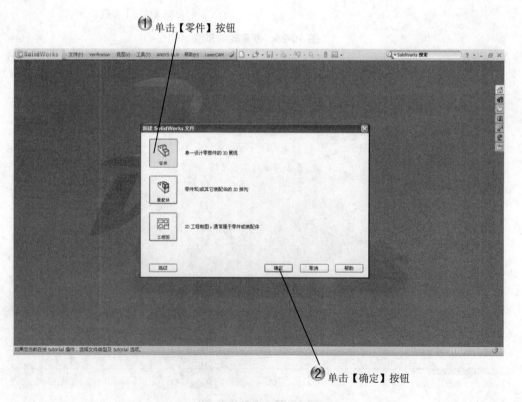

图 10-28 新建主体零件模型

Step 5 绘制草图，如图 10-29 所示。

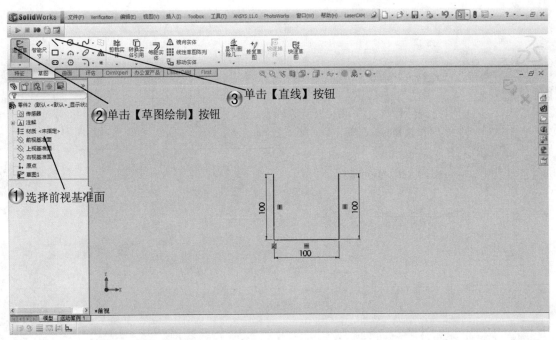

图 10-29　绘制草图

Step 6 创建结构构件，如图 10-30 所示。

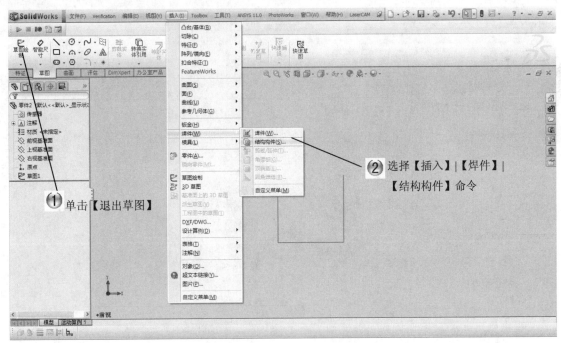

图 10-30　创建结构构件

Step 7 定义结构构件属性，如图 10-31 所示。

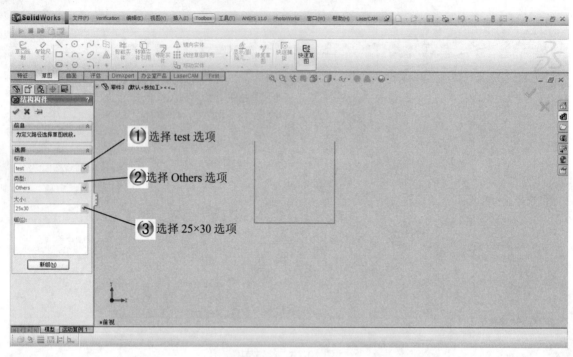

图 10-31 定义属性

Step 8 选择路径，如图 10-32 所示。

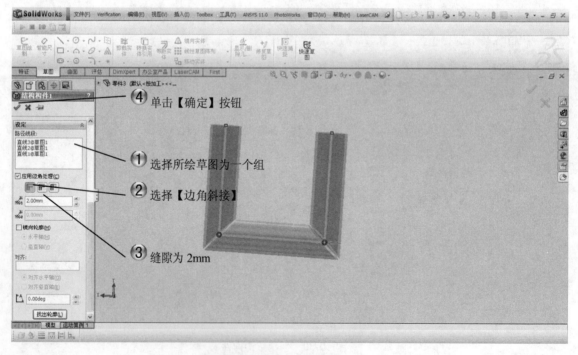

图 10-32 选择路径

Step 9　调出添加焊缝命令，如图 10-33 所示。

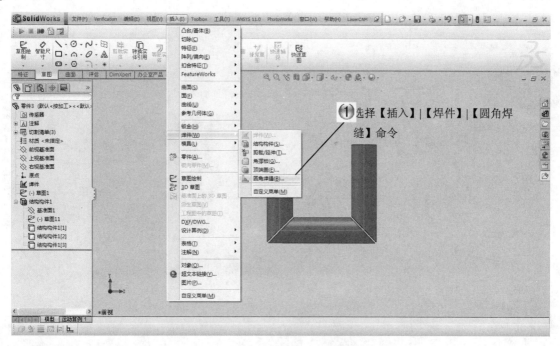

图 10-33　调出添加焊缝命令

Step 10　添加第一条焊缝，如图 10-34 所示。

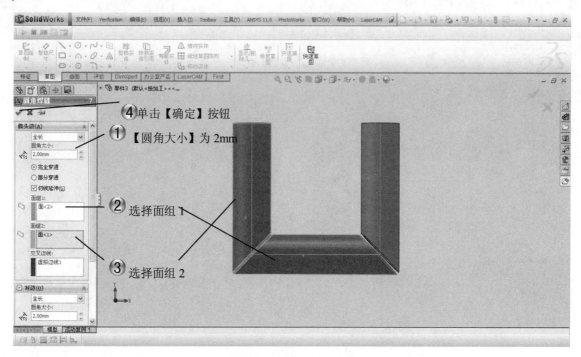

图 10-34　添加第一条焊缝

Step 11 添加第二条焊缝，如图 10-35 所示。

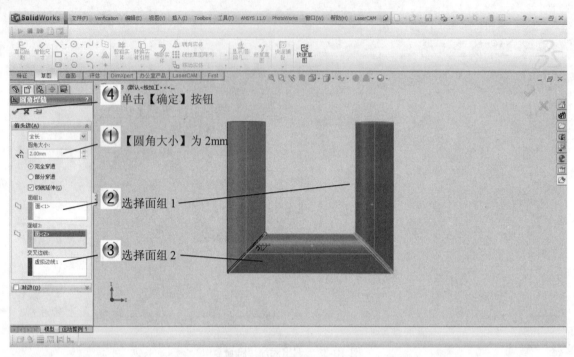

图 10-35 添加第二条焊缝

Step 12 完成焊件设计，如图 10-36 所示。

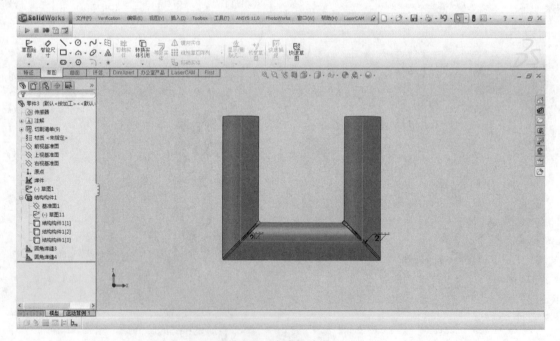

图 10-36 完成焊件设计

10.6　子焊件和焊件工程图

10.6.1　子焊件

对于一个庞大的焊件，有时为了运输等方面更加便捷，我们把它分解成很多独立的小焊件，这些小焊件我们称之为"子焊件"。子焊件是与父焊件关联但是能够单独保存。

下面介绍添加子焊件的具体方法。

1）调用过滤实体命令

选择【工具】|【自定义】命令，在弹出的【自定义】对话框中切换到【命令】选项卡，在【选择过滤器】中单击【过滤实体】按钮 ，如图 10-37 所示。将【过滤实体】按钮拖动到 SolidWorks 设计树中，单击【确定】按钮。

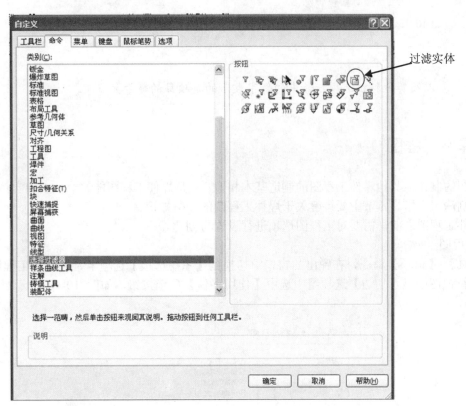

图 10-37　【过滤实体】按钮

2）生成子焊件

单击【过滤实体】按钮 ，用鼠标右键单击需要成为子焊件的实体，在弹出的快捷菜单中选择【生成子焊件】命令，如图 10-38 所示。

添加子焊件之后，再展开设计树中的【切割清单】，出现【子焊件】选项，如图 10-39 所示。

图 10-38 生成子焊件

图 10-39 切割清单

> **提 示**
>
> 【切割清单】以及其他特征选项括号中的数字表示的是项目的数量。

10.6.2 焊件工程图

焊件工程图的制作与其他零件工程图的制造基本相似，只是焊件工程图能够给独立的实体添加视图，并且能够添加切割清单表格。本节主要讲解关于焊件工程图的一些知识。

在绘制焊件工程图之前，需要对工程图选项进行设置与创建。

1）设置工程图

选择【工具】|【选项】命令，在弹出的窗口中切换到【系统选项】选项卡，选择【工程图】|【显示类型】。在【在新视图中显示切边】选项组中选中【使用字体】单选按钮，如图 10-40 所示，单击【确定】按钮。

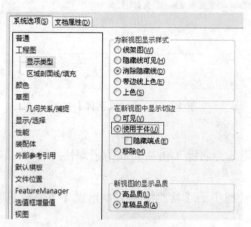

图 10-40 使用字体

2) 创建新图纸

选择【文件】|【从零件制作工程图】命令，在弹出的【图纸格式/大小】对话框中选择 A2(ISO)图纸，如图 10-41 所示。

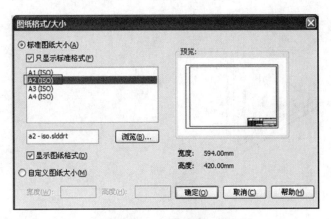

图 10-41　选择图纸

3) 创建一个"等轴侧"视图

在任务窗格中单击【视图调色板】标签，切换到【查看调色板】选项卡，将其中的【等轴侧】视图拖动到图纸中，如图 10-42 所示。在【工程图视图】属性管理器的【比例】选项组中选中【使用自定义比例】单选按钮，设定比例为 1：1，如图 10-43 所示。

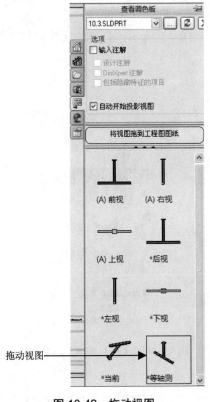

图 10-42　拖动视图

图 10-43　选择比例

设置好的等轴侧视图如图 10-44 所示。

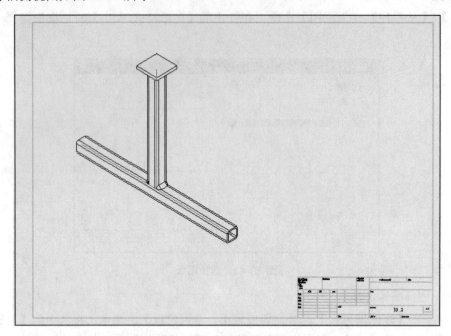

图 10-44　工程图与轴侧视图

下面介绍创建独立实体视图的具体方法。

1) 调用相对于模型命令

选择【插入】|【工程图视图】|【相对于模型】命令，如图 10-45 所示，弹出的【相对视图】属性管理器如图 10-46 所示。

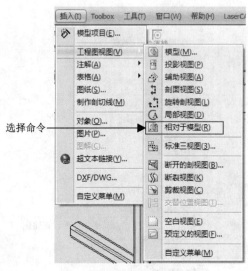

图 10-45　选择命令

图 10-46　【相对视图】属性管理器

2) 切换窗口

选择焊接零件窗口，如图 10-47 所示。选择完成后的【相对视图】属性管理器如图 10-48 所示。

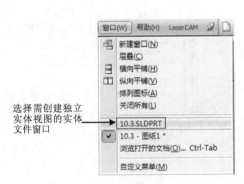

选择需创建独立
实体视图的实体
文件窗口

图 10-47　切换窗口　　　　　　　　图 10-48　选择后的【相对视图】属性管理器

3) 设置相对视图的各项参数

● 在【范围】选项组中，选中【所选实体】单选按钮。选择如图 10-49 所示的实体。

实体

面 1

面 2

图 10-49　焊件模型

● 在【方向】选项组中的【第一方向】下拉列表框中选择【前视】选项并且选择图 10-49 中的面 1；
在【第二方向】下拉列表框中选择【右视】选项并且选择图 10-49 中的面 2。

● 单击【确定】按钮 ✓，完成【相对视图】的设置，SolidWorks 自动切换到工程图窗口，此时的【相
对视图】属性管理器如图 10-50 所示。

4) 设置工程图中相对视图的各项参数

● 在【显示样式】选项组中单击【消除隐藏线】按钮 ▢。

● 在【比例】选项组中选中【使用自定义比例】单选按钮，设置比例为 1：1。在工程图中选择适当
位置单击，零件的前视图就出现在工程图中，如图 10-51 所示。

图 10-50　【相对视图】属性管理器

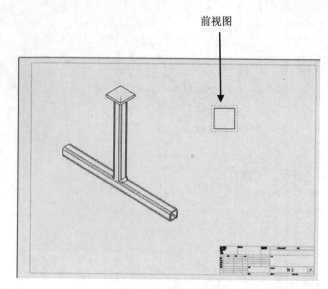

图 10-51　前视视图

5) 设置投影视图各项参数

● 选择【插入】|【工程图视图】|【投影视图】命令，如图 10-52 所示。

● 选择图 10-51 中的前视视图，创建如图 10-53 所示的投影视图。

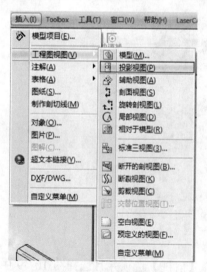

图 10-52　选择命令

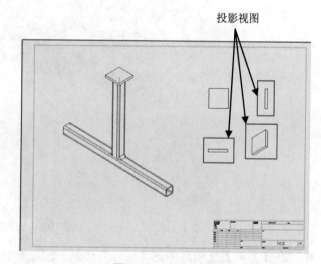

图 10-53　投影视图

6) 保存焊件工程图

10.7　焊件切割清单

　　焊件的切割清单类似多实体零件的材料明细表。SolidWorks 能够自动生成焊件的切割清单，用户也可以指定切割清单在焊件零件文档中的更新时间。这样用户就可以一次性进行众多的更改，然后更新切割清单。

打开焊件零件图，在设计树中出现【切割清单】选项，如图 10-54 所示。

图 10-54 切割清单

而对于工程图，添加切割清单表显得更加有意义。下面介绍在工程图中添加焊件切割清单表的具体方法。

1) 打开焊件工程图

打开如图 10-55 所示的焊件工程图。

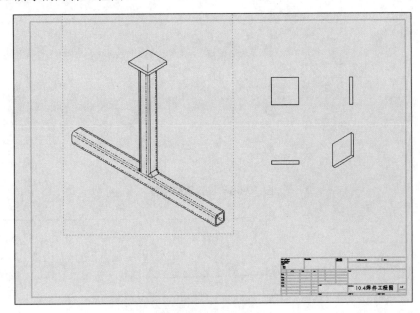

图 10-55 焊件工程图

2) 设置表格字体

选择【工具】|【选项】命令，在弹出的窗口中切换到【文档属性】选项卡，如图 10-56 所示。选择【表格】选项，在【文本】选项组中单击【字体】按钮选择用户所要求的字体，这里选择【宋体】。单击【确定】按钮完成字体的设置。

3) 添加焊件切割清单

- 选择【插入】|【表格】|【焊件切割清单】命令，弹出【焊件切割清单】属性管理器，如图 10-57 所示。
- 选取如图 10-58 所示的模型后，【焊件切割清单】属性管理器如图 10-59 所示，设置其中各选项参数。这里我们选择系统默认的设置。
- 单击【确定】按钮，并将表格放置在右下角明细表的上方，如图 10-60 所示。

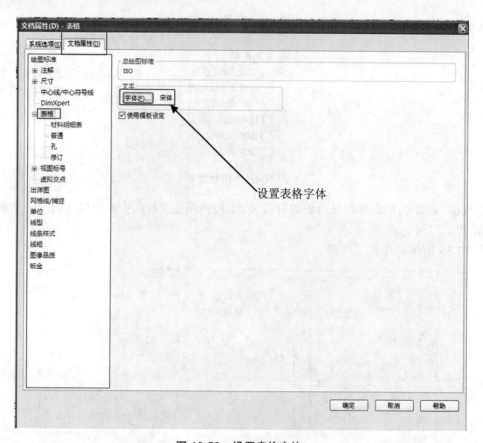

图 10-56　设置表格字体

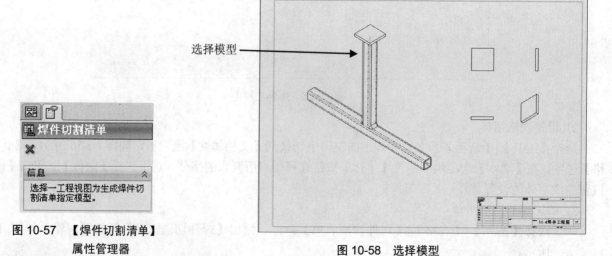

图 10-57　【焊件切割清单】
属性管理器

图 10-58　选择模型

4) 插入列

用鼠标右键单击插入的表格，在弹出的快捷菜单中选择【插入】|【左列】命令，如图 10-61 所示。【列】
属性管理器如图 10-62 所示。

图 10-59　选择模型后的【焊件切割
　　　　　清单】属性管理器

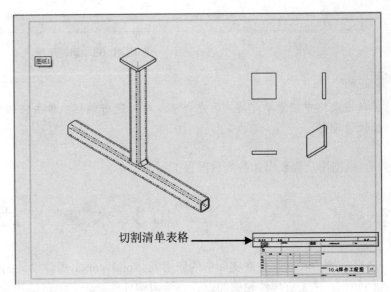

图 10-60　表格位置

切割清单表格

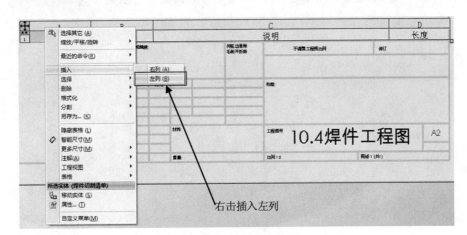

图 10-61　插入列

右击插入左列

图 10-62　【列】属性管理器

351

5) 设置列属性

选择【用户定义】命令，在【标题】中输入"材料"。此时切割清单表如图 10-63 所示。

材料	数量	说明	长度

图 10-63　切割清单

> **提 示**
>
> 双击表格中任意单元格，用户都可以对此进行编辑。单击任何需要修改的列，都会出现图 10-62 所示的属性管理器。

6) 根据用户需要添加各列后保存工程图

10.8　本 章 小 结

本章主要介绍了焊件在实际中的应用及 SolidWorks 焊件设计的特点和基本操作方法，这些都是焊件设计入门知识，主要有焊件轮廓的设置、结构构件的处理、编辑结构构件、焊缝的添加、子焊件、焊件工程图的创建，以及在焊件工程图中添加焊件切割清单，希望读者能认真学习掌握。

第11章

钣金设计

本章导读

　　钣金是针对金属薄板(通常在 6mm 以下)的一种综合冷加工工艺,包括剪、冲/切/复合、折、焊接、铆接、拼接、成型(如汽车车身)等。其显著的特征就是同一零件厚度一致。由于钣金具有重量轻、强度高、导电(能够用于电磁屏蔽)、成本低、大规模量产性能好等特点,目前在电子电器、通信、汽车工业、医疗器械等领域得到了广泛应用。在 SolidWorks 2012 钣金设计环境中,用户可以:

- 设计或者编辑钣金特征;
- 设计钣金零件;
- 使用钣金成型工具创建钣金零件。

学习内容

学习目标 知识点	理 解	应 用	实 践
钣金特征	√	√	√
钣金零件	√	√	√
钣金成型工具	√	√	√

11.1　钣金特征设计

钣金特征用来定义零件的默认设置并管理该零件。钣金特征包含零件的一系列设置参数，其中有材料厚度、默认折弯半径、半径规格表、如何自动添加折弯释放槽以及如何计算折弯系数。这些参数来自基体法兰的特征定义以及采用的默认设置。这些参数用户可以通过选择快捷菜单中的【编辑特征】来进行修改。本小节主要介绍关于钣金的特征设计。

11.1.1　基体法兰

基体法兰是钣金零件的第一个特征，使用【基体法兰】命令，能够创建出一个厚度一致的薄板。整个钣金件中最重要的部分就是基体法兰，因为其他钣金特征需要在基体法兰这个特征的基础上进行添加。

下面介绍创建基体法兰的具体方法。

(1) 调用创建基体法兰命令。

SolidWorks 提供两种调用创建基体法兰命令的方法。

- 选择【插入】|【钣金】|【基体法兰】命令，如图 11-1 所示。
- 在【钣金】工具栏中单击【基体法兰/薄片】按钮。

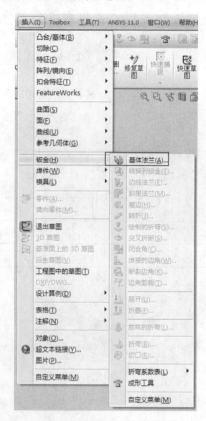

图 11-1　选择命令

(2) 定义草图基准面，选择前视基准面作为草图基准面。

(3) 绘制横断面草图，绘制完成后的草图如图 11-2 所示。

(4) 绘制完成后退出草图环境。此时【基体法兰】属性管理器如图 11-3 所示。

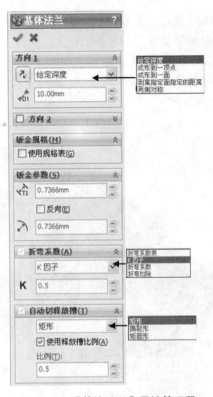

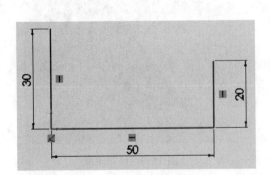

图 11-2　横断面草图　　　　　　　　图 11-3　【基体法兰】属性管理器

(5) 定义钣金各个参数后，单击【确定】按钮 ，基体法兰添加完毕。完成的基体法兰以及设计树如图 11-4 所示。

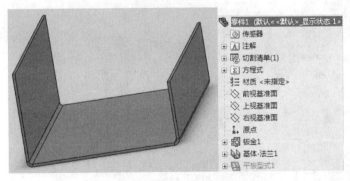

图 11-4　完成的基体法兰

提　示

　　建立的基体法兰在设计树中添加了 "钣金 1" 以及 "平板型式 1" 这两个其他特征。这两个特征将在以后的学习中用到。

11.1.2 钣金薄片

钣金薄片是在钣金零件的基础上创建薄片特征。对于薄片法兰特征而言，其厚度与板件零件厚度相同。下面介绍添加薄片的具体方法。

1) 选择创建薄片的表面

选择基体法兰的一个表面，并单击【基体法兰/薄片】按钮。如图 11-5 所示。

2) 创建草图

绘制一个矩形，矩形内含有一个圆。如图 11-6 所示。

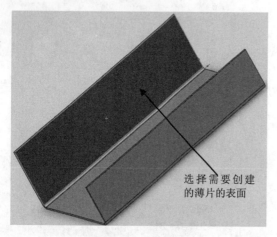

选择需要创建的薄片的表面

图 11-5　创建草图

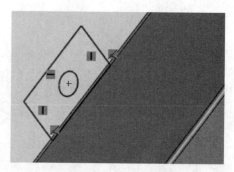

图 11-6　绘制轮廓

3) 生成薄片特征

单击【退出草图】按钮，退出草图绘制环境，系统将自动生成薄片特征。在弹出的属性管理器中直接单击【确定】按钮。绘制完成的薄片特征如图 11-7 所示。

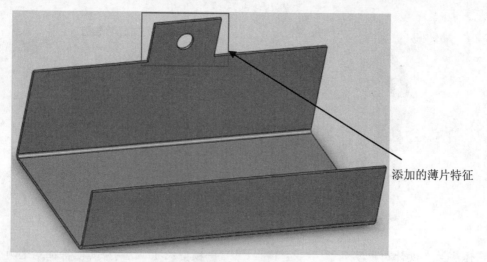

添加的薄片特征

图 11-7　薄片特征

11.1.3　边线法兰

　　边线法兰是在已经创建好的钣金的壁边线创建出简单的折弯和弯边区域。无论边线是否连续，都可以用于边线法兰，并且可以使用多条。若边线是连续的，在创建边线法兰时，交角将会被自动剪裁。

　　关于交角缝隙的闭合，我们将在以后的章节中进行学习。

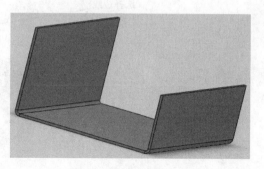

图 11-8　打开基体法兰

　　下面介绍创建边线法兰的具体方法。

(1) 打开基体法兰文件，如图 11-8 所示。

(2) 调用创建基体法兰命令。

SolidWorks 提供两种调用边线法兰命令的方法。

● 选择【插入】|【钣金】|【边线法兰】命令。

● 在【钣金】工具栏中直接单击【边线法兰】按钮 ，弹出的【边线-法兰】属性管理器，如图 11-9 所示。

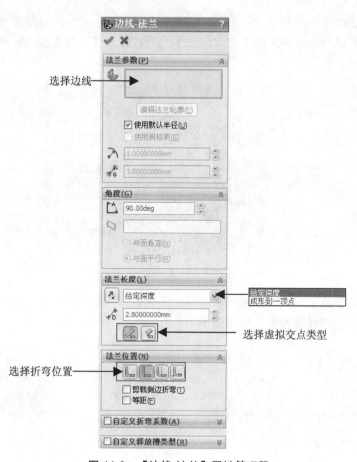

图 11-9　【边线-法兰】属性管理器

(3) 设置属性管理器中各参数。

● 　边线选择如图 11-10 所示的三条边。

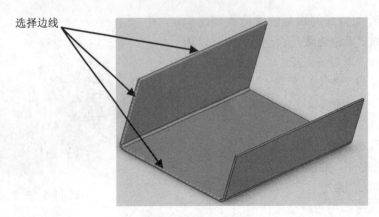

选择边线

图 11-10　选择边线

● 　在【缝隙距离】微调框　中输入 1mm。

● 　在【法兰角度】微调框　中选择 90°。

● 　设计者可以通过拉伸如图 11-11 的箭头指定法兰的深度。这里，我们在【法兰长度】选项组的【长度终止条件】下拉列表框中选择【给定深度】选项，输入【长度】为 5mm。并且单击【外部虚拟交点】按钮　。

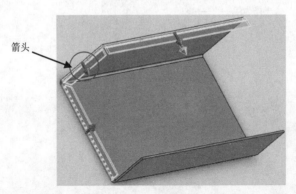

箭头

图 11-11　拖动箭头

● 　【法兰位置】选项组中有 4 个可选选项，各个不同位置的区别如图 11-12 所示。

此时【边线法兰】属性管理器的各参数如图 11-13 所示。

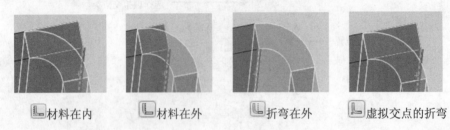

材料在内　　材料在外　　折弯在外　　虚拟交点的折弯

图 11-12　法兰位置

图 11-13　【边线法兰】属性管理器各参数的设置

(4) 绘制边线法兰。

设置完成后，完成的边线法兰如图 11-14 所示。

边线法兰被自动剪裁

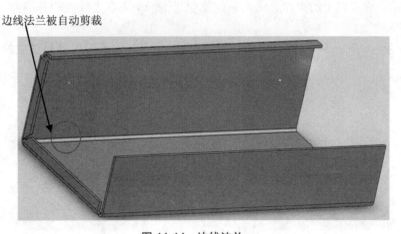

图 11-14　边线法兰

11.1.4　斜接法兰

斜接法兰特征可将一系列法兰添加到钣金零件的一条或者多条边线上，并且能够自动生成必要的切口。

斜接法兰是通过一个草图轮廓生成的，创建斜接法兰时，首先必须以基体法兰为基础生成斜接法兰特征草图，并且草图的基准面必须垂直于生成斜接法兰的第一条边线。

下面介绍创建斜接法兰的具体方法。

1) 打开基体法兰

首先打开如图 11-15 所示的基体法兰。

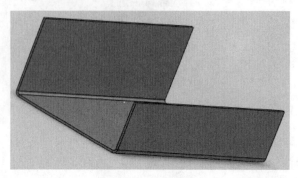

图 11-15　基体法兰

2) 创建基准面

在一般情况下，设计者想要绘制垂直于曲线的草图，首先需要创建一个垂直于曲线的基准面。这里，我们介绍一个更加方便的方法。

● 首先选择模型的一条外边线

● 选择【插入】|【草图绘制】命令，SolidWorks 将自动在最近的一个端点创建一个与曲线垂直的草图。

● 退出草图绘制环境。系统将创建这个草图的基准面，并且将这个基准面添加到 SolidWorks 的特征管理器设计树中。

如图 11-16 所示，通过以上的操作方法，系统就创建了一个垂直于线段的基准面。

3) 绘制法兰轮廓

从直线的端点绘制一条长 5mm 的水平线，如图 11-17 所示，这条线段就是法兰的轮廓线。

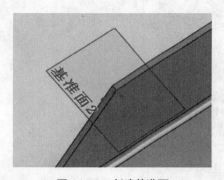

图 11-16　创建基准面

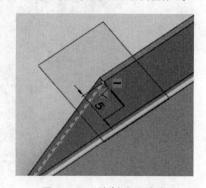

图 11-17　绘制法兰轮廓

4) 调用斜接法兰命令

SolidWorks 提供两种调用创建斜接法兰命令的方法。

● 选择【插入】|【钣金】|【斜接法兰】命令。

- 在【钣金】工具栏中单击【斜接法兰】按钮 。

【斜接法兰】属性管理器如图 11-18 所示。

5) 设置参数

下面将介绍各个参数的设置。

- 选择边线。选择如图 11-19 所示的边线，并选中【使用默认半径】复选框。

图 11-18　【斜接法兰】属性管理器

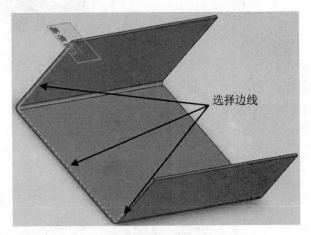

图 11-19　选择边线

- 选择法兰位置。其中有【材料在内】、【材料在外】以及【折弯在外】3 个选项。各个选项的区别如图 11-20 所示。这里我们选择【材料在外】。

材料在内

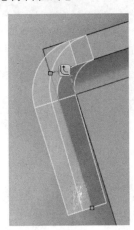
材料在外

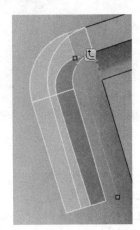
折弯在外

图 11-20　法兰位置

- 在【隙缝距离】微调框输入 1mm。如图 11-21 所示即为隙缝距离。
- 在【启始/结束处等距】选项组中设定【启始处等距值】 以及【结束处等距值】 。在这里我们保持系统默认值 0mm。

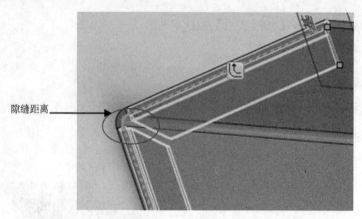

图 11-21　隙缝距离

6) 创建斜接法兰

单击【确定】按钮 ![]。创建后的斜接法兰如图 11-22 所示。

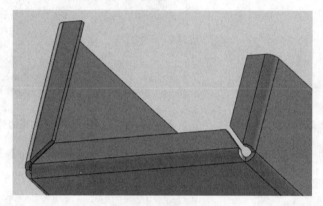

图 11-22　斜接法兰

11.1.5　褶边

褶边工具能够将褶边添加到钣金零件的所选边线上。壁厚与基体法兰相同。

提　示

使用褶边工具也有一些注意点。

● 　所选边线必须是直线。

● 　斜接边角将被自动添加到交叉褶边上。

● 　当同时选择多条边线添加褶边时，这些边线必须在同一平面上。

下面介绍添加褶边的具体方法。

1) 打开基体法兰文件

打开基体法兰文件，如图 11-23 所示。

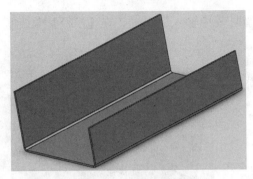

图 11-23　基体法兰

2) 调用创建褶边命令

SolidWorks 提供两种调用创建褶边命令的方法。

❥　选择【插入】|【钣金】|【褶边】命令。

●　在【钣金】工具栏中单击【褶边】按钮 🔳。

弹出的【褶边】属性管理器如图 11-24 所示。

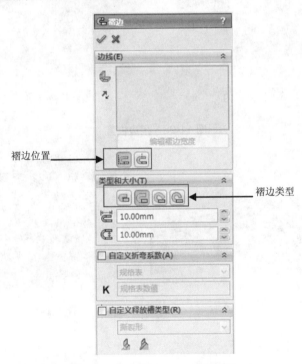

图 11-24　【褶边】属性管理器

3) 设置设计树各参数

●　选择边线。选择如图 11-25 所示的边线。

●　选择褶边位置。在 SolidWorks 中，有【材料在内】和【折弯在外】两种褶边位置，他们的区别如图 11-26 所示。这里我们选择【材料在内】。

●　选择褶边类型以及与之对应的大小设置。SolidWorks 提供了 4 种褶边类型，分别为【闭合】、【打开】、【撕裂形】和【滚扎】，他们之间的区别如图 11-27 所示。这里我们选择【撕裂形】 🔳，并且在下面的【角度】微调框 中输入 200deg，在【半径】微调框 中输入 0.5mm。

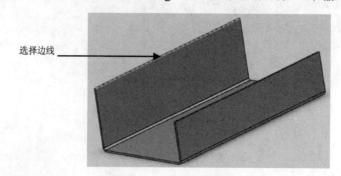

选择边线

图 11-25　选择边线

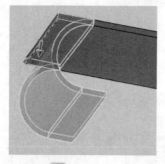

材料在内

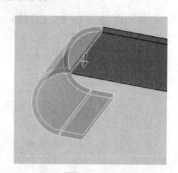

折弯在外

图 11-26　褶边位置

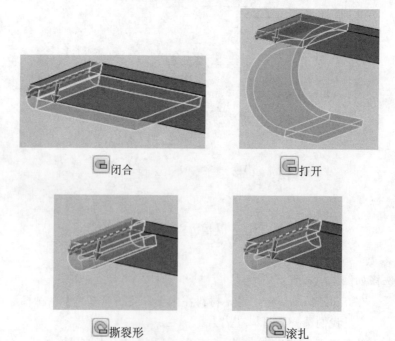

闭合

打开

撕裂形

滚扎

图 11-27　褶边类型

弯曲的法兰边线不会被褶边。并且撕裂形和滚扎不能在闭合角特征中使用。

4) 创建褶边

单击【确定】按钮 ✔，完成褶边的创建。创建完成的褶边如图 11-28 所示。

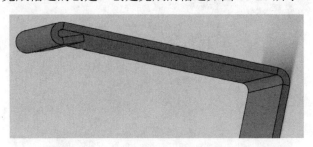

图 11-28　褶边

11.1.6　转折特征

转折特征是指通过从草图线生成两个折弯而将材料添加到钣金零件上，它可以在现有的法兰上添加转折或者偏移，因此该特征也可以称为等距或者错接。

在创建转折特征时，我们应当注意的是草图必须只包含一条直线，但是这条直线不一定是水平或者垂直的。并且折弯长度不一定要与正折弯的面的长度相同。

下面介绍创建转折特征的具体方法。

1) 打开基体法兰文件

打开基体法兰文件，如图 11-29 所示。

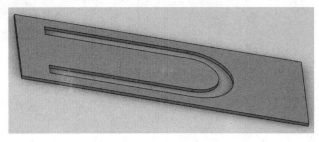

图 11-29　基体法兰

2) 创建基准面

选择创建折弯特征的基准面，如图 11-30 所示。

3) 绘制草图

单击【草图绘制】按钮，进入 SolidWorks 草图绘制环境，绘制如图 11-31 所示的直线。绘制完成单击【退出草图】按钮。

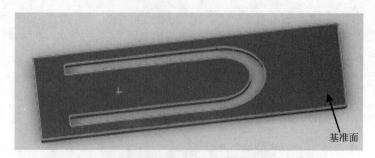

图 11-30　选择基准面

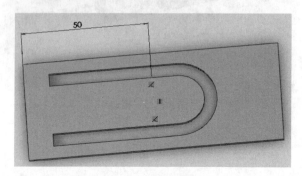

图 11-31　绘制草图

4) 调用创建转折特征命令

SolidWorks 提供两种调用创建转折特征命令的方法。

● 选择【插入】|【钣金】|【转折】命令。

● 在【钣金】工具栏中单击【转折】按钮 。

弹出的【转折】属性管理器如图 11-32 所示。

图 11-32　【转折】属性管理器

5) 设置设计树各参数

(1) 选择固定面。选择如图 11-33 所示的固定面。

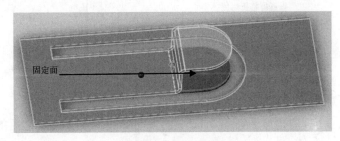

图 11-33　选择固定面

(2) 取消选中【使用默认半径】复选框，并且在【折弯半径】微调框 中输入 2mm。

(3) 在【转折等距】选项组中，选择【终止条件】 为【给定深度】。【尺寸位置】表示用户所输入等距距离值的对应的位置。SolidWorks 提供了 3 种尺寸位置，分别为：【外部等距】、【内部等距】以及【总尺寸】，他们之间的区别如图 11-34 所示。这里选择【内部等距】。并且在【等距距离】微调框 中输入 7mm。

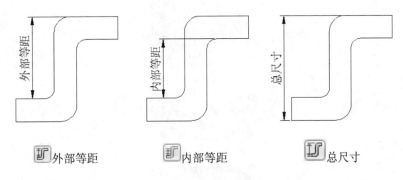

图 11-34　尺寸位置

(4) 选择转折位置。SolidWorks 提供了 4 种折弯位置可供选择：【折弯中心线】、【材料在内】、【材料在外】以及【折弯在外】。这里我们选择【材料在内】。他们之间的区别如下。

● 折弯中心线：创建的折弯区域将均匀分布于折弯线两侧，如图 11-35 所示。

● 材料在内：折弯线将位于固定面所在平面与折弯壁的外表面所在的平面的交线上，如图 11-36 所示。

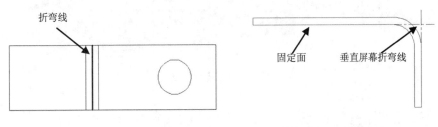

图 11-35　折弯中心线　　　　　图 11-36　材料在内

● 材料在外：折弯线将位于固定面所在平面与折弯壁的内表面所在的平面的交线上，如图 11-37 所示。

● 折弯在外：折弯区域在折弯线的某一侧，如图 11-38 所示。

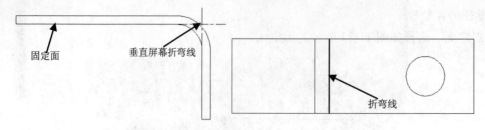

图 11-37　材料在外　　　　　　　　图 11-38　折弯在外

　(5) 设置折弯角度。在【折弯角度】微调框 中输入 60deg。设置完成之后的【转折】属性管理器如图 11-39 所示。

图 11-39　【转折】属性管理器参数设置

6) 创建转折特征

单击【确定按钮】。创建完成的转折特征如图 11-40 所示。

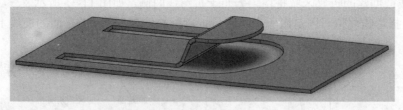

图 11-40　转折特征

11.1.7　绘制的折弯

　　用户可以使用【绘制的折弯】命令在钣金零件处于折叠状态时将折弯线添加到零件。这样用户就可以将折弯线的尺寸标注到其他折叠的几何体中。

使用【绘制的折弯】命令时，草图中只允许绘制直线，但是能够绘制多条直线。并且折弯长度不一定要与正折弯的面长度相同。

下面介绍绘制的折弯具体方法。

1) 打开基体法兰文件

打开基体法兰文件，如图 11-41 所示。

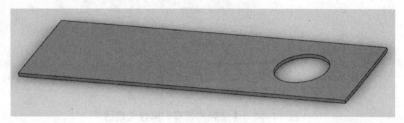

图 11-41　基体法兰

2) 调用创建折弯特征命令

选择需要绘制草图的平面，如图 11-42 所示。

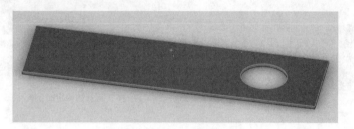

图 11-42　选择平面

SolidWorks 提供两种调用创建折弯特征命令的方法。

● 选择【插入】|【钣金】|【绘制的折弯】命令。

● 在【钣金】工具栏中单击【绘制的折弯】按钮 。

系统进入草图绘制环境。

3) 绘制草图

在所选平面绘制如图 11-43 所示的线段。

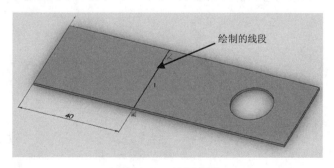

绘制的线段

图 11-43　绘制草图

4) 退出草图环境

单击【退出草图】按钮退出草图绘制环境。【绘制的折弯】属性管理器如图 11-44 所示。

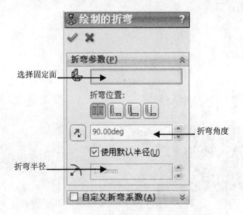

图 11-44 【绘制的折弯】属性管理器

5) 设置【绘制的折弯】属性管理器中各项参数

● 选择固定面。选择如图 11-45 所示的面为固定面。

图 11-45 选择固定面

● 选择折弯位置。SolidWorks 提供 4 种折弯位置可供选择：【折弯中心线】、【材料在内】、【材料在外】和【折弯在外】。他们之间的区别与上一节介绍的一致。这里我们选择【材料在内】。

● 在【折弯角度】微调框 中输入 120deg。

● 取消选中【使用默认半径】复选框，在【折弯半径】微调框 中输入 3mm。

6) 创建折弯特征

单击【确定】按钮 ，创建的绘制折弯如图 11-46 所示。

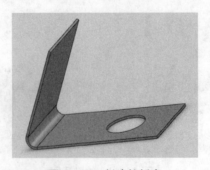

图 11-46 创建的折弯

11.1.8　闭合角

当设计人员需要在钣金特征之间添加材料时，可以使用【闭合角】命令。此命令包含以下功能：

● 用户可以通过选择面来同时闭合多个角。

● 可以关闭非垂直边角，并且可以将闭合边角应用到带有 90°以外折弯的法兰。

● 可以调整由边界角特征所添加的两个材料截面之间的距离。

● 可以闭合或者打开折弯区域。

下面介绍创建闭合角的具体方法。

1) 打开钣金零件

打开一个钣金零件，其中有需要进行闭合的区域。如图 11-47 所示。

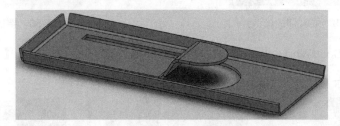

图 11-47　钣金零件

2) 调用创建闭合角命令

SolidWorks 提供两种调用创建闭合角命令的方法。

● 选择【插入】|【钣金】|【闭合角】命令。

● 单击【钣金】工具栏中的【闭合角】按钮 ⊞ ｜闭合角　。

【闭合角】属性管理器显示如图 11-48 所示。

图 11-48　【闭合角】属性管理器

3) 设置设计树中各参数

(1) 选择要延伸的面以及与之相匹配的面。以一个边角为例，选择如图 11-49 所示的面为要延伸的面。系统将自动选择如图 11-50 所示的面为与之相匹配的面。

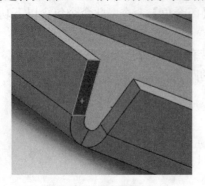

图 11-49　要延伸的面

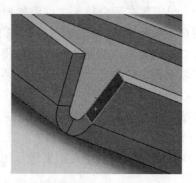

图 11-50　要匹配的面

(2) 选择边角类型。SolidWorks 提供了 3 种可供选择的边角类型，分别为：【对接】、【重叠】以及【欠重叠】。他们之间的区别如图 11-51 所示。这里我们选择对接。

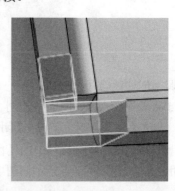

对接　　　　　　　　　　　重叠　　　　　　　　　　　欠重叠

图 11-51　边角类型

(3) 在【缝隙距离】微调框 中输入 0.1mm。

(4) 其他选项。

● 【共平面】：当选中此复选框时，所有共平面将自动选择。

● 【狭窄边角】：使用折弯半径的算法缩小折弯区域中的缝隙。

参数设置完成的【闭合角】属性管理器如图 11-52 所示。

4) 创建闭合角

单击【确定】按钮 。创建的闭合角如图 11-53 所示。

图 11-52　参数设置

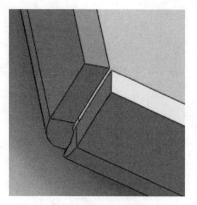

图 11-53　闭合角

11.1.9　在展开的状态下设计

在有些情况下，设计人员需要在展开的状态下对钣金进行设计。在这种情况下，首先要生成钣金零件，然后插入折叠零件的折弯线。

在展开的状态下设计钣金零件能够简化展开型式，从而减少加工成本。

下面介绍在展开状态下设计折叠模型的具体方法。

1) 打开基体法兰

打开如图 11-54 所示的基体法兰。

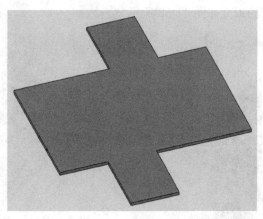

图 11-54　基体法兰

2) 设置折弯半径

用鼠标右键单击设计树中的【钣金 1】，在弹出的快捷菜单中单击【编辑特征】按钮，弹出【钣金 1】

属性管理器，将【折弯半径】设置为 5mm，如图 11-55 所示。单击【确定】按钮。

　　3) 绘制第一条折弯线

　　在模型的顶面绘制第一条折弯线，并且用尺寸标注来定位折弯线，如图 11-56 所示。

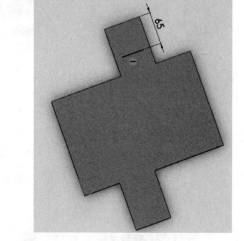

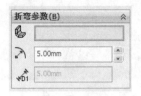

图 11-55　参数设置

图 11-56　第一条折弯线

> **提　示**
>
> 　　这种添加折弯线的方法适用于任何钣金零件。如果在同一草图中有多条折弯线，所有的折弯将沿同一个方向。

　　4) 调用绘制折弯命令

　　单击【绘制的折弯】按钮 。选择如图 11-57 所示的固定面，【折弯位置】选择折弯中心线，【折弯角度】设置为 60°，选中【使用默认折弯半径】复选框。

　　5) 创建折弯命令

　　单击【确定】按钮，折弯后的钣金如图 11-58 所示。

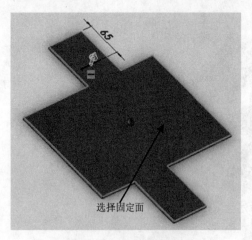

选择固定面

图 11-57　选择固定面

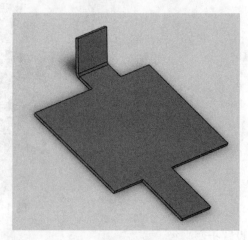

图 11-58　折弯结果

6) 绘制第二条折弯线

如图 11-59 所示绘制第二条折弯线。选择中间的部分为固定面。在使用【绘制的折弯】命令时，各参数除折弯方向外，与第一条折弯线的参数相同。

7) 创建折弯特征

在【绘制的折弯】属性管理器中单击【确定】按钮。折弯结果如图 11-60 所示。

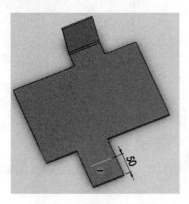

图 11-59　第二条折弯线

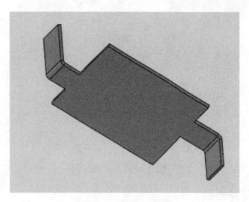

图 11-60　折弯结果

8) 保存钣金零件

11.1.10　放样折弯

钣金零件中放样折弯是由放样连接的两个开环轮廓草图形成的零件，放样形成的零件可以展开或者折叠。

> **提　示**
> ① 基体法兰不与放样的折弯一起使用。
> ② 草图轮廓必须为开环，不能够有尖角，并且两个草图必须平行。另外两个草图轮廓中含有的直线或者曲线数量相同。
> ③ 只允许在两个轮廓间进行放样。
> ④ 不支持引导线以及中心线。
> ⑤ 轮廓中的缝隙是根据展开状态下的精度来对齐的。

下面介绍创建放样折弯的具体方法。

1) 打开草图文件

打开草图文件，如图 11-61 所示。

2) 调用放样折弯命令

SolidWorks 提供两种调用创建放样折弯命令的方法。

● 选择【插入】|【钣金】|【放样的折弯】命令。

● 在【钣金】工具栏中单击【放样的折弯】按钮 。

弹出【放样的折弯】属性管理器，如图 11-62 所示。

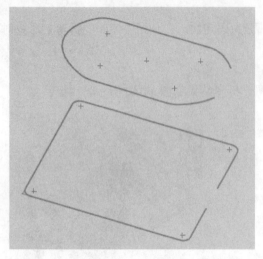

图 11-61　草图文件

图 11-62　【放样的折弯】属性管理器

3) 设置参数

● 选择轮廓。选择图 11-61 的草图为轮廓。

● 设置板材厚度。在【厚度】微调框中输入为 5mm。

4) 创建放样折弯

单击【确定】按钮，完成的放样折弯如图 11-63 所示。

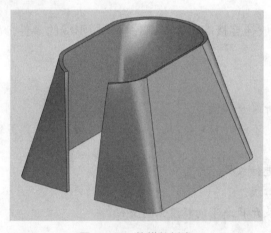

图 11-63　放样的折弯

11.1.11　钣金特征设计范例

 本范例完成文件：\11\11-1-11.SLDPRT

 多媒体教学路径：光盘→多媒体教学→第 11 章→11.1.11 节

Step 1　新建模型零件，如图 11-64 所示。

① 单击【零件】按钮

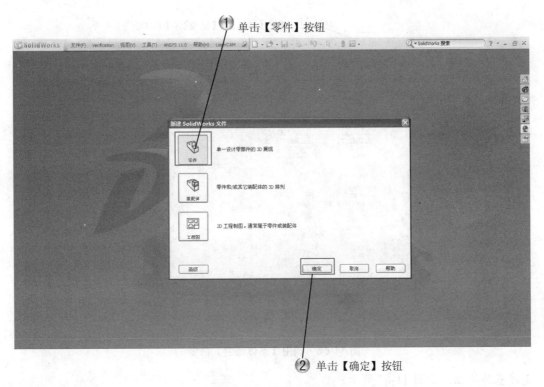

② 单击【确定】按钮

图 11-64　新建模型零件

Step 2　绘制草图，如图 11-65 所示。

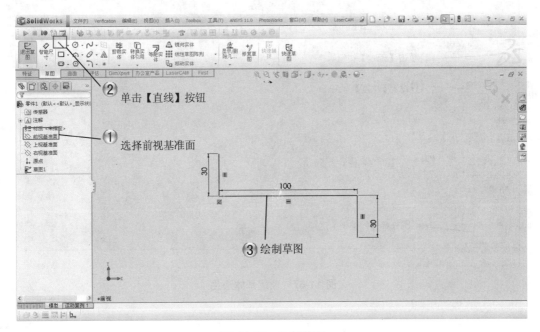

② 单击【直线】按钮

① 选择前视基准面

③ 绘制草图

图 11-65　绘制草图

Step 3 调用【基体法兰】命令，如图 11-66 所示。

① 选择【插入】|【钣金】|【基体法兰】命令

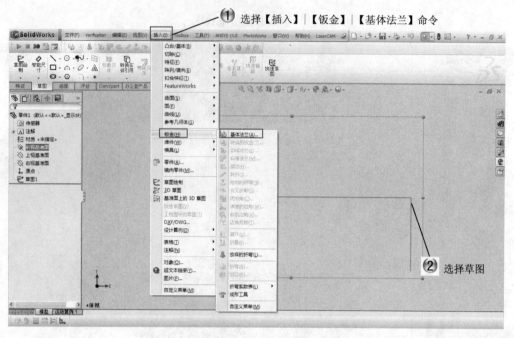

② 选择草图

图 11-66 调用【基体法兰】命令

Step 4 创建基体法兰，如图 11-67 所示。

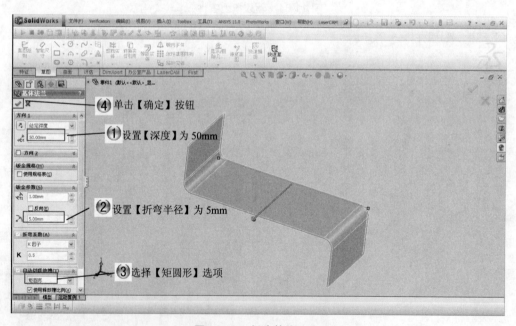

④ 单击【确定】按钮

① 设置【深度】为 50mm

② 设置【折弯半径】为 5mm

③ 选择【矩圆形】选项

图 11-67 创建基体法兰

Step 5　绘制草图，如图 11-68 所示。

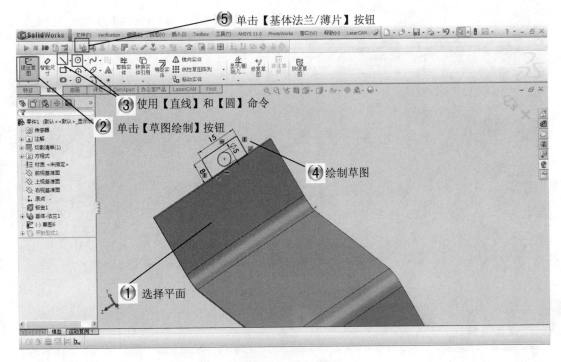

图 11-68　绘制草图

Step 6　创建钣金薄片，如图 11-69 所示。

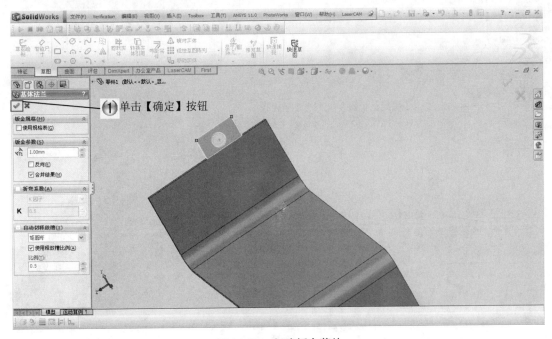

图 11-69　创建钣金薄片

Step 7 调用【边线法兰】命令，如图 11-70 所示。

① 选择【插入】|【钣金】|【边线法兰】命令

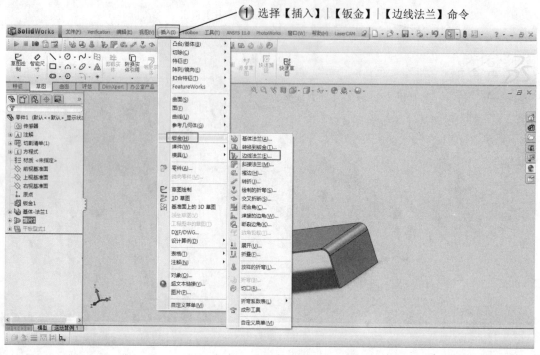

图 11-70 调用【边线法兰】命令

Step 8 创建边线法兰，如图 11-71 所示。

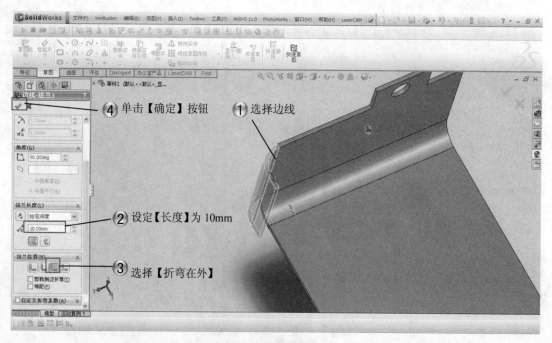

④ 单击【确定】按钮　① 选择边线

② 设定【长度】为 10mm

③ 选择【折弯在外】

图 11-71 创建边线法兰

Step 9　创建基准面，如图 11-72 所示。

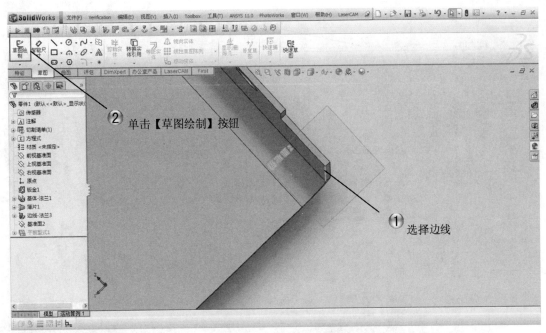

图 11-72　创建基准面

Step 10　绘制草图，如图 11-73 所示。

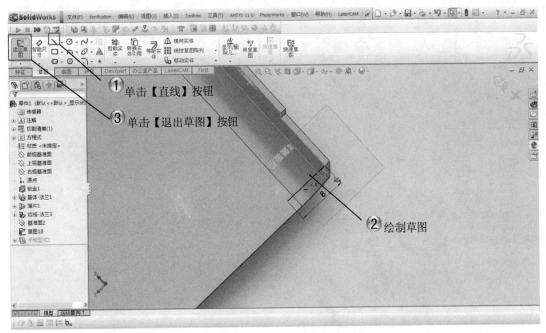

图 11-73　绘制草图

Step 11 调用【斜接法兰】命令，如图 11-74 所示。

① 选择【插入】|【钣金】|【斜接法兰】命令

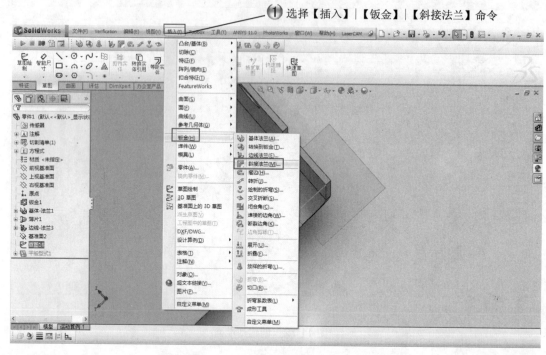

图 11-74   调用【斜接法兰】命令

Step 12 创建斜接法兰，如图 11-75 所示。

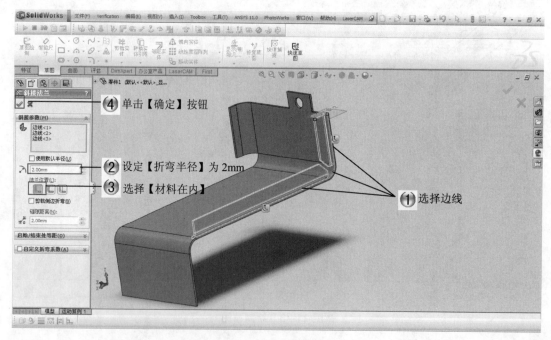

④ 单击【确定】按钮

② 设定【折弯半径】为 2mm

③ 选择【材料在内】

① 选择边线

图 11-75   创建斜接法兰

Step 13　调用【褶边】命令，如图 11-76 所示。

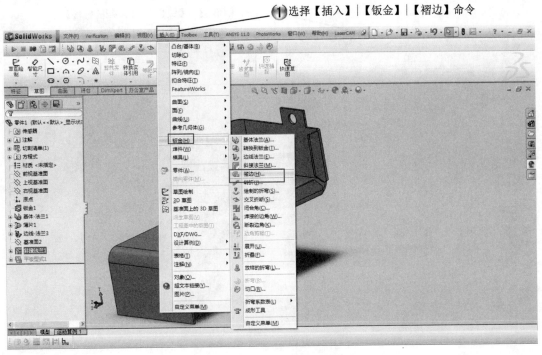

① 选择【插入】|【钣金】|【褶边】命令

图 11-76　调用【褶边】命令

Step 14　创建褶边，如图 11-77 所示。

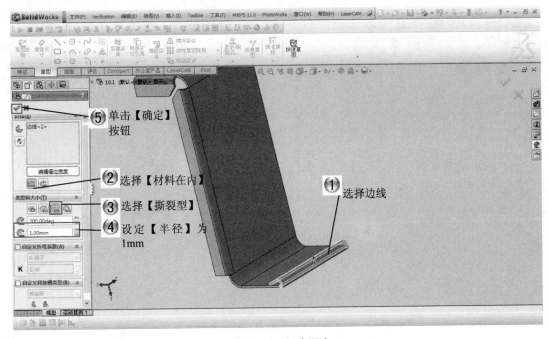

⑤ 单击【确定】按钮

② 选择【材料在内】

③ 选择【撕裂型】

④ 设定【半径】为 1mm

① 选择边线

图 11-77　创建褶边

Step 15 调用【绘制的折弯】命令，如图 11-78 所示。

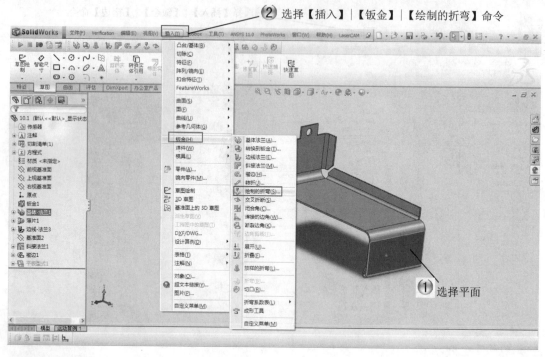

图 11-78 调用【绘制的折弯】命令

Step 16 绘制草图，如图 11-79 所示。

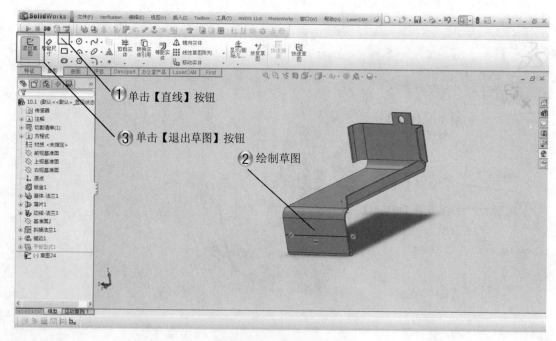

图 11-79 绘制草图

Step 17　创建绘制的折弯，如图 11-80 所示。

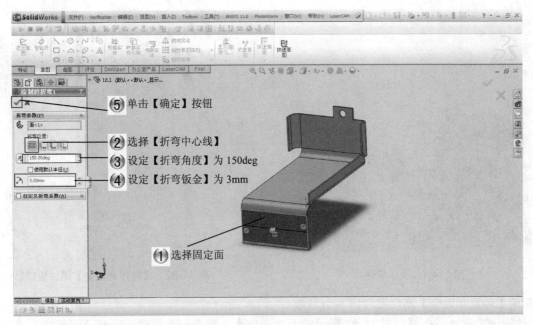

图 11-80　创建绘制的折弯

11.2　钣金零件设计

设计钣金零件有 3 种方法：

- 使用钣金特征来生成零件成为钣金零件；
- 先设计实体，然后将实体转化为钣金零件；
- 先创建一个零件，然后将其抽壳转化为钣金零件。

在上一节中，我们已经讨论了使用钣金特征生成零件成为钣金件的方法。这一节我们着重讨论第二和第三种方法。

11.2.1　将实体转化为钣金零件

1. 使用转换到钣金生成钣金零件

下面介绍使用转换到钣金生成钣金零件的具体方法。

1) 打开零件图

开打实体零件，如图 11-81 所示。

2) 调用转换到钣金命令

SolidWorks 提供两种调用转换到钣金命令的方法。

- 选择【插入】|【钣金】|【转换到钣金】命令。
- 在【钣金】工具栏中单击【转换到钣金】按钮 。

显示【转换到钣金】属性管理器，如图 11-82 所示。

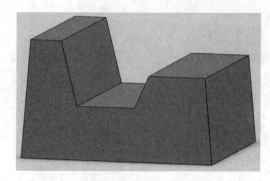

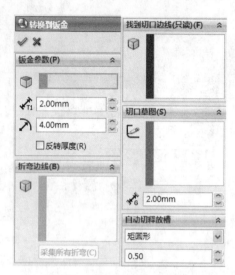

图 11-81　实体零件　　　　　　　　图 11-82　【转换到钣金】属性管理器

3) 设置【转换到钣金】属性管理器各个参数

● 选取固定实体。选择如图 11-83 所示的面为固定面，这个面在零件展开时位置保持不变。

● 设置零件的【钣金厚度】 为 3mm，【折弯半径】为 5mm。

● 选择折弯边线。选择如图 11-83 所示的边线为折弯边线。图中粉色线表示的是折弯边线。

● 所需切口会被自动选取，并在【找到切口边线】中列出。即在图 11-84 中系统自动选取的蓝色边线。

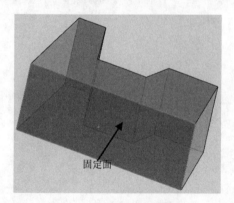

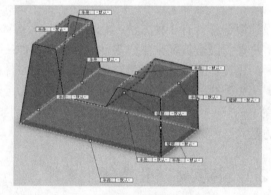

图 11-83　选择固定面　　　　　　　　图 11-84　选择折弯线

● 根据需要，用户可以在【切口草图】选项组中选择切口草图，并设置默认隙缝。

● 在【自动切释放槽】选项组中选择释放槽类型。SolidWorks 提供了 3 种释放槽类型，分别为：【矩形】、【撕裂型】和【矩圆形】。【撕裂型】释放槽是插入折弯所需的最小尺寸，【矩形】或者【矩圆形】释放槽设定的则是释放槽比例。这里我们选择【矩形】，并且比例设置为 0.5。

4) 生成钣金零件

单击【确定】按钮 ✔ ，生成如图 11-85 所示的钣金零件。

5) 展开零件

单击【钣金】工具栏中的【展开】按钮 ，系统将按照指定的折弯和切口展开零件，如图 11-86 所示。

图 11-85　钣金零件

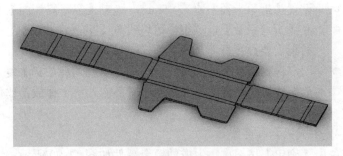

图 11-86　展开的钣金零件

2. 使用插入折弯生成钣金零件

下面介绍使用插入折弯生成钣金零件的具体方法。

1) 打开零件

打开如图 11-87 所示的薄件零件，此零件是通过草图拉伸生成的。

2) 调用折弯命令

SolidWorks 提供两种调用折弯命令的方法。

● 选择【插入】|【钣金】|【折弯】命令。

● 单击【钣金】工具栏中的【插入折弯】按钮 🖐️。

弹出【折弯】属性管理器，如图 11-88 所示。

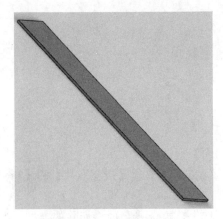

图 11-87　薄件零件

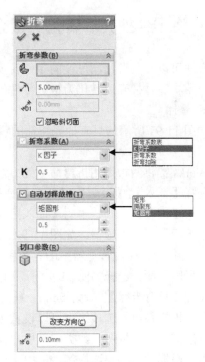

图 11-88　【折弯】属性管理器参数设置

3) 设置【折弯】属性管理器中的各个参数

● 选择固定面。选择如图 11-89 所示的固定面。

- 设置【折弯半径】 ↗ 为 5mm，选中【忽略斜切面】复选框。
- 在【折弯系数】选项组中可以设置【折弯系数表】、【K 因子】、【折弯系数】和【折弯扣除】。如果需要设置折弯系数类型，需输入具体的数值。
- 用户根据设计需要选择是否选中【自动切释放槽】复选框，再选择释放槽切除的类型。当选择【矩形】或者【矩圆形】时，用户需要输入一个释放槽比例。这里我们选择【矩圆形】，释放槽比例设置为 0.5。

4) 生成钣金零件

单击【确定】按钮 ✔，生成的钣金零件如图 11-90 所示。

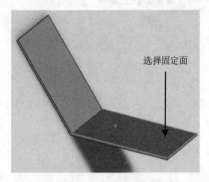

图 11-89　选择固定面

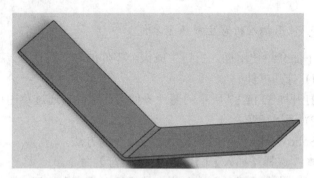

图 11-90　使用折弯生成的钣金零件

11.2.2　将零件抽壳后转化为钣金零件

这种方法可以将具有相同厚度的零件转换为钣金零件。

下面介绍将零件抽壳后转化为钣金零件的具体方法。

1) 打开零件

打开如图 11-91 所示的具有抽壳特征的零件。

2) 调用折弯命令

SolidWorks 提供两种调用折弯命令的方法。

- 选择【插入】|【钣金】|【折弯】命令。
- 单击【钣金】工具栏中的【插入折弯】按钮 ⬙。

弹出【折弯】属性管理器，如图 11-92 所示。

3) 设置【折弯】属性管理器中的各个参数

- 选择固定面。选择如图 11-93 所示的固定面。
- 设置【折弯半径】 ↗ 为 5mm。并且选中【忽略斜切面】复选框。
- 在【折弯系数】选项组中可以设置【折弯系数表】、【K 因子】、【折弯系数】和【折弯扣除】。如果需要设置折弯系数类型，用户需输入具体的数值。
- 用户根据设计需要选择是否选中【自动切释放槽】复选框，再选择释放槽切除的类型。当选择【矩形】或者【矩圆形】时，用户需要输入一个释放槽比例。
- 在【切口参数】选择框中，我们选择如图 11-92 所示的边线为要切口的边线。并且设置【切口缝隙】为 3mm。连续单击【改变方向】按钮，直至出现图 11-93 所显示的两个方向。

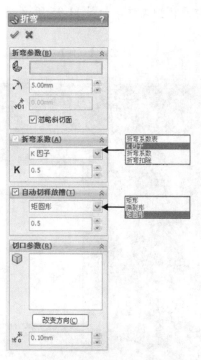

图 11-91　抽壳零件

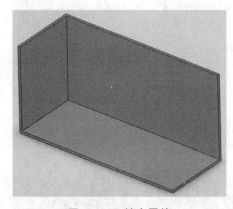

图 11-92　【折弯】属性管理器

4）创建钣金零件

单击【确定】按钮 ✅，创建完成的钣金零件如图 11-94 所示。

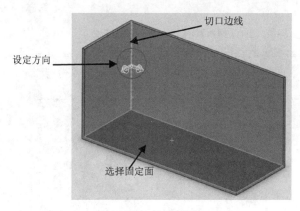

切口边线

设定方向

选择固定面

图 11-93　抽壳零件

图 11-94　形成的钣金零件

11.2.3　钣金零件设计范例

本范例完成文件：\11\11-2-3.SLDPRT

多媒体教学路径：光盘→多媒体教学→第 11 章→11.2.3 节

Step ① 打开模型文件，如图 11-95 所示。

① 选择【文件】|【打开】命令

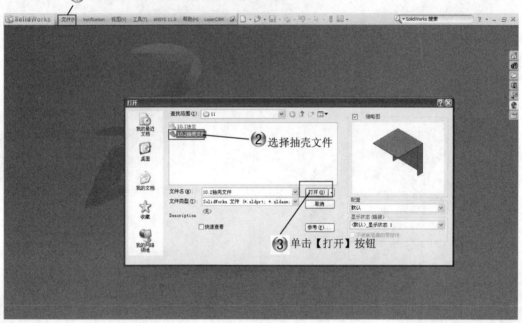

② 选择抽壳文件

③ 单击【打开】按钮

图 11-95　打开模型文件

Step ② 调用【折弯】命令，如图 11-96 所示。

① 选择【插入】|【钣金】|【折弯】命令

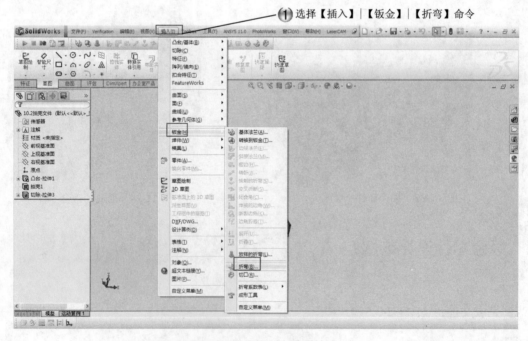

图 11-96　调用【折弯】命令

Step 3 创建折弯，如图 11-97 所示。

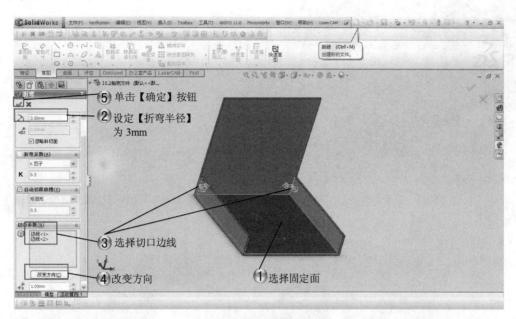

图 11-97　创建折弯

11.3　编辑钣金特征

11.3.1　断开边角/边角剪裁

使用【断开边角/边角剪裁】命令可以创建倒角或者圆角。

下面介绍使用断开边角/边角剪裁的具体方法。

1) 打开零件

打开如图 11-98 所示的钣金零件。

2) 调用断裂边角命令

SolidWorks 提供两种调用断裂边角命令的方法。

● 选择【插入】|【钣金】|【断裂边角】命令。

● 在【钣金】工具栏中单击【断开边角/边角剪裁】按钮 🔲。

显示【断开边角】属性管理器，如图 11-99 所示。

3) 设置【断开边角】属性管理器中各个选项参数

● 选择边角边线或者法兰面。选择如图 11-100 所示的面，在所选的面上添加倒角或者圆角。

● 选择折断类型。SolidWorks 提供两种折断类型：倒角和圆角。当选择倒角时，在【距离】微调框 中输入距离；当选择圆角时，在【半径】微调框 中输入半径。在这里我们选择【圆角】，设置圆角【半径】为 5mm。

4) 创建倒角

单击【确定】按钮 。完成的倒角如图 11-101 所示。

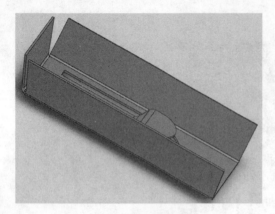

图 11-98　钣金零件

图 11-99　【断开边角】属性管理器

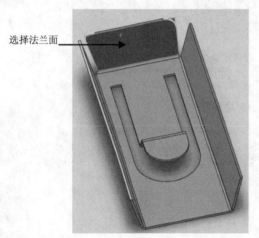

图 11-100　选择法兰面

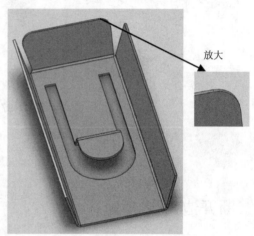

图 11-101　断开边角

5) 保存文件

11.3.2　切除/拉伸

在钣金设计中，当用户需要在已有的零件模型中去除一定的材料，就需要用到【切除/拉伸】功能。
下面介绍使用切除/拉伸的具体方法。

1) 打开零件

打开钣金零件。如图 11-102 所示。

2) 调用拉伸命令

SolidWorks 提供两种调用拉伸命令的方法。

● 选择【插入】|【切除】|【拉伸】命令。

● 在【钣金】工具栏中单击【拉伸切除】按钮 。

弹出如图 11-103 所示的【拉伸】属性管理器。

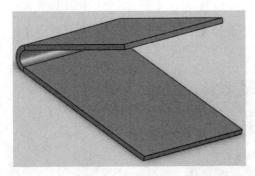

图 11-102　基体法兰

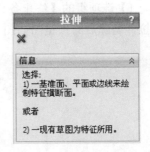

图 11-103　【拉伸】属性管理器

3) 绘制横断面草图

● 定义基准面。选择如图 11-104 所示的面为基准面。

● 绘制横断面草图。绘制如图 11-105 所示的横断面草图。

● 单击【退出草图】按钮，退出草图绘制环境。弹出如图 11-106 所示的【切除-拉伸】属性管理器。

图 11-104　选择基准面

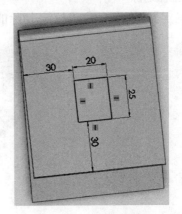

图 11-105　横断面草图

图 11-106　【切除-拉伸】属性管理器

4) 设置拉伸切除属性窗口参数

在【方向 1】选项组的【终止条件】下拉列表框中选择【给定深度】选项，并且选中【正交切除】复选框。钣金拉伸切除后的预览图如图 11-107 所示。

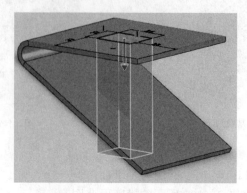

图 11-107　拉伸切除钣金预览图

5) 创建拉伸切除

单击【确定】✓按钮，完成拉伸-切除的创建。创建后的钣金如图 11-108 所示。

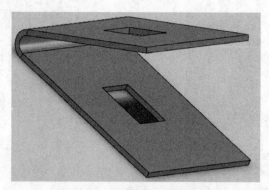

图 11-107　拉伸切除后的钣金

6) 保存文件

11.3.3　编辑钣金特征范例

　本范例练习文件：\11\11.3\10.4 钣金零件-编辑钣金特征.SLDPRT

　本范例完成文件：\11\11.3\11-3-3.SLDPRT

　多媒体教学路径：光盘→多媒体教学→第 11 章→11.3.3 节

Step 1　打开钣金零件，如图 11-109 所示。

① 选择【文件】|【打开】命令

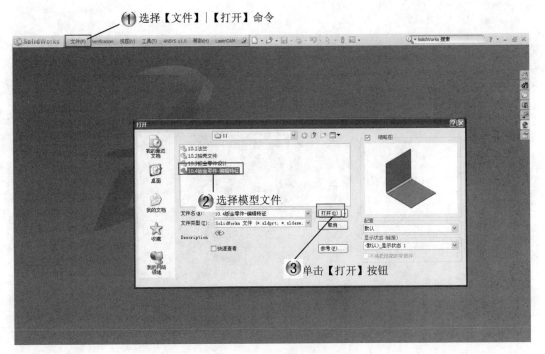

② 选择模型文件

③ 单击【打开】按钮

图 11-109　打开钣金零件

Step 2　调用断裂边角命令，如图 11-110 所示。

① 选择【插入】|【钣金】|【断裂边角】命令

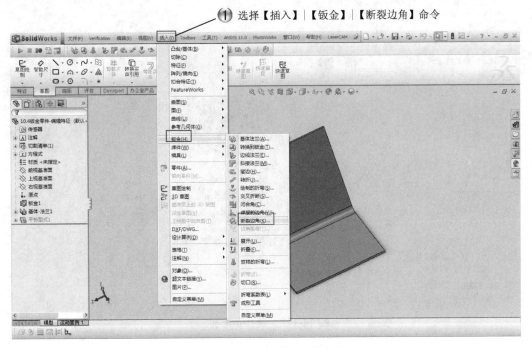

图 11-110　调用断裂边角命令

Step 3 创建倒角，如图 11-111 所示。

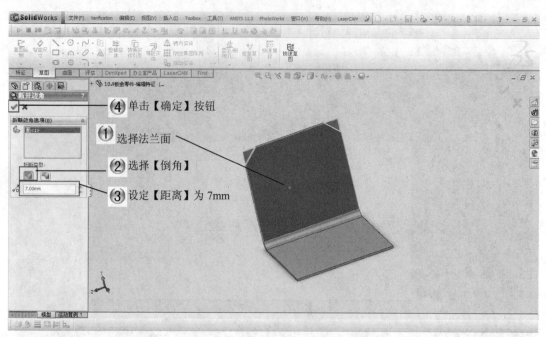

图 11-111　创建倒角

Step 4 选择基准面，如图 11-112 所示。

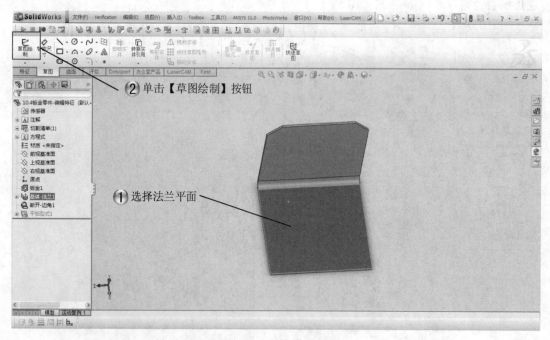

图 11-112　选择基准面

5 绘制草图，如图 11-113 所示。

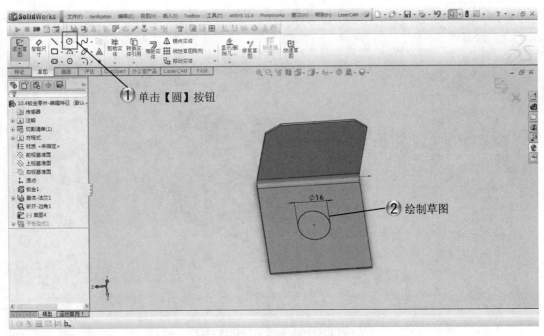

图 11-113　绘制草图

 6 调用拉伸切除命令，如图 11-114 所示。

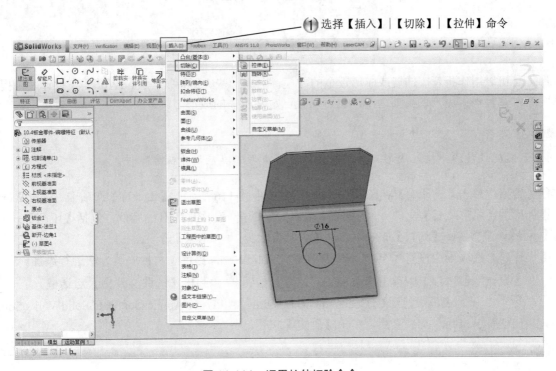

图 11-114　调用拉伸切除命令

Step 7 创建拉伸切除特征，如图 11-115 所示。

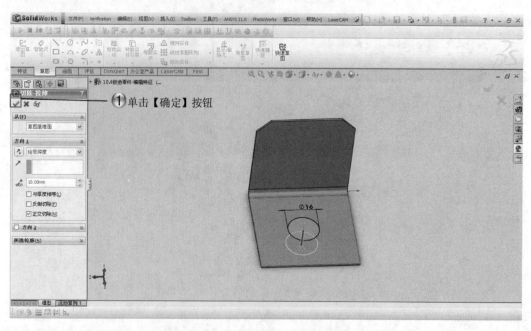

图 11-115 创建拉伸切除特征

11.4 使用钣金成形工具

11.4.1 概论

成形工具可以用作折弯、伸展或成形钣金的冲模，生成一些成形特征。SolidWorks 在设计库中提供了很多成形工具，并且根据用户的需要，用户也可以自己定义所需的成形工具。

> **提 示**
>
> 用户只能从设计库中插入成形工具，并且只能将成形工具应用于钣金零件。

在任务窗格中单击【设计库】标签 📚，系统打开如图 11-116 所示的【设计库】选项卡。SolidWorks 2012 软件在设计库的【成形工具】文件夹 📁 forming tools 下提供了一套成形工具的实例，包括【压凸】 📁 embosses、【冲孔】 📁 extruded flanges、【切口】) 📁 lances、【百叶窗】 📁 louvers 和【肋】 📁 ribs。

若【设计库】选项卡中没有 📚 design library 文件夹，SolidWorks 提供了两种安装方法进行添加。

- 在【设计库】选项卡中单击【添加文件位置】按钮 📂，弹出【选取文件夹】对话框。
- 在 查找范围(I): 列表框中找到 C:\Documents and Settings\All Users\Application Data\SolidWorks\SolidWorks 2012\design library 文件夹后，单击【确定】按钮。

> **提 示**
>
> 系统有可能将 design library 文件夹设置为隐藏。

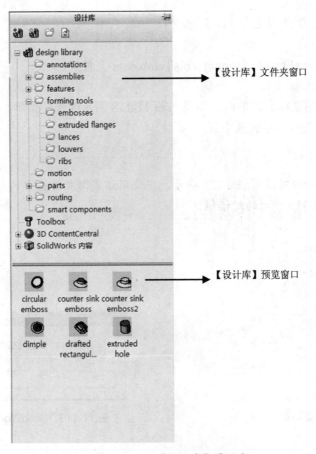

图 11-116　【设计库】选项卡

11.4.2　标准成形工具

下面介绍如何使用一个标准成形工具来创建一个成形特征的具体方法。

1) 打开模型文件

打开现有的钣金模型，如图 11-117 所示。

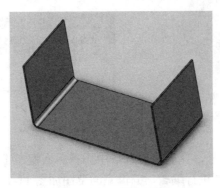

图 11-117　钣金模型

2) 打开设计库窗口

单击【设计库】标签 ，切换到【设计库】选项卡。

3) 调入成形工具

在【设计库】中选择 design library | forming tools | embosses 文件夹。

4) 查看成形工具文件夹状态

选中 embosses 文件夹后用鼠标右键单击，出现如图 11-118 所示的快捷菜单，确认【成形工具文件夹】命令前是否带有 符号。若没有，单击选中。

> **提 示**
>
> 若【成形工具文件夹】命令前没有显示 符号，当使用该成形文件夹中的成形工具时，将无法创建成形特征，并且弹出如图 11-119 所示的对话框。

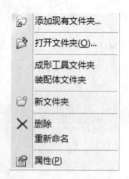

图 11-118　快捷菜单

图 11-119　SolidWorks 对话框

(5) 放置成形特征

在【设计库】预览窗口中选择 dimple 文件并拖动至如图 11-120 所示的平面，弹出如图 11-121 所示的【放置成形特征】对话框，在对话框中单击【完成】按钮。

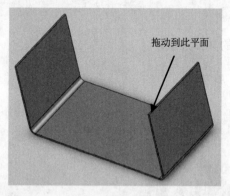

拖动到此平面

图 11-120　成形特征

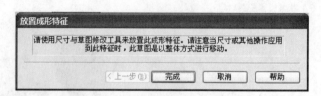

图 11-121　【放置成形特征】对话框

6) 编辑草图

单击设计树中 dimple2 前的+号，在展开的选项中用鼠标右键单击 草图5 特征，在弹出的快捷菜单中选择【编辑草图】 命令，对草图进行编辑，编辑完的草图如图 11-122 所示。完成后退出草图编辑环境，完成特征的创建。

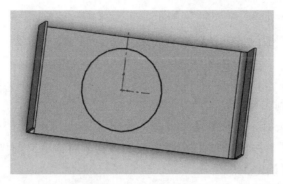

图 11-122　编辑草图

11.4.3　自定义成形工具

除了使用软件自带的成形工具以外，用户还可以创建自定义成形工具。

下面介绍创建如图 11-123 所示的自定义成形工具的具体方法。

1）选择命令

选择【插入】|【钣金】|【成形工具】命令，系统弹出如图 11-124 所示的【成形工具】属性管理器。

图 11-123　自定义成形工具

图 11-124　【成形工具】属性管理器

2）设置【成形工具】属性管理器各个参数

● 定义停止面属性。选择如图 11-125 所示的平面为停止面。

● 定义移除面属性。由于此处不涉及移除，此成形工具不选取移除面。

图 11-125　设置停止面

3）创建模型

单击【确定】按钮 ✔ ，完成成形工具模型的创建。

4）保存模型

保存成形工具模型。

5）将成形工具模型调入到设计库

- 单击【设计库】标签 ，切换到【设计库】选项卡。
- 单击【添加文件位置】按钮 ，弹出【选取文件夹】对话框，选择创建的成形工具模型所保存在的文件夹后，单击【确定】按钮。
- 如图 11-126 所示的【设计库】中出现 owntool 节点，单击鼠标右键，在弹出的快捷菜单中选择【成形工具文件夹】命令，确认【成形工具文件夹】命令前出现 ✔ 符号，如图 11-127 所示。

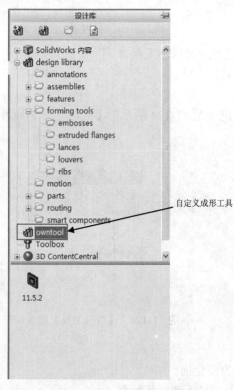

图 11-126　【设计库】选项卡

图 11-127　快捷菜单

11.4.4　钣金成形工具范例

 本范例练习文件：\11\11.4\10.6 成形工具-模型.SLDPRT

 本范例完成文件：\11\11.4\11-4-4.SLDPRT

 多媒体教学路径：光盘→多媒体教学→第 11 章→11.4.4 节

Step 1　打开模型文件，如图 11-128 所示。

① 选择【文件】|【打开】命令

② 选择模型文件

③ 单击【打开】按钮

图 11-128　打开模型文件

Step 2　调用【成形工具】命令，如图 11-129 所示。

① 选择【插入】|【钣金】|【成形工具】命令

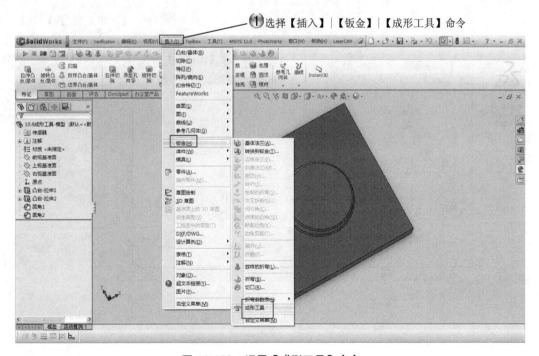

图 11-129　调用【成形工具】命令

Step 3 创建成形工具，如图 11-130 所示。

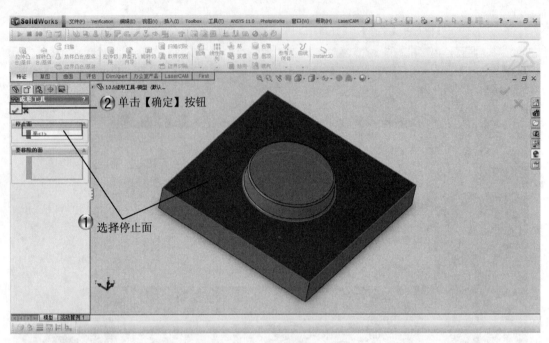

图 11-130 创建成形工具

Step 4 将成形工具存入设计库，如图 11-131 所示。

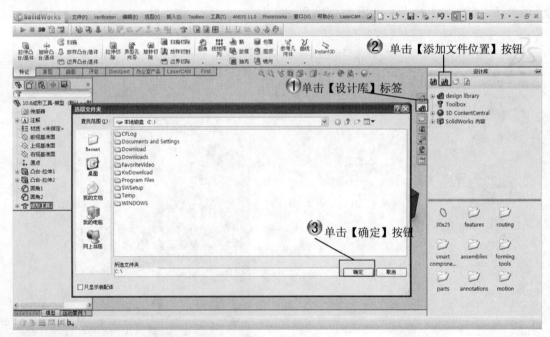

图 11-131 保存到设计库

11.5　本　章　小　结

　　本章主要介绍了钣金件在实际中的应用，以及 SolidWorks 钣金设计的特点和基本操作方法，这些都是钣金设计入门知识。通过本章学习之后，读者能够学会的包括钣金特征设计、钣金零件设计、编辑钣金特征和使用钣金成形工具。

第12章

渲染和动画

本章导读

    渲染就是生成光电式图像,用户可以将文档渲染到图形区域或文件中。而动画就是能够在装配体中指定零件点到点的运动。SolidWorks 通过使用 PhotoWorks 和 SolidWorks Motion 插件创建模型的渲染图像和动画。

学习内容

知识点 学习目标	理 解	应 用	实 践
渲染模型	√	√	√
创建动画	√	√	√

12.1 渲 染 概 述

PhotoView 360 是 SolidWorks 最新的视觉效果和渲染解决方案。是基于 SolidWorks 智能特征技术(SWIFT) 由 SolidWorks 公司和 Luxology 公司共同开发,能够使用逼真的材质将 SolidWorks 模型渲染出极为逼真的图像。同时,为了产生高质量并且逼真的图片来展示用户的设计,SolidWorks 通过使用高度互动的接口创建逼真的效果图来预览设计结果。SolidWorks 可以让 CAD 的初学者不需经过复杂冗长的学习就能够迅速达到专家级的输出结果。

渲染的关键技术在于 SolidWorks 提供一个能与使用者高度互动的预览环境,能使模型的摆放位置和材质装饰能实时反馈于使用者,并且能够任意调整相机视角对画面做出实时操控。这些简单的工具,能使用户在同一个画面中实现逼真的相片预览。

12.2 设置外观、布景和灯光

本节主要学习不锈钢材质、抛光钢材质、塑料材质的渲染。

在设置外观、布景、灯光之前,首先需要打开 PhotoWorks 插件。具体方法为选择【工具】|【插件】命令,在弹出的【插件】对话框中选择 PhotoWorks 插件,如图 12-1 所示。单击【确定】按钮后,SolidWorks 界面出现【渲染工具】工具栏,如图 12-2 所示。

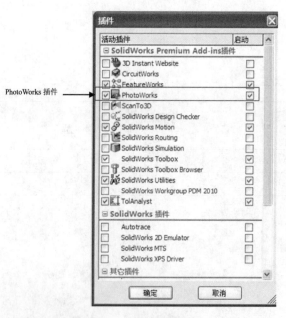

图 12-1 【插件】对话框

图 12-2 【渲染工具】工具栏

12.2.1　设置外观

下面介绍设置外观的具体方法。

(1) 打开"电饭煲"文件，如图 12-3 所示。

(2) 调用外观命令，在特征管理器设计树中选择【旋转 1】和【旋转 3】实体特征。单击【渲染工具】工具栏中【编辑外观】按钮，弹出【外观/PhotoWorks】选项卡，选择【外观】|【金属】|【铝】选项，再选择【磨光铝】材质，如图 12-4 所示。

图 12-3　电饭煲模型

图 12-4　选择【磨光铝】材质

(3) 设置颜色/图像参数，在【磨光铝】属性管理器中，单击【颜色/图像】标签，切换到【颜色/图像】选项卡，其中各项参数设置如图 12-5 所示。

(4) 设置映射参数，单击【映射】标签，切换到【映射】选项卡，其中各项参数设置如图 12-6 所示。

(5) 设置照明度参数。

单击【照明度】标签，切换到【照明度】选项卡，其中各项参数设置如图 12-7 所示。

(6) 设置表明粗糙度参数。

单击【表面粗糙度】标签，切换到【表面粗糙度】选项卡，其中各项参数设置如图 12-8 所示。

(7) 完成设置。

单击【确定】按钮，完成这两个实体特征的外观设计。

(8) 调用外观命令。

在特征管理器设计树中选择【旋转 2】、【圆角 1】、【圆角 2】、【拉伸 1】、【圆角 3】、【圆角 4】、【曲面-拉伸 1】、【曲面-扫描 1】、【曲面剪裁 1】实体特征。单击【渲染工具】工具栏中的【编辑外观】按钮，打开【外观/PhotoWorks】选项卡，选择【外观】|【塑料】|【低光泽】选项，再选择【米色低光泽塑料】材质，如图 12-9 所示。

图 12-5　磨光铝【颜色/图像】选项卡

图 12-6　磨光铝【映射】选项卡

图 12-7　磨光铝【照明度】选项卡

图 12-8　磨光铝【表面粗糙度】选项卡

(9) 设置颜色/图像参数。

在【米色低光泽塑料】属性管理器中单击【颜色/图像】标签，切换到【颜色/图像】选项卡，其中各项参数设置如图 12-10 所示。

(10) 设置映射参数。

单击【映射】标签，切换到【映射】选项卡，其中各项参数设置如图 12-11 所示。

(11) 设置照明度参数。

单击【照明度】标签，切换到【照明度】选项卡，其中各项参数设置如图 12-12 所示。

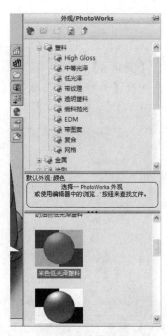

图 12-9　选择【米色低光泽塑料】材质

图 12-10　米色低光泽塑料【颜色/图像】选项卡

图 12-11　米色低光泽塑料【映射】选项卡

图 12-12　米色低光泽塑料【照明度】选项卡

(12) 设置表面粗糙度参数。

单击【表面粗糙度】标签，切换到【表面粗糙度】选项卡，其中各项参数设置如图 12-13 所示。

(13) 完成设置。

单击【确定】按钮✔，完成 9 个实体特征的外观设计。

(14) 调用外观命令。

在特征管理器设计树中选择【加厚 1】、【圆角 5】、【拉伸 2】、【圆角 6】实体特征。单击【渲染工具】工具栏中的【编辑外观】按钮，打开【外观/PhotoWorks】选项卡，选择【外观】|【金属】|【钢】选项，再选择【抛光钢】材质，如图 12-14 所示。

图 12-13　米色低光泽塑料【表面粗糙度】选项卡　　　　图 12-14　选择【抛光钢】材质

(15) 设置颜色/图像参数。

在【抛光钢】属性管理器中单击【颜色/图像】标签，切换到【颜色/图像】选项卡，其中各项参数设置如图 12-15 所示。

(16) 设置映射参数。

单击【映射】标签，切换到【映射】选项卡，其中各项参数设置如图 12-16 所示。

(17) 设置照明度参数。

单击【照明度】标签，切换到【照明度】选项卡，其中各项参数设置如图 12-17 所示。

(18) 设置表面粗糙度参数。

单击【表面粗糙度】标签，切换到【表面粗糙度】选项卡，其中各项参数设置如图 12-18 所示。

(19) 完成设置。

单击【确定】按钮✔，完成 4 个实体特征的外观设计。

(20) 调用外观命令。

在特征管理器设计树中选择【曲面-拉伸 2】、【拉伸 3】、【切除-拉伸 1】、【圆角 7】、【旋转 5】、【阵列(圆周)1】实体特征。单击【渲染工具】工具栏中的【编辑外观】按钮，打开【外观/PhotoWorks】选项卡，选择【外观】|【塑料】|【中等光泽】选项，再选择【米色中等光泽塑料】材质，如图 12-19 所示。

图 12-15　抛光钢【颜色/图像】选项卡

图 12-16　抛光钢【映射】选项卡

图 12-17　抛光钢【照明度】选项卡

图 12-18　抛光钢【表面粗糙度】选项卡

(21) 设置颜色/图像参数。

在【米色中等光泽塑料】属性管理器中单击【颜色/图像】标签，切换到【颜色/图像】选项卡，其中各项参数设置如图 12-20 所示。

图 12-19　选择【米色中等光泽塑料】材质

图 12-20　米色中等光泽塑料【颜色/图像】选项卡

(22) 设置映射参数。

单击【映射】标签，切换到【映射】选项卡，其中各项参数设置如图 12-21 所示。

(23) 设置照明度参数。

单击【照明度】标签，切换到【照明度】选项卡，其中各项参数设置如图 12-22 所示。

(24) 设置表面粗糙度参数。

单击【表面粗糙度】标签，切换到【表面粗糙度】选项卡，其中各项参数设置如图 12-23 所示。

(25) 完成设置。

单击【确定】✔ 按钮，完成 6 个实体特征的外观设计。

(26) 调用外观命令。

在特征管理器设计树中选择【旋转 4】、【镜向 1】实体特征。单击【渲染工具】工具栏中的【编辑外观】按钮，打开【外观/PhotoWorks】选项卡，选择【外观】|【橡胶】|【无光泽】选项，再选择【无光泽橡胶】材质，如图 12-24 所示。

图 12-21　米色中等光泽塑料【映射】选项卡　　　　图 12-22　米色中等光泽塑料【照明度】选项卡

图 12-23　米色中等光泽塑料【表面粗糙度】选项卡

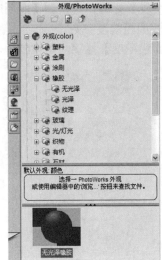
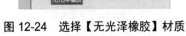

图 12-24　选择【无光泽橡胶】材质

(27) 设置颜色/图像参数。

在【无光泽橡胶】属性管理器中单击【颜色/图像】标签，切换到【颜色/图像】选项卡，其中各项参数设置如图 12-25 所示。

(28) 设置映射参数。

单击【映射】标签，切换到【映射】选项卡，其中各项参数设置如图 12-26 所示。

图 12-25　无光泽橡胶【颜色/图像】选项卡　　　　图 12-26　无光泽橡胶【映射】选项卡

(29) 设置照明度参数。

单击【照明度】标签，切换到【照明度】选项卡，其中各项参数设置如图 12-27 所示。

(30) 设置表面粗糙度参数。

单击【表面粗糙度】标签，切换到【表面粗糙度】选项卡，其中各项参数设置如图 12-28 所示。

图 12-27　无光泽橡胶【照明度】选项卡　　　　图 12-28　无光泽橡胶【表面粗糙度】选项卡

(31) 完成设置。

单击【确定】按钮 ✓，完成两个实体特征的外观设计。至此，完成了实体全部特征的外观设计。

12.2.2   设置布景

1) 调用布景命令

单击【渲染工具】工具栏中【编辑布景】按钮 ，弹出【布景编辑器】窗口，切换到【管理程序】选项卡，选择【基本布局】选项，再选择【背景-工作间】材质，如图 12-29 所示。

2) 设置背景/前景参数

单击【背景/前景】标签，切换到【背景/前景】选项卡，如图 12-30 所示设置各项参数。

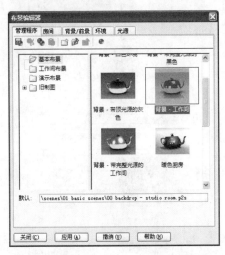

图 12-29   选择【背景-工作间】材质

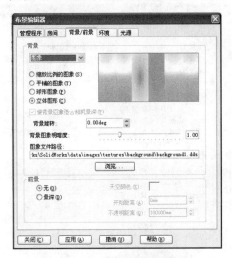

图 12-30   【背景/前景】选项卡

3) 设置环境参数

单击【环境】标签，切换到【环境】选项卡，如图 12-31 所示设置各项参数。

4) 设置光源参数

单击【光源】标签，切换到【光源】选项卡，如图 12-32 所示设置各项参数。

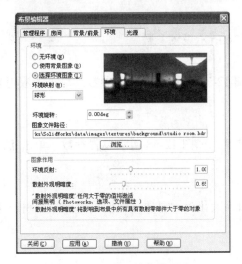

图 12-31   【环境】选项卡

图 12-32   【光源】选项卡

5) 设置房间参数

单击【房间】标签,切换到【房间】选项卡,如图 12-33 所示设置各项参数。

6) 选择外观

选择【房间】选项卡中【楼板】材质右侧的□图标,在弹出的【外观/PhotoWorks】选项卡中,选择【外观】|【有机】|【木材】|【胡桃木】选项,再选择【粗制胡桃木 2】材质,如图 12-34 所示。

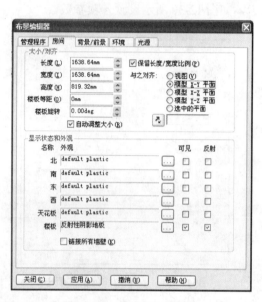

图 12-33 【房间】选项卡

图 12-34 【外观/PhotoWorks】选项卡

7) 设置颜色/图像参数

在【粗制胡桃木 2-楼板】属性管理器中单击【颜色/图像】标签,切换到【颜色/图像】选项卡,如图 12-35 所示设置各项参数。

8) 设置映射参数

单击【映射】标签,切换到【映射】选项卡,如图 12-36 所示设置参数。

9) 设置照明度参数

单击【照明度】标签,切换到【照明度】选项卡,如图 12-37 所示设置各项参数。单击【应用】按钮,再单击【关闭】按钮。

10) 设置表面粗糙度参数

单击【表面粗糙度】标签,切换到【表面粗糙度】选项卡,如图 12-38 所示设置参数。单击【确定】按钮 ✓,完成楼板的设置。

11) 设置其他方位参数

返回到【布景编辑器】窗口中继续设置北、南、东、西、天花板的材质,他们采用同一个材质【粗制胡桃木 2】,设置参数也与前述相同。

图 12-35 粗制胡桃木 2-楼板【颜色/图像】选项卡

图 12-36 【映射】选项卡

图 12-37 【照明度】选项卡

图 12-38 【表面粗糙度】选项卡

12.2.3　设置灯光

1）调用灯光命令

在任务窗格中单击【外观/PhotoWorks】标签，切换到【外观/PhotoWorks】选项卡。选择【光源】|【线光源】选项，将【低前左线光源】直接拖动到设计区域中，如图 12-39 所示。

2）渲染模型

单击【渲染工具】工具栏中的【渲染】按钮，渲染后的图像如图 12-40 所示。

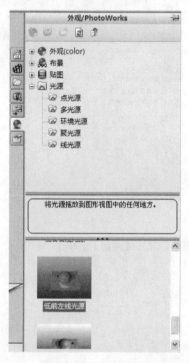

图 12-39　选择光源

图 12-40　渲染图像

12.3　制　作　动　画

12.3.1　动画概述

设计人员可以使用动画来生成使用插值以在装配体中指定零件点到点运动的简单动画，也可以使用动画将基于马达的动画应用到装配体零部件中。要在 SolidWorks 环境创建动画，需要激活动画插件。选择【工具】|【插件】命令，在弹出的【插件】对话框中，选择 SolidWorks Motion 插件，如图 12-41 所示。

SolidWorks 提供两种创建动画的方法：

● 使用关键帧动画。

● 使用马达动画。

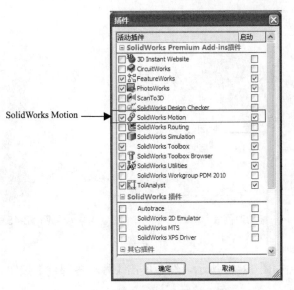

图 12-41　选择 SolidWorks Motion 插件

打开装配体文件，如图 12-42 所示。在 SolidWorks 界面的状态栏中选择【动画 1】，如图 12-43 所示，进入制作动画界面。

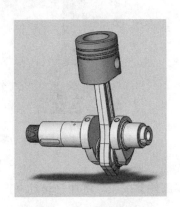

图 12-42　装配体文件

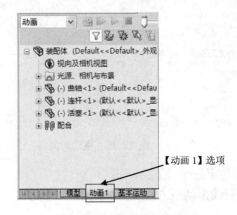

图 12-43　制作动画界面

12.3.2　制作动画

下面介绍使用这两种制作动画的具体方法。

1. 使用关键帧动画

使用关键帧定义动画的一般方法为：沿时间线拖动时间栏到某一时间关键点，然后移动零部件到目标位置。

下面介绍使用关键帧制作动画的具体方法。

1) 创建第一个位置的动画

在 MotionManager 工具栏中将时间线拖动到 2 秒位置如图 12-44 所示，然后单击【移动零部件】按钮，将曲轴转动 90°，如图 12-45 所示。

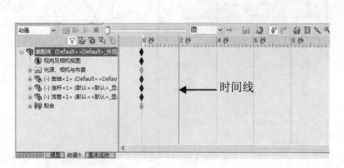

图 12-44　拖动时间线

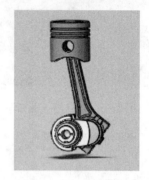

图 12-45　在 2 秒位置移动零部件

2）创建第二个位置的动画

将时间线拖动到 4 秒位置如图 12-46 所示，然后单击【移动零部件】按钮，将曲轴转动 90°，如图 12-47 所示。

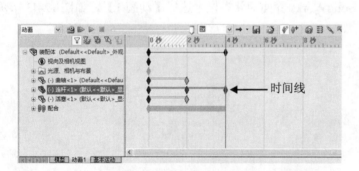

图 12-46　拖动时间线

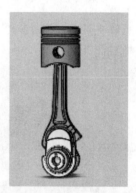

图 12-47　在 4 秒位置移动零部件

3）创建第三个位置的动画

将时间线拖动到 6 秒位置如图 12-48 所示，然后单击【移动零部件】按钮，将曲轴转动 90°，如图 12-49 所示。

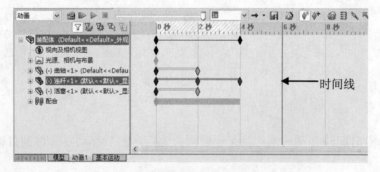

图 12-48　拖动时间线

图 12-49　在 6 秒位置移动零部件

4）创建第四个位置的动画

将时间线拖动到 8 秒位置如图 12-50 所示，然后单击【移动零部件】按钮，将曲轴转动 90°，如图 12-51

所示。

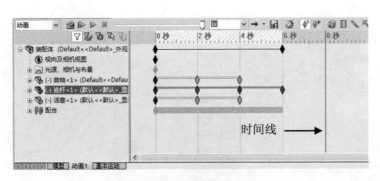 

图 12-50　拖动时间线　　　　　　　　　　图 12-51　在 8 秒位置移动零部件

5) 预览动画

单击 MotionManager 工具栏中的【播放】按钮 ▷，进行动画的预览。

6) 保存动画

若对动画结果满意，单击【保存动画】按钮 ，弹出如图 12-52 所示的【保存动画到文件】对话框，单击【保存】按钮保存动画。

图 12-52　保存动画

2. 使用马达动画

用户可以使用马达驱动零部件运动，从而生成动画。下面介绍使用马达生成动画的具体方法。

1) 调用马达命令

单击 MotionManager 工具栏中的【马达】按钮 ，弹出如图 12-53 所示的【马达】属性管理器。

2) 设置属性管理器中的参数

● 在【马达类型】选项组中选择【旋转马达】。

● 在【零部件/方向】选项组中激活【马达位置】选择框，选择如图 12-54 所示的位置为马达位置。

● 在【运动】选项组中，选择【运动类型】为【等速】，设置【转速】为 50RPM。

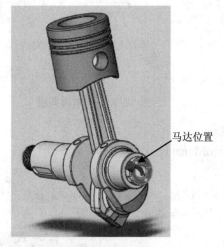

马达位置

图 12-53　【马达】属性管理器参数设置　　　　　图 12-54　选择马达位置

3) 完成参数设置

单击【确定】按钮 ✔，完成【马达】属性管理器中各项参数的设置。

4) 预览动画

在 MotionManager 工具栏中单击【播放】按钮，预览动画。

5) 保存动画

单击【保存动画】按钮，弹出如图 12-55 所示的【保存动画到文件】对话框。单击【保存】按钮保存动画。

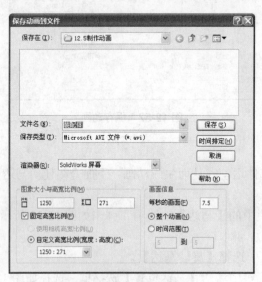

图 12-55　保存动画

12.3.3　制作动画范例

 本范例练习文件：\12\12.3 制作动画\活塞.SLDASM

 多媒体教学路径：光盘→多媒体教学→第 12 章→12.3.3 节

Step 1　打开装配体，如图 12-56 所示。

① 选择【文件】|【打开】命令

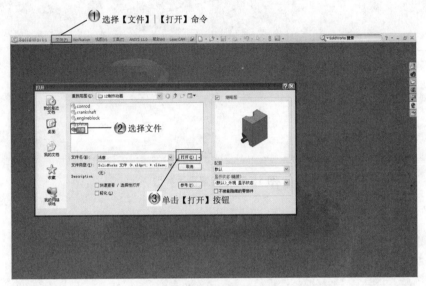

② 选择文件

③ 单击【打开】按钮

图 12-56　打开装配体

Step 2　单击【马达】按钮，如图 12-57 所示。

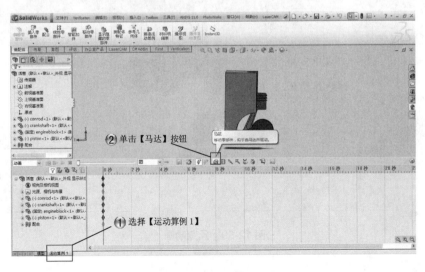

② 单击【马达】按钮

① 选择【运动算例 1】

图 12-57　单击【马达】按钮

Step 3 设置马达参数，如图 12-58 所示。

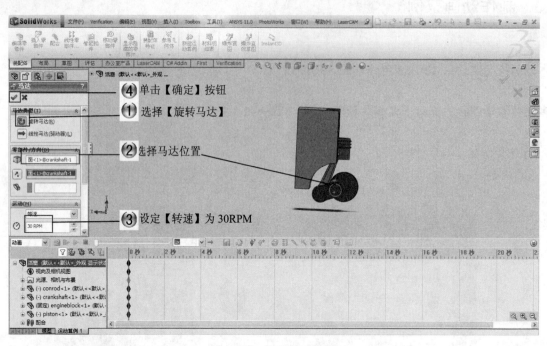

图 12-58　设置马达参数

Step 4 预览动画，如图 12-59 所示。

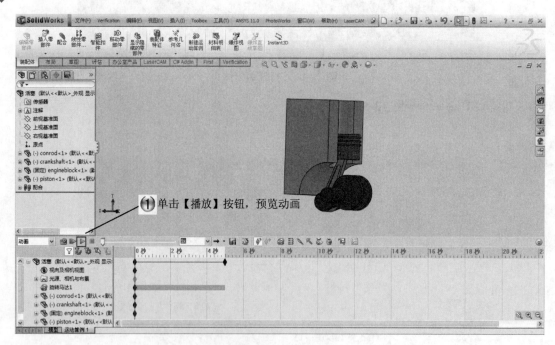

图 12-59　预览动画

12.4　本 章 小 结

　　本章主要介绍了模型的渲染和动画的创建方法，主要有渲染概述，设置外观、布景、灯光，制作动画等。由于渲染模型和创建动画的内容很多，限于篇幅，本章不可能全面介绍。但是通过本章学习之后，读者能够学会渲染模型和创建动画的基本规律。在学习有关渲染模型和创建动画的其他内容时，读者也可很快地掌握。

第 13 章

公差分析和应力分析

本章导读

　　本章主要介绍 SolidWorks 公差分析的相关知识。首先对装配体各个零部件的尺寸、大小、位置等进行标注，再对整个装配体进行公差分析，通过对 SolidWorks 分析的结果进行研究，分析装配体是否达到了设计师的要求。另外，本章还介绍了应力分析，应力分析是结构分析中的重点之一，本章着重介绍了 SimulationXpress 应力分析工具的使用方法。

学习内容

知识点 ＼ 学习目标	理　解	应　用	实　践
DimXpert 标注公差	√	√	√
TolAnalyst 分析公差	√	√	√
SimulationXpress 分析	√	√	√

13.1 公 差 概 述

经过机械加工后的零件，由于机床夹具、刀具及工艺操作水平等因素的影响，零件的尺寸和形状及表面质量均不能做到完全理想而会出现加工误差。形位误差不仅会影响机械产品的质量(如工作精度、连接强度、运动平稳性、密封性、耐磨性和使用寿命等)，还会影响零件的互换性。

SolidWorks 的形位尺寸和公差(GD&T)具有很多优点：

- 标准化的设计语言。
- 客户、供应商和生产小组的设计意图更加明显。
- 实现了最糟情形下配合限制的计算。
- 通过使用基准点，可以保证生产和检验过程的可重复性。
- 优质的生产零件保证了装配体的品质。

SolidWorks 提供了两个基于 GD&T 的应用程序：零件的 DimXpert 和 TolAnalyst，下面分别介绍一下。

13.2 零件的 DimXpert 工具

零件的 DimXpert 用于在零件上标注尺寸和公差。

13.2.1 零件的 DimXpert 概述

零件的 DimXpert 是一组工具，这些工具可以根据 ASME Y14.41-2003 和 ISO 16792:2006 标注的要求对零件应用尺寸和公差。然后在 TolAnalyst 中使用公差对装配体进行堆栈分析，或在其他分析软件中进行分析。

零件的 DimXpert 通过模型特征识别和拓扑识别两种方法对零件的制造特征进行识别。模型特征识别的优势就是能够在修改模型特征的情况下，即时更新识别出的特征；拓扑识别能够识别出模型特征识别无法识别的制造特征。

DimXpert 能够识别多种制造特征：凸台、倒角、圆锥体、圆柱、圆角、柱形沉头孔简单直孔、相交圆、相交直线、相交基准面、相交点、凹口、基准面、袋套、槽口、曲面、宽度和球体。

13.2.2 DimXpert 工具

1. DimXpert 工具栏

DimXpert 工具栏中包含有尺寸和公差的公式。

SolidWorks 提供了 3 种显示 DimXpert 工具栏的方法。

(1) 选择【工具】| DimXpert 命令，出现如图 13-1 所示的菜单。

(2) 在菜单栏的空白处右击，在弹出的快捷菜单中选择 DimXpert 命令，SolidWorks 界面中出现如图 13-2 所示的 DimXpert 工具栏。

(3) 在工具栏中单击 DimXpert 标签，切换到 DimXpert 工具栏，如图 13-3 所示。

图 13-1　　DimXpert 菜单

图 13-2　DimXpert 工具栏

图 13-3　DimXpert 工具栏

下面介绍 DimXpert 工具栏中各个选项的使用。

2. DimXpert 自动尺寸方案

使用自动尺寸方案的具体方法。

1) 调用命令

SolidWorks 提供了调用自动尺寸方案命令的方法。

● 选择【工具】| DimXpert |【自动尺寸方案】命令。

● 在 DimXpert 工具栏中单击【自动尺寸方案】按钮 ⚜。

自动尺寸方案应用于尺寸和公差，包含三部分实体：零件和公差类型、基准点或参考特征、将应用尺寸和公差的特征。

2) 设置自动尺寸方案属性管理器中各项参数

命令激活后，文件窗口左侧区域弹出【自动尺寸方案】属性管理器，如图 13-4 所示。其中包含【设定】、【参考特征】、【范围】和【特征过滤器】。

图 13-4　【自动尺寸方案】
属性管理器

● 【设定】选项组，如图 13-5 所示。其中【零件类型】用于选择要标注零件的类型；【公差类型】用于选择所要标注公差的类型；【阵列尺寸标注】用于选择阵列尺寸标注的类型。

● 【参考特征】选项组，如图 13-6 所示，用于选择标注尺寸的基准。

● 【范围】选项组，如图 13-7 所示，选择是对零件的所有特征进行尺寸和公差标注还是只对用户在零件中所选的特征进行标注。

● 【特征过滤器】选项组，如图 13-8 所示。用户可以使用【特征过滤器】区分不同的 DimXpert 特征类型。可用的【特征过滤器】选择取决于所选的面和激活的命令。【特征过滤器】可用于所有特征的选择。

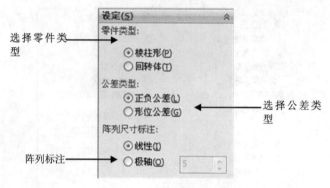

选择零件类型

选择公差类型

阵列标注

图 13-5 【设定】选项组

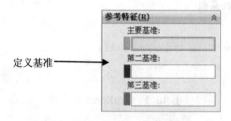

定义基准

图 13-6 【参考特征】选项组

图 13-7 【范围】选项组

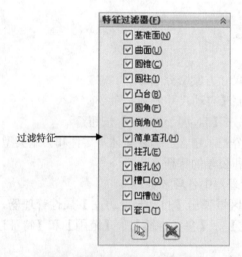

过滤特征

图 13-8 【特征过滤器】选项组

3) 完成设定

单击【确定】按钮，完成属性管理器各参数的设定。

3. DimXpert 位置尺寸

DimXpert 位置尺寸用于在两个 DimXpert 特征(不包括曲面、圆角、倒角和袋套特征)之间应用线性和角度尺寸。

下面介绍创建位置尺寸的具体方法。

1) 打开模型文件

打开如图 13-9 所示的零件。

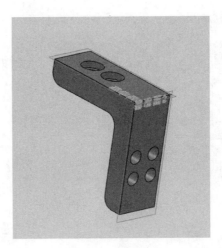

图 13-9　模型零件

2) 调用位置尺寸命令

SolidWorks 提供了调用位置尺寸命令的方法。

- 选择【工具】| DimXpert |【位置尺寸】命令。
- 在 DimXpert 工具栏中单击【位置尺寸】按钮。

3) 尺寸标注

选择需要进行位置尺寸标注的两个孔,如图 13-10 所示进行标注。

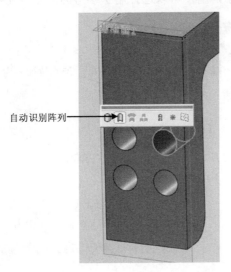

自动识别阵列

图 13-10　位置尺寸

拖动标注完成后出现如图 13-11 所示的【位置尺寸】属性管理器。

4) 设置 DimXpert 属性管理器各项参数

DimXpert 属性管理器中含有 3 个选项卡:【数值】、【引线】、【其他】。

(1)【数值】选项卡:如图 13-12 所示,包含【参考特征】、【DimXpert 方向】、【样式】、【公差/

精度】、【主要值】、【标注尺寸文字】和【双制尺寸】选项组。

图 13-11　【位置尺寸】属性管理器

图 13-12　【数值】选项卡

● 　【参考特征】选项组：如图 13-13 所示，用户可以选择用于参考的公差特征和原点特征。

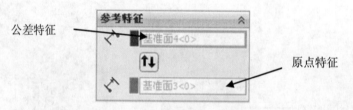

图 13-13　【参考特征】选项组

● 　【DimXpert 方向】选项组：如图 13-14 所示，选择标注尺寸方向。
● 　【样式】选项组：如图 13-15 所示，用于编辑标注样式。

图 13-14　【DimXpert 方向】选项组

图 13-15　【样式】选项组

● 　【公差/精度】选项组：如图 13-16 所示。
● 　【主要值】选项组：如图 13-17 所示。
● 　【标注尺寸和文字】选项组：如图 13-18 所示。

公差类型   最大变量

单位精度   公差精度

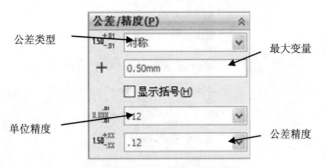

图 13-16 　【公差/精度】选项组

图 13-17 　【主要值】选项组

添加括号   审查尺寸

尺寸置中   等距文字

文字对齐方式

符号

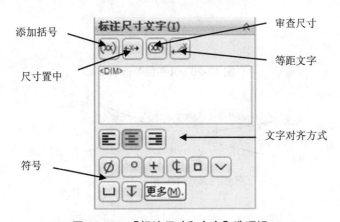

图 13-18 　【标注尺寸和文字】选项组

- 【双制尺寸】选项组：如图 13-19 所示。

单位精度   公差精度

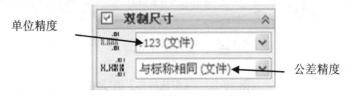

图 13-19 　【双制尺寸】选项组

(2)【引线】选项卡：如图 13-20 所示，【引线】选项卡包含【尺寸界线/引线显示】、【引线样式】、【自定义文字位置】和【圆弧条件】选项组。

- 【引线界线/引线显示】选项组：如图 13-21 所示。
- 【引线样式】选项组：如图 13-22 所示，选择是否使用文档显示。
- 【自定义文字位置】选项组：如图 13-23 所示。

图 13-20 【引线】选项卡

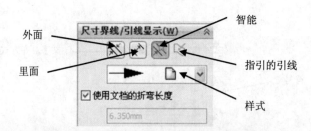

图 13-21 【尺寸界线/引线显示】选项组

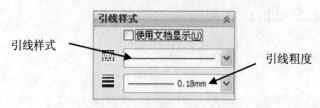

图 13-22 【引线样式】选项组

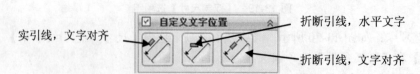

图 13-23 【自定义文字位置】选项组

● 【圆弧条件】选项组：如图 13-24 所示，选择第一、第二圆弧条件。

(3) 【其他】选项卡：如图 13-25 所示，包含【覆盖单位】和【文本字体】选项组。

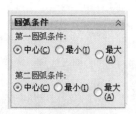

图 13-24　【圆弧条件】选项组

图 13-25　【其他】选项卡

- 【覆盖单位】选项组：如图 13-26 所示，在【长度单位】下拉列表框中选择需要覆盖的单位。
- 【文本字体】选项组：如图 13-27 所示，取消选中【使用文档字体】复选框，单击【字体】按钮，弹出如图 13-28 所示的【选择字体】对话框。

图 13-26　【覆盖单位】选项组

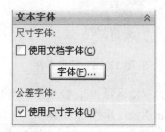

图 13-27　【文本字体】选项组

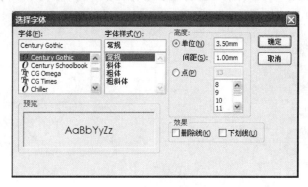

图 13-28　【选择字体】对话框

5) 完成位置尺寸创建

单击【确定】按钮 ✔，完成位置尺寸创建。

4. DimXpert 大小尺寸

大小尺寸用于在 DimXpert 特征上放置公差大小尺寸。下面介绍创建大小尺寸的具体方法。

1) 打开模型文件

打开如图 13-29 所示的零件。

2) 调用大小尺寸命令

SolidWorks 提供了调用大小尺寸命令的方法。

- 选择【工具】|DimXpert|【大小尺寸】命令。
- 在 DimXpert 工具栏中单击【大小尺寸】按钮 。

3) 尺寸标注

选择需要进行大小尺寸标注的圆孔进行标注，如图 13-30 所示。

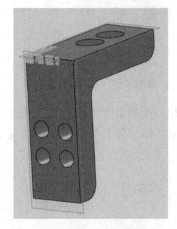

图 13-29　模型零件

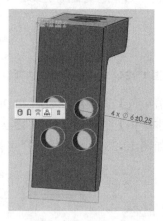

图 13-30　大小尺寸

文件窗口的左侧区域出现 DimXpert 属性管理器，如图 13-31 所示。

4) 设置 DimXpert 属性管理器

DimXpert 属性管理器中含 3 个选项卡：【数值】、【引线】、【其他】。

(1)【数值】选项卡：如图 13-32 所示，包含【参考特征】、【样式】、【公差/精度】、【主要值】、【标注尺寸文字】和【双制尺寸】选项组。

图 13-31　DimXpert 属性管理器

图 13-32　【数值】选项卡

- 【参考特征】选项组：如图 13-33 所示，用户可以选择用于参考特征。
- 【样式】选项组：如图 13-34 所示，用于编辑编辑标注样式。

图 13-33　【参考特征】选项组

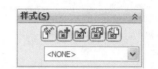

图 13-34　【样式】选项组

- 【公差/精度】选项组：如图 13-35 所示。

图 13-35　【公差/精度】选项组

- 【主要值】选项组：如图 13-36 所示。

图 13-36　【主要值】选项组

- 【标注尺寸和文字】选项组：如图 13-37 所示。

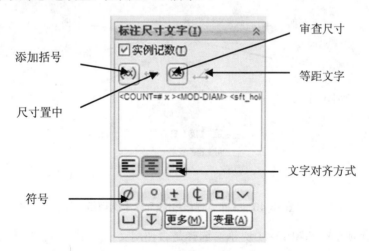

图 13-37　【标注尺寸和文字】选项组

- 【双制尺寸】选项组：如图 13-38 所示。

单位精度

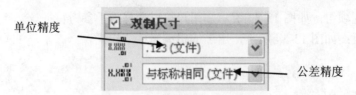

公差精度

图 13-38 【双制尺寸】选项组

(2) 【引线】选项卡：如图 13-39 所示，【引线】选项卡包含【尺寸界线/引线显示】、【引线样式】和【自定义文字位置】3 个选项组。

图 13-39 【引线】选项卡

● 【引线界线/引线显示】选项组：如图 13-40 所示。

外面

里面

圆弧标注样式

智能

指引的引线

样式

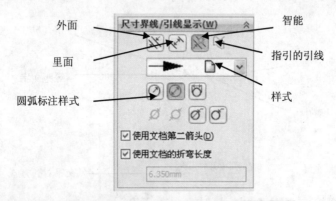

图 13-40 【尺寸界线/引线显示】选项组

● 【引线样式】选项组：如图 13-41 所示，选择是否使用文档显示。

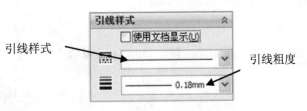

图 13-41　【引线样式】选项组

● 　【自定义文字位置】选项组：如图 13-42 所示。

图 13-42　【自定义文字位置】选项组

(3) 【其他】选项卡：如图 13-43 所示，包含【覆盖单位】和【文本字体】选项组。

● 　【覆盖单位】选项组：如图 13-44 所示，在【长度单位】下拉列表框中选择需要覆盖的单位。

图 13-43　其他选项卡

图 13-44　【覆盖单位】选项组

● 　【文本字体】选项组：如图 13-45 所示，取消选中【使用文档字体】复选框，单击【字体】按钮，
　　弹出如图 13-46 所示的【选择字体】对话框设置字体。

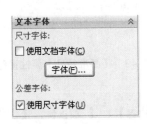

图 13-45　【文本字体】选项组

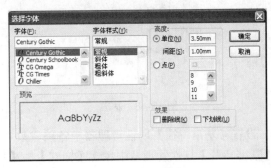

图 13-46　【选择字体】对话框

5) 完成位置尺寸创建

单击【确定】按钮 ✔，完成大小尺寸创建。

5. DimXpert 基准

DimXpert 基准用于定义基准特征。下面介绍创建 DimXpert 基准的具体方法。

1) 打开模型文件

打开如图 13-47 所示的模型文件。

2) 调用基准命令

SolidWorks 提供了调用创建基准命令的方法。

- 选择【工具】| DimXpert |【基准点】命令。
- 在 DimXpert 工具栏中单击【基准】按钮 。

3) 创建基准

创建基准，如图 13-48 所示。

文件窗口弹出【基准特征】属性管理器，如图 13-49 所示。

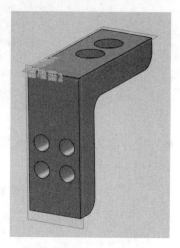

图 13-47　模型文件

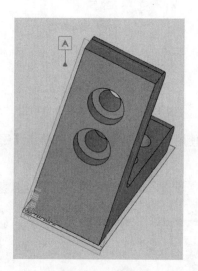

图 13-48　基准

图 13-49　【基准特征】属性管理器

4) 设置【基准特征】属性管理器中各项参数

【基准特征】属性管理器中包含【样式】、【标号设定】、【引线】、【文字】、【引线样式】和【框架样式】选项组。

- 【样式】选项组：如图 13-50 所示。
- 【标号设定】选项组：如图 13-51 所示。
- 【引线】选项组：如图 13-52 所示。
- 【文字】选项组：如图 13-53 所示，用于在标注中插入文字。

图 13-50　【样式】选项组

图 13-51　【标号设定】选项组

图 13-52　【引线】选项组

● 　【引线样式】选项组：如图 13-54 所示，选择是否使用文档显示。

图 13-53　【文字】选项组　　　　　　　　图 13-54　【引线样式】选项组

● 　【框架样式】选项组：如图 13-55 所示。

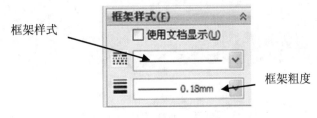

图 13-55　【框架样式】选项组

5）完成基准特征的创建

单击【确定】按钮 ✅，完成基准的创建。

6. DimXpert 形位公差

DimXpert 形位公差用于向 DimXpert 特征应用公差。下面介绍创建形位公差的具体方法。

1）调用创建形位公差命令

SolidWorks 提供了调用创建形位公差的方法。

- 选择【工具】| DimXpert |【形位公差】命令。
- 在 DimXpert 工具栏中单击【形位公差】按钮 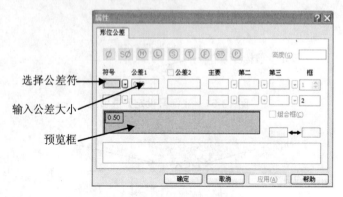。

2) 编辑公差

如图 13-56 所示，弹出【属性】对话框，用于定义和编辑 DimXpert 形位公差。

图 13-56　【属性】对话框

文件窗口出现【形位公差】属性管理器。

3) 设置形位公差属性管理器中各参数

如图 13-57 所示，【形位公差】属性管理器包含【样式】、【引线】、【文字】、【引线样式】、【框架样式】、【角度】、【格式】选项组。

图 13-57　【形位公差】属性管理器

- 【样式】选项组：如图 13-58 所示。

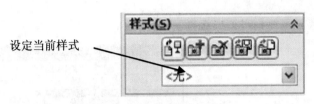

图 13-58　【样式】选项组

● 　【引线】选项组：如图 13-59 所示。

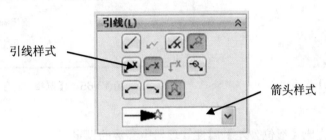

图 13-59　【引线】选项组

● 　【文字】选项组：如图 13-60 所示，用于在标注中插入文字。
● 　【引线样式】选项组：如图 13-61 所示，选择是否使用文档显示。

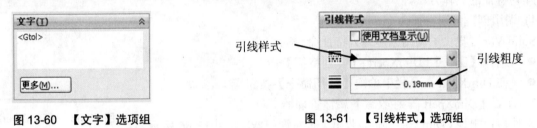

图 13-60　【文字】选项组　　　　　　　　　图 13-61　【引线样式】选项组

● 　【框架样式】选项组：如图 13-62 所示。

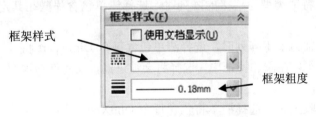

图 13-62　【框架样式】选项组

● 　【角度】选项组：如图 13-63 所示。

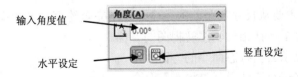

图 13-63　【角度】选项组

● 　【格式】选项组：如图 13-64 所示，选中【使用文档字体】复选框或者单击【字体】按钮，弹出如

图 13-65 所示【选择字体】对话框选择字体。

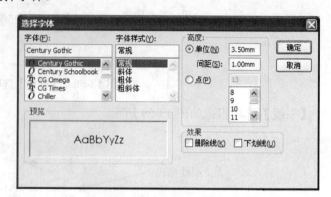

图 13-65　【选择字体】对话框

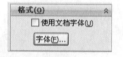

图 13-64　【格式】选项组

4) 完成设置

单击【确定】按钮，完成【形位公差】属性管理器中参数的设定。

7. DimXpert 阵列特征

DimXpert 阵列特征用于生成或编辑阵列特征和收藏特征。下面介绍创建阵列特征的具体方法。

1) 调用创建阵列特征命令

SolidWorks 提供了调用创建阵列特征命令的方法。

- 选择【工具】| DimXpert |【阵列特征】命令。
- 在 DimXpert 工具栏中单击【特征命令】按钮 🖧 。

2) 设置【DimXpert 阵列/收藏】属性管理器

文件窗口出现【DimXpert 阵列/收藏】属性管理器，如图 13-66 所示。其中各个参数的含义如下。

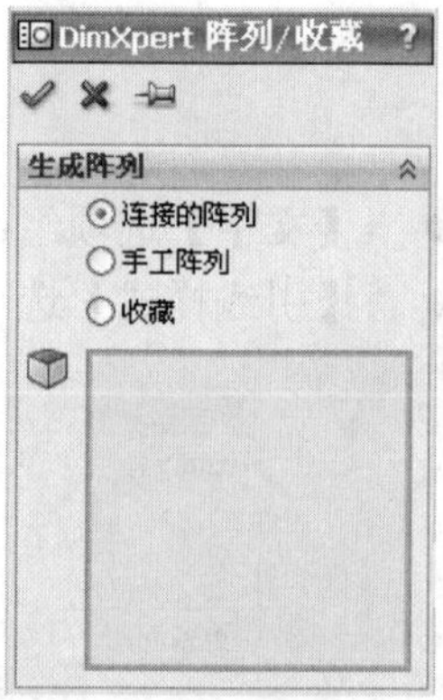

图 13-66　【DimXpert 阵列/收藏】
属性管理器

- 【连接的阵列】：特征类型为连接的阵列时，选择清单包含那些在其定义中被使用的 SolidWorks 特征。
- 【手工阵列】：特征为手工阵列时，选择清单包含每个 DimXpert 特征。用户可以通过从清单中选择来添加或移除特征。在添加特征中，选择将会被过滤，仅允许与现有特征的大小和类型相匹配的特征。
- 【收藏】：特征为收藏时，选择清单将包含每个 DimXpert 特征。用户可以通过一次性选择或在相同面上查找所有选项来添加或移除特征。该选项仅适用于支持的孔类型、凸台、凹台和槽口。

8. DimXpert 显示公差状态

DimXpert 显示公差状态主要从尺寸和公差的角度，识别完全约束、欠约束和过约束的制造特征，以及考虑特征间的形位关系以及每个特征相对于注解视图的方位。

SolidWorks 提供了调用显示公差状态命令的方法。

- 选择【工具】| DimXpert |【显示公差状态】命令。
- 在 DimXpert 工具栏中单击【显示公差状态】按钮 🔧 。

DimXpert 使用 3 种默认颜色表示显示特征面。

- 黄色表示欠约束；
- 绿色表示完全约束；
- 红色表示过约束。

在 DimXpertManager(公差分析管理器)🔷中，若名称后面没有标记特征的为完全约束，后面带有 "+" 的表示为过约束，后面带有 "-" 的表示为欠约束。

而当要退出 DimXpert 显示公差状态时，单击【显示公差状态】按钮🔩，或者选择下一个 SoidWorks 命令，即能退出显示公差状态。

13.2.3　DimXpert 范例

本范例初始文件：\13\13.2 范例\13.1 模型文件.SLDPRT

本范例完成文件：\13\13.2 范例\13-2-3.SLDPRT

多媒体教学路径：光盘→多媒体教学→第 13 章→13.2.3 节

Step 1　打开模型文件，如图 13-67 所示。

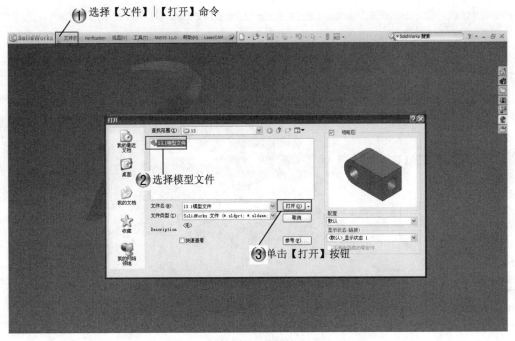

图 13-67　打开模型文件

Step ②　调用【基准点】命令，如图 13-68 所示。

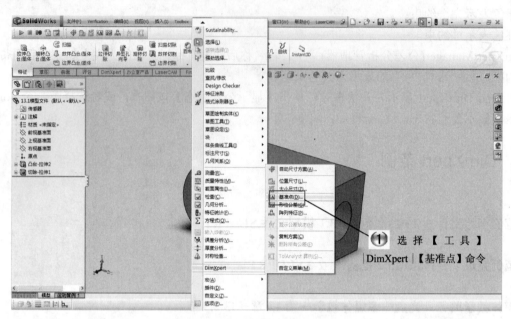

图 13-68　调用【基准点】命令

Step ③　创建基准，如图 13-69 所示。

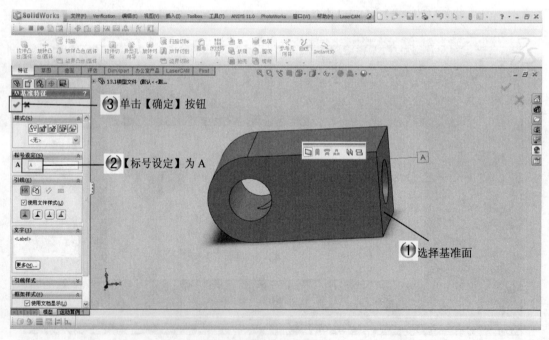

图 13-69　创建基准

Step 4 调用【位置尺寸】命令，如图 13-70 所示。

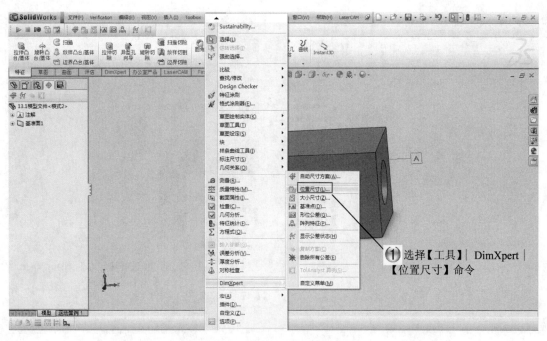

图 13-70 调用【位置尺寸】命令

Step 5 创建位置尺寸，如图 13-71 所示。

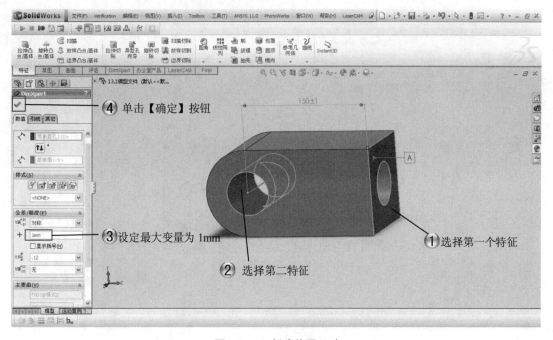

图 13-71 创建位置尺寸

Step 6 调用【大小尺寸】命令，如图 13-72 所示。

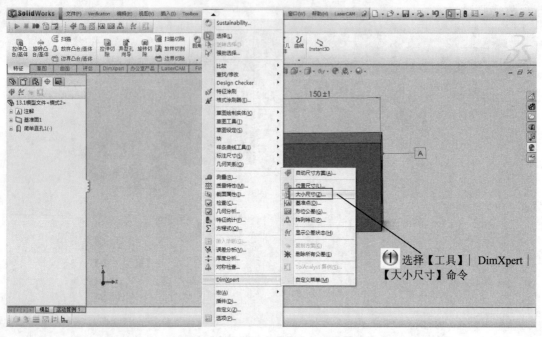

图 13-72　调用【大小尺寸】命令

Step 7 创建大小尺寸，如图 13-73 所示。

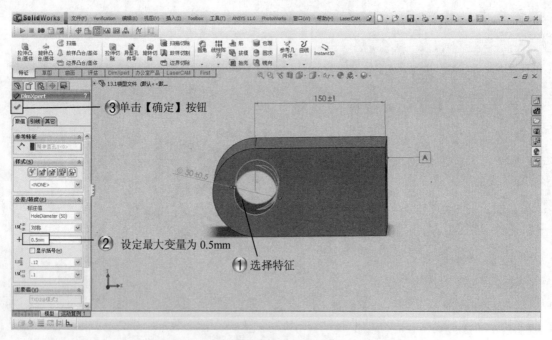

图 13-73　创建大小尺寸

13.3 TolAnalyst 分析

TolAnalyst 是一种公差分析工具，用于研究公差和装配体方法对一个装配体的两个特征间的尺寸向上层叠所产生的影响。每次研究的结果为一个最小与最大公差层叠、一个最小与最大和方根(RSS)公差叠层、及基值特征和公差的列表。

TolAnalyst 的使用对象是通过 DimXpert 生成尺寸和公差的零件。

TolAnalyst 执行一种名为算例的公差分析，用户可以通过以下 4 个步骤进行公差分析。

(1) 测量：测量两个 DimXpert 特征之间的直线距离；

(2) 装配体顺序：选择一组已经列好顺序的零件以生成两个测量特征间的公差链，称之为简化装配体；

(3) 装配体约束：定义每个装配体放置或约束到简化装配体；

(4) 分析结果：得到最小和最大的最糟情形公差层叠。

下面介绍使用 TolAnalyst 的具体方法。我们要求的是装配体底面与顶面的公差。

13.3.1 测量

1) 调用 TolAnalyst 命令

单击 DimXpert 标签，切换到 DimXpertManager(公差分析管理器)⊕，选择 TolAnalyst 命令，如图 13-74 所示。

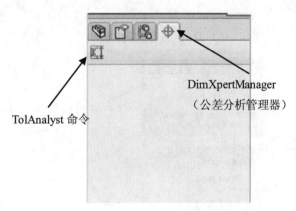

图 13-74 调用命令

2) 测量距离

选择命令后，弹出的【测量】属性管理器如图 13-75 所示。

测量装配体底面与顶面凹槽间的距离，放置距离，如图 13-76 所示。

3) 进入装配体顺序

使用 TolAnalyst 向导中的【下一步】按钮进入装配体顺序，如图 13-77 所示。

图 13-75 【测量】属性管理器

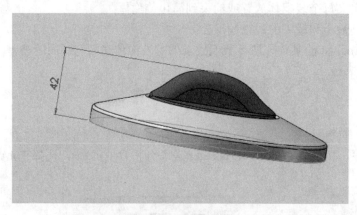

图 13-76 测量距离

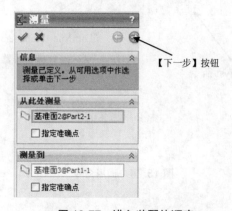

图 13-77 进入装配体顺序

13.3.2 装配体顺序

1) 设置装配体顺序

分析装配体底面与顶面凹槽间有多少零件，并且安装装配顺序选择零件。由于此处只含有两个零件，所以先选择圆环体，再选择圆柱体。如图 13-78 所示。

图 13-78　装配体顺序

2) 进入装配体约束

使用 TolAnalyst 向导中的【下一步】按钮进入装配体约束，如图 13-79 所示。

图 13-79　进入装配体约束

13.3.3　装配体约束

1) 设置装配体约束

使用装配体约束，就是用户定义如何通过约束将零件装配在一起。如图 13-80 和图 13-81 所示。

> **提　示**
>
> 约束的先后顺序对分析的结果将产生重大影响。

2) 进入分析结果阶段

当 TolAnalyst 向导检测到已经提供足够多的信息时，信息框将变成绿色，如图 13-82 所示，单击【下一步】按钮，进入分析结果阶段。

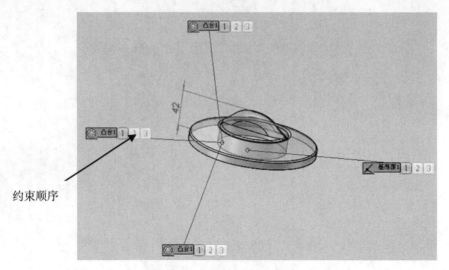

图 13-80　设置装配体约束

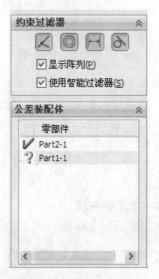

图 13-81　查看约束状态

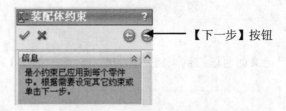

图 13-82　进入分析结果阶段

13.3.4　分析结果

进入这一步时，TolAnalyst 就计算出了名义值、最小值和最大值，如图 13-83 所示。

图 13-83　分析结果

通过在【分析数据和显示】选项组中选择【最小值】和【最大值】，可以看到最小值和最大值的位置和方向。如图 13-84 和图 13-85 所示，分别表示最大值和最小值的位置和方向。

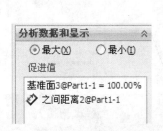 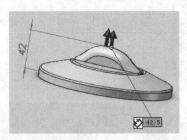

图 13-84　最大值的位置和方向

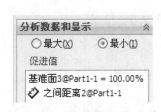 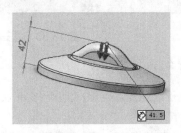

图 13-85　最小值的位置和方向

分析的结果若与所要求的结果不一致，可以选择公差进行编辑，以达到合理的设计公差。

13.3.5　TolAnalyst 范例

 本范例练习文件：\13\13.3 范例\配合.SLDASM

 本范例练习文件：\13\13.3 范例\13-3-5.SLDASM

 多媒体教学路径：光盘→多媒体教学→第 13 章→13.3.5 节

Step 1 打开装配体文件, 如图 13-86 所示。

① 选择【文件】|【打开】命令

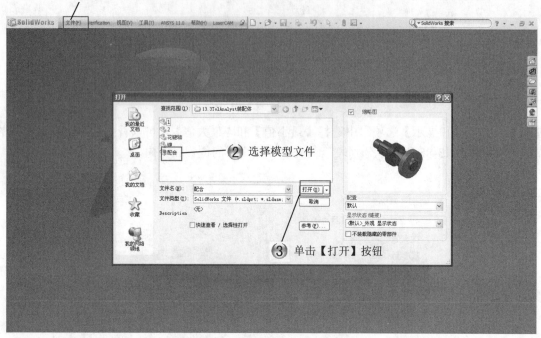

图 13-86　打开装配体文件

Step 2 调用 TolAnalyst 命令, 如图 13-87 所示。

图 13-87　调用 TolAnalyst 命令

Step 3　测量，如图 13-88 所示。

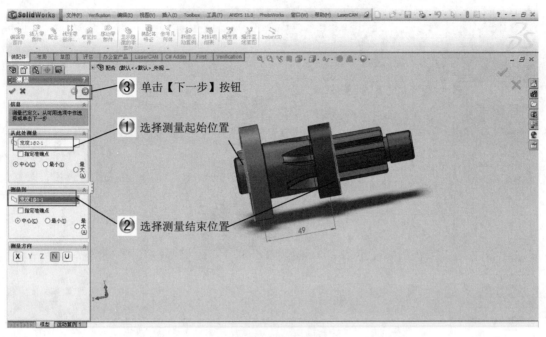

图 13-88　测量

Step 4　设置装配体顺序，如图 13-89 所示。

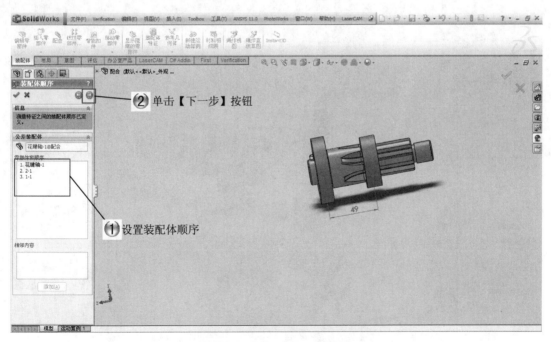

图 13-89　设置装配体顺序

Step 5 设置装配体约束，如图 13-90 所示。

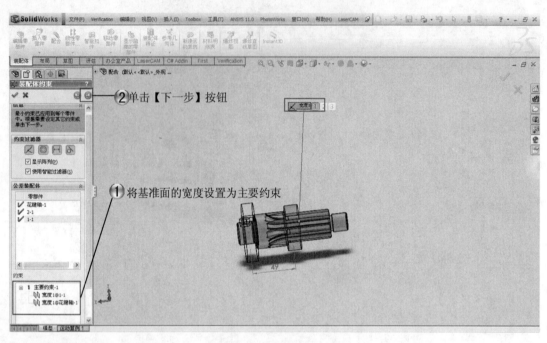

图 13-90　设置装配体约束

Step 6 查看分析结果，如图 13-91 所示。

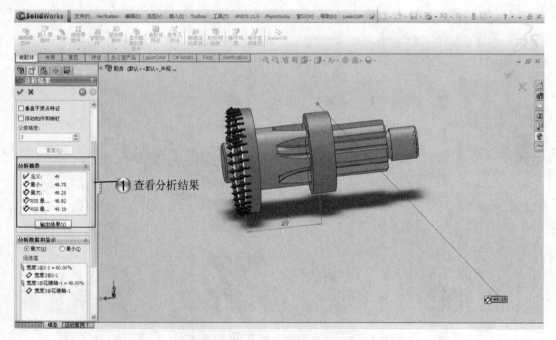

图 13-91　查看分析结果

13.4　应力分析基础

应力分析或者静力分析就是根据材料、约束和载荷等条件来计算零件中的位移、应变及应力。

13.4.1　概述

材料不同所能承受的应力也不同，只要应力达到材料的应力需用等级后，材料就无法使用，所以对于机械结构必须进行应力分析。

SolidWorks SimulationXpress 是 SolidWorks 的应力分析工具，它是根据有限元法，使用线性静力分析来计算应力。线性静力分析使用的前提条件是以下 3 种假设。

(1) 线性假设，即指所引起的响应与载荷成正比。判断线性假设成立的条件有：①最高应力位于"应力-应变"曲线图的线性范围之内，该是的起始点位于原点；②计算结果中的最大位移远小于零件的特性尺寸。如果不能满足以上条件，就需要使用非线性分析。

(2) 弹性假设，即材料在其弹性变形范围以内，移除载荷，零件能返回原始形状。如果不满足，也需要使用非线性分析。

(3) 静态假设，即载荷是缓慢加载到零件上的，如果是突然加载，载荷会导致额外的冲击位移、应变和应力。如果不满足此条件，就需要使用动态分析。

下面介绍 SimulationXpress 工具的使用方法。

13.4.2　SimulationXpress 分析应用

SolidWorks SimulationXpress 为 SolidWorks 用户提供了一款容易使用的应力分析工具。SimulationXpress 可以帮助用户降低开发成本及减少投入市场的时间。SimulationXpress 支持对单个实体的分析。对于多体零件及装配体，可以一次分析一个实体。但它不支持装配体、多实体零件整体应力分析或曲面实体应力分析。

下面来说明如何使用 SimulationXpress 进行应力分析，使得用户对 SolidWorks 进行模拟仿真有一个初步的认识。

SimulationXpress 向导将引导用户完成步骤以定义夹具、载荷和材料属性，分析模型以及查看结果。选择【工具】| SimulationXpress 命令，启用 SimulationXpress 向导，界面如图 13-92 所示。

向导界面中有【选项】按钮，单击【选项】按钮可以设置单位制和分析保存的位置。在【单位系统】下拉列表框中包含【公制】(IS)和【英制】(PIS)两种选择，用户可以根据使用需要进行选择；在【结果位置】中输入保存路径或者单击【浏览】按钮选择所需的文件夹，最后单击【确定】按钮。根据用户需要，可以选中【在结果图解中为最大和最小值显示注解】复选框，如图 13-93 所示。

单击【下一步】按钮，进入 Simulationxpress 应力计算的具体设置。设置界面可以分为 4 个部分：向导框、警告栏、设置按钮、撤销栏。向导框包括应力分析的一般步骤："1 夹具，2 载荷，3 材料，4 运行，5 结果，6 优化"。警告栏是提示用户，在对应设置下的注意点。单设置按钮可以根据具体情况，对模型进行相应的设置。撤销按钮包括【上一步】、【重新开始】，单击【上一步】按钮可以返回上一步设置，单击【重新开始】按钮返回初始设置状态。设置界面如图 13-94 所示。

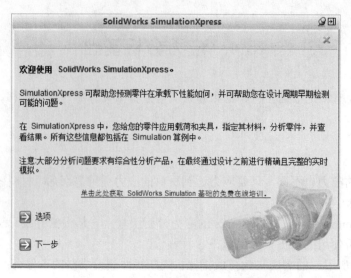

图 13-92 SimulationXpress 向导界面

图 13-93 SimulationXpress 选项设置

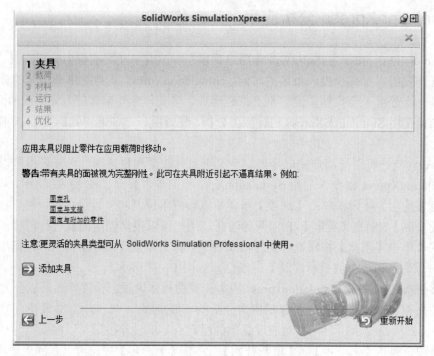

图 13-94 SimulationXpress 设置界面

1. 添加夹具

夹具可以定义固定约束。每个约束可以包含多个面。受约束的面在所有方向都受到约束。用户必须至少约束零件的一个面，以防由于刚性实体运动而导致分析失败。单击【添加夹具】按钮，出现【夹具】属性管理器，在图形区域选择放置夹具的面，然后再单击属性管理器中的【确定】按钮，夹具则放置成功，同时在向导框的夹具后面会出现 ✓ 按钮，如图 13-95 所示。

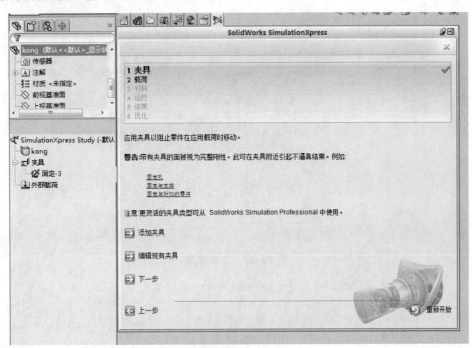

图 13-95　添加夹具

选择模型左边的面，在被选择的面上将出现绿色的标志，如图 13-96 所示。要编辑夹具，则单击【编辑现有夹具】按钮。要删除夹具，则在设计树中用鼠标右键单击该夹具，然后在弹出的快捷菜单中选择【删除】命令。要更改夹具的名称，则在设计树中单击该夹具名称，然后输入新名称。用户也可以通过鼠标右键单击 SimulationXpress 设计树中的某个夹具，然后在弹出的快捷菜单中选择【编辑定义】命令来编辑这个夹具。

2. 施加载荷

单击【下一步】按钮进入【载荷】界面，用户可以在零件表面施加载荷。【载荷】界面中出现【添加力】、【添加压力】两种选择，如图 13-97 所示。这里选择【添加力】，出现【力】属性管理器。

力的方向选择有以下两种情况。

(1) 【法向】：即垂直于每个所选面的方向应用力。

(2) 【选定的方向】：即垂直于所选的参考基准面的方向应用力。如果选中了该单选按钮，则必须选择一个参考平面。用户可以一次选择多个面，作用力将应用到每个面上。如果选择两个面，设定力的大小为 50N，那么每个面上的作用力为 50N，系统总共应用力为 100N。如果需要改变应用力的方向，可以选中【反向】复选框。要添加或编辑力，则单击【添加力】或【编辑现有力或压力】按钮。要删除力，则在设计树中用鼠标右键单击该力，然后在弹出的快捷菜单中选择【删除】命令。用户也可以通过鼠标右键单击 SimulationXpress 设计树中的某个力，然后在弹出的快捷菜单中选择【编辑定义】命令来编辑这个力。此处施加的沿轴向的应用力为 5000N，如图 13-98 所示。

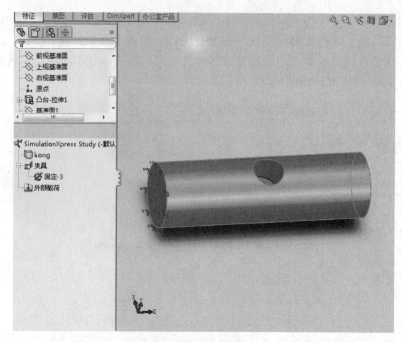

图 13-96　夹具放置

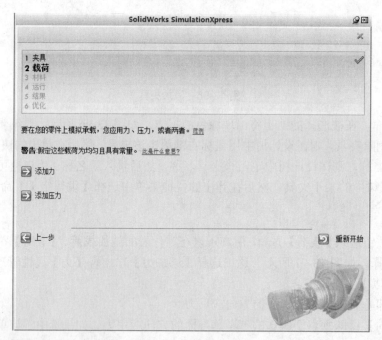

图 13-97　【载荷】界面

3. 应用材料

　　单击【下一步】按钮进入材料属性选择，单击【选择材料】按钮，用户进入 SolidWorks 材料库，根据模型材质，选择对应的材料。用户也可以在建模时直接将材料指定给零件。此处选用【合金钢】，单击【应用】按钮，模型的材料属性就确定了，如图 13-99 所示。

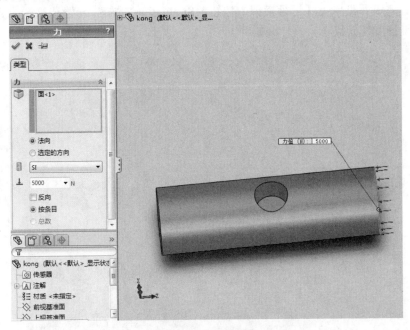

图 13-98　施加载荷

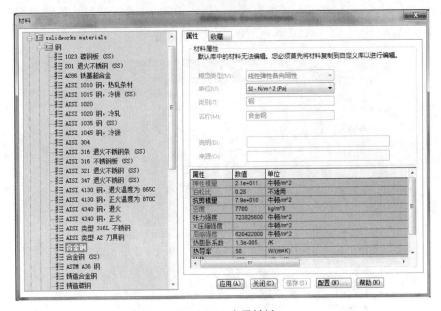

图 13-99　应用材料

4. 运行分析

　　单击【下一步】按钮，进入【运行】界面，用户可以看到【更改设定】、【运行模拟】两个选项，如图 13-100 所示。单击【更改设定】按钮后，用户可以继续单击【更改网格密度】按钮，网格的密度决定了模型求解精度，默认设定可提供精确的变形解算和一定精度的应力分布，更精细的网格可以提供更精确的解算，但会花费较多的计算时间。如果结果表示应力已经接近超出可接受限制，可以考虑更精细的网格。网格精度设置如图 13-101 所示。单击【网格】属性管理器中的【确定】按钮，即可得到网格模型，如图 13-102 所示。以上步骤设置完成即可单击【运行模拟】按钮，SimulationXpress 开始计算，计算的时间由模型的复杂程度与网格的精细程度决定。

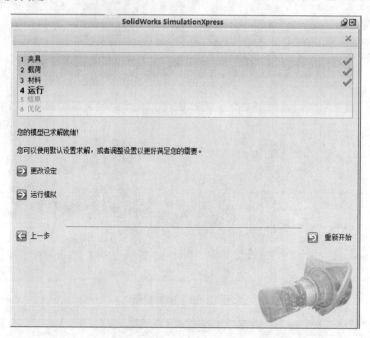

图 13-100　【运行】界面

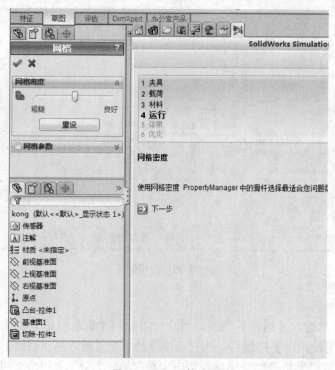

图 13-101　网格设置

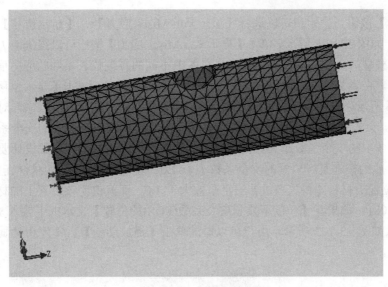

图 13-102　网格模型

5. 查看结果

单击【运行】界面中的【下一步】按钮，进入【结果】界面。在此界面中，用户通过【播放动画】、【停止动画】可以方便的观察模型在应用力作用下的变形动画。

如果模型按照用户预期设想的情况变形，即可单击【是，继续】按钮；如果与预期设想不一致，可能是载荷或夹具的设置与实际情况不符，即要单击【否，返回到载荷/夹具】按钮，进行重新设定，如图 13-103 所示。

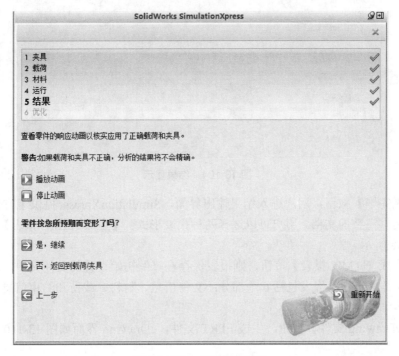

图 13-103　【结果】界面

单击【是，继续】按钮后，用户可以选择【显示 von Mises 应力】、【显示位移】、【在以下显示安全系数(FOS)的位置】，如图 13-104 所示。单击【显示 von Mises 应力】按钮可以得到应力分布图，如图 13-105 所示，用户可以得到模型的各部分的应力分布，分布图中不同的颜色代表不同的应力值，具体数值在图形右侧的颜色条上给出了，在本算例中孔处的应力值最大，符合实际情况。单击【显示位移】按钮可以得到位移分布图，如图 13-106 所示。【在以下显示安全系数(FOS)的位置】文本框中可以输入对应安全系数显示的位置。SimulationXpress 会根据失败准则评估每个节点的安全系数，找出模型中的安全系数分布就可以找出设计中的脆弱区域。区域中的安全系数越大，表示可以在该区域中节省材料。多数设计要求最低安全系数应介于 1.5～3.0 之间。一般的，在某一位置的安全系数小于 1.0，就表示该位置上的材料已失败；如果安全系数等于 1.0，则表示该位置的材料即将失败；若安全系数大于 1.0，那就说明该位置上的材料是安全的。算例中最小安全系数为 59.2081，如果在【在以下显示安全系数(FOS)的位置】文本框中输入 100，则可以得到安全系数为 100 的位置，如图 13-107 所示。用户可以通过单击【播放动画】、【停止动画】按钮，观察模型的应力分布、位移分布。

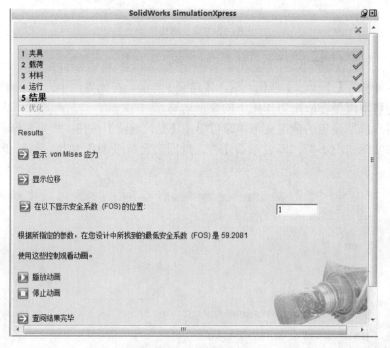

图 13-104　结果显示

单击【查阅结果完毕】按钮，用户进入结果输出界面，SimulationXpress 提供了方便快捷的结果报表，为用户的后续工作提供完整的文档。用户可以选择两种报表形式：【生成 HTML 报表】、【生成 eDrawings 文件】，如图 13-108 所示。

若用户单击【生成 HTML 报表】按钮，则报表保存在算例初始设置的文件夹中，报表图标为 Window Explorer 图标，后缀名为.html。报表包括 6 个部分：文件信息、材料、载荷和约束信息、算例属性、结果、附件，具体文件内容如图 13-109 所示。

若单击【生成 eDrawing 文件】按钮，生成 EPRT 文件，eDrawing 界面如图 13-110 所示。

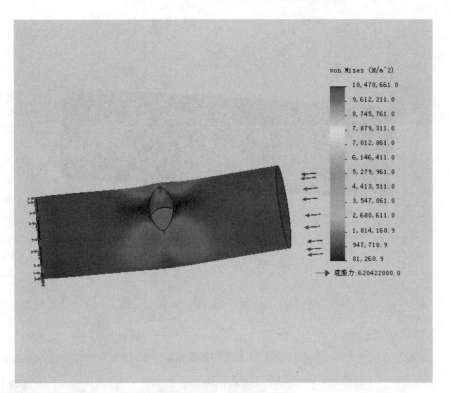

图 13-105　应力分布图

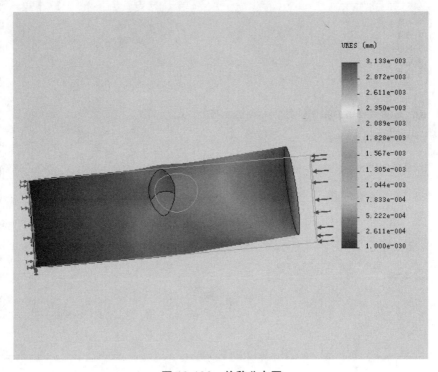

图 13-106　位移分布图

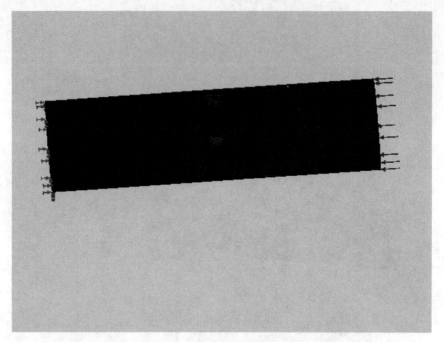

图 13-107　FOS 显示

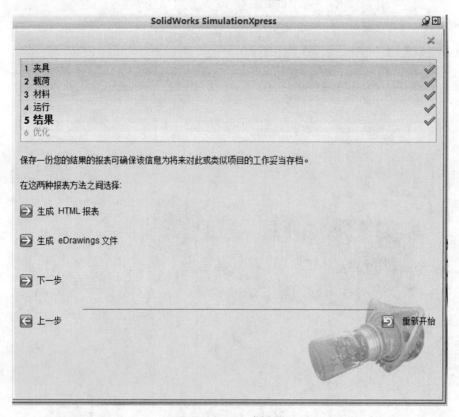

图 13-108　生成报表

1. 文件信息

模型名称:	kong
模型位置:	C:\Users\xiewei\Desktop\kong.SLDPRT
结果位置:	F:\simulationXpress
算例名称:	SimulationXpress Study (-默认-)

2. 材料

号数	实体名称	材料	质量	体积
1	SolidBody 1(切除-拉伸1)	合金钢	4.1963 kg	0.000544973 m^3

3. 载荷和约束信息

夹具	
固定-6 <kong>	于 1 面 固定。

载荷	
力-4 <kong>	于 1 面 应用法向力 5000 N使用均匀分布

4. 算例属性

网格信息	
网格类型:	实体网格
所用网格器:	标准网格
自动过渡:	关闭
光滑表面:	打开
雅可比检查:	4 Points
单元大小:	8.1702 mm
公差:	0.40851 mm
品质:	高
单元数:	7259
节数:	11142
完成网格的时间(时;分;秒):	00:00:04
计算机名:	XIEWEI-PC

解算器信息	
品质:	高
解算器类型:	FFEPlus

图 13-109　HTML 报表内容

5. 结果

5a. 应力

名称	类型	最小	位置	最大	位置
Stress	VON:von Mises 应力	81260.9 N/m^2	(-0.00370208 mm, 32.9456 mm, 105.153 mm)	1.04787e+007 N/m^2	(-18.297 mm, 28.3822 mm, 93.2441 mm)

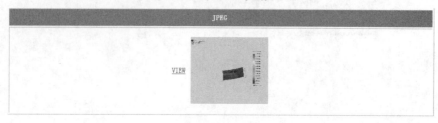

kong-SimulationXpress Study-应力-Stress

5b. 位移

名称	类型	最小	位置	最大	位置
Displacement	URES:合位移	0 mm	(15 mm, -25.9808 mm, 0 mm)	0.00313319 mm	(0.00216491 mm, 45.2273 mm, 180 mm)

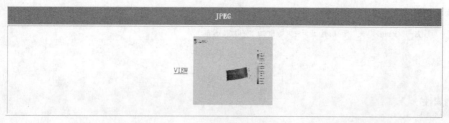

kong-SimulationXpress Study-位移-Displacement

5c. 变形

kong-SimulationXpress Study-位移-Deformation

图 13-109　HTML 报表内容(续一)

5d. 安全系数

6. 附录

材料名称:		合金钢	
说明:			
材料来源:			
材料模型类型:		线性弹性同向性	
默认失败准则:		最大 von Mises 应力	
应用程序数据:			

属性名称	数值	单位
弹性模量	2.1e+011	N/m^2
泊松比	0.28	NA
抗剪模量	7.9e+010	N/m^2
质量密度	7700	kg/m^3
张力强度	7.2383e+008	N/m^2
屈服强度	6.2042e+008	N/m^2
热扩张系数	1.3e-005	/Kelvin
热导率	50	W/(m.K)
比热	460	J/(kg.K)

注意:

SolidWorks SimulationXpress 设计分析结果基于线性静态分析; 且材料设想为同象性。 线性静态分析设想: 1) 材料行为为线性, 与 Hooke 定律相符。 2) 诱导位移很小以致由于载荷可忽略刚性变化。3) 载荷缓慢应用以便忽略动态效果。

不要将您的设计决定仅基于此报告所提送的数据。请结合试验数据和实际经验来使用此信息。 必须进行现场测试才能核准您的最终设计。 SolidWorks SimulationXpress 通过减少而不完全消除现场测试来帮助您减少投入市场的时间。

图 13-109　HTML 报表内容(续二)

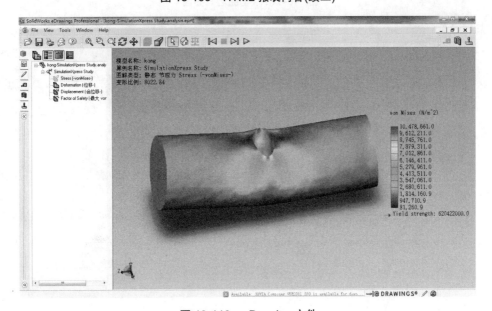

图 13-110　eDrawing 文件

6. 结构优化

单击【下一步】按钮，进入【优化】界面，用户可以根据需要选择是否优化，如图 13-111 所示。如果用户选择进行优化，在图形区域选择要优化的模型尺寸(设计变量)。所选模型尺寸随即出现在【添加参数】对话框中。在 DesignXpress 算例中，在【变量】参数中输入【最小值】(这是尺寸可允许的最小值)和【最大值】(这是尺寸可允许的最大值)。 指定这些值时，确保它们不与模型中指定的其他几何关系冲突。算例中选择轴向长度为设计变量，如图 13-112 所示。在【约束】下拉列表框中选择准则：【安全系数】、【最大位移】、【最大应力】，选择对应的准则后输入安全系数的【最小值】，或者输入最大位移或最大应力的【最大值】，算例中选择【最大位移】准则，如图 13-113 所示。在 SimulationXpress 中，【目标】总是最大限度地缩减质量。单击【运行】按钮，结果将出现在结果视图中，模型将更新以反映优化值，如图 13-114 所示。

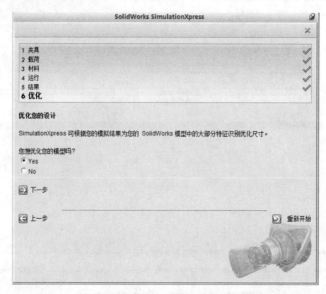

图 13-111　【优化】界面

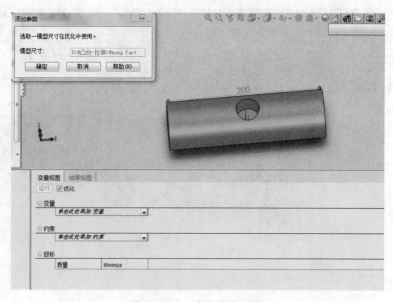

图 13-112　选择优化尺寸

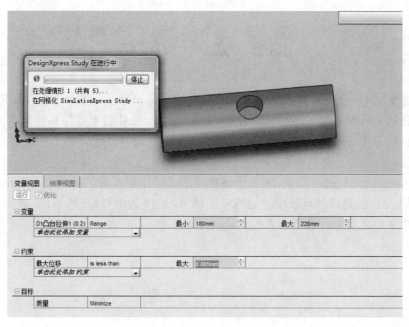

图 13-113　设定约束

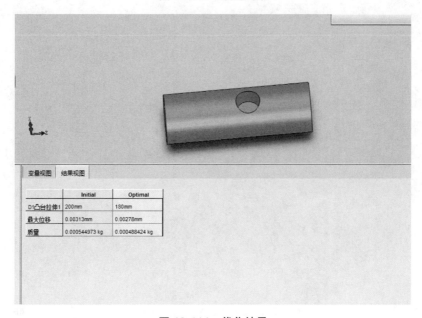

图 13-114　优化结果

13.4.3　退出保存结果

SolidWorks SimulationXpress 在结果位置文件夹中生成.CWR 的文件以保存分析结果。材料、夹具和载荷也保存在零件文档中。用户选择【文件】|【另存为】命令，将文件另存为 SolidWorks eDrawings 文件时，可以包括仿真结果。

13.5　本　章　小　结

　　本章主要是通过使用 DimXpert 公差标注工具对零件进行公差标注，然后对标注后的零件进行装配。使用 TolAnalyst 公差分析工具对装配体进行公差分析，确定尺寸和公差对于零件和装配体的影响。这样就简化了设计人员设计零件的工作，提高了设计效率。在学习本章后，读者对于其他一些需要分析的复杂零件和装配体也能够进行分析。

　　本章还介绍了 SimulationXpress 模块，演示了该模块的一般使用步骤。SimulationXpress 模块属于 CAE(计算机辅助分析)软件。CAE 已是产品开发中不可或缺的环节，高度运用 CAE 的结果，使得产品的质量更可控，修正错误所耗费的成本随之降低，希望读者能够认真学习掌握。

第 14 章

综合范例 1——车身造型

本章导读

　　本章以汽车车身的建模为例，讲解工业领域中复杂形状的建模过程。汽车车身外形各异，复杂程度不同，但建模过程大同小异。本章将以最为常见的一种车身为例，详细介绍曲线、曲面等命令的具体应用，希望读者可以对前面介绍的相关知识进行深入的理解，并最终达到灵活应用的目的。

学习内容

知识点 ＼ 学习目标	理　解	应　用	实　践
创建基体	✓	✓	✓
创建轮胎部分	✓	✓	✓
创建车窗和车灯部分	✓	✓	✓
细节处理	✓	✓	✓

14.1 范 例 介 绍

　　汽车既是现代舒适生活的一种象征,更是当今科技发展的一种标志。其中汽车造型的设计和制造就是将空气动力学设计方案与乘坐舒适性恰当地予以结合,并运用了人体工程学领域的新技术。再加上汽车色彩的喷涂又在鲜艳中体现出柔和感和透明感,因而现代的汽车显得格外赏心悦目。

　　本案例是小汽车车身的曲面模型,如图 14-1 所示。汽车曲面模型由基体、轮胎部分、车窗和车灯部分 4 个部分组成。基体主要利用了曲面的放样命令,其他部位的创建主要用到的命令有分割线、曲面剪裁等。本案例的重点和核心在于基体的创建,主要学习巧妙地运用草图中绘制的样条曲线以及 3D 草图,得到优美圆顺的曲面。

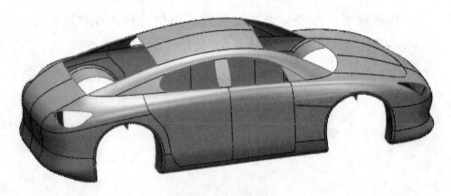

图 14-1　汽车车身模型

14.2 范 例 制 作

　　汽车制作过程为:首先创建车身基体,再创建轮胎部分、车窗和车灯部分,最后进行细节处理。下面具体讲解这个模型的制作过程。

 本范例完成文件:\14\汽车.SLDPRT

 多媒体教学路径:光盘→多媒体教学→第 14 章

14.2.1 创建基体

Step 1 新建文件，如图 14-2 所示。

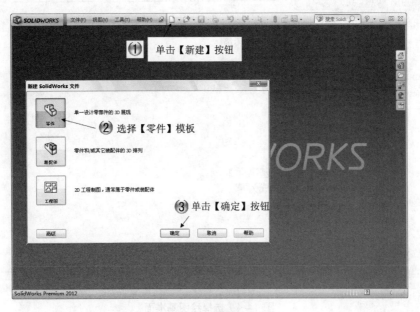

图 14-2 新建文件

Step 2 创建基准平面，如图 14-3 所示。

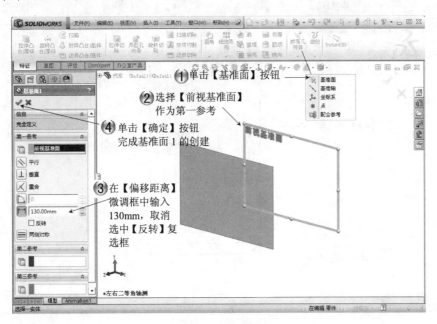

图 14-3 创建基准面

Step 3 绘制草图 1，如图 14-4、图 14-5 所示。

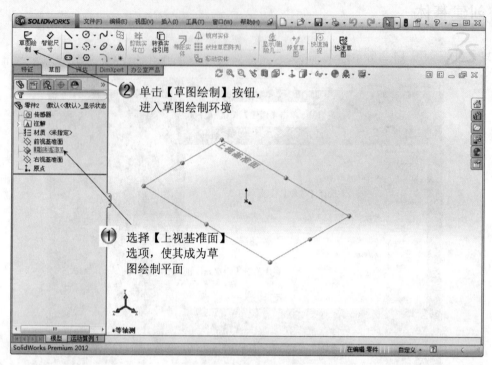

图 14-4　选择绘图基准面

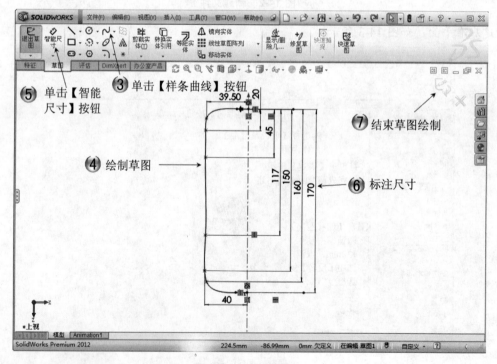

图 14-5　绘制草图 1

Step 4　绘制草图 2，如图 14-6、图 14-7 所示。

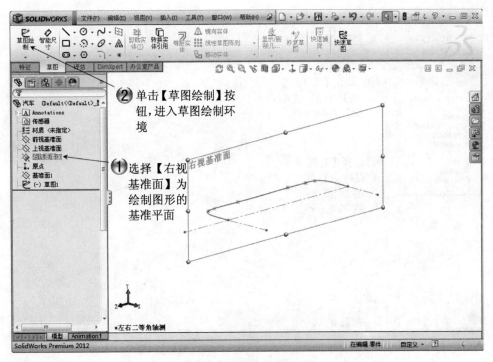

图 14-6　选择绘图基准面

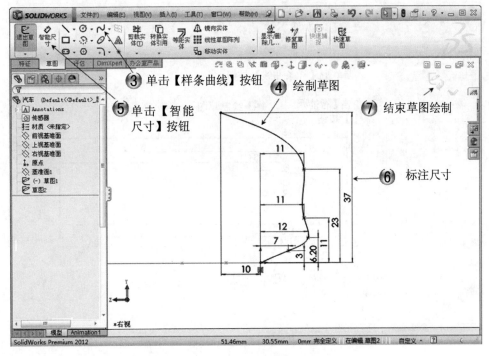

图 14-7　绘制草图 2

Step 5 绘制草图 3，如图 14-8、图 14-9 所示。

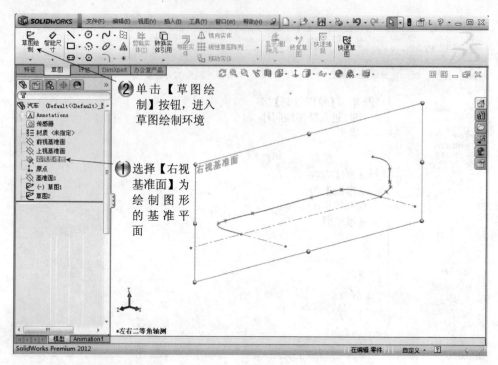

图 14-8 选择绘图基准面

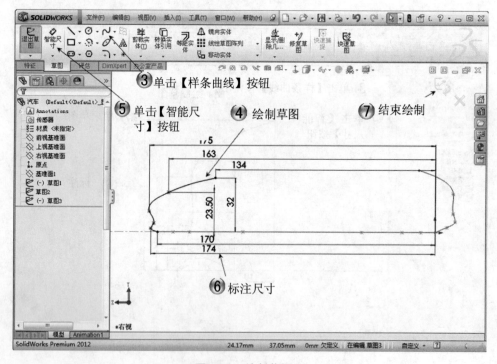

图 14-9 绘制草图 3

Step 6　绘制 3D 草图 1，如图 14-10、图 14-11 所示。

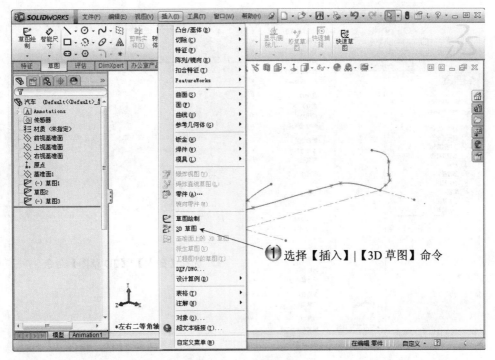

图 14-10　选择操作命令

① 选择【插入】|【3D 草图】命令

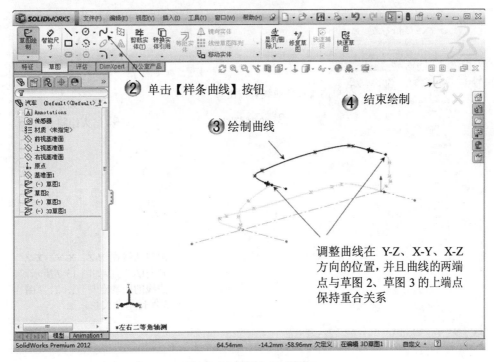

② 单击【样条曲线】按钮

④ 结束绘制

③ 绘制曲线

调整曲线在 Y-Z、X-Y、X-Z 方向的位置，并且曲线的两端点与草图 2、草图 3 的上端点保持重合关系

图 14-11　绘制 3D 草图 1

Step 7 绘制 3D 草图 2，如图 14-12、图 14-13 所示。

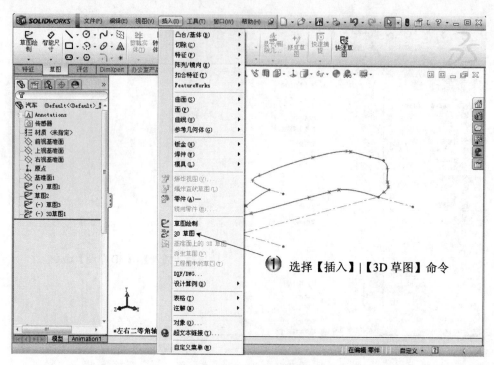

① 选择【插入】|【3D 草图】命令

图 14-12 选择绘图命令

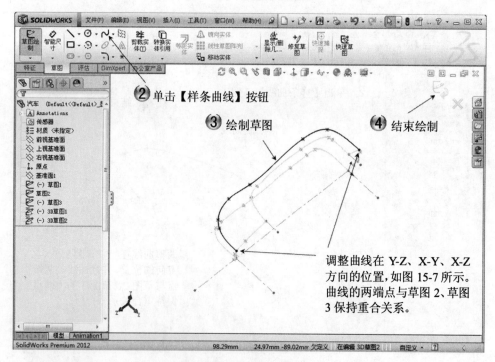

② 单击【样条曲线】按钮

③ 绘制草图

④ 结束绘制

调整曲线在 Y-Z、X-Y、X-Z 方向的位置，如图 15-7 所示。曲线的两端点与草图 2、草图 3 保持重合关系。

图 14-13 绘制 3D 草图 2

Step 8 绘制草图4，如图14-14、图14-15所示。

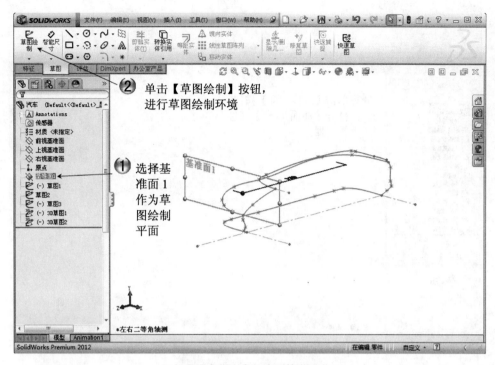

图 14-14　选择绘图基准面

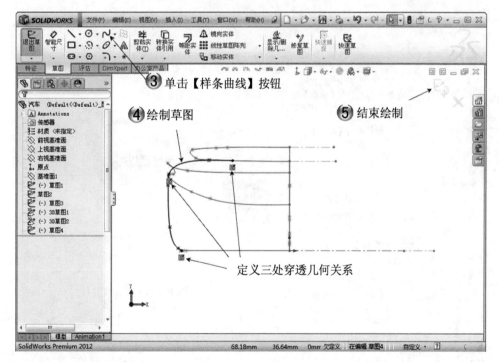

图 14-15　绘制草图4

Step 9 创建曲面放样特征，如图 14-16～图 14-18 所示。

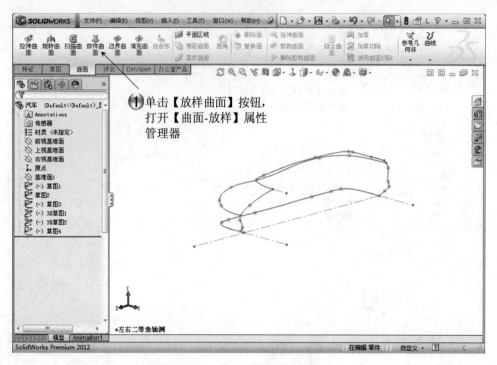

① 单击【放样曲面】按钮，
打开【曲面-放样】属性
管理器

图 14-16 单击【放样曲面】按钮

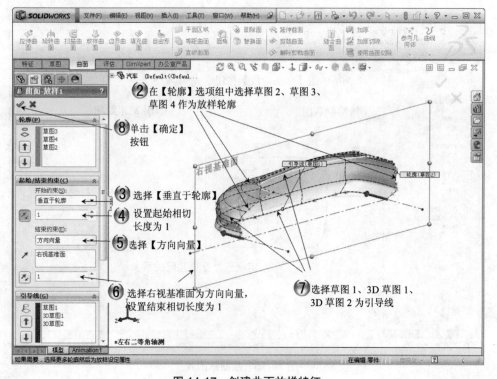

② 在【轮廓】选项组中选择草图 2、草图 3、
草图 4 作为放样轮廓

⑧ 单击【确定】
按钮

③ 选择【垂直于轮廓】

④ 设置起始相切
长度为 1

⑤ 选择【方向向量】

⑥ 选择右视基准面为方向向量，
设置结束相切长度为 1

⑦ 选择草图 1、3D 草图 1、
3D 草图 2 为引导线

图 14-17 创建曲面放样特征

图 14-18　创建的放样曲面

Step ⟨10⟩　绘制草图 5，如图 14-19、图 14-20 所示。

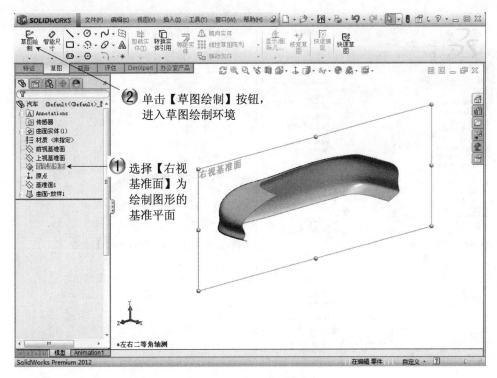

② 单击【草图绘制】按钮，进入草图绘制环境

① 选择【右视基准面】为绘制图形的基准平面

右视基准面

图 14-19　选择绘图基准面

485

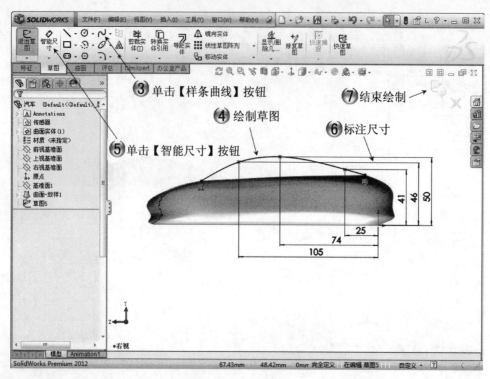

图 14-20　绘制草图 5

Step 11　绘制 3D 草图 3，如图 14-21、图 14-22 所示。

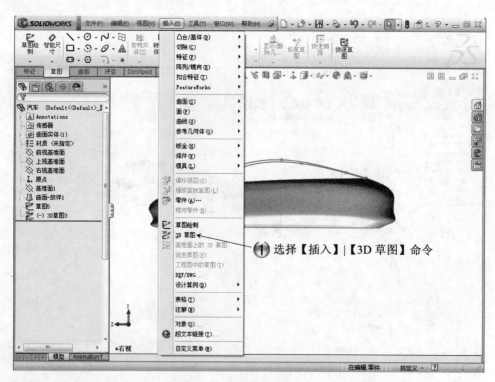

图 14-21　选择【3D 草图】命令

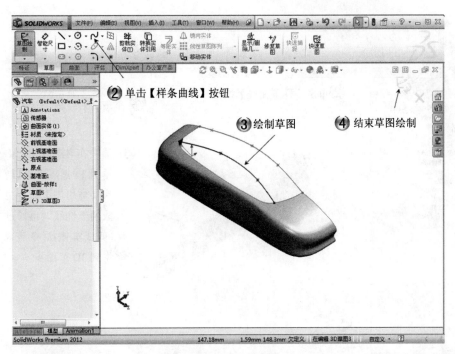

图 14-22　绘制 3D 草图 3

> 3D 草图一般不容易直接绘制，这时可以通过绘制平面上的投影草图，然后用【投影曲线】命令 🔲
> 生成。

Step 12　绘制 3D 草图 4 和 3D 草图 5，如图 14-23～图 14-25 所示。

图 14-23　选择【3D 草图】命令

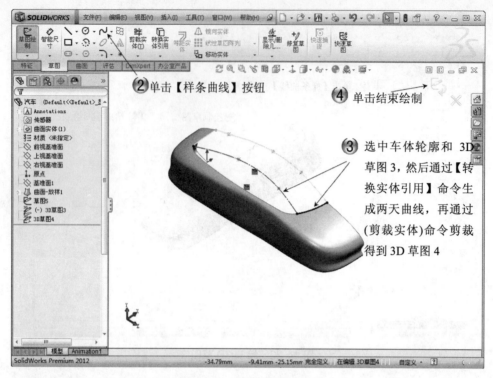

② 单击【样条曲线】按钮

④ 单击结束绘制

③ 选中车体轮廓和 3D 草图 3，然后通过【转换实体引用】命令生成两天曲线，再通过(剪裁实体)命令剪裁得到 3D 草图 4

图 14-24　绘制 3D 草图 4

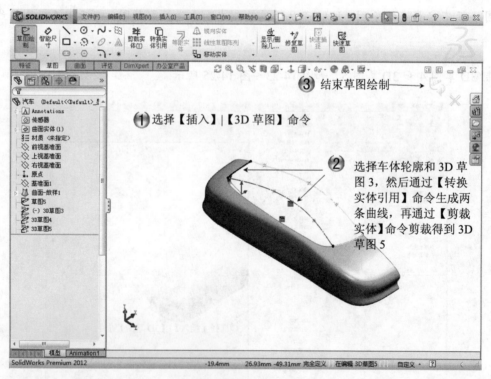

③ 结束草图绘制

① 选择【插入】|【3D 草图】命令

② 选择车体轮廓和 3D 草图 3，然后通过【转换实体引用】命令生成两条曲线，再通过【剪裁实体】命令剪裁得到 3D 草图 5

图 14-25　绘制 3D 草图 5

Step 13 创建曲面放样特征，如图 14-26、图 14-27 所示。

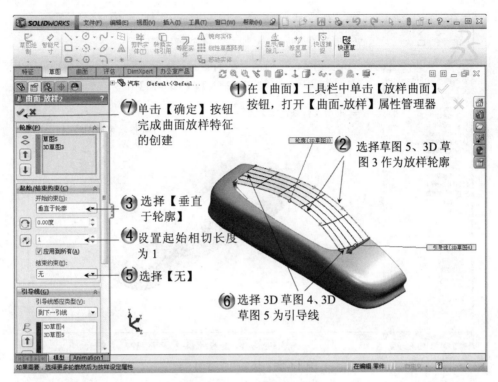

图 14-26　创建曲面放样特征

图 14-27　创建的放样曲面

Step ⟨14⟩ 绘制 3D 草图 6，如图 14-28 所示。

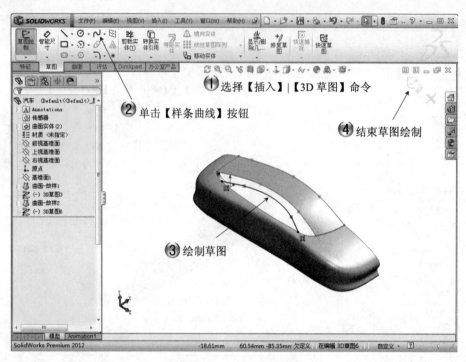

图 14-28　绘制 3D 草图 6

Step ⟨15⟩ 绘制 3D 草图 7 和 3D 草图 8，如图 14-29、图 14-30 所示。

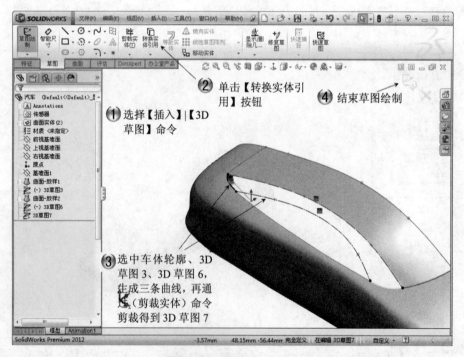

图 14-29　绘制 3D 草图 7

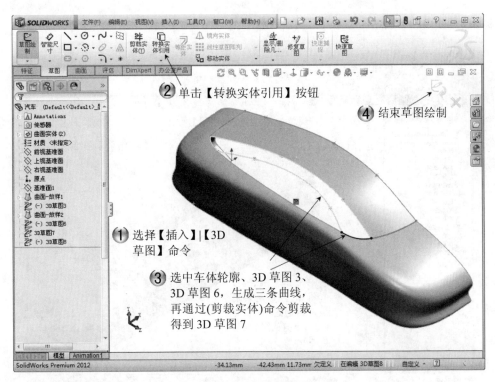

图 14-30   绘制 3D 草图 8

Step 16 创建曲面放样特征，如图 14-31 所示。

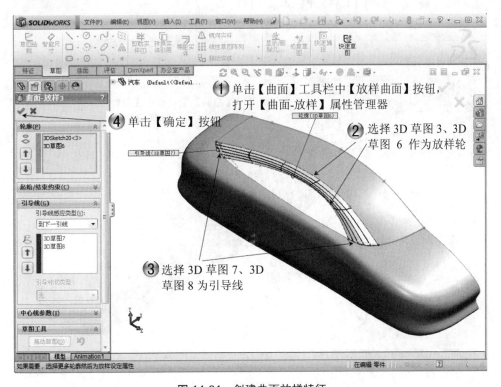

图 14-31   创建曲面放样特征

Step 17 绘制 3D 草图 9, 如图 14-32 所示。

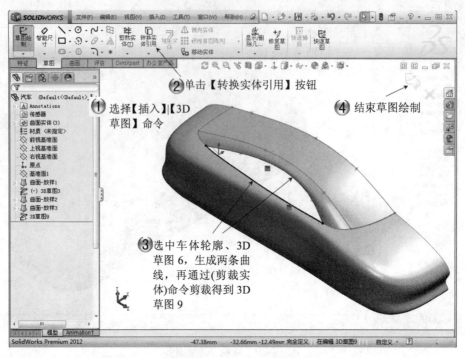

图 14-32 绘制 3D 草图 9

Step 18 创建曲面放样特征, 如图 14-33、图 14-34 所示。

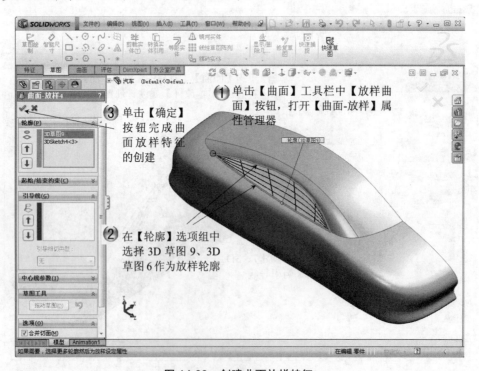

图 14-33 创建曲面放样特征

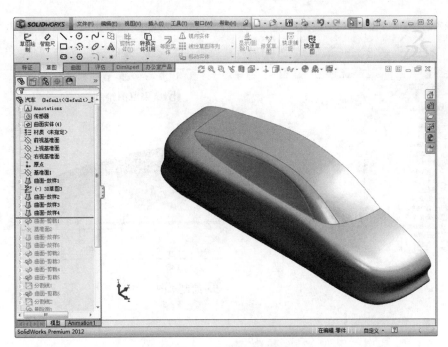

图 14-34　创建的放样曲面

14.2.2　创建轮胎部分

Step 1　绘制草图 6，如图 14-35、图 14-36 所示。

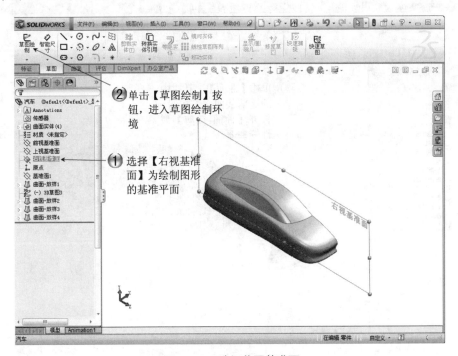

图 14-35　选择草图基准面

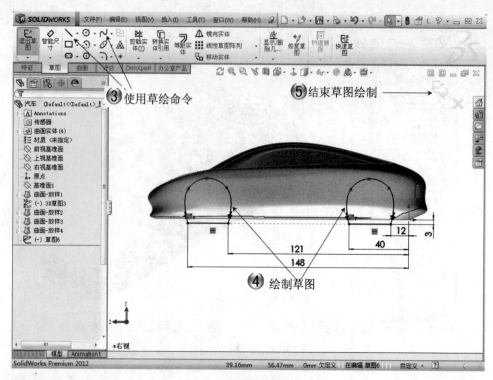

图 14-36 绘制草图 6

Step 2 剪裁曲面，如图 14-37～图 14-39 所示。

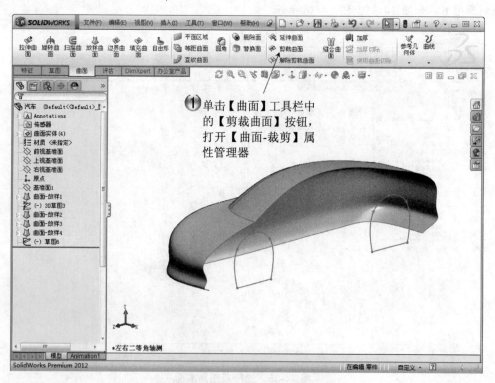

图 14-37 单击【剪裁曲面】按钮

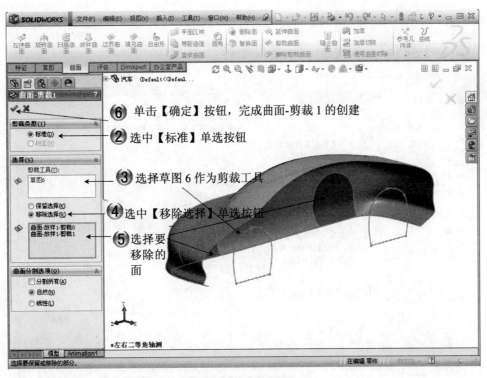

图 14-38　创建剪裁曲面

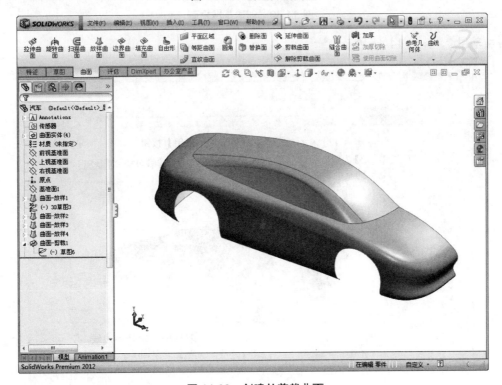

图 14-39　创建的剪裁曲面

Step 3 创建基准平面，如图 14-40 所示。

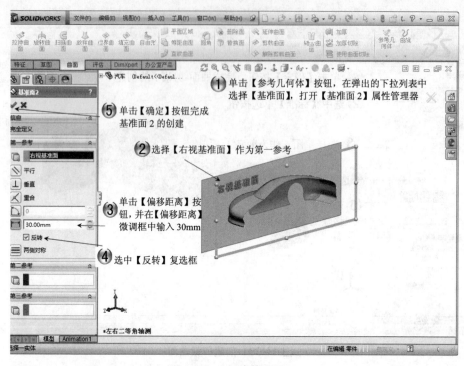

图 14-40 创建基准平面

Step 4 绘制草图 7，如图 14-41 所示。

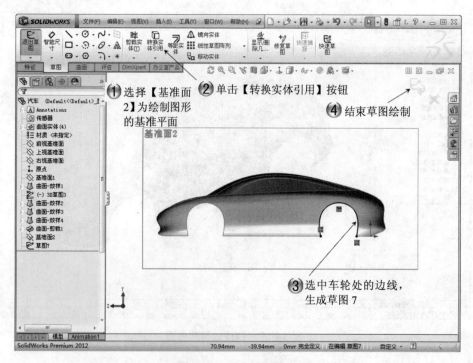

图 14-41 绘制草图 7

Step 5　创建曲面放样特征，如图 14-42、图 14-43 所示。

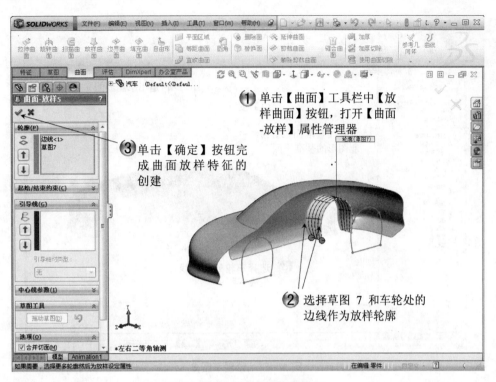

图 14-42　创建曲面放样特征

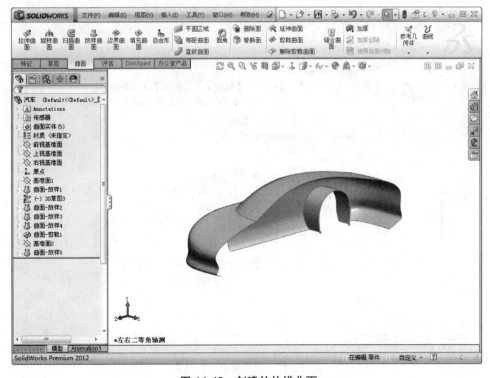

图 14-43　创建的放样曲面

Step 6 绘制草图 8，如图 14-44 所示。

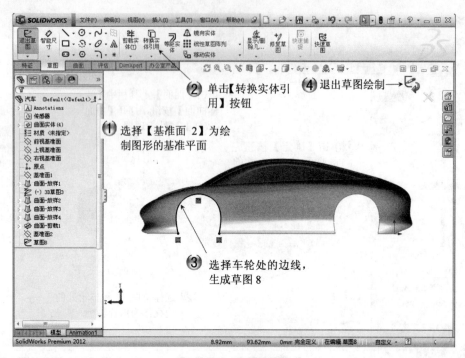

图 14-44　绘制草图 8

Step 7 创建曲面放样特征，如图 14-45、图 14-46 所示。

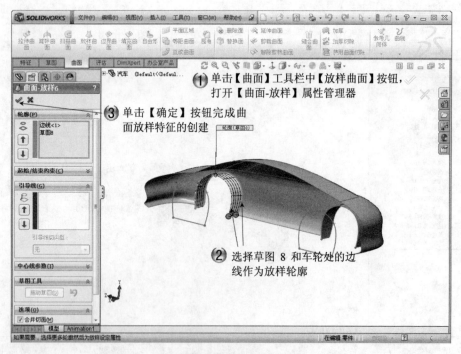

图 14-45　创建曲面放样特征

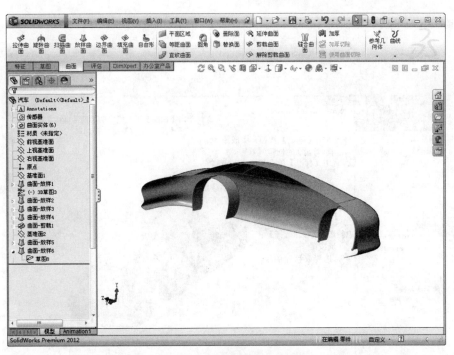

图 14-46　创建的放样曲面

14.2.3　创建车窗和车灯部分

Step 1　绘制草图 9，如图 14-47 所示。

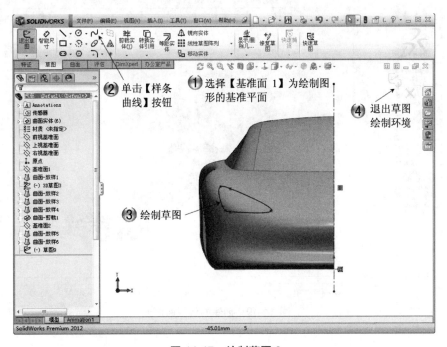

② 单击【样条曲线】按钮

① 选择【基准面 1】为绘制图形的基准平面

④ 退出草图绘制环境

③ 绘制草图

图 14-47　绘制草图 9

Step 2 剪裁曲面，如图 14-48、图 14-49 所示。

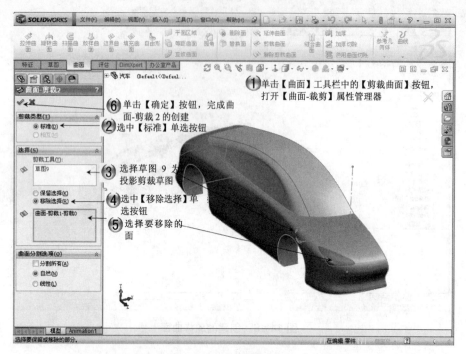

图 14-48　创建剪裁曲面

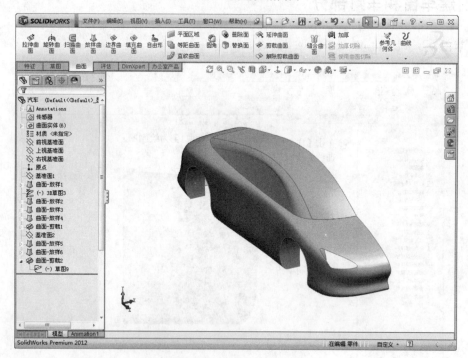

图 14-49　创建的剪裁曲面

Step 3 绘制草图 9，如图 14-50 所示。

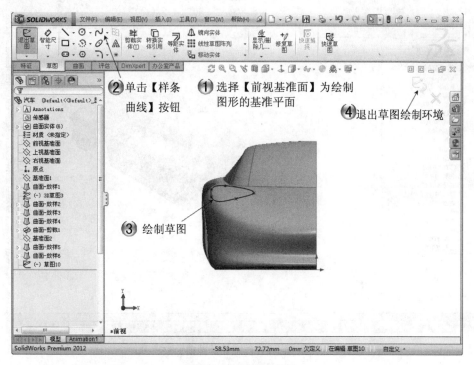

② 单击【样条曲线】按钮

① 选择【前视基准面】为绘制图形的基准平面

④ 退出草图绘制环境

③ 绘制草图

图 14-50　绘制草图 9

Step 4 剪裁曲面，如图 14-51、图 14-52 所示。

⑥ 单击【确定】按钮

② 选中【标准】单选按钮

① 单击【曲面】工具栏中【剪裁曲面】按钮，打开【曲面-裁剪】属性管理器

③ 选择草图 10 为投影剪裁草图

④ 选中【移除选择】单选按扭

⑤ 选择要移除的面

图 14-51　创建剪裁曲面

图 14-52　创建的剪裁曲面

Step 5　绘制草图 11，如图 14-53 所示。

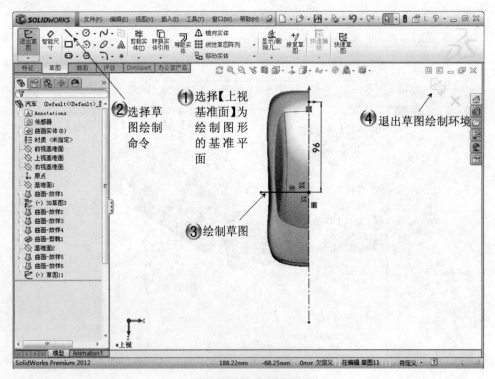

图 14-53　绘制草图 11

Step ⟨6⟩ 剪裁曲面，如图 14-54、图 14-55 所示。

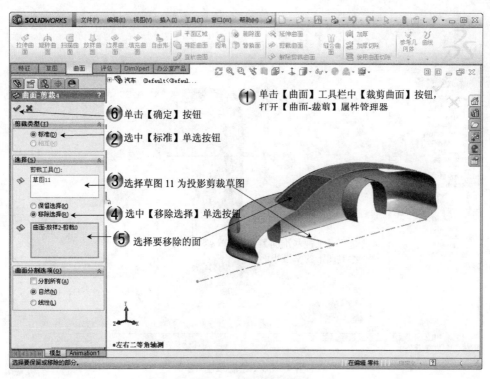

⑥ 单击【确定】按钮

① 单击【曲面】工具栏中【裁剪曲面】按钮，打开【曲面-裁剪】属性管理器

② 选中【标准】单选按钮

③ 选择草图 11 为投影剪裁草图

④ 选中【移除选择】单选按钮

⑤ 选择要移除的面

图 14-54 创建剪裁曲面

图 14-55 创建的剪裁曲面

Step 7 绘制草图 12，如图 14-56 所示。

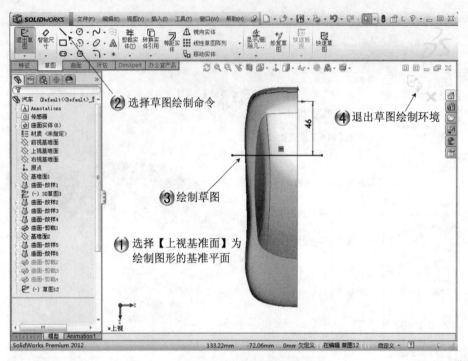

图 14-56　绘制草图 12

Step 8 剪裁曲面，如图 14-57、图 14-58 所示。

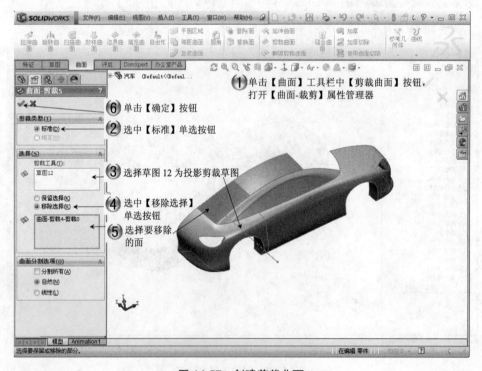

图 14-57　创建剪裁曲面

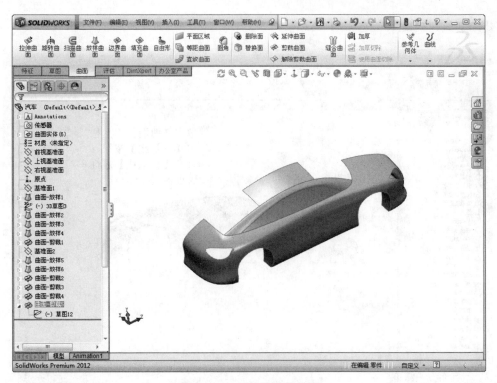

图 14-58　创建的剪裁曲面

Step 9　绘制草图 13，如图 14-59 所示。

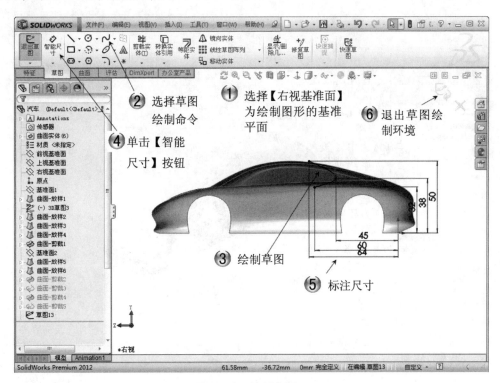

② 选择草图绘制命令

④ 单击【智能尺寸】按钮

① 选择【右视基准面】为绘制图形的基准平面

⑥ 退出草图绘制环境

③ 绘制草图

⑤ 标注尺寸

图 14-59　绘制草图 13

Step 10　创建分割线，如图 14-60～图 14-62 所示。

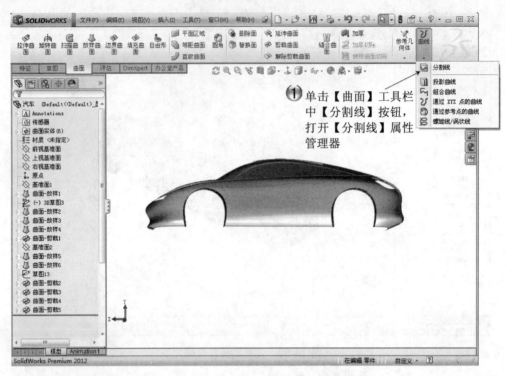

图 14-60　单击【分割线】按钮

图 14-61　创建分割线

图 14-62　创建的分割线

Step 11　绘制草图 14，如图 14-63 所示。

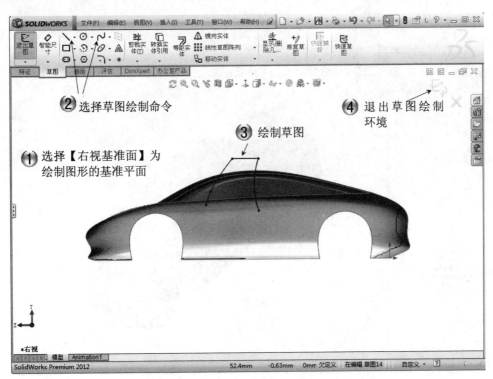

② 选择草图绘制命令

④ 退出草图绘制环境

③ 绘制草图

① 选择【右视基准面】为绘制图形的基准平面

图 14-63　绘制草图 14

Step 12 创建剪裁曲面，如图 14-64、图 14-65 所示。

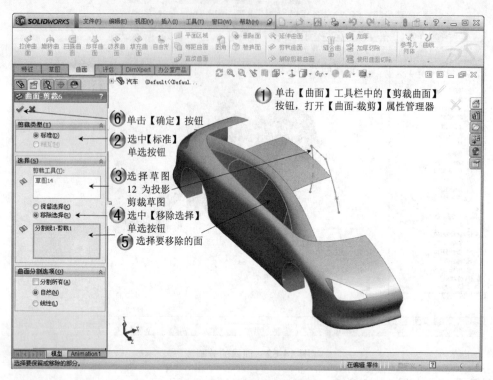

图 14-64　创建剪裁曲面

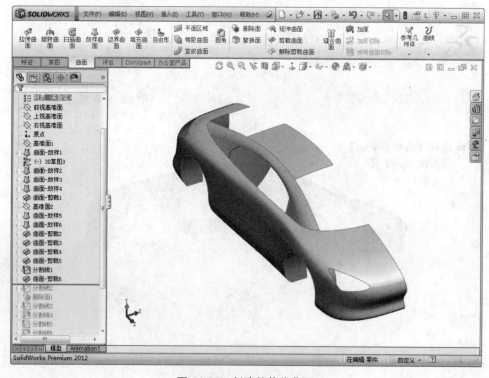

图 14-65　创建的剪裁曲面

Step 13　绘制草图 15 及分割线，如图 14-66～图 14-68 所示。

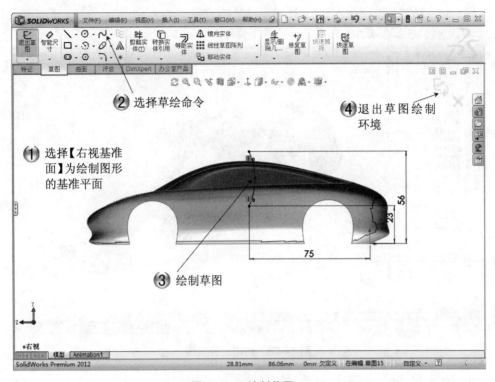

图 14-66　绘制草图 15

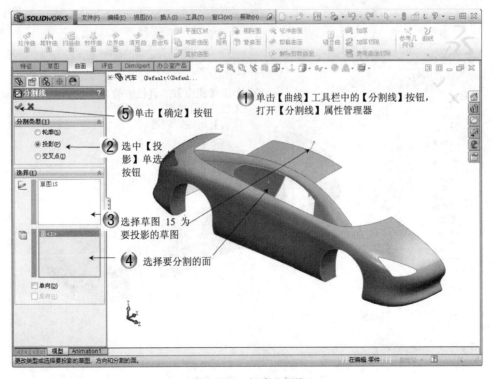

图 14-67　创建分割线

图 14-68　创建的分割线

Step 14　删除面，如图 14-69～图 14-71 所示。

图 14-69　单击【删除面】按钮

4 单击【确定】按钮完成删除面的创建

2 选择要删除的面

3 选中【删除】单选按钮

图 14-70　创建曲面删除特征

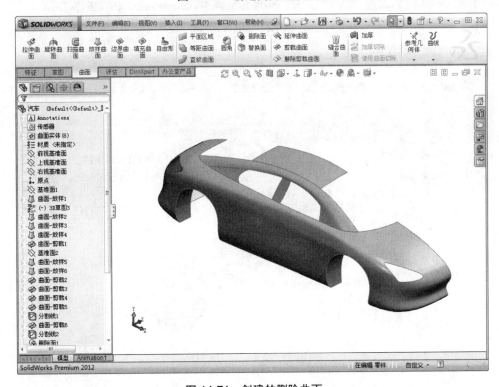

图 14-71　创建的删除曲面

14.2.4 细节处理

Step 1 绘制草图 16，如图 14-72 所示。

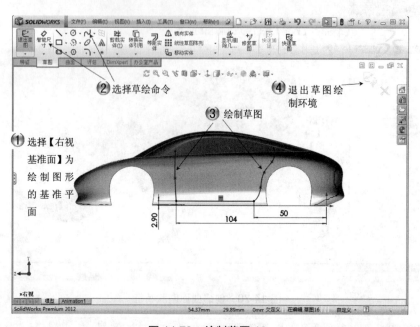

图 14-72 绘制草图 16

Step 2 创建分割线，如图 14-73、图 14-74 所示。

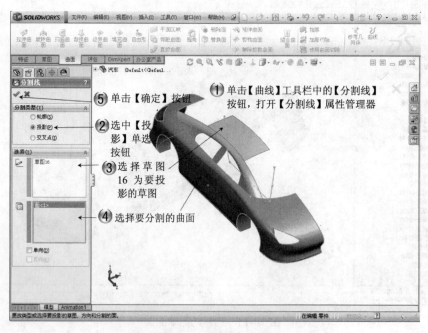

图 14-73 创建分割线

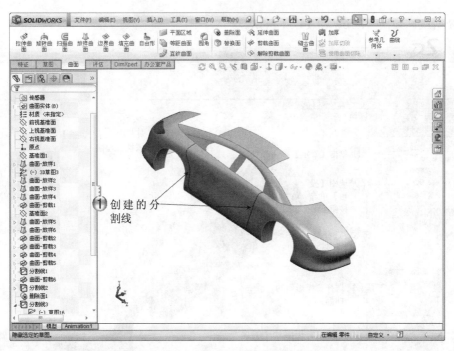

图 14-74　创建的分割线

Step 3　绘制草图 17，如图 14-75 所示。

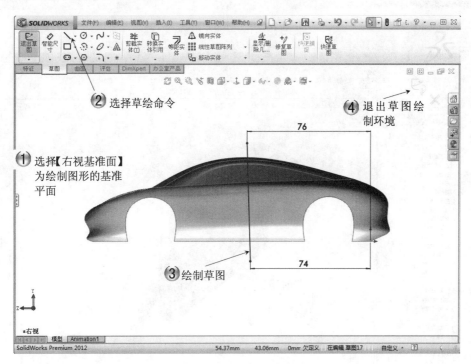

图 14-75　绘制草图 17

Step 4 创建分割线，如图 14-76、图 14-77 所示。

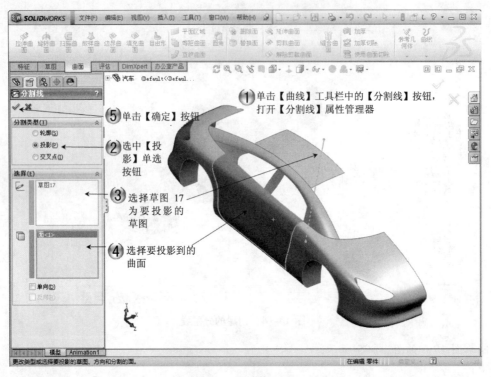

图 14-76 创建分割线

图 14-77 创建的分割线

Step 5 绘制草图 18，如图 14-78 所示。

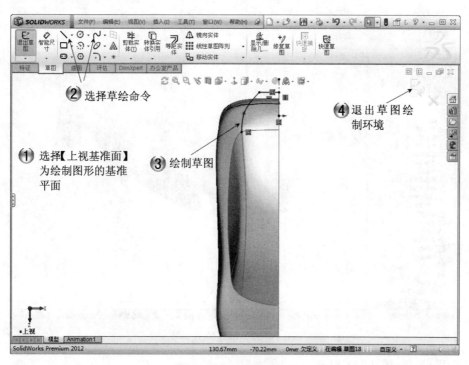

② 选择草绘命令

④ 退出草图绘
制环境

① 选择【上视基准面】
为绘制图形的基准
平面

③ 绘制草图

图 14-78　绘制草图 18

Step 6 创建分割线，如图 14-79、图 14-80 所示。

① 单击【曲线】工具栏中的【分割线】
按钮，打开【分割线】属性管理器

⑤ 单击【确定】按钮

② 选中【投影】单
选按钮

③ 选择草图 18 为要
投影的草图

④ 选择要投影
到的曲面

图 14-79　创建分割线

图 14-80　创建的分割线

Step ⟨7⟩　绘制草图 19，如图 14-81 所示。

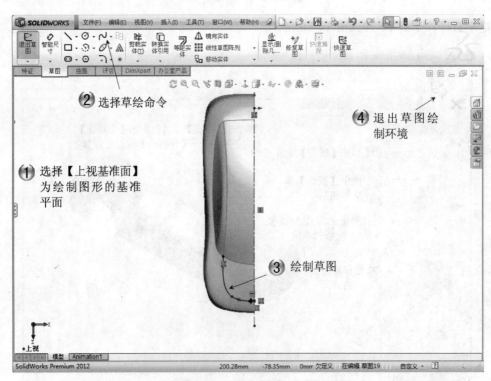

图 14-81　绘制草图 19

Step 8 创建分割线，如图 14-82、图 14-83 所示。

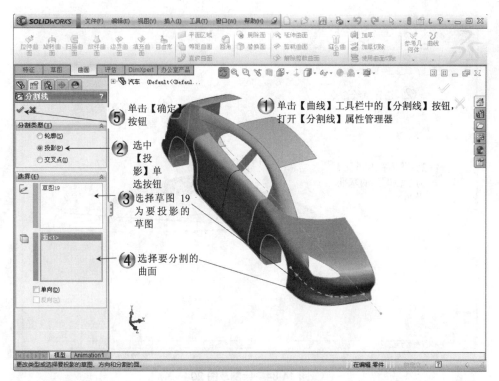

图 14-82 创建分割线

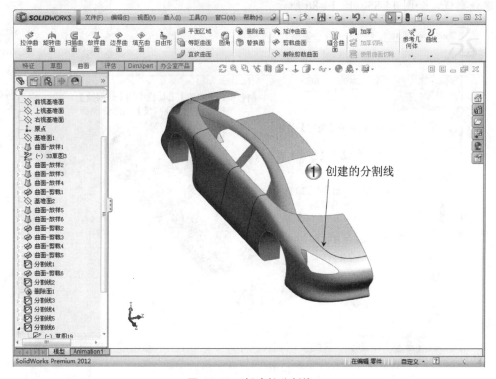

图 14-83 创建的分割线

Step 9 　绘制草图 20，如图 14-84 所示。

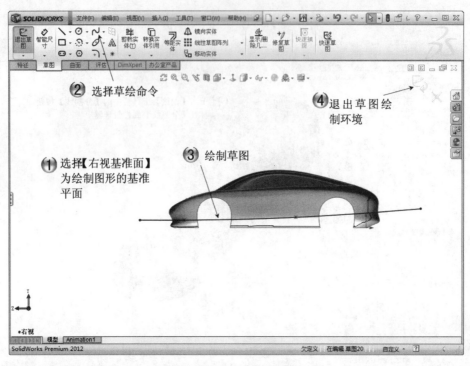

图 14-84 　绘制草图 20

Step 10 　创建分割线，如图 14-85、图 14-86 所示。

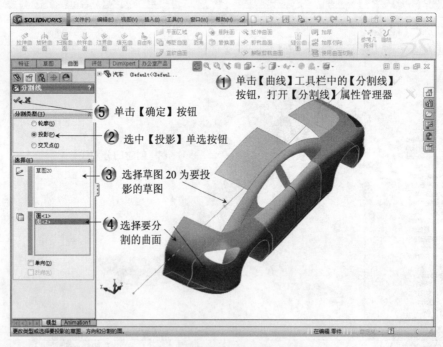

图 14-85 　创建分割线

图 14-86 创建的分割线

Step〈11〉 绘制草图 21，如图 14-87 所示。

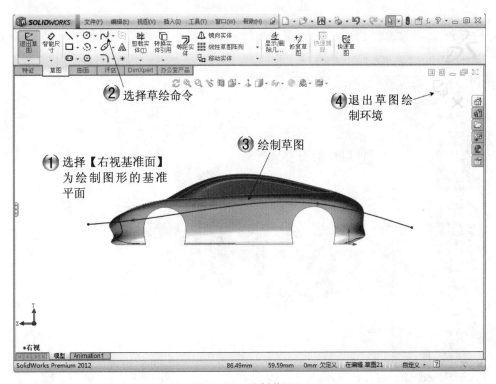

图 14-87 绘制草图 21

Step 12 创建分割线，如图 14-88、图 14-89 所示。

图 14-88　创建分割线

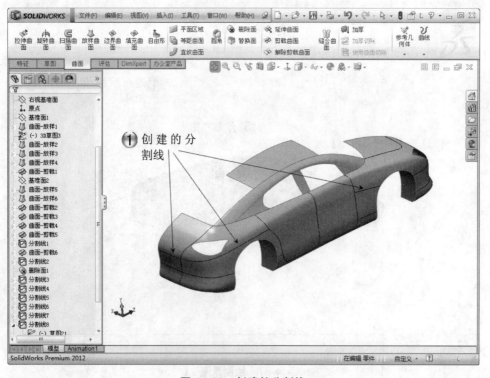

图 14-89　创建的分割线

Step 13　创建镜向 1，如图 14-90～图 14-92 所示。

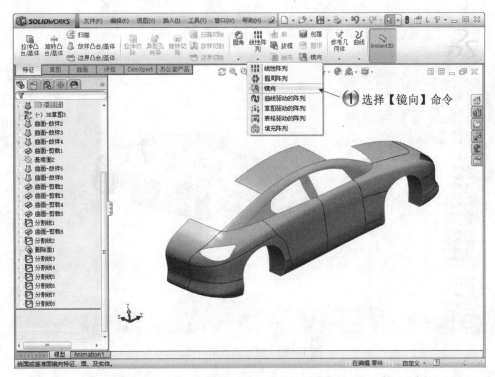

图 14-90　选择【镜向】命令

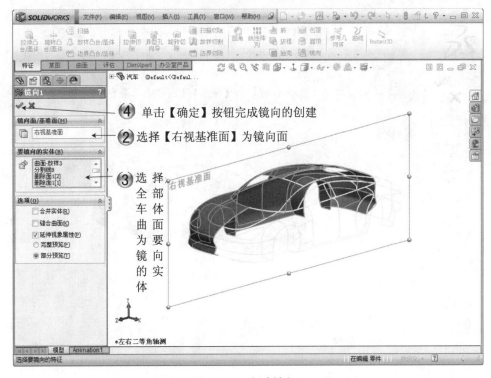

图 14-91　创建镜向 1

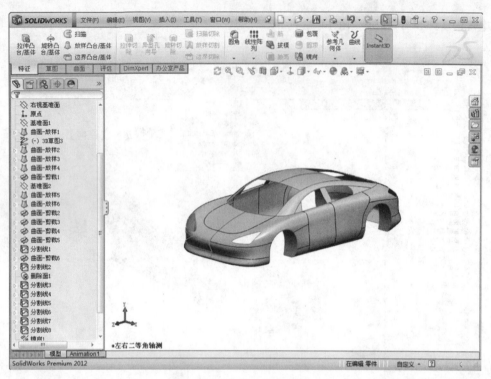

图 14-92　创建的镜向特征 1

Step 14　缝合曲面，如图 14-93～图 14-95 所示。

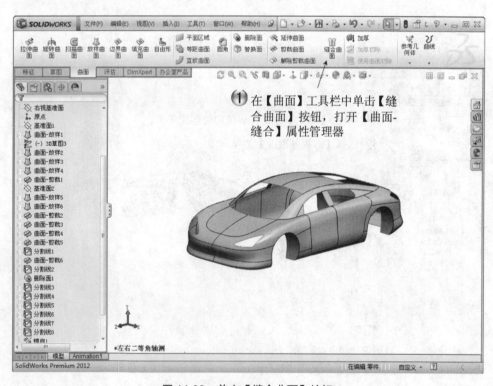

① 在【曲面】工具栏中单击【缝合曲面】按钮，打开【曲面-缝合】属性管理器

图 14-93　单击【缝合曲面】按钮

③ 单击【确定】按钮完成曲面缝
合特征的创建

② 选取车身曲面作为要缝合的曲面

图 14-94　创建缝合曲面特征

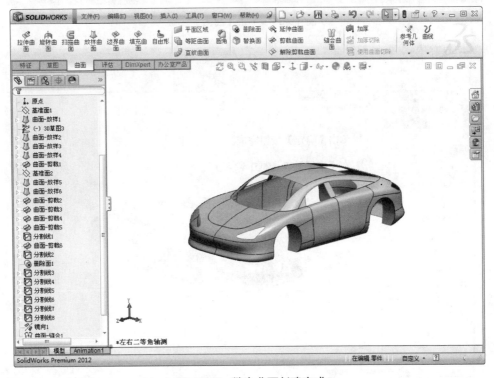

图 14-95　缝合曲面创建完成

Step 15 添加圆角特征，如图 14-96～图 14-98 所示。

① 单击【圆角】按钮，打开【圆角】
属性管理器

图 14-96　单击【圆角】按钮

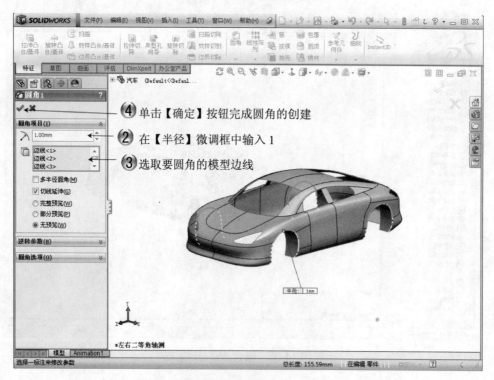

④ 单击【确定】按钮完成圆角的创建

② 在【半径】微调框中输入 1

③ 选取要圆角的模型边线

图 14-97　创建圆角特征

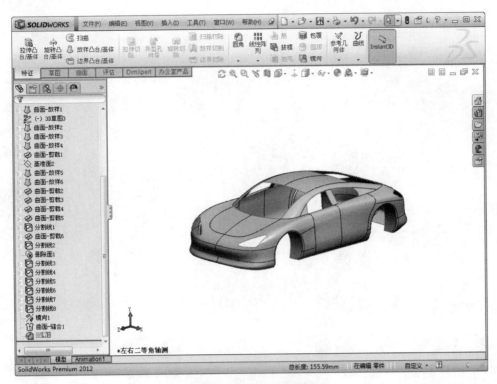

图 14-98　圆角特征创建完成

14.3　范例小结

这个综合范例介绍了汽车车身的详细设计过程，让读者熟悉了 SolidWorks 2012 中的曲线、曲面命令的使用方法。车身基体主要通过 3D 草图及曲面放样来完成，曲面放样可以生成一些不规则的曲面，轮胎部分主要通过曲面裁剪、曲面放样来完成；车窗和车灯部分主要通过分割线、曲面裁剪、删除曲面等命令来完成，细节部分是通过分割线、曲面缝合、圆角等命令来完成的。

通过本章实例的学习，读者应该重点掌握以下几方面知识：

(1) 样条曲线以及 3D 草图的设计。曲线质量的直接影响到曲面是否优美圆顺。

(2) 曲线命令的应用。曲线命令的灵活应用使曲面设计变得简单，反映了使用者对产品形状特征的了解的深度。

(3) 曲面命令的应用。在对产品外形分析后，得到所有组成曲面的类型，如何创建这些曲面是曲面产品建模的归结点。

第 15 章

综合范例 2——牙签筒

本章导读

　　本章以牙签筒的建模为例，讲解部件及复杂装配体的建模过程。本章将以牙签筒为例，详细介绍主体部件的设计及内部多个部件的组装过程，希望读者可以对前面介绍的相关知识进行深入的理解，并最终达到灵活应用的目的。

学习内容

知识点 ＼ 学习目标	理　解	应　用	实　践
创建完整筒体	√	√	√
分割成上、下筒体	√	√	√
创建上筒体独有特征	√	√	√
创建下筒体独有特征	√	√	√
装配体设计	√	√	√

15.1 范 例 介 绍

牙签筒的外形类似于啤酒桶，其顶部有一个按钮，当按下此按钮时，牙签会从前方的小孔中弹出，本节案例是牙签筒模型。图 15-1 所示为牙签筒装配体模型，图 15-2 所示为牙签筒装配体爆炸视图。在牙签筒装配体中，零件有上筒体、下筒体、牙签槽等。在本节中将讲述上筒体与下筒体的绘制过程，然后把这些零部件装配在一起。

图 15-1　牙签筒装配体

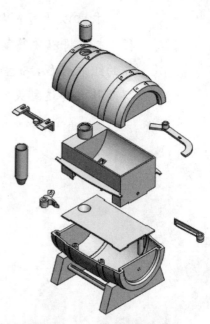

图 15-2　牙签筒装配体爆炸视图

上筒体与下筒体扣合在一起便形成了一个完整的啤酒桶形状，如果把两个零件分开建模的话，不仅存在重复劳动、降低建模效率的坏处，而且接口处极易出现不能完全吻合的建模错误。为了避免这些问题，这里采用这样的制作思路：首先生成一个完整的筒体，并且创建上下筒体共同的特征，然后分割筒体生成上、下筒体，最后分别创建独有的特征。牙签筒装配体由 11 个单独的零件装配而成，不包含子装配体。在牙签筒装配体中用到的配合类型有同轴心配合、重合配合、相切配合、距离配合。

在零部件的绘制与装配过程中，学习和熟练一些常用的 SolidWorks 实体造型和装配的方法和技巧。

15.2 范 例 制 作

 本范例完成文件： \15\所有文件

 多媒体教学路径： 光盘→多媒体教学→第 15 章

15.2.1　创建完整筒体及共同特征

Step 1　新建文件，如图 15-3 所示。

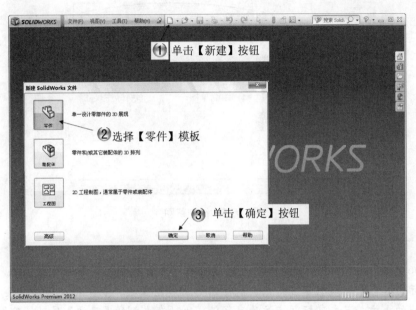

图 15-3　新建文件

Step 2　创建草图 1，如图 15-4、图 15-5 所示。

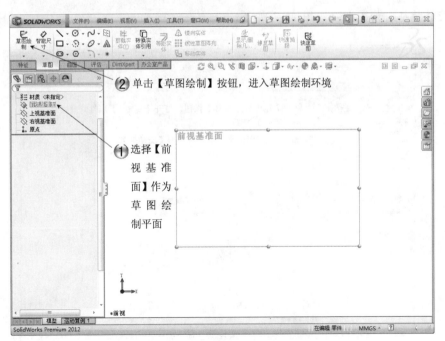

图 15-4　选择草绘基准面

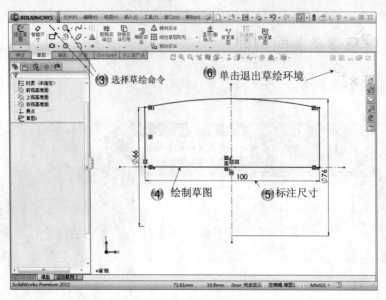

图 15-5　绘制草图 1

小　知　识

　　草图 1 中 φ66 与 φ76 的标注方法是：单击 ✐ 【智能尺寸】按钮，选取左侧竖直线段的上端点及水平中心线，移动鼠标到水平中心线的下方，点击鼠标则标注为直径值，接着选取圆弧线及水平中心线，移动鼠标到水平中心线的上方，点击鼠标则标注为直径值，此时在左侧的【尺寸】属性管理器中，单击【引线】标签，切换到【引线】选项卡，在【圆弧条件】下拉面板中选中【最小】单选按钮，单击【确定】按钮 ✔。

Step 3　创建旋转特征，如图 15-6、图 15-7 所示。

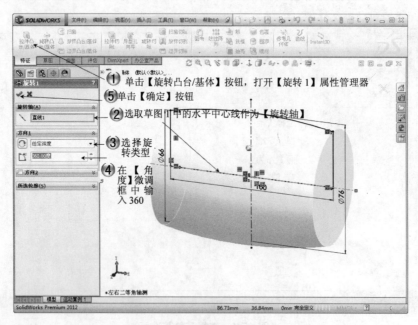

图 15-6　创建旋转特征

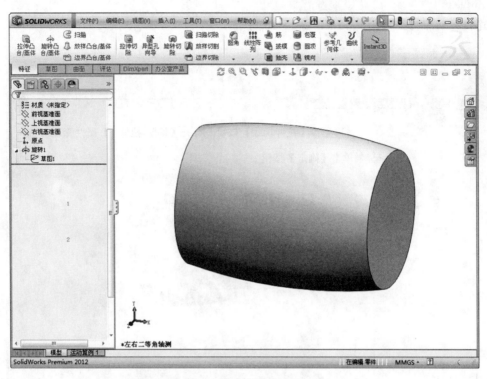

图 15-7　完成旋转特征的创建

Step 4　创建草图 2，如图 15-8 所示。

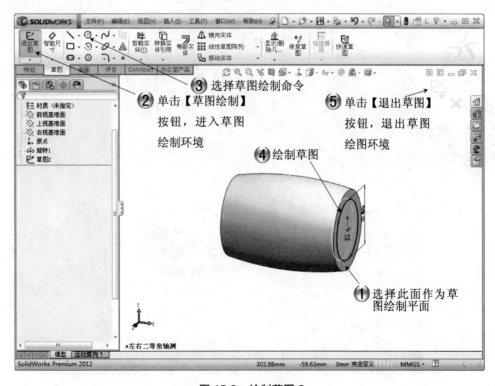

③ 选择草图绘制命令

② 单击【草图绘制】
按钮，进入草图
绘制环境

⑤ 单击【退出草图】
按钮，退出草图
绘图环境

④ 绘制草图

① 选择此面作为草
图绘制平面

图 15-8　绘制草图 2

Step 5 创建拉伸切除特征，如图 15-9、图 15-10 所示。

图 15-9　创建拉伸切除特征

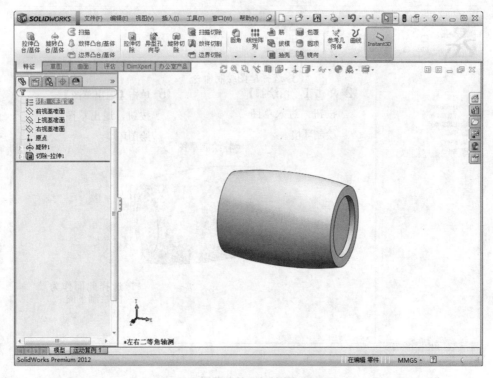

图 15-10　完成拉伸切除特征的创建

Step 6 创建镜向特征，如图 15-11、图 15-12 所示。

图 15-11 创建镜向特征

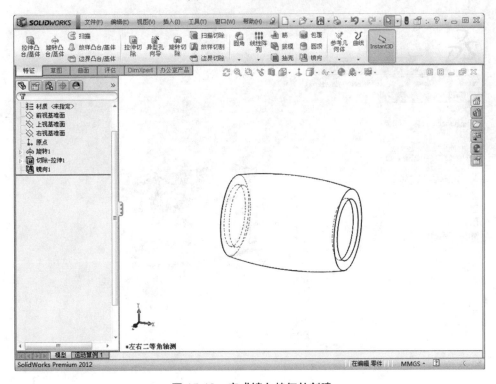

图 15-12 完成镜向特征的创建

Step 7 创建抽壳特征，如图 15-13、图 15-14 所示。

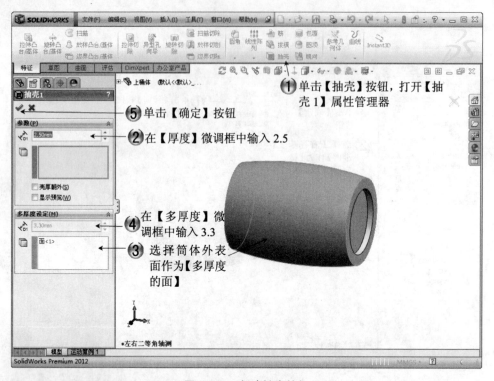

图 15-13　创建抽壳特征

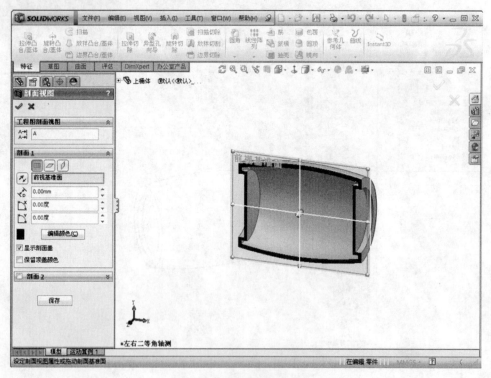

图 15-14　创建的抽壳特征

Step 8　创建草图 3，如图 15-15 所示。

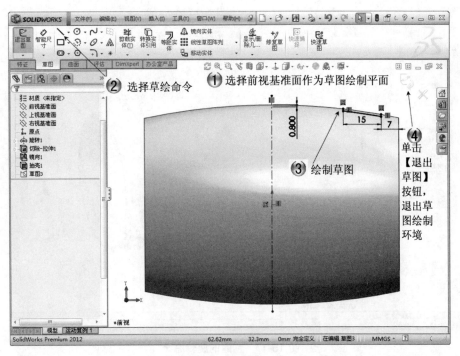

图 15-15　草绘草图 3

Step 9　创建旋转曲面特征，如图 15-16、图 15-17 所示。

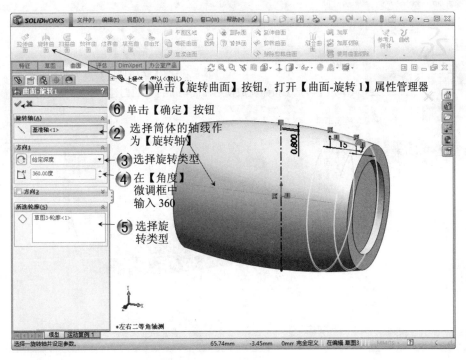

图 15-16　创建旋转曲面特征

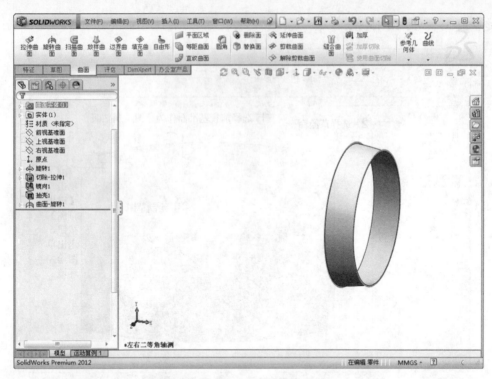

图 15-17　创建的旋转曲面

Step 10　创建使用曲面切除特征，如图 15-18、图 15-19 所示。

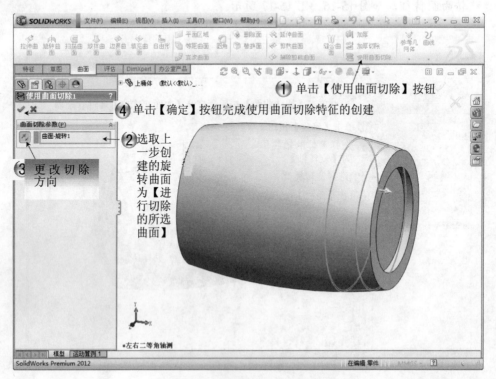

图 15-18　创建使用曲面切除特征

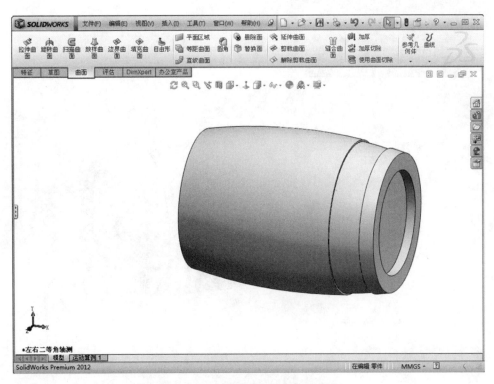

图 15-19   创建的使用曲面切除特征

Step 11   创建镜向特征，如图 15-20、图 15-21 所示。

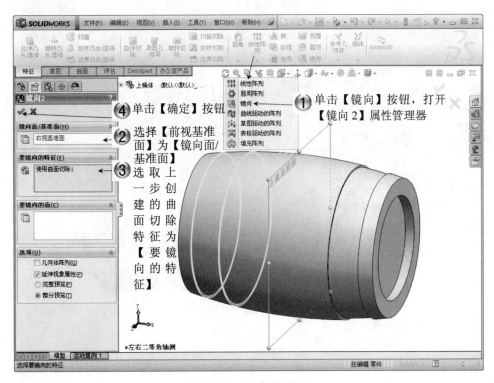

图 15-20   创建镜向特征

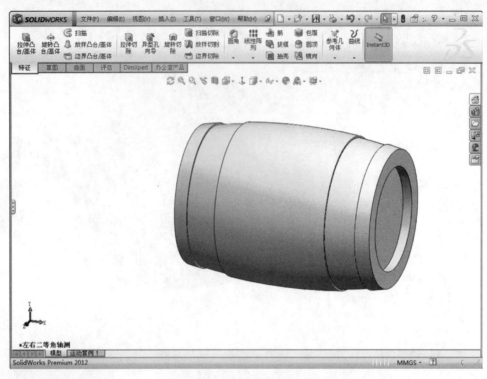

图 15-21　创建的镜向特征

Step 12　创建倒角特征，如图 15-22、图 15-23 所示。

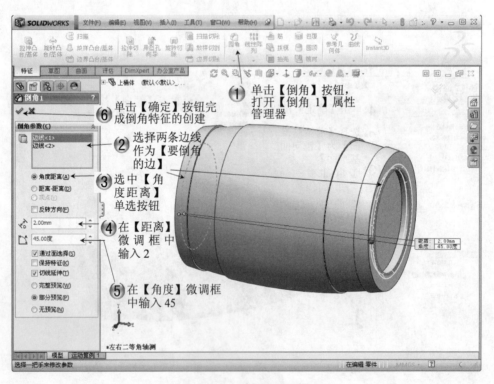

图 15-22　创建倒角特征

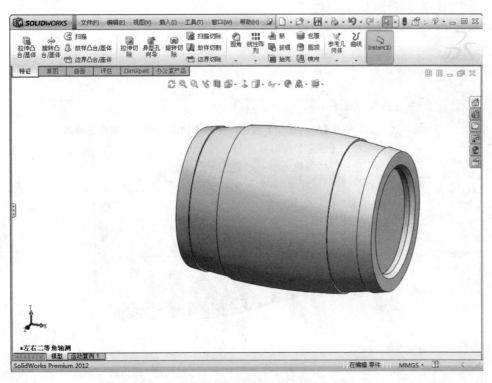

图 15-23   创建的倒角特征

Step 13   创建草图 4,如图 15-24 所示。

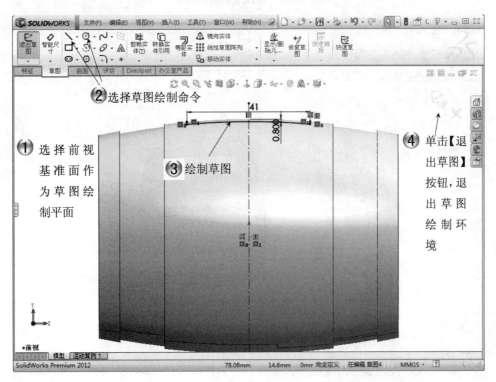

② 选择草图绘制命令

① 选择前视基准面作为草图绘制平面

③ 绘制草图

④ 单击【退出草图】按钮,退出草图绘制环境

图 15-24   创建草图 4

Step 14 创建旋转曲面特征，如图 15-25、图 15-26 所示。

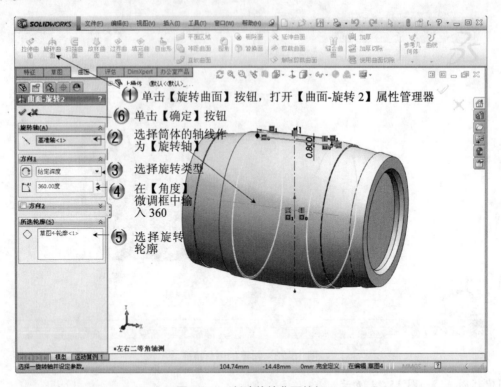

① 单击【旋转曲面】按钮，打开【曲面-旋转 2】属性管理器

⑥ 单击【确定】按钮

② 选择筒体的轴线作为【旋转轴】

③ 选择旋转类型

④ 在【角度】微调框中输入 360

⑤ 选择旋转轮廓

图 15-25　创建旋转曲面特征

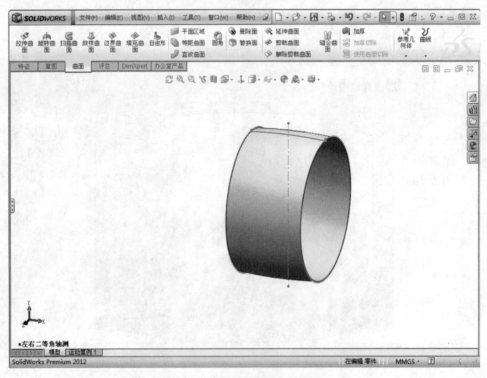

图 15-26　创建完成的旋转曲面特征

Step 15 创建使用曲面切除特征，如图 15-27、图 15-28 所示。

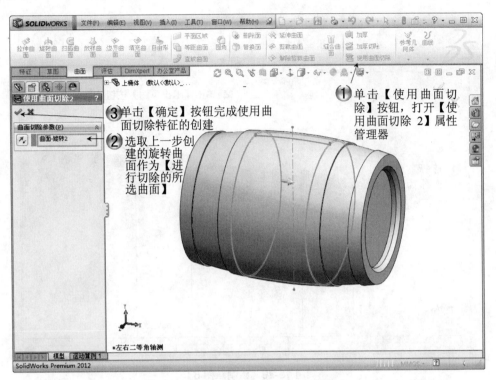

③ 单击【确定】按钮完成使用曲面切除特征的创建

② 选取上一步创建的旋转曲面作为【进行切除的所选曲面】

① 单击【使用曲面切除】按钮，打开【使用曲面切除 2】属性管理器

图 15-27　创建使用曲面切除特征

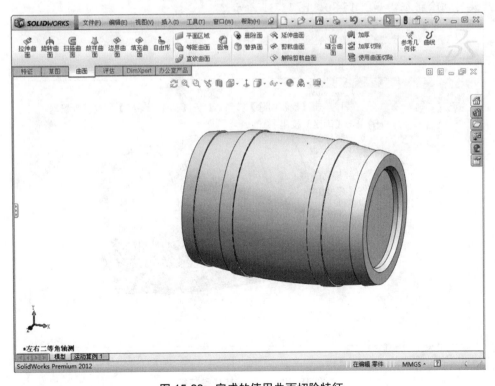

图 15-28　完成的使用曲面切除特征

Step 16 创建草图 5，如图 15-29 所示。

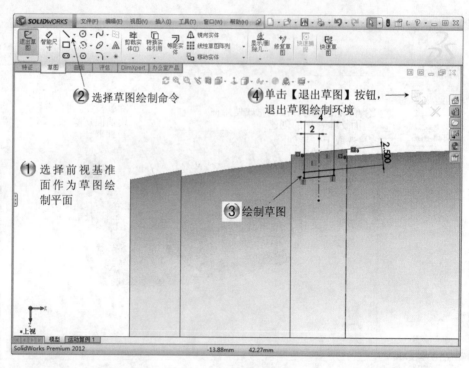

图 15-29 绘制草图 5

Step 17 创建旋转切除特征，如图 15-30、图 15-31 所示。

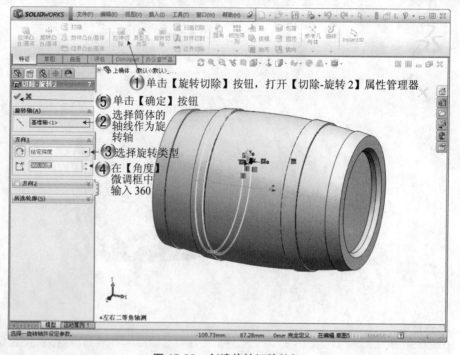

图 15-30 创建旋转切除特征

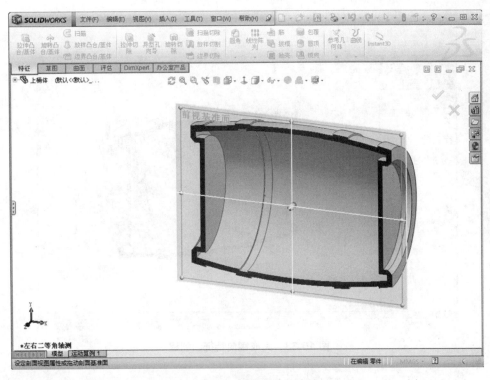

图 15-31　创建的旋转切除特征

Step 18　创建镜向特征，如图 15-32、图 15-33 所示。

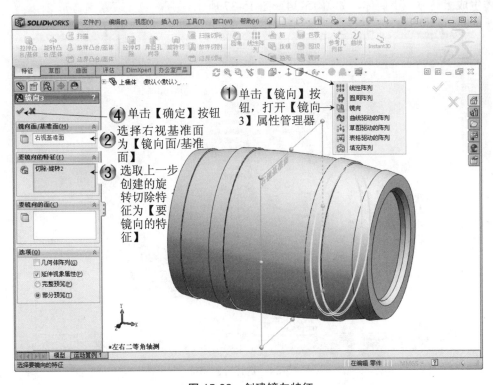

图 15-32　创建镜向特征

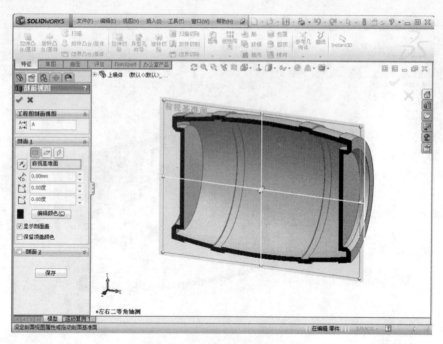

图 15-33　完成镜向特征的创建

15.2.2　分割筒体生成上筒体、下筒体

分割筒体生成上筒体、下筒体，如图 15-34～图 15-37 所示。

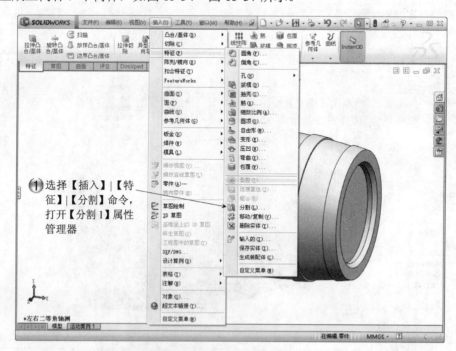

① 选择【插入】|【特征】|【分割】命令，打开【分割 1】属性管理器

图 15-34　选择分割特征

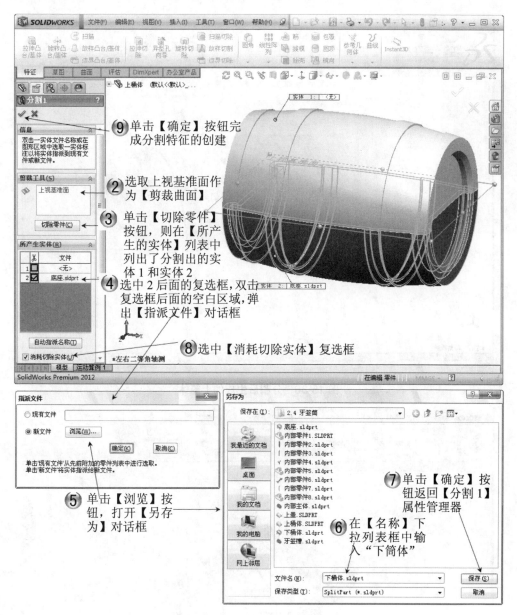

⑨ 单击【确定】按钮完成分割特征的创建

② 选取上视基准面作为【剪裁曲面】

③ 单击【切除零件】按钮，则在【所产生的实体】列表中列出了分割出的实体1和实体2

④ 选中2后面的复选框，双击复选框后面的空白区域，弹出【指派文件】对话框

⑧ 选中【消耗切除实体】复选框

⑤ 单击【浏览】按钮，打开【另存为】对话框

⑦ 单击【确定】按钮返回【分割1】属性管理器

⑥ 在【名称】下拉列表框中输入"下筒体"

图 15-35　创建分割特征

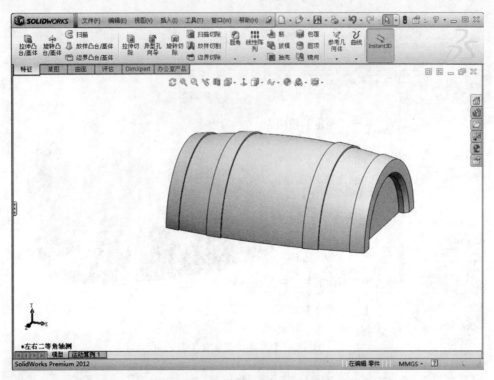

图 15-36　分割后生成的上筒体

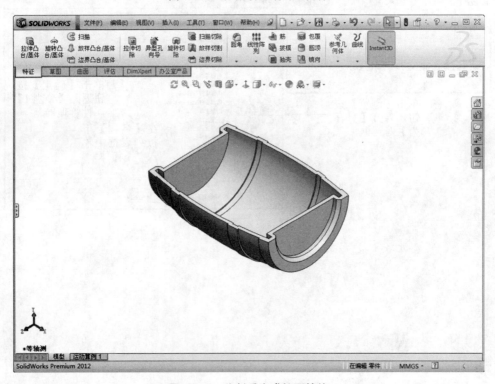

图 15-37　分割后生成的下筒体

15.2.3　创建上筒体独有特征

Step 1　创建草图 6，如图 15-38 所示。

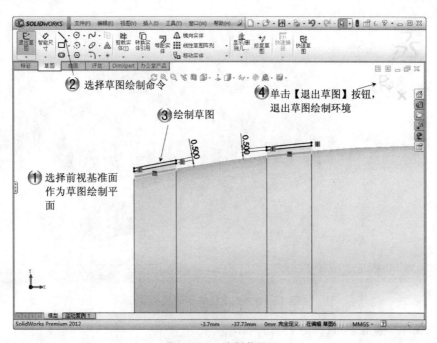

图 15-38　绘制草图 6

Step 2　创建旋转特征，如图 15-39、图 15-40 所示。

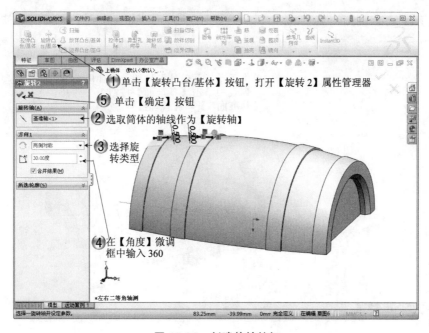

图 15-39　创建旋转特征

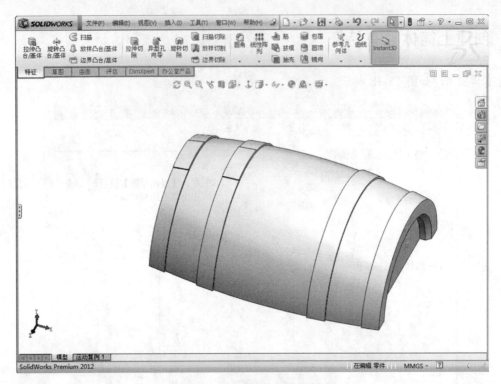

图 15-40　完成旋转特征的创建

Step 3　创建基准面 1，如图 15-41、图 15-42 所示。

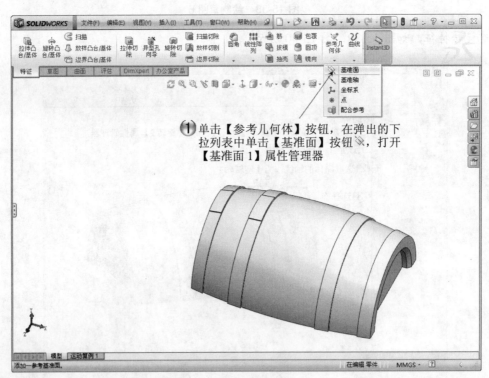

① 单击【参考几何体】按钮，在弹出的下
拉列表中单击【基准面】按钮 ◇，打开
【基准面 1】属性管理器

图 15-41　单击【基准面】按钮

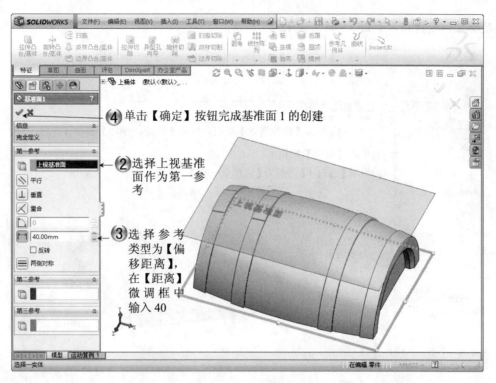

图 15-42　创建基准面

Step 4　创建草图 7，如图 15-43 所示。

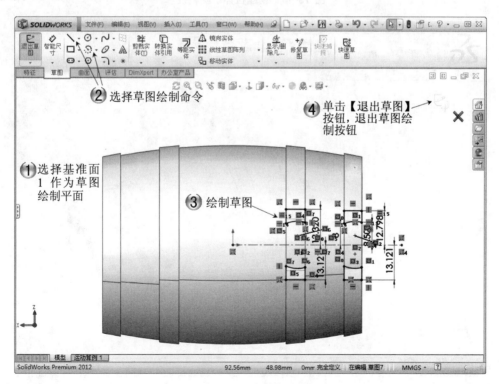

图 15-43　创建草图 7

Step 5 创建拉伸切除特征，如图 15-44、图 15-45 所示。

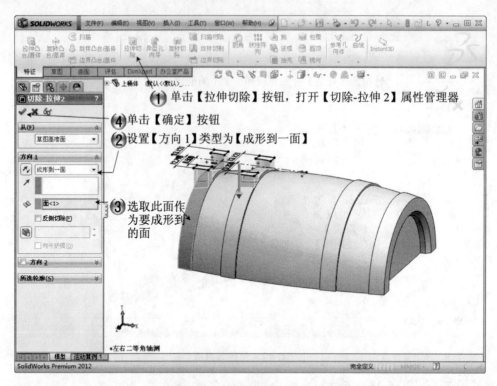

① 单击【拉伸切除】按钮，打开【切除-拉伸2】属性管理器

④ 单击【确定】按钮

② 设置【方向 1】类型为【成形到一面】

③ 选取此面作为要成形到的面

图 15-44　创建拉伸切除特征

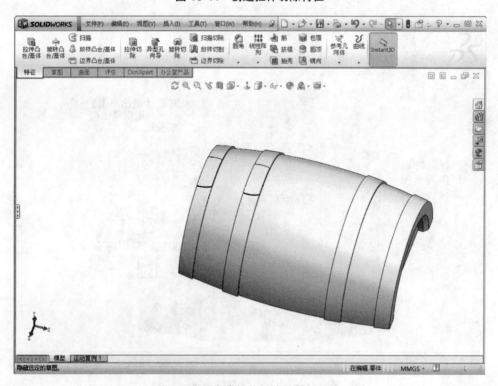

图 15-45　完成拉伸切除特征的创建

Step 6　创建基准面 2，如图 15-46 所示。

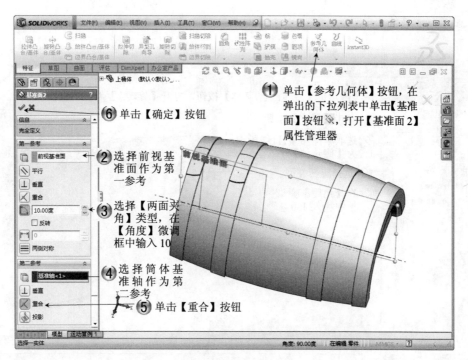

图 15-46　创建基准面 2

Step 7　创建草图 8，如图 15-47 所示。

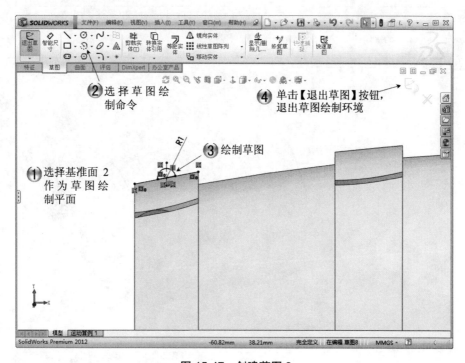

图 15-47　创建草图 8

Step 8 创建旋转特征，如图 15-48、图 15-49 所示。

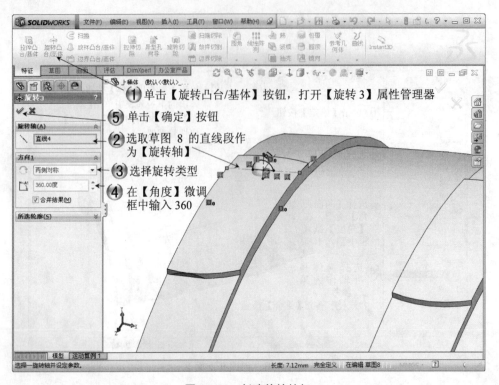

① 单击【旋转凸台/基体】按钮，打开【旋转 3】属性管理器
⑤ 单击【确定】按钮
② 选取草图 8 的直线段作为【旋转轴】
③ 选择旋转类型
④ 在【角度】微调框中输入 360

图 15-48　创建旋转特征

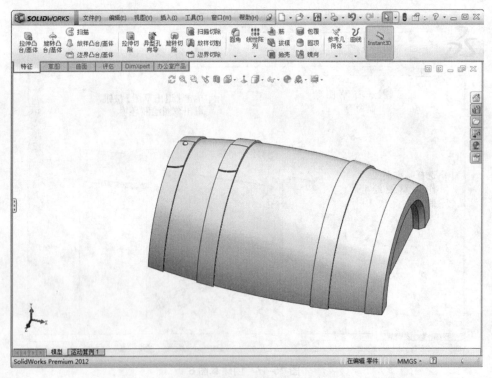

图 15-49　完成旋转特征的创建

Step 9 创建镜向特征,如图 15-50、图 15-51 所示。

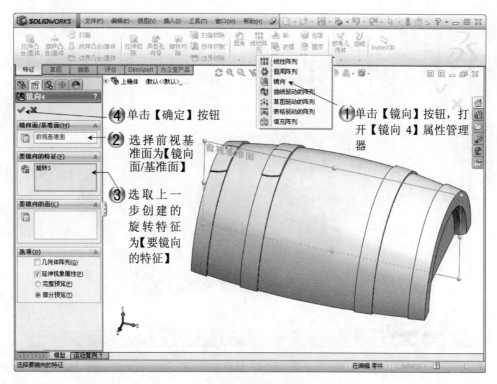

④ 单击【确定】按钮

② 选择前视基准面为【镜向面/基准面】

③ 选取上一步创建的旋转特征为【要镜向的特征】

① 单击【镜向】按钮,打开【镜向 4】属性管理器

图 15-50 创建镜向特征

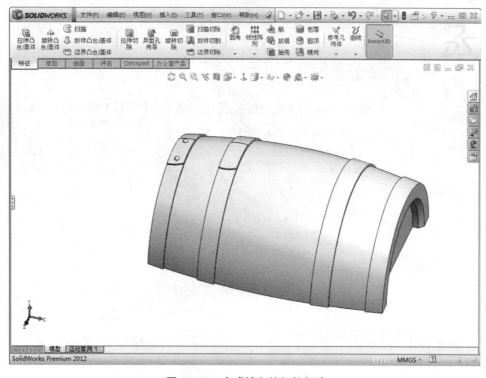

图 15-51 完成镜向特征的创建

Step 10 重复 Step7~9，创建如图 15-52 所示的特征。

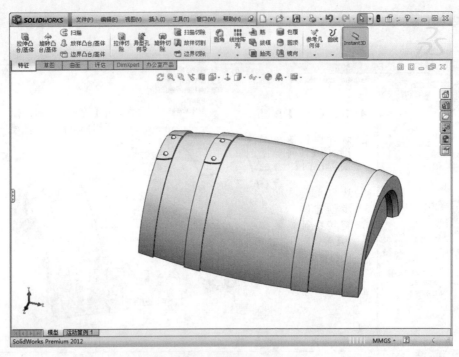

图 15-52　完成创建

Step 11 创建镜向特征，如图 15-53、图 15-54 所示。

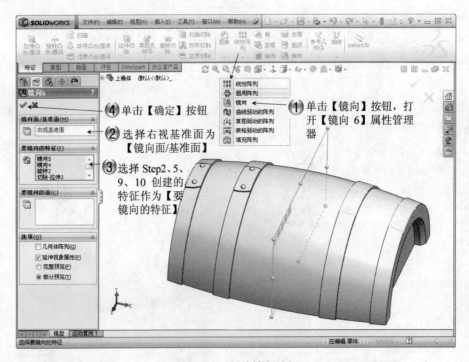

图 15-53　创建镜向特征

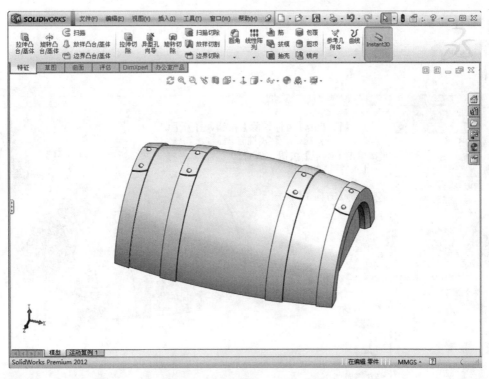

图 15-54　完成镜向特征的创建

Step ⟨12⟩　创建草图 10，如图 15-55 所示。

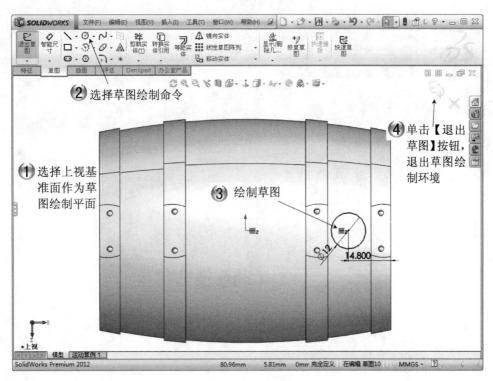

② 选择草图绘制命令

④ 单击【退出
草图】按钮，
退出草图绘
制环境

① 选择上视基
准面作为草
图绘制平面

③ 绘制草图

图 15-55　绘制草图 10

Step 13 创建拉伸切除特征，如图 15-56、图 15-57 所示。

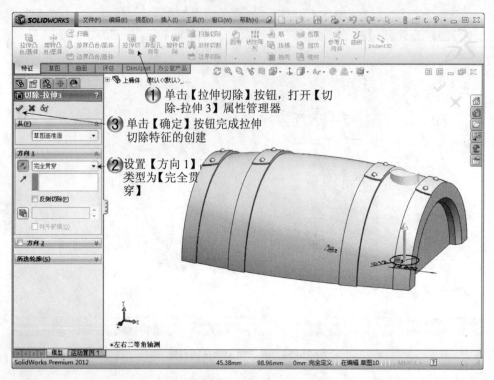

图 15-56　创建拉伸切除特征

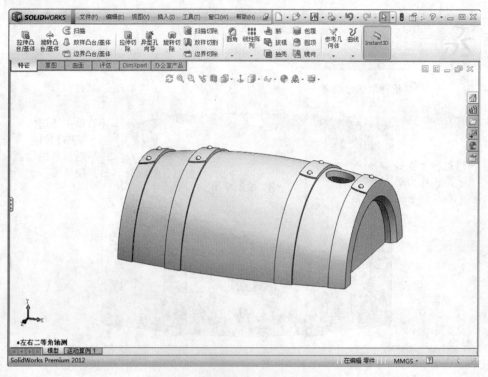

图 15-57　完成拉伸切除特征的创建

Step 14   创建草图 11，如图 15-58 所示。

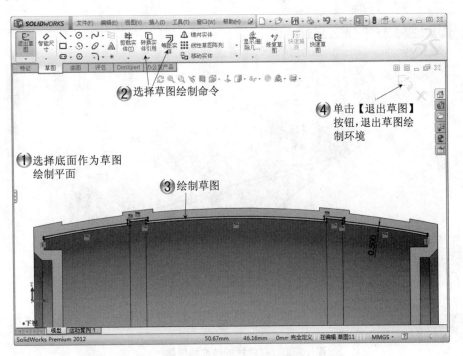

图 15-58   创建草图 11

Step 15   创建拉伸特征，如图 15-59、图 15-60 所示。

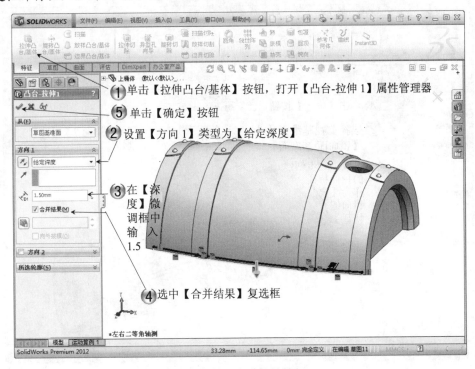

图 15-59   创建拉伸特征

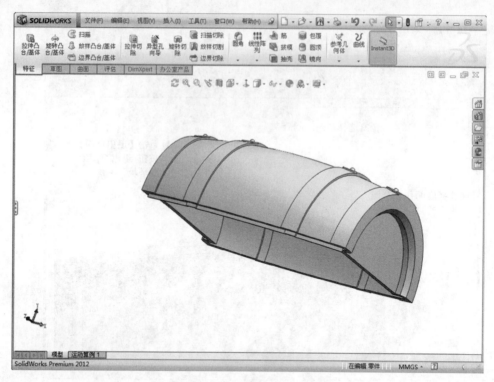

图 15-60   完成拉伸特征的创建

Step 16   创建镜向特征，如图 15-61、图 15-62 所示。

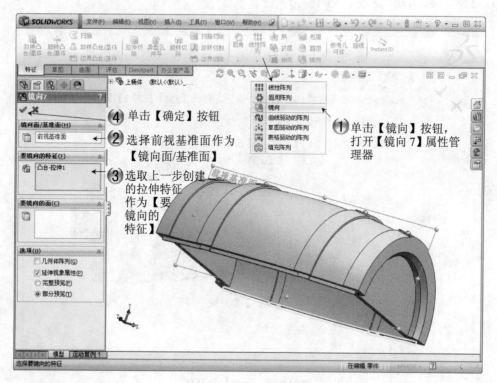

④ 单击【确定】按钮

② 选择前视基准面作为
【镜向面/基准面】

③ 选取上一步创建
的拉伸特征
作为【要
镜向的
特征】

① 单击【镜向】按钮，
打开【镜向 7】属性管
理器

图 15-61   创建镜向特征

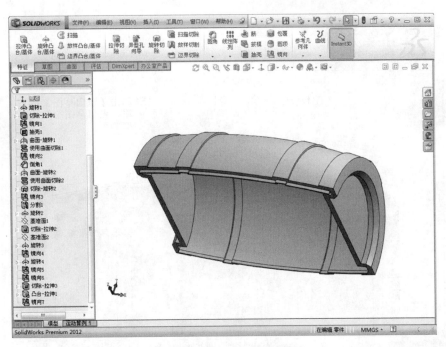

图 15-62　完成镜向特征的创建

15.2.4　创建下筒体独有特征

Step 1　打开文件"下筒体.sldprt"，创建草图 1，如图 15-63、图 15-64 所示。

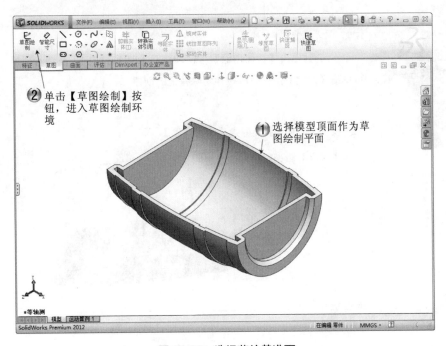

图 15-63　选择草绘基准面

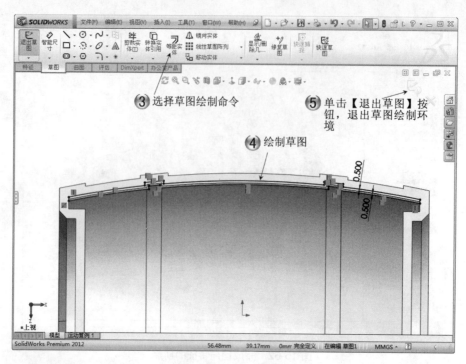

图 15-64　绘制草图 1

Step 2　创建拉伸切除特征，如图 15-65、图 15-66 所示。

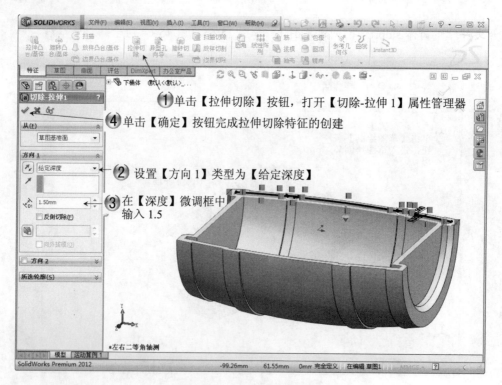

图 15-65　创建拉伸切除特征

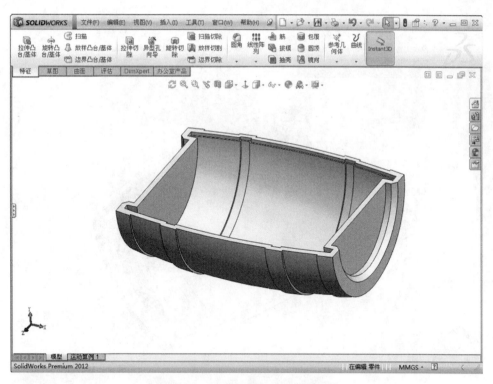

图 15-66　完成拉伸切除特征的创建

Step 3　创建镜向特征，如图 15-67、图 15-68 所示。

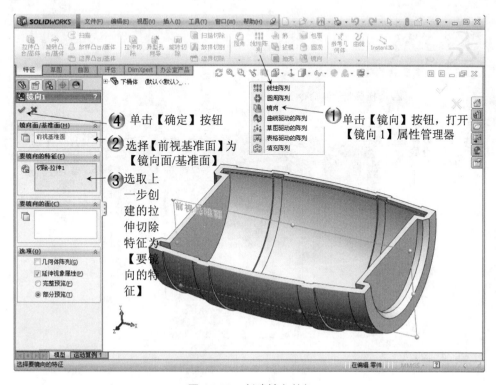

④ 单击【确定】按钮

② 选择【前视基准面】为
【镜向面/基准面】

③ 选取上
一步创
建的拉
伸切除
特征为
【要镜
向的特
征】

① 单击【镜向】按钮，打开
【镜向 1】属性管理器

图 15-67　创建镜向特征

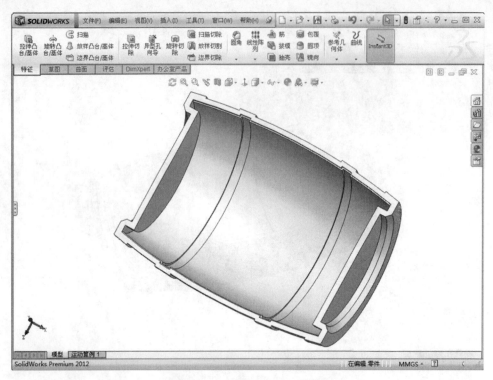

图 15-68　完成镜向特征的创建

Step 4　创建草图 2，如图 15-69 所示。

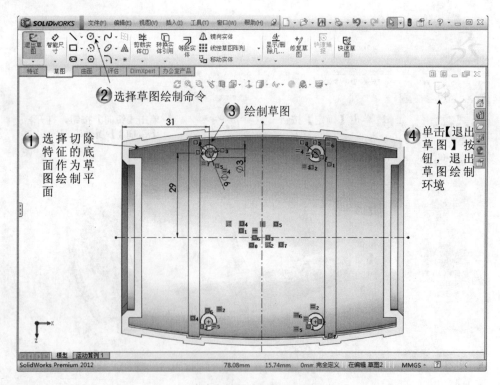

图 15-69　绘制草图 2

Step 5 创建拉伸特征，如图 15-70、图 15-71 所示。

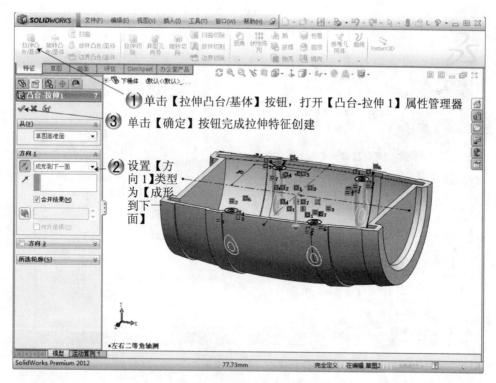

① 单击【拉伸凸台/基体】按钮，打开【凸台-拉伸 1】属性管理器

③ 单击【确定】按钮完成拉伸特征创建

② 设置【方向 1】类型为【成形到下一面】

图 15-70　创建拉伸特征

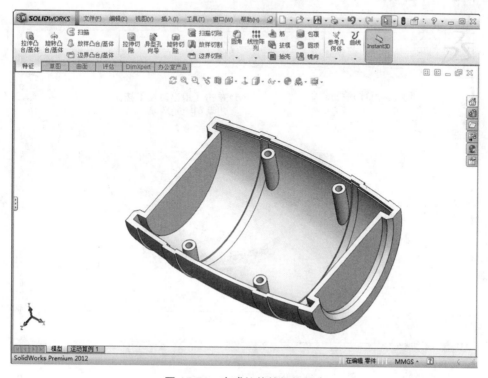

图 15-71　完成拉伸特征的创建

Step 6 创建基准面 1，如图 15-72 所示。

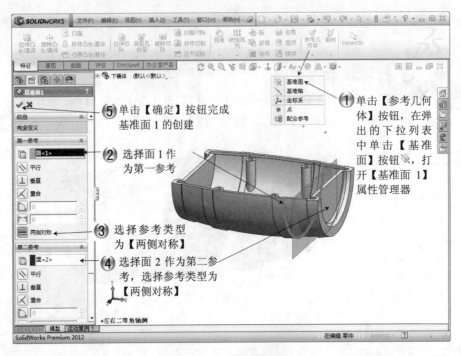

图 15-72 创建基准面 1

Step 7 创建草图 3，如图 15-73 所示。

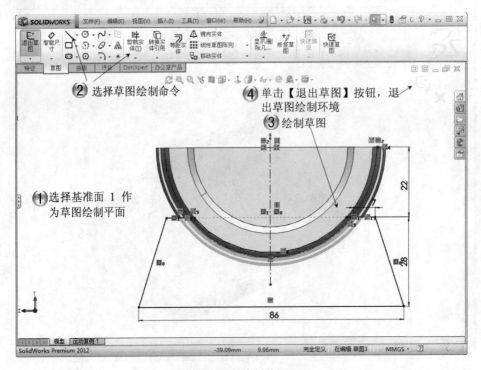

图 15-73 绘制草图 3

Step 8　创建拉伸特征，如图 15-74、图 15-75 所示。

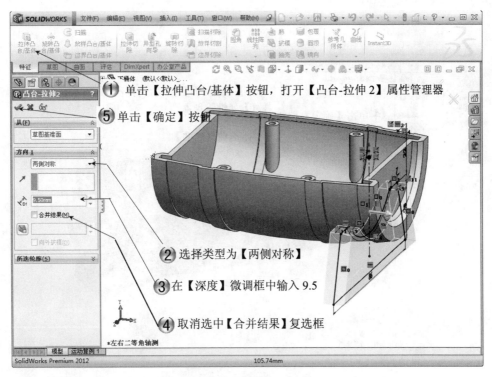

① 单击【拉伸凸台/基体】按钮，打开【凸台-拉伸 2】属性管理器

⑤ 单击【确定】按钮

② 选择类型为【两侧对称】

③ 在【深度】微调框中输入 9.5

④ 取消选中【合并结果】复选框

图 15-74　创建拉伸特征

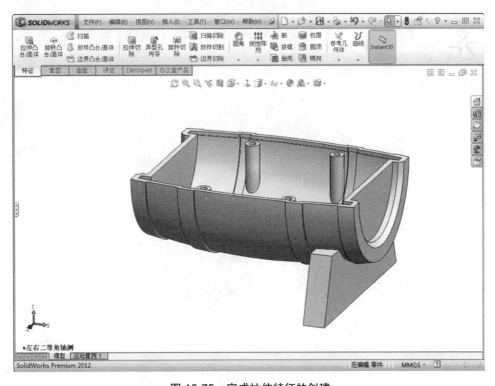

图 15-75　完成拉伸特征的创建

Step 9 创建等距曲面，如图 15-76、图 15-77 所示。

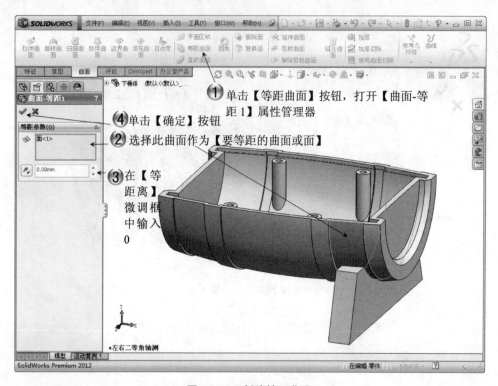

图 15-76 创建等距曲面

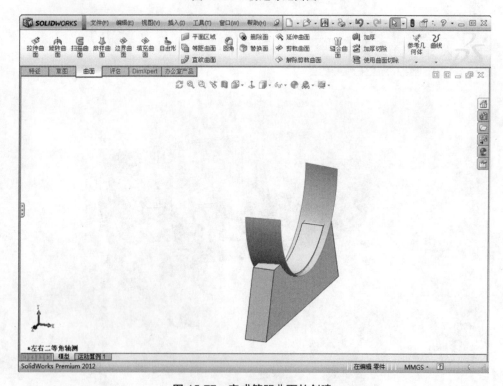

图 15-77 完成等距曲面的创建

Step 10　创建使用曲面切除特征，如图 15-78、图 15-79 所示。

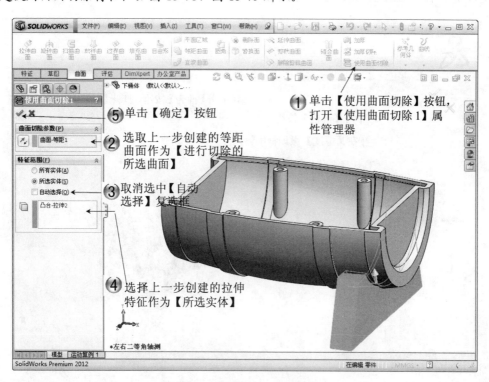

图 15-78　创建使用曲面切除特征

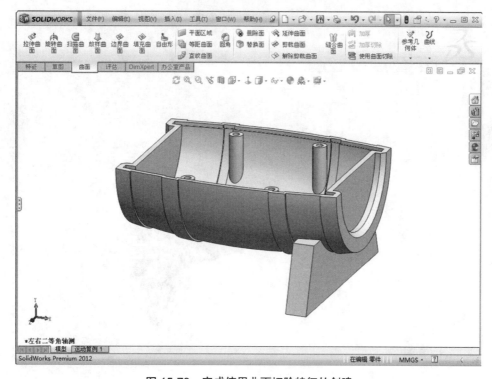

图 15-79　完成使用曲面切除特征的创建

Step 11 创建抽壳特征, 如图 15-80、图 15-81 所示。

图 15-80　创建抽壳特征

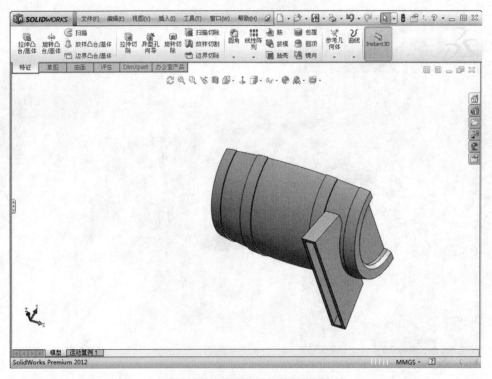

图 15-81　完成抽壳特征的创建

Step 12 创建草图4，如图15-82所示。

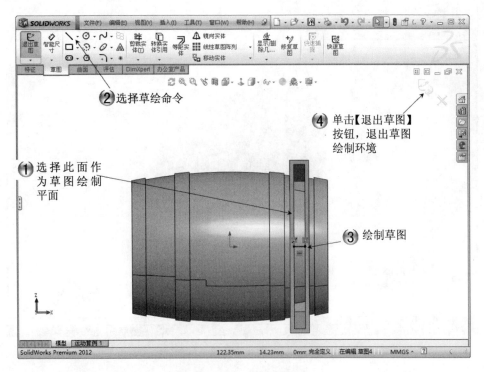

图15-82 绘制草图4

Step 13 创建筋特征1，如图15-83、图15-84所示。

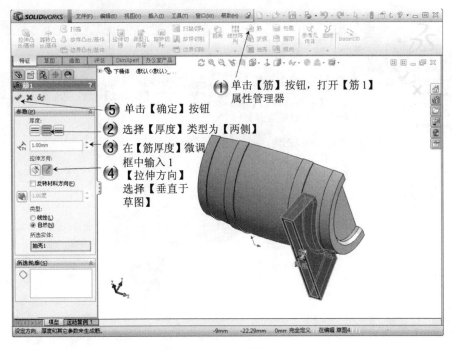

图15-83 创建筋特征1

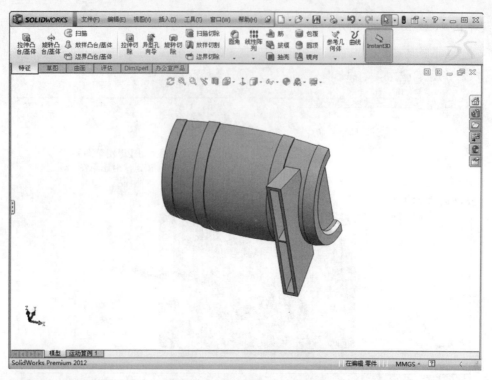

图 15-84　完成筋特征 1 的创建

Step 14　创建镜向特征，如图 15-85、图 15-86 所示。

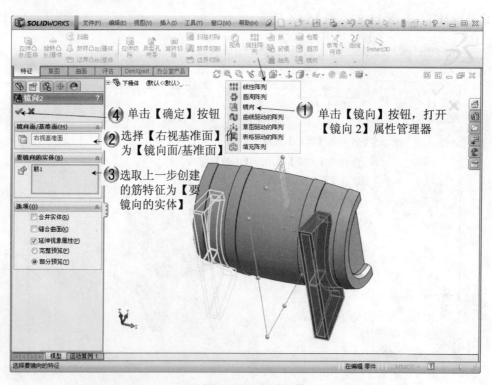

4 单击【确定】按钮

2 选择【右视基准面】作为【镜向面/基准面】

3 选取上一步创建的筋特征为【要镜向的实体】

1 单击【镜向】按钮，打开【镜向 2】属性管理器

图 15-85　创建镜向特征

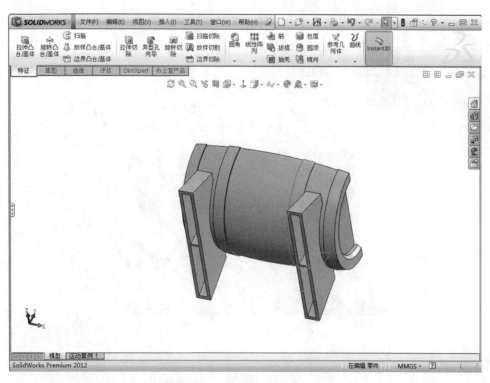

图 15-86   完成镜向特征的创建

Step ⟨15⟩   创建草图 5，如图 15-87、图 15-88 所示。

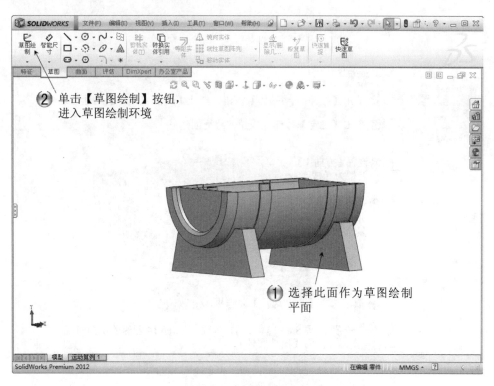

② 单击【草图绘制】按钮，进入草图绘制环境

① 选择此面作为草图绘制平面

图 15-87   选择草图绘制平面

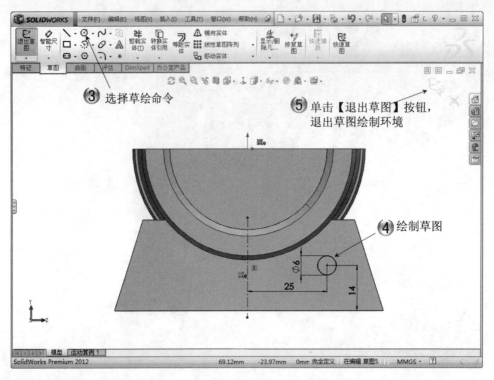

③ 选择草绘命令

⑤ 单击【退出草图】按钮，退出草图绘制环境

④ 绘制草图

图 15-88 创建草图 5

Step 16 创建拉伸特征，如图 15-89、图 15-90 所示。

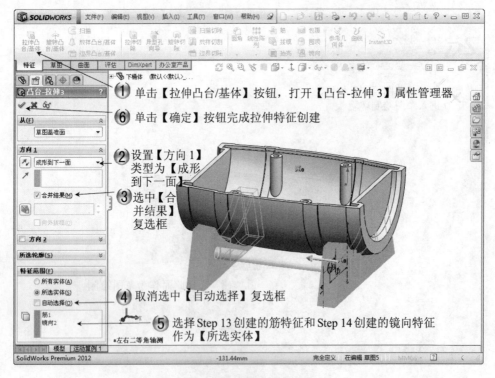

① 单击【拉伸凸台/基体】按钮，打开【凸台-拉伸 3】属性管理器

⑥ 单击【确定】按钮完成拉伸特征创建

② 设置【方向 1】类型为【成形到下一面】

③ 选中【合并结果】复选框

④ 取消选中【自动选择】复选框

⑤ 选择 Step 13 创建的筋特征和 Step 14 创建的镜向特征作为【所选实体】

图 15-89 创建拉伸特征

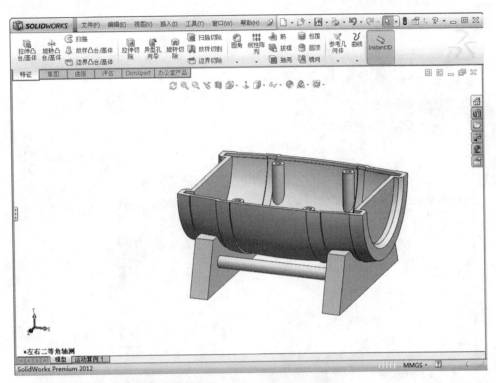

图 15-90　完成拉伸特征的创建

Step 17　创建基准面 2，如图 15-91 所示。

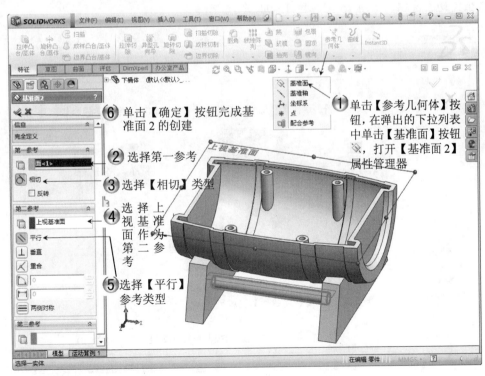

图 15-91　创建基准面 2

Step ⟨18⟩ 创建草图 6，如图 15-92 所示。

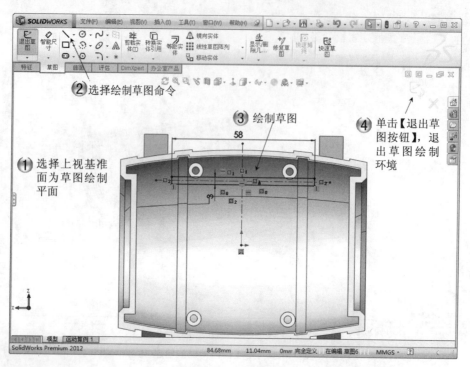

图 15-92　绘制草图 6

Step ⟨19⟩ 创建拉伸切除特征，如图 15-93、图 15-94 所示。

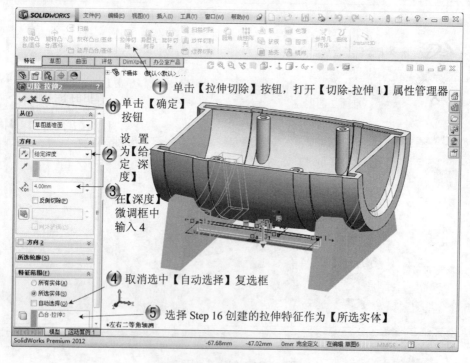

图 15-93　创建拉伸切除特征

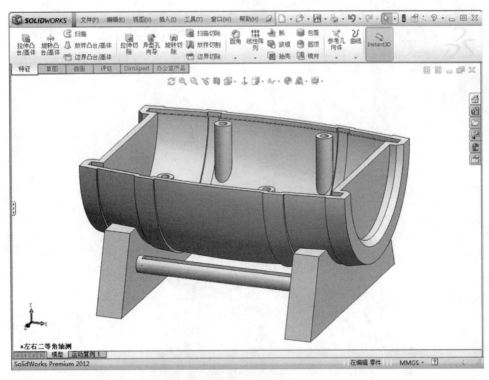

图 15-94 完成拉伸切除特征的创建

Step ⟨20⟩ 创建镜向特征，如图 15-95、图 15-96 所示。

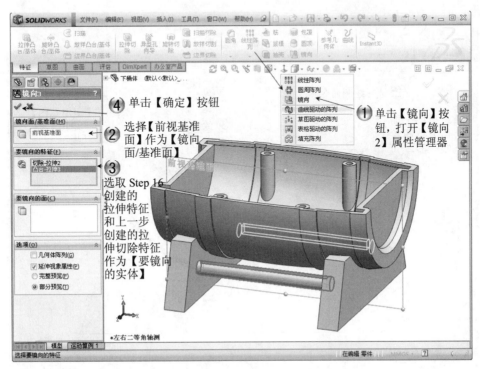

④ 单击【确定】按钮

② 选择【前视基准面】作为【镜向面/基准面】

③ 选取 Step 16 创建的拉伸特征和上一步创建的拉伸切除特征作为【要镜向的实体】

① 单击【镜向】按钮，打开【镜向 2】属性管理器

图 15-95 创建镜向特征

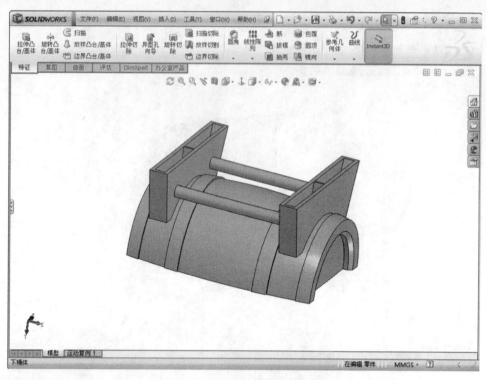

图 15-96　完成镜向特征的创建

Step 21　创建草图 7，如图 15-97 所示。

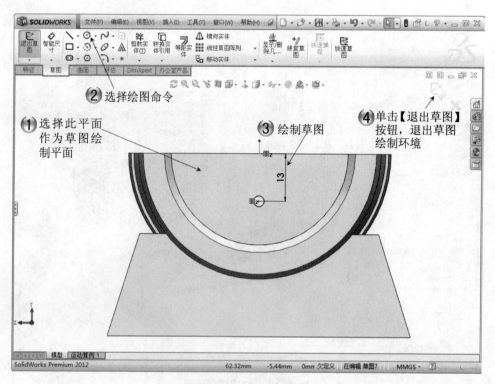

图 15-97　绘制草图 7

Step 22 创建拉伸切除特征，如图 15-98、图 15-99 所示。

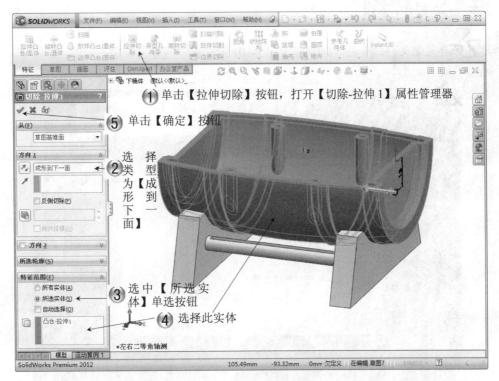

图 15-98 创建拉伸切除特征

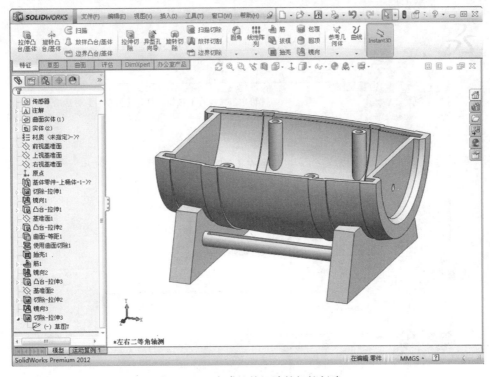

图 15-99 完成拉伸切除特征的创建

15.2.5 牙签筒装配体设计

Step `1` 新建并保存装配文件，如图 15-100、图 15-101 所示。

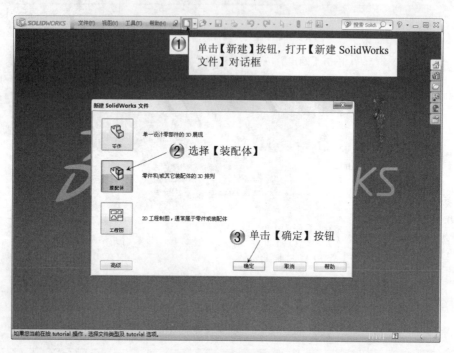

图 15-100 新建装配体

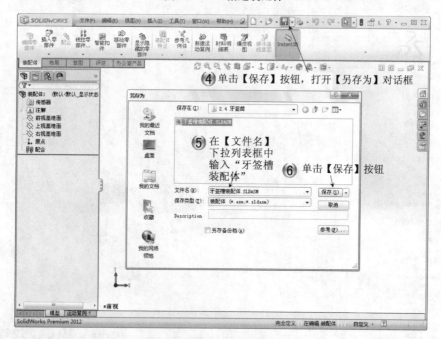

图 15-101 保存文件

Step ② 插入下筒体，如图 15-102、图 15-103 所示。

① 单击【插入零部件】按钮，打开【插入零部件】属性管理器

③ 单击图形区域，下筒体便被固定地放置在了图形区域中

② 选择【下桶体】

图 15-102　插入下筒体

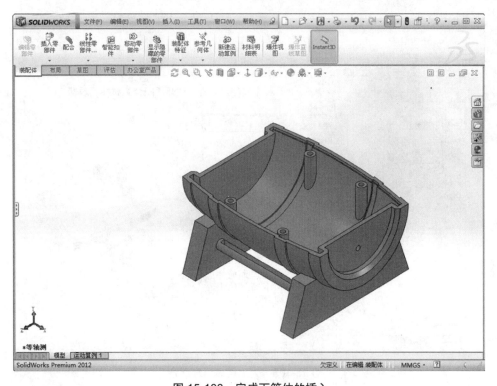

图 15-103　完成下筒体的插入

Step ❸ 　插入上筒体，如图 15-104 所示。

图 15-104　插入上筒体

Step ❹ 　为上筒体添加配合，如图 15-105、图 15-106 所示。

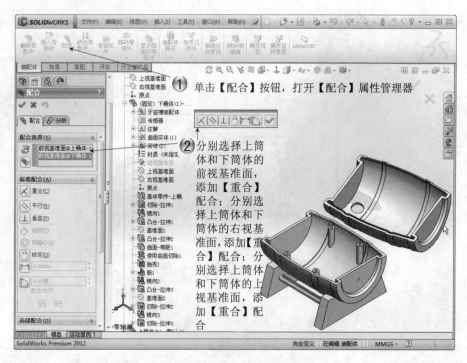

图 15-105　为上筒体添加配合

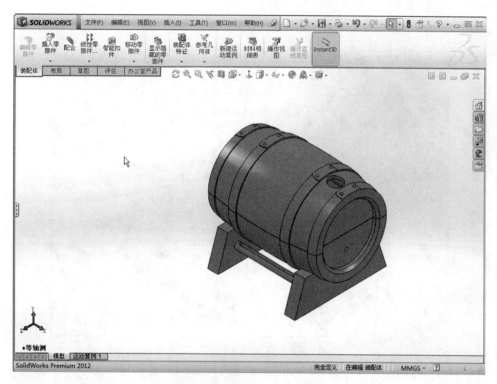

图 15-106　完成上筒体的配合

Step 5　插入牙签槽，如图 15-107 所示。

① 单击【插入零部件】按钮，打开【插入零部件】属性管理器

③ 单击图形区域，牙签槽被放置在图形区域中

② 在【要插入的零件/装配体】中选择【牙签槽】

图 15-107　插入牙签槽

Step 6 为牙签槽添加配合，如图 15-108、图 15-109 所示。

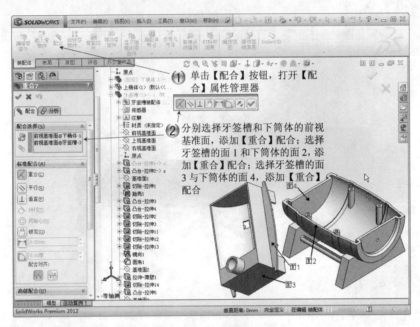

① 单击【配合】按钮，打开【配合】属性管理器

② 分别选择牙签槽和下筒体的前视基准面，添加【重合】配合；选择牙签槽的面 1 和下筒体的面 2，添加【重合】配合；选择牙签槽的面 3 与下筒体的面 4，添加【重合】配合

图 15-108　为牙签槽添加配合

图 15-109　完成牙签槽的配合

提　示

为了便于观察与图元选取，需要将上筒体隐藏。用鼠标右键单击上筒体，从弹出的快捷菜单中选择【隐藏零部件】命令即可。

Step 7　插入内部零件1，如图 15-110 所示。

图 15-110　插入内部零件 1

Step 8　为内部零件1添加配合，如图 15-111～图 15-113 所示。

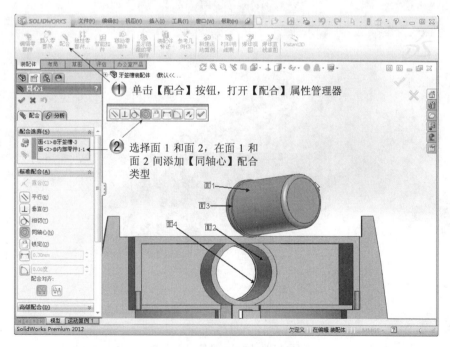

图 15-111　添加同轴心配合

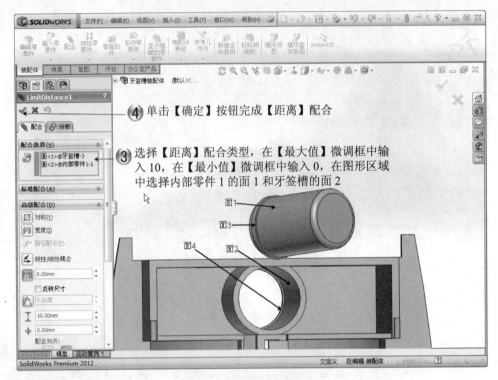

图 15-112　添加距离配合

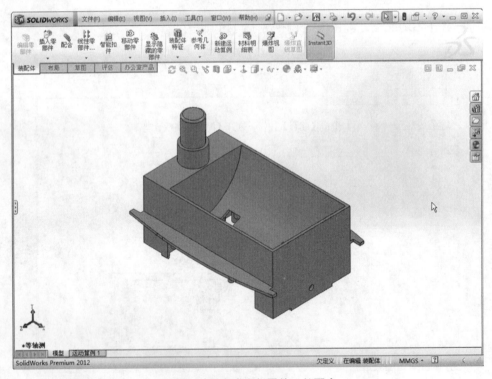

图 15-113　完成内部零件 1 的配合

Step 9　插入内部零件 2，如图 15-114 所示。

图 15-114　插入内部零件 2

Step 10　为内部零件 2 添加配合，如图 15-115、图 15-116 所示。

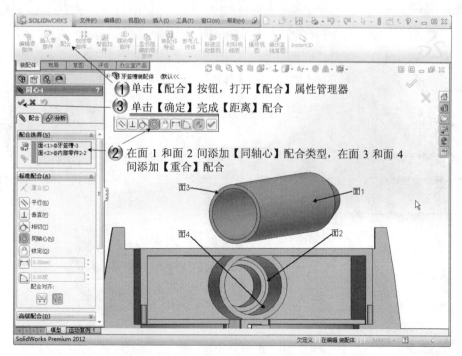

图 15-115　为内部零件 2 添加配合

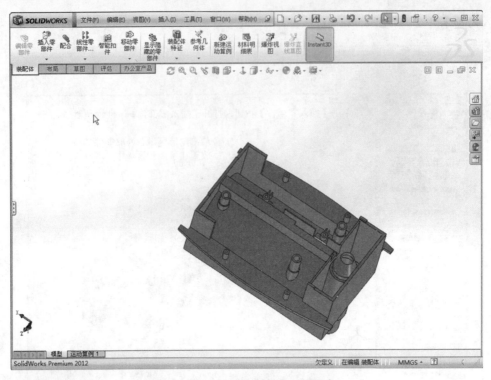

图 15-116　完成内部零件 2 的配合

Step 11　插入内部零件 3，如图 15-117 所示。

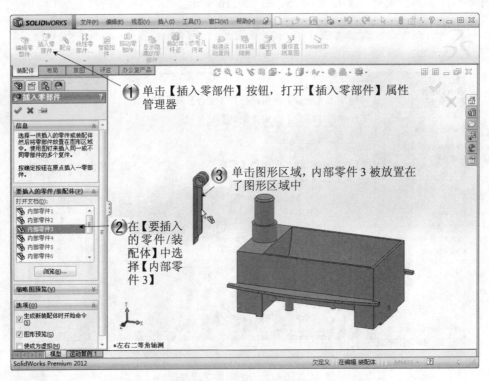

图 15-117　插入内部零件 3

Step 12 为内部零件 3 添加配合，如图 15-118、图 15-119 所示。

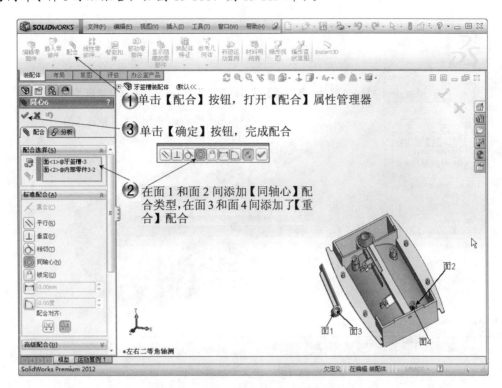

图 15-118　为内部零件 3 添加配合

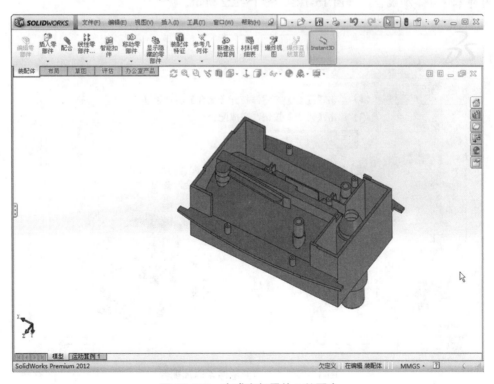

图 15-119　完成内部零件 3 的配合

Step 13 插入内部零件 4,如图 15-120 所示。

图 15-120 插入内部零件 4

Step 14 为内部零件 4 添加配合,如图 15-121、图 15-122 所示。

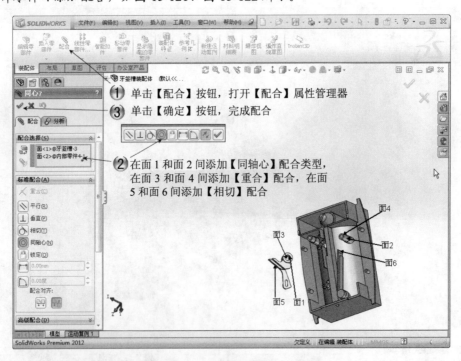

图 15-121 为内部零件 4 添加配合

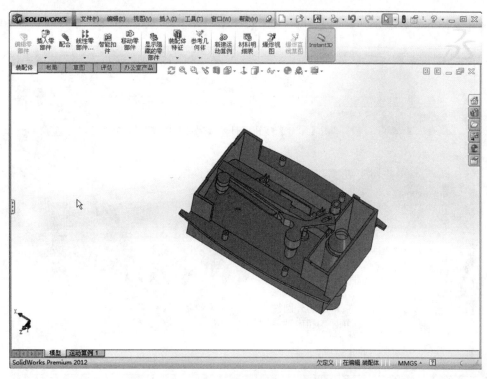

图 15-122 完成内部零件 4 的配合

Step 〈15〉 插入内部零件 5，如图 15-123 所示。

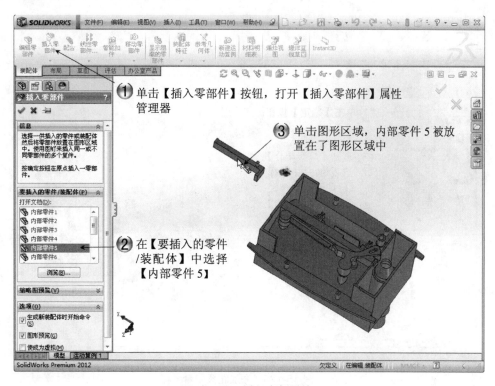

图 15-123 插入内部零件 5

Step 16 为内部零件 5 添加配合，如图 15-124～图 15-126 所示。

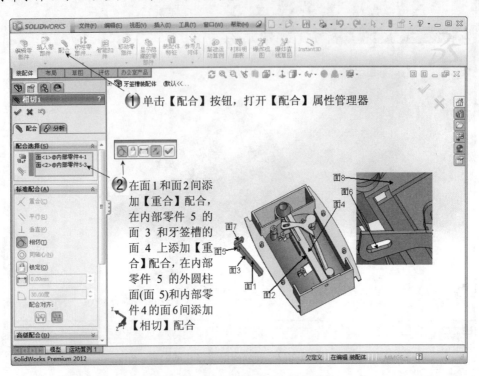

① 单击【配合】按钮，打开【配合】属性管理器

② 在面 1 和面 2 间添加【重合】配合，在内部零件 5 的面 3 和牙签槽的面 4 上添加【重合】配合，在内部零件 5 的外圆柱面(面 5)和内部零件 4 的面 6 间添加【相切】配合

图 15-124　添加重合和相切配合

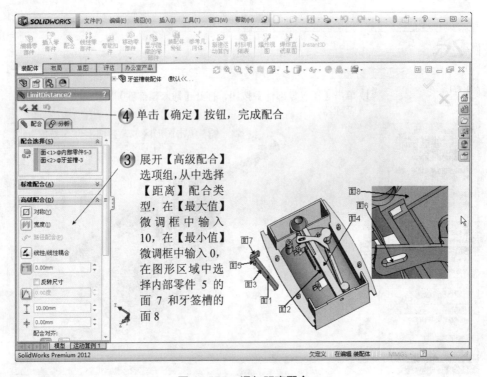

④ 单击【确定】按钮，完成配合

③ 展开【高级配合】选项组，从中选择【距离】配合类型，在【最大值】微调框中输入 10，在【最小值】微调框中输入 0，在图形区域中选择内部零件 5 的面 7 和牙签槽的面 8

图 15-125　添加距离配合

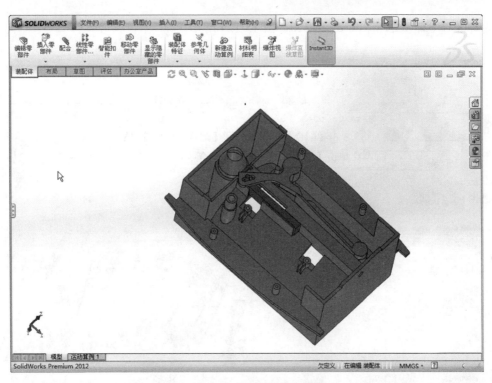

图 15-126　完成内部零件 5 的配合

Step 17　插入内部零件 6，如图 15-127 所示。

① 单击【插入零部件】按钮，打开【插入零部件】属性管理器

③ 单击图形区域，内部零件 6 被放置在了图形区域中

② 在【要插入的零件/装配体】中选择【内部零件 6】

图 15-127　插入内部零件 6

Step ⟨18⟩ 为内部零件 6 添加配合，如图 15-128、图 15-129 所示。

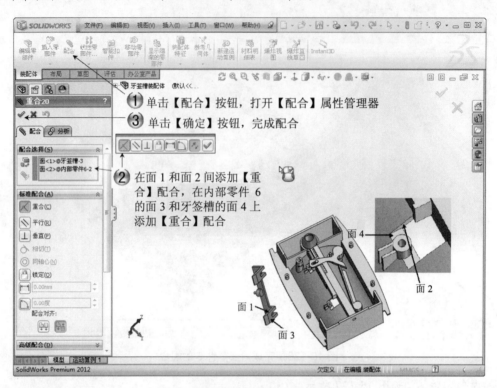

图 15-128　为内部零件 6 添加配合

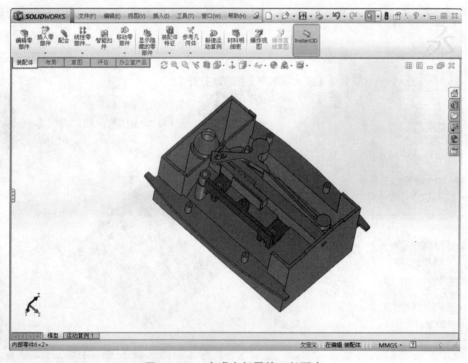

图 15-129　完成内部零件 6 的配合

Step 19   插入内部零件 7，如图 15-130 所示。

图 15-130   插入内部零件 7

Step 20   为内部零件 7 添加配合，如图 15-131、图 15-132 所示。

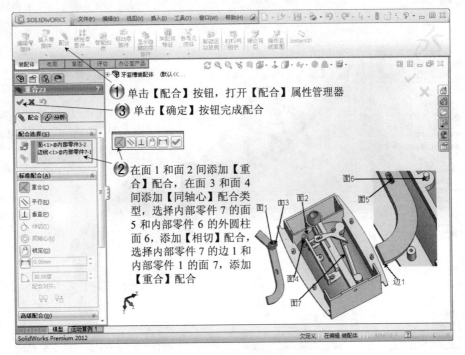

图 15-131   为内部零件 7 添加配合

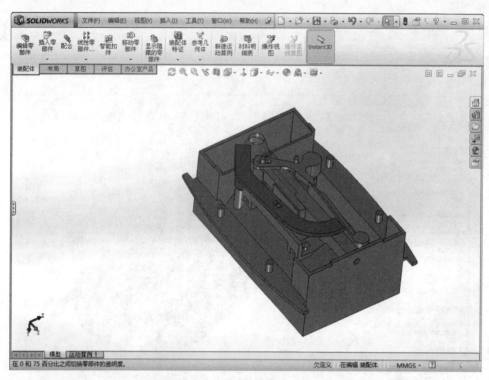

图 15-132　完成内部零件 7 的配合

Step 21　插入内部零件 8，如图 15-133 所示。

① 单击【插入零部件】按钮，打开【插入零部件】属性管理器

③ 单击图形区域，内部零件 8 被放置在了图形区域中

② 在【要插入的零件/装配体】中选择【内部零件 8】

图 15-133　插入内部零件 8

Step 22 为内部零件 8 添加配合，如图 15-134～图 15-136 所示。

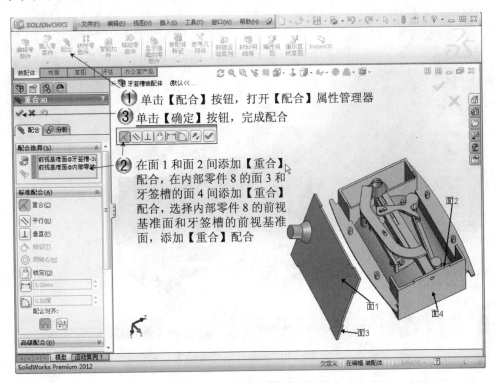

① 单击【配合】按钮，打开【配合】属性管理器
③ 单击【确定】按钮，完成配合

② 在面 1 和面 2 间添加【重合】配合，在内部零件 8 的面 3 和牙签槽的面 4 间添加【重合】配合，选择内部零件 8 的前视基准面和牙签槽的前视基准面，添加【重合】配合

图 15-134 为内部零件 8 添加配合

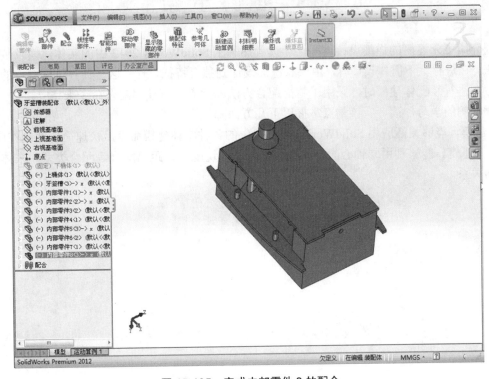

图 15-135 完成内部零件 8 的配合

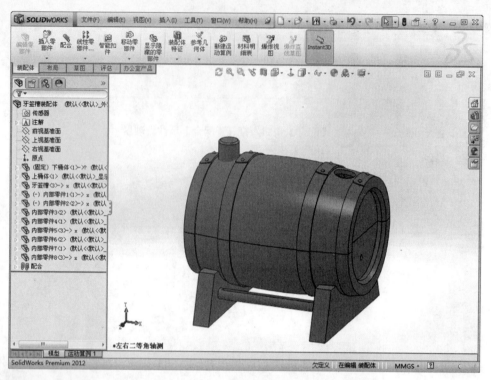

图 15-136　完成牙签筒装配体

15.3　范　例　小　结

这个范例介绍了牙签筒的详细设计过程，让读者熟悉了 SolidWorks 2012 中的实体建模及装配体建模命令的使用方法。在进行上下筒体设计时，由共有特征设计到独有特征设计，这是具有对称特点的零部件常用的设计方法，在进行装配体建模时，采用了智能配合方法，读者也可使用配合命令来完成。

通过本章实例的学习，读者应该重点掌握以下几方面知识：

(1) 实体建模。能够灵活应用 SolidWorks 2012 提供的各种实体建模命令，快速简便地制作出模型。

(2) 装配体建模。能够利用同轴心配合、重合配合、相切配合、距离配合等配合类型，来体现零件实际的位置和运动关系。